平成３０年産

作 物 統 計

（普通作物・飼料作物・工芸農作物）

大臣官房統計部

令 和 ２ 年 ４ 月

農 林 水 産 省

収量及び収穫量の動向
～平成30年産）

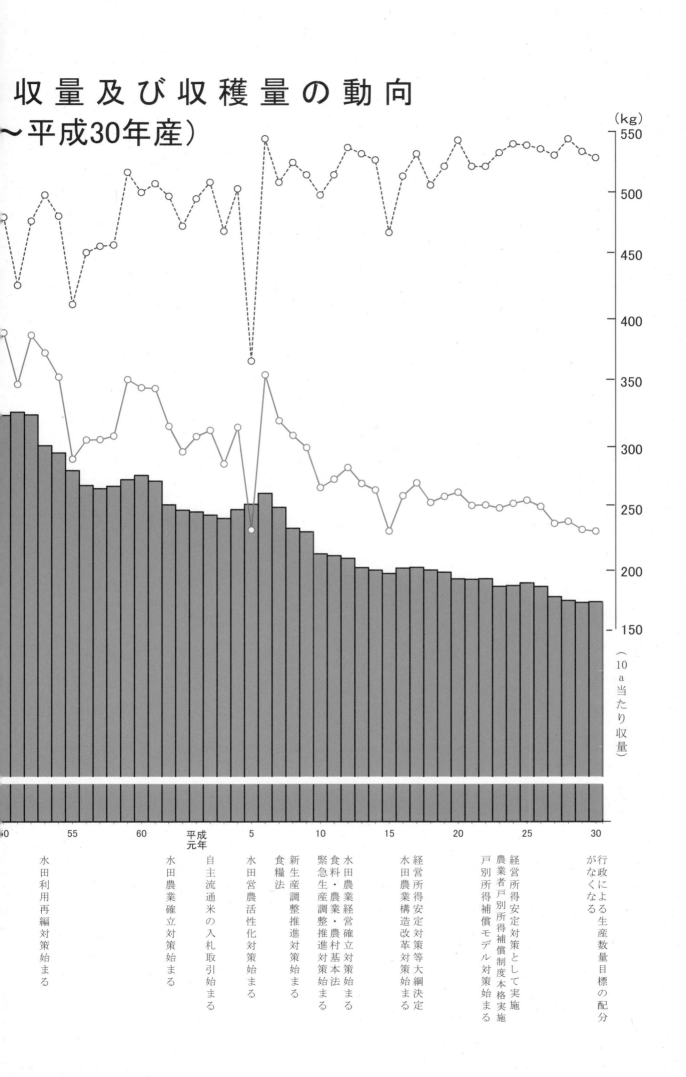

(kg)

550
500
450
400
350
300
250
200
150

（10 a 当たり収量）

55　　60　　平成元年　5　　10　　15　　20　　25　　30

水田利用再編対策始まる

水田農業確立対策始まる

自主流通米の入札取引始まる

水田営農活性化対策始まる

食糧法

新生産調整推進対策始まる

緊急生産調整推進対策始まる

食料・農業・農村基本法

水田農業経営確立対策始まる

経営所得安定対策等大綱決定

水田農業構造改革対策始まる

経営所得安定対策として実施

農業者戸別所得補償制度本格実施

戸別所得補償モデル対策始まる

行政による生産数量目標の配分がなくなる

目　　次

利 用 者 の た め に

1 調査の概要

(1) 調査の目的

　　本調査は、作物統計調査及び特定作物統計調査として実施し、調査対象作物の生産に関する実態を明らかにすることにより、食料・農業・農村基本計画における生産努力目標の策定及び達成状況検証、経営所得安定対策の交付金算定、作物の生産振興のための各種事業（強い農業づくり交付金等）の推進、農業保険法（昭和22年法律第185号）に基づく農業共済事業の適切な運営等のための農政の基礎資料を整備することを目的としている。

(2) 調査の根拠

　　作物統計調査は、統計法（平成19年法律第53号）第9条第1項に基づく総務大臣の承認を受けて実施した基幹統計調査である。

　　また、特定作物統計調査は、同法第19条第1項に基づく総務大臣の承認を受けて実施した一般統計調査である。

(3) 調査の機構

　　調査は、農林水産省大臣官房統計部及び地方組織を通じて行った。

(4) 調査の体系（枠で囲んだ部分が公表した範囲）

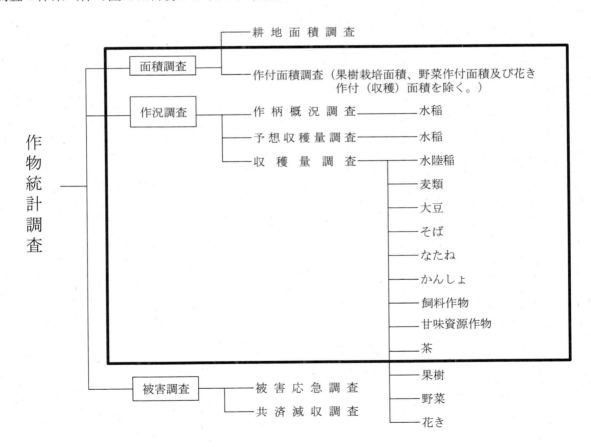

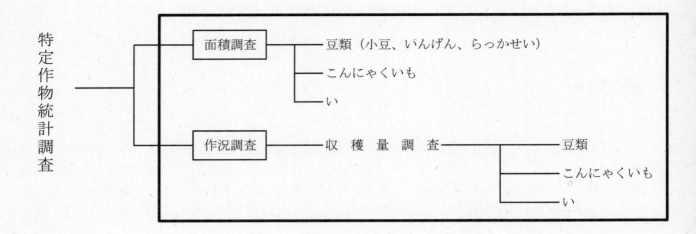

(5) 調査の対象

　ア　調査の範囲

　　　次表の左欄に掲げる作物について、それぞれ同表の中欄に掲げる区域のとおりである。

　　　なお、全国の区域を範囲とする調査を３年ごと又は６年ごとに実施する作物について、当該周期年以外の年において調査の範囲とする都道府県の区域を主産県といい、平成30年産において主産県を調査の範囲として実施したものは同表の右欄に「○」を付した。

作　　物	区　　　　　域	主産県調査 （平成30年）
水稲、麦類（小麦、二条大麦、六条大麦及びはだか麦）、大豆、そば及びなたね	全国の区域	
陸稲及びかんしょ	全国作付面積のおおむね８割を占めるまでの上位都道府県の区域。ただし、作付面積調査は３年ごと、収穫量調査は６年ごとに全国の区域	○
飼料作物（牧草、青刈りとうもろこし及びソルゴー）	全国作付（栽培）面積のおおむね８割を占めるまでの上位都道府県及び農業競争力強化基盤整備事業のうち飼料作物に係るものを実施する都道府県の区域。ただし、作付面積調査は３年ごと、収穫量調査は６年ごとに全国の区域	○
てんさい	北海道の区域	
さとうきび	鹿児島県及び沖縄県の区域	
茶	全国栽培面積のおおむね８割を占めるまでの上位都道府県、畑作物共済事業を実施する都道府県のうち半相殺方式を採用する都道府県及び強い農業づくり交付金による茶に係る事業を実施する都道府県の区域。ただし、６年ごとに全国の区域	○
豆類（小豆、いんげん及びらっかせい）	全国作付面積のおおむね８割を占めるまでの上位都道府県及び畑作物共済事業を実施する都道府県の区域。ただし、作付面積調査は３年ごと、収穫量調査は６年ごとに全国の区域	
こんにゃくいも	栃木県及び群馬県の区域。ただし、作付面積調査は３年ごと、収穫量調査は６年ごとに全国の区域	
い	福岡県及び熊本県の区域	

　イ　調査対象の選定

　（ア）　作付面積調査

　　　a　水稲

　　　　　水稲の栽培に供された全ての耕地

　　　b　水稲以外の作物
　　　　調査対象作物を取り扱っている全ての農協等の関係団体
　　(イ)　収穫量調査
　　　a　水稲
　　　　水稲が栽培されている耕地
　　　b　てんさい及びさとうきび
　　　　製糖会社、製糖工場等
　　　c　茶
　　　　荒茶工場
　　　d　い
　　　　「い」を取り扱っている全ての農協等の関係団体
　　　e　aからdまでに掲げる作物以外の作物
　　　　調査対象作物を取り扱っている全ての農協等の関係団体
　　　　また、都道府県ごとの収穫量に占める関係団体の取扱数量の割合が8割に満たない都道府県については、併せて標本経営体調査を実施することとし、2015年農林業センサスにおいて、調査対象作物を販売目的で作付けし関係団体以外に出荷した農業経営体の中から作付面積に応じた確率比例抽出や等間隔に抽出する系統抽出により、調査対象経営体を選定。

(6)　調査期日
　ア　作付面積調査
　　(ア)　水稲及び茶　　　　　7月15日
　　(イ)　豆類　　　　　　　　9月1日
　　(ウ)　(ア)及び(イ)に掲げる作物以外の作物　　　収穫期
　イ　水稲の作況調査
　　(ア)　作柄概況調査　　　7月15日現在（注1）、8月15日現在及びもみ数確定期（注2）
　　　　　　　　　　　　　　注1：　徳島県、高知県、宮崎県及び鹿児島県の早期栽培並びに沖縄県の
　　　　　　　　　　　　　　　　　　第一期稲を対象とした。
　　　　　　　　　　　　　　注2：　平成30年産調査は、9月15日現在で調査を実施した。
　　(イ)　予想収穫量調査　　10月15日現在
　　(ウ)　収穫量調査　　　　収穫期
　ウ　水稲以外の作物の作況調査　収穫期

(7)　調査事項
　ア　作付面積調査
　　　作物の作付（栽培）面積
　イ　収穫量調査
　　(ア)　水稲：生育状況、登熟状況、10a当たり収量、被害状況、被害種類別被害面積・被害量、耕種条件等
　　(イ)　関係団体調査
　　　a　てんさい、さとうきび及びこんにゃくいも：収穫面積及び集荷量
　　　b　茶：摘採実面積、摘採延べ面積、生葉集荷（処理）量及び荒茶生産量
　　　c　い：収穫量（畳表生産量を含む。）及び生産農家数（畳表生産農家数を含む。）
　　　d　aからcまでに掲げる作物以外の作物：作付（栽培）面積及び集荷量
　　(ウ)　標本経営体調査
　　　　調査対象作物の作付面積、出荷量及び自家消費等の量

(8)　調査・集計方法
　　　調査・集計方法は、以下により行った。

なお、集計は農林水産省大臣官房統計部及び地方組織において行った。

ア　作付面積調査

(ｱ)　水稲作付面積

 a　母集団の編成

  空中写真（衛星画像等）に基づき、全国の全ての土地を隙間なく区分した200m四方（北海道にあっては、400m四方）の格子状の区画のうち、耕地が存在する区画を調査のための「単位区」とし、この単位区（区画内に存する耕地の筆（けい畔等で区切られた現況一枚のほ場）について、面積調査用の地理情報システムにより、地目（田又は畑）等の情報が登録されている。）の集まりを母集団（全国約290万単位区）としている。

  母集団は、ほ場整備、宅地への転用等により生じた現況の変化を反映するため、単位区の情報を補正することにより整備している。

 b　階層分け

  調査精度の向上を図るため、母集団を各単位区内の耕地の地目に基づいて地目階層（「田のみ階層」、「田畑混在階層」及び「畑のみ階層」）に分類し、そのそれぞれの地目階層について、ほ場整備の状況、水田率等の指標に基づいて設定した性格の類似した階層（性格階層）に分類している。

階層分け模式図（例）

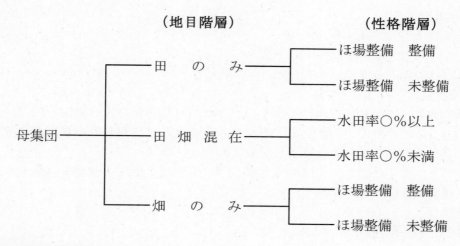

 c　標本配分及び抽出

  都道府県別の水稲作付面積が的確に把握できるよう階層ごとに調査対象数を配分し、系統抽出法により抽出する。

 d　実査（対地標本実測調査）

  抽出した標本単位区内の水稲が作付けされている全ての筆について、1筆ごとに作付けの状況及びその範囲を確認する。

 e　推定

  面積調査用の地理情報システムを使用して求積した「標本単位区の田台帳面積の合計」に対する「実査により得られた標本単位区の現況水稲作付見積り面積の合計」の比率を「母集団（全単位区）田台帳面積の合計」に乗じ、これに台帳補正率（田台帳面積に対する実面積の比率）を乗じることにより、全体の面積を推定している。

$$推定面積 = \frac{標本単位区の現況水稲作付見積り面積合計}{標本単位区の田台帳面積合計} \times 全単位区の田台帳面積合計 \times 台帳補正率$$

 f　その他

  遠隔地、離島、市街地等の対地標本実測調査が非効率な地域については、職員による巡回・見積り、情報収集によって把握している。

(ｲ)　てんさい

　　製糖会社に対する往復郵送調査又はオンライン調査により行った。集計は、製糖会社の調査結果を基に職員又は統計調査員による巡回・見積り及び職員による情報収集により補完している。

(ｳ)　さとうきび

　　製糖会社、製糖工場等に対する往復郵送調査又はオンライン調査により行った。集計は、製糖会社、製糖工場等の調査結果を基に職員又は統計調査員による巡回・見積り及び職員による情報収集により補完している。

(ｴ)　(ｱ)から(ｳ)までに掲げる作物以外の作物

　　関係団体に対する往復郵送調査又はオンライン調査により行った。集計は、関係団体調査結果を基に職員又は統計調査員による巡回・見積り及び職員による情報収集により補完している。

イ　作況調査

(ｱ)　水稲

　　a　母集団

　　　アの(ｱ)のｂにより、田のみ階層及び田畑混在階層に分類される単位区を母集団としている。

　　b　階層分け

　　　都道府県別に地域行政上必要な水稲の作柄を表示する区域として、水稲の生産力（地形、気象、栽培品種等）により分割した区域を「作柄表示地帯」として設定し、この作柄表示地帯ごとに収量の高低、年次変動、収量に影響する条件等を指標とした階層分けを行っている。

　　c　標本配分及び抽出

　　　都道府県別に配分された標本数を階層別に比例配分する。

　　　階層別に配分された標本数を単位区の水稲作付面積（田台帳面積）に比例した確率で抽出する確率比例抽出法（具体的には単位区を水稲作付面積（田台帳面積）の小さい方から順に並べ、水稲作付面積（田台帳面積）の合計を標本数で除した値の整数倍の値を含む単位区を選ぶ方法）により標本単位区を抽出する。抽出された標本単位区内で、水稲が作付けされている筆から１筆を無作為に選定して実測調査を行う筆（以下「作況標本筆」という。）とする。

　　d　作況標本筆の実測

　　　作況標本筆の対角線上の３か所を系統抽出法により調査箇所に選定し、株数、穂数、もみ数等の実測調査を行う。

　　e　10ａ当たり玄米重の算定

　　(a)　作柄概況調査及び予想収穫量調査

　　　　刈取りが行われる前に調査を実施するため、穂数、１穂当たりもみ数及び千もみ当たり収量のうち実測可能な項目については実測値、実測が不可能な項目については過去の気象データ、実測データ等を基に作成した予測式により算定した推定値を用いることとし、これらの数値の積により10ａ当たり玄米重を予測する。

　　(b)　収穫量調査

　　　　各作況標本筆について、一定株数（１㎡分×３か所の株数）の稲を刈り取り、脱穀・乾燥・もみすりを行った後に、飯用に供し得る玄米（農産物規格規程（平成13年２月28日農林水産省告示第244号）に定める三等以上の品位を有し、かつ、粒厚が1.70mm以上であるもの）となるように選別し、10ａ当たり玄米重を決定する。

　　f　10ａ当たり収量の推定

　　　各作況標本筆の10ａ当たり玄米重を基に、都道府県別の10ａ当たり玄米重平均値を推定し、これにコンバインのロス率（コンバインを使用して収穫する際に発生する収穫ロス）や被害データ等を加味して検討を行い、都道府県別の10ａ当たり収量を推定する。

　　　さらに、作況基準筆（10ａ当たり収量を巡回・見積りにより把握する際の基準とするものとして有意に選定した筆をいう。）の実測結果及び特異な被害が発生した際に設置する被害

調査筆の実測結果を基準とした巡回・見積り並びに情報収集による作柄及び被害の見積りによって推定値を補完する。

  g 収穫量及び被害量

    作況標本筆の刈取り調査結果から推定した10a当たり収量に作付面積を乗じて収穫量を求める。

    被害量は、農作物に被害が発生した後、生育段階に合わせて被害の状況を巡回・見積りで把握する。また、特異な被害が発生した場合は、被害調査筆を設置して調査を実施し把握する。

(イ) てんさい

    製糖会社に対する往復郵送調査又はオンライン調査により行った。

    なお、集計は、製糖会社に対する調査結果から得られた10a当たり収量に作付面積を乗じて算出し、必要に応じて職員による情報収集により補完している。

(ウ) さとうきび

    製糖会社、製糖工場等に対する往復郵送調査又はオンライン調査により行った。

    なお、集計は、製糖会社、製糖工場等に対する調査結果から得られた10a当たり収量に収穫面積を乗じて算出し、必要に応じて職員又は統計調査員による巡回及び職員による情報収集により補完している。

(エ) 茶

  a 荒茶工場母集団の整備・補正

    「荒茶工場母集団一覧表」を6年周期で作成し、これを基に中間年については、市町村、普及センター、茶関係団体等関係機関からの情報収集により、荒茶工場の休業・廃止又は新設があった場合には削除又は追加をし、また、茶栽培面積、生葉の移出入等大きな変化があった場合には当該荒茶工場について母集団一覧表を整備・補正した。

  b 階層分け

    母集団一覧表の荒茶工場別の年間計荒茶生産量を指標とし、都道府県別の荒茶工場を全数調査階層と標本調査階層に区分した。

    なお、標本調査階層にあっては、最大で3程度の階層に区分した。

  c 標本数の算出

    都道府県別の標本数は、全数調査階層の荒茶工場数と標本階層内の標本荒茶工場数を足したものとし、標本調査階層については、荒茶生産量を指標とした目標精度（5％）が確保できるように必要な標本荒茶工場数を算出した。

  d 標本調査階層内の標本配分及び抽出

    都道府県別に配分された標本数を階層別に配分し、系統抽出法により抽出した。

  e 調査方法

    標本荒茶工場に対する往復郵送調査又はオンライン調査により行った。

  f 推計方法

    摘採面積、生葉収穫量、荒茶生産量については、次の方法により集計した。

(a) 全数調査階層の集計値に標本調査階層の推定値を加えて算出し、必要に応じて職員又は統計調査員による巡回・見積り及び職員による情報収集により補完している。

    なお、全数調査階層に欠測値がある場合は、標本調査階層と同様の推定方法により算出した。

(b) 階層ごとの推定方法については、荒茶生産量（母集団リスト値）と荒茶生産量（調査結果）の相関係数、荒茶生産量（母集団リスト値）の変動係数及び荒茶生産量（調査結果）の変動係数について以下の式を満たす場合には比推定、それ以外の場合は単純推定により算出している。

$$\hat{r}i \geqq \frac{1}{2} \cdot \frac{Ciy}{\hat{C}ix}$$

$\hat{r}i$：i階層の荒茶生産量（母集団リスト値）と荒茶生産量（調査結果）との相関係数の推定値

Ciy：i階層の荒茶生産量（母集団リスト値）の変動係数

$\hat{C}ix$：i階層の荒茶生産量（調査結果）の変動係数の推定値

荒茶生産量の推定式

i階層の推定（年間計及び一番茶期別に推定）

なお、摘採実面積、摘採延べ面積（年間計のみ）及び生葉収穫量についても荒茶生産量と同様の推定方法により算出した（下記推定式の「x」部分を摘採実面積、摘採延べ面積及び生葉収穫量（調査結果）に置き換えて算出。）。

【単純推定の場合】

$$\hat{X}i = Ni \frac{\sum_{j=1}^{ni} x\,ij}{ni}$$

【比推定の場合】

$$\hat{X}i = \frac{\sum_{j=1}^{ni} x\,ij}{\sum_{j=1}^{ni} y\,ij} Yi$$

上記の計算式に用いた記号等は次のとおり。

N：母集団荒茶工場数

n：標本数

Ni：i階層の母集団荒茶工場数

ni：i階層の標本数

$\hat{X}$：県計の荒茶生産量の推定値

$\hat{X}i$：i階層の荒茶生産量の推定値

xij：i階層のj標本の荒茶生産量（調査結果）

Yi：i階層の母集団荒茶工場の荒茶生産量（母集団リスト値）の合計値

yij：i階層のj標本の荒茶生産量（母集団リスト値）

(ｵ) い

関係団体に対する往復郵送調査又はオンライン調査により行った。

なお、集計は、調査結果から得られた集荷量及び収穫面積を基に、必要に応じて職員又は統計調査員による巡回及び職員による情報収集により補完している。

(ｶ) (ｱ)から(ｵ)までに掲げる作物以外の作物

関係団体に対する往復郵送調査又はオンライン調査及び標本経営体に対する往復郵送調査により行った。

なお、集計は、関係団体調査及び標本経営体調査結果から得られた作付面積及び収穫量を基に算出した10ａ当たり収量（関係団体調査にあっては、標本経営体調査結果による自家消費等の量を勘案して算出）に作付面積を乗じて算出し、必要に応じて職員又は統計調査員による巡回及び職員による情報収集により補完している。

ウ　気象データの収集

気象庁から気温、日照時間、降水量等の気象データを収集し、収穫量調査の基礎資料としている。

(9) 全国値の推計方法

平成30年（産）の調査において、主産県を調査の対象とした陸稲、かんしょ、飼料作物（牧草、青刈りとうもろこし及びソルゴー）及び茶については、直近の全国調査年（調査の範囲が全国の区域である年をいう。以下同じ。）の調査結果に基づき次により推計を行っている。

ア　作付面積調査

全国値＝主産県の作付（栽培）面積の合計値＋主産県以外の各都道府県（以下「非主産県」という。）の作付（栽培）面積（x）の合計値

x：　直近の全国調査年における非主産県の作付（栽培）面積の合計値×作付（栽培）面積の変動率（y）

y：　当年（産）における主産県の作付（栽培）面積の合計値÷直近の全国調査年における主産県の作付（栽培）面積の合計値

イ　収穫量調査

(ア) 陸稲、かんしょ及び飼料作物（牧草、青刈りとうもろこし及びソルゴー）

収穫量の全国値＝直近の全国調査年における全国の収穫量×主産県の収穫量の比率（x）

x＝当年産の主産県の収穫量÷直近の全国調査年における主産県の収穫量

(イ) 茶

荒茶生産量の全国値＝主産県の荒茶生産量＋非主産県の荒茶生産量（x）

x＝10a当たり生葉収量の推定値（a）×摘採面積の推定値（b）×主産県の製茶歩留り（c）

a＝直近の全国調査年における非主産県の10a当たり生葉収量×当年産の主産県の10a当たり生葉収量÷直近の全国調査年における主産県の10a当たり生葉収量

b＝当年の非主産県の栽培面積の推定値（d）×直近の全国調査年における非主産県の摘採面積÷直近の全国調査年における非主産県の栽培面積

c＝当年産の主産県の荒茶生産量÷当年産の主産県の生葉収穫量

d＝直近の全国調査年における非主産県の栽培面積×当年の主産県の栽培面積÷直近の全国調査年における主産県の栽培面積

(10) 調査の実績精度

ア　作付面積調査

(ア) 対地標本実測調査における水稲作付面積に係る標本単位区の数及び調査結果（全国）の実績精度を標準誤差率（標準誤差の推定値÷推定値×100）により示すと、次のとおりである。

区　　　分	標 本 単 位 区 の 数	標準誤差率（％）
水稲作付面積	39,408	0.35

(イ) (ア)以外の作物については、関係団体の全数調査結果等を用いて算出しているため、目標精度を設定していない。

イ　収穫量調査

(ア) 水稲作況調査の標本実測調査における標本筆数及び10a当たり玄米重に係る調査結果（全国）の実績精度を標準誤差率（標準誤差の推定値÷推定値×100）により示すと、次のとおりである。

区　　　分	標 　本 　筆 　数	標準誤差率（％）
10a当たり玄米重	10,178	0.17

(イ)　調査結果における有効回収数及び10ａ当たり収量に係る調査結果（全国）の実績精度を標準誤差率（標準誤差の推定値÷推定値×100）により示すと、次のとおりである。
　　　なお、茶、かんしょ、牧草、青刈りとうもろこし及びソルゴーについては、主産県調査結果のものである。

品　　目	区　　分	標本の大きさ	標準誤差率（%）
陸　　　　稲	10ａ当たり収量	85	5.19
茶	荒　茶　生　産　量	750	1.9
大　　　　豆	10ａ当たり収量	1,055	2.1
そ　　　　ば	10ａ当たり収量	1,553	2.3
か　ん　し　ょ	10ａ当たり収量	350	1.8
牧　　　　草	10ａ当たり収量	4,275	2.1
青刈りとうもろこし	10ａ当たり収量	4,275	2.6
ソ　ル　ゴ　ー	10ａ当たり収量	4,275	3.1
小　　　　豆	10ａ当たり収量	1,277	1.0
い　ん　げ　ん	10ａ当たり収量	999	2.2
ら　っ　か　せ　い	10ａ当たり収量	1,368	2.9
こ　ん　に　ゃ　く　い　も	10ａ当たり収量	364	2.3

(ウ)　(ア)及び(イ)に掲げる作物以外の作物については、大部分の都道府県において関係団体の取扱数量の割合が8割を超え、標本経営体調査を行っていないことから、実績精度の算出は行っていない。

(11)　調査対象数
　ア　作付面積調査
　　(ア)　水稲
　　　　39,408単位区
　　(イ)　水稲以外作物

区　　　　　　分	関係団体調査		
	団体数 ①	回収数 ②	回収率 ③=②/①
	団体	団体	%
陸　　　　稲	18	18	100.0
麦　　　　類	631	622	98.6
大　　　　豆	638	618	96.9
小　　　　豆	136	129	94.9
い　ん　げ　ん	67	67	100.0
ら　っ　か　せ　い	19	19	100.0
そ　　　　ば	408	403	98.8
か　ん　し　ょ	58	56	96.6
飼料作物、えん麦	162	152	93.8
茶	71	70	98.6
な　　た　　ね	77	67	87.0
1) て　ん　さ　い	3	3	100.0
2) さ　と　う　き　び	85	60	70.6
こ　ん　に　ゃ　く　い　も	33	31	93.9
い	3	3	100.0

注：1)は、製糖会社数である。
　　2)は、製糖会社、製糖工場等（事業場）数である。なお、製糖会社において所有する複数の製糖工場が把握できる場合には、製糖工場を調査対象者とせず、当該製糖会社で一括して調査を実施している。

イ　収穫量調査

(ア)　水稲

作況標本筆　10,178筆、作況基準筆　551筆

(イ)　水稲以外の作物

区　　分	関係団体調査			標本経営体調査				
	団体数 ①	有効回収数 ②	有効回収率 ③=②/①	母集団経営体数 ④	標本の大きさ ⑤	抽出率 ⑥=⑤/④	有効回収数 ⑦	有効回収率 ⑧=⑦/⑤
	団体	団体	%	経営体	経営体	%	経営体	%
陸　　稲	18	13	72.2	1,156	346	29.9	85	24.6
小　　麦	623	589	94.5	11,945	120	1.0	52	43.3
大麦・はだか麦				4,728	114	2.4	63	55.3
大　　豆	635	582	91.7	30,611	1,055	3.4	635	60.2
小　　豆	135	114	84.4	11,483	1,277	11.1	509	39.9
い ん げ ん	79	38	48.1	11,763	999	8.5	133	13.3
ら っ か せ い	18	6	33.3	12,534	1,368	10.9	281	20.5
そ　　ば	406	364	89.7	10,297	1,553	15.1	951	61.2
か ん し ょ	75	69	92.0	19,344	350	1.8	187	53.4
飼 料 作 物	32	22	68.8	58,675	4,275	7.3	1,971	46.1
な た ね	77	67	87.0	3,372	445	13.2	39	8.8
1) て ん さ い	3	3	100.0					
2) さ と う き び	85	60	70.6					
こ ん に ゃ く い も	33	31	93.9	1,910	364	19.1	192	52.7
い	3	3	100.0					

注：1)は、製糖会社数である。

2)は、製糖会社、製糖工場等（事業場）数である。なお、製糖会社において所有する複数の製糖工場が把握できる場合には、製糖工場を調査対象者とせず、当該製糖会社で一括して調査を実施している。

「有効回収数」とは、集計に用いた関係団体及び標本経営体の数であり、回収はされたが、当年産において作付けがなかった団体及び経営体は含まない。

区　　分	母集団荒茶工場数 ⑨	標本の大きさ ⑩	抽出率 ⑪=⑩/⑨	有効回収数 ⑫	有効回収率 ⑬=⑫/⑩
	工場	工場	%	工場	%
茶	4,187	750	17.9	593	79.1

(12)　統計の表章範囲

掲載した統計の全国農業地域及び地方農政局の区分とその範囲は、次表のとおりである。

ア　全国農業地域

全国農業地域名	所 属 都 道 府 県 名
北 海 道	北海道
東 北	青森、岩手、宮城、秋田、山形、福島
北 陸	新潟、富山、石川、福井
関東・東山	茨城、栃木、群馬、埼玉、千葉、東京、神奈川、山梨、長野
東 海	岐阜、静岡、愛知、三重
近 畿	滋賀、京都、大阪、兵庫、奈良、和歌山
中 国	鳥取、島根、岡山、広島、山口
四 国	徳島、香川、愛媛、高知
九 州	福岡、佐賀、長崎、熊本、大分、宮崎、鹿児島
沖 縄	沖縄

イ　地方農政局

地方農政局名	所 属 都 道 府 県 名
東 北 農 政 局	アの東北の所属県と同じ。
北 陸 農 政 局	アの北陸の所属県と同じ。

関 東 農 政 局	茨城、栃木、群馬、埼玉、千葉、東京、神奈川、山梨、長野、静岡
東 海 農 政 局	岐阜、愛知、三重
近 畿 農 政 局	アの近畿の所属県と同じ。
中国四国農政局	鳥取、島根、岡山、広島、山口、徳島、香川、愛媛、高知
九 州 農 政 局	アの九州の所属県と同じ。

注： 東北農政局、北陸農政局、近畿農政局及び九州農政局の結果については、全国農業地域区分における各地域の結果と
同じであることから、統計表章はしていない。

2 定義及び基準

作 付 面 積	は種又は植付けをしてからおおむね１年以内に収穫され、複数年にわたる収穫ができない非永年性作物（水稲、麦等）を作付けしている面積をいう。けい畔に作物を栽培している場合は、その利用部分を見積もり、作付面積として計上した。
栽 培 面 積	茶、さとうきびなど、は種又は植付けの後、複数年にわたって収穫を行うことができる永年性作物を栽培している面積（さとうきびにあっては、当年産の収穫を意図するものに加え、苗取り用、次年産の夏植えの収穫対象とするもの等を含む。）をいう。けい畔に作物を栽培している場合は、その利用部分を見積もり、栽培面積として計上した。
摘 採 面 積	茶栽培面積のうち、収穫を目的として茶葉の摘取りが行われた面積をいう。
収 穫 面 積	こんにゃくいもにあっては、栽培面積のうち生子（種いも）として来年に植え付ける目的として収穫された面積を除いた面積をいう。 さとうきびにあっては、当年産の作型（夏植え、春植え及び株出し）の栽培面積のうち実際に収穫された面積をいう。なお、その全てが収穫放棄されたほ場に係る面積は収穫面積には含めない。
年 産 区 分	収穫量の年産区分は収穫した年（通常の収穫最盛期の属する年）をもって表す。ただし、作業、販売等の都合により収穫が翌年に持ち越された場合も翌年産とせず、その年産として計上した。なお、さとうきびにあっては、通常収穫期が２か年にまたがるため、収穫を始めた年をもって表した。
収 穫 量	収穫し、収納（保存又は販売できる状態にして収納舎等に入れることをいう。）がされた一定の基準（品質・規格）以上のものの量をいう。なお、収穫前における見込量を予想収穫量という。
10ａ当たり収量	実際に収穫された10ａ当たりの収穫量をいう。
〃 平 年 収 量	作物の栽培を開始する以前に、その年の気象の推移、被害の発生状況等を平年並みとみなし、最近の栽培技術の進歩の度合い、作付変動等を考慮して、実収量のすう勢をもとに作成したその年に予想される10ａ当たり収量をいう。
〃 平 均 収 量	原則として直近７か年のうち、最高及び最低を除いた５か年の平均値をいう。

| 〃 平均収量対比 | 10a当たり平均収量に対する10a当たり収量の比率をいう。 |

作 況 指 数　　作柄の良否を表す指標のことをいい、10a当たり平年収量に対する10a当たり収量（又は予想収量）の比率をいう。

　なお、平成26年産以前は1.70mmのふるい目幅で選別された玄米を基に算出していたが、平成27年産からは、全国農業地域ごとに、過去5か年間に農家等が実際に使用したふるい目幅の分布において、大きいものから数えて9割を占めるまでの目幅以上に選別された玄米を基に算出した数値である（各全国農業地域の目幅は次表のとおり）。

全国農業地域名	所属都道府県名	農家等使用目幅
北　海　道	北海道	1.85mm
東　　　北	青森、岩手、宮城、秋田、山形、福島	1.85mm
北　　　陸	新潟、富山、石川、福井	1.85mm
関東・東山	茨城、栃木、群馬、埼玉、千葉、東京、神奈川、山梨、長野	1.80mm
東　　　海	岐阜、静岡、愛知、三重	1.80mm
近　　　畿	滋賀、京都、大阪、兵庫、奈良、和歌山	1.80mm
中　　　国	鳥取、島根、岡山、広島、山口	1.80mm
四　　　国	徳島、香川、愛媛、高知	1.75mm
九　　　州	福岡、佐賀、長崎、熊本、大分、宮崎、鹿児島	1.80mm
沖　　　縄	沖縄	1.75mm

子 実 用　　主に食用に供すること（子実生産）を目的とするものをいい、全体から「青刈り」を除いたものをいう。なお、「青刈り」とは、子実の生産以前に刈り取られて飼肥料用等として用いられるもの（稲発酵粗飼料用稲（ホールクロップサイレージ）、わら専用稲等を含む。）のほか、飼料用米及びバイオ燃料用米をいう。

乾 燥 子 実　　食用にすることを目的に未成熟（完熟期以前）で収穫されるもの（えだまめ、さやいんげん等）を除いたものをいう。
　　また、らっかせいはさやつきのものをいう。

（ 水 稲 ）
作柄表示地帯　　地域行政上必要な水稲の作柄を表示する区域として、都道府県を水稲の生産力（地形、気象、栽培品種等）により分割したものをいう。

水稲の二期作栽培　　同一の田に年間2回作付けする栽培方法をいい、第1回の作付けを第一期稲、第2回の作付けを第二期稲という。

（ さとうきび ）
春 植 え　　（平成30年産の場合）　平成30年2月から4月までに植え付けて、平成30年12月から平成31年4月までに収穫したものをいう。

夏 植 え　　（平成30年産の場合）　平成29年7月から9月までに植え付けて、平成30年12月から平成31年4月までに収穫したものをいう。

株 出 し　　（平成30年産の場合）　前年産として収穫した株から発芽させて、平成30年12月から平成31年4月までに収穫したものをいう。

（ 茶 ）
茶 期 区 分　　茶期は各地方によって異なっており、さらに、その年の作柄、被害、他の農作物等の関係もあってこれを明確に区分することは困難であるため、一番

茶期の区分は通常その地域の慣行による茶期区分によることとした。

（　　い　　）	
「い」生産農家数	「い」を生産する全ての農家の数をいう。
畳表生産農家数	「い」の生産から畳表の生産まで一貫して行っている農家の数をいう。
畳表生産量	畳表の生産枚数をいう。 なお、平成30年産の畳表生産量は、平成29年7月から平成30年6月までの間に生産されたものである。
（　被害　）	
被害	ほ場において、栽培を開始してから収納をするまでの間に、気象的原因、生物的原因その他異常な事象によって農作物に損傷を生じ、基準収量より減収した状態をいう。 なお、平成28年産以前は、水稲の被害面積及び被害量について、気象被害（6種類）、病害（3種類）、虫害（4種類）の被害種類別に調査を実施し、公表していたが、平成29年産からは、6種類（冷害、日照不足、高温障害、いもち病、ウンカ及びカメムシ）としている。
基準収量	農作物にある被害が発生したとき、その被害が発生しなかったと仮定した場合に穫れ得ると見込まれる収量をいう。
被害面積	農作物に損傷が生じ、基準収量より減収した面積をいう。
被害量	農作物に損傷を生じ、基準収量から減収した量をいう。
被害率	平年収量（作付面積×10a当たり平年収量）に対する被害量の割合（百分率）をいう。

3　利用上の注意

(1)　数値の四捨五入について

　　ここに掲載した統計数値は、下記の方法によって四捨五入しており、全国計と都道府県別数値の積上げ、あるいは合計値と内訳の計が一致しない場合がある。

原　　　　数	7桁以上 （100万）	6桁 （10万）	5桁 （1万）	4桁 （1,000）	3桁以下 （100）
四捨五入する桁数 （下から）	3桁	2桁		1桁	四捨五入 しない
例 四捨五入する前 （原数）	1,234,567	123,456	12,345	1,234	123
四捨五入した数値 （統計数値）	1,235,000	123,500	12,300	1,230	123

(2)　表中記号について

　　統計表中に使用した記号は以下のとおりである。

　　　「0」：単位に満たないもの（例：0.4ha→0ha）

「－」：事実のないもの
「…」：事実不詳又は調査を欠くもの
「x」：個人又は法人その他の団体に関する秘密を保護するため、統計数値を公表しないもの
「△」：負数又は減少したもの
「nc」：計算不能

(3)　秘匿措置について
　　統計調査結果について、生産者数が2以下の場合には、個人又は法人その他の団体に関する調査結果の秘密保護の観点から、当該結果を「x」表示とする秘匿措置を施している。
　　なお、全体（計）からの差引きにより、秘匿措置を講じた当該結果が推定できる場合には、本来秘匿措置を施す必要のない箇所についても「x」表示としている。

(4)　この統計表に記載された数値等を他に転載する場合は、『作物統計』（農林水産省）による旨を記載してください。

(5)　本統計の累年データについては、農林水産省ホームページの「統計情報」の分野別分類「作付面積・生産量、被害、家畜の頭数など」、品目別分類「米」、「麦」、「いも・雑穀・豆」、「工芸農作物」で御覧いただけます。
【 https://www.maff.go.jp/j/tokei/kouhyou/sakumotu/sakkyou_kome/index.html#l 】

4　お問合せ先
農林水産省　大臣官房統計部
　〇作付面積に関すること
　　生産流通消費統計課　面積統計班
　　電話：（代表）03-3502-8111　内線3681
　　　　　（直通）03-6744-2045
　　FAX：　　　　　03-5511-8771
　〇収穫量に関すること
　　生産流通消費統計課　普通作物統計班
　　電話：（代表）03-3502-8111　内線3682
　　　　　（直通）03-3502-5687
　　FAX：　　　　　03-5511-8771
　〇その他全般に関すること
　　生産流通消費統計課　企画班
　　電話：（代表）03-3502-8111　内線3684
　　　　　（直通）03-3501-4502
　　FAX：　　　　　03-5511-8771

※　本統計書に関する御意見・御要望は、上記問い合わせ先のほか、農林水産省ホームページでも受け付けております。
【 https://www.contactus.maff.go.jp/j/form/tokei/kikaku/160815.html 】

Ⅰ　調査結果の概要

1 米

(1) 要　旨

　　平成30年産水陸稲の収穫量は、水稲が778万ｔ、陸稲が1,740ｔとなり、合計で778万2,000ｔで、前年産に比べ４万2,000ｔ（１％）減少した。これは水稲の10ａ当たり収量が前年産を５kg（１％）下回ったためである。

　　水稲の作柄は、北海道は６月中旬から７月中旬の低温・日照不足の影響により全もみ数が少なくなり、その他の地域では、田植期以降おおむね天候に恵まれたことにより、全もみ数は一部を除き平年以上に確保されたものの、９月中旬以降の日照不足の影響により登熟が抑制された地域があったことから、全国の10ａ当たり収量は529kg（作況指数98）となった（表１－１、図１－１）。

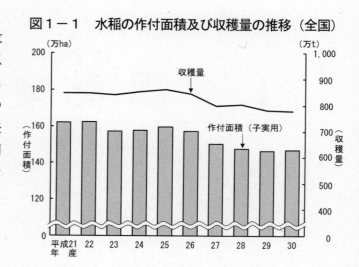

図１－１　水稲の作付面積及び収穫量の推移（全国）

表１－１　平成30年産水陸稲の作付面積、10ａ当たり収量、収穫量

全　国 農業地域	作付面積 （子実用）	10ａ当たり 収　量	収穫量 （子実用）	前　年　産　と　の　比　較						参　　考		
				作　付　面　積		10a当たり 収量	収　穫　量			主食用 作付面積	収穫量 （主食用）	作況指数 （対平年比）
				対　差	対　比	対　比	対　差	対　比				
	ha	kg	t	ha	%	%	t	%		ha	t	
水 陸 稲 計	1,470,000	-	7,782,000	4,000	100	nc	△ 42,000	99		…	…	-
水　　　　稲	1,470,000	529	7,780,000	5,000	100	99	△ 42,000	99		1,386,000	7,327,000	98
北 海 道	104,000	495	514,800	100	100	88	△ 67,000	88		98,900	489,600	90
東　　北	379,100	564	2,137,000	4,300	101	100	22,000	101		345,500	1,947,000	99
北　　陸	205,600	533	1,096,000	1,500	101	101	17,000	102		184,800	985,300	98
関東・東山	270,300	539	1,457,000	1,800	101	101	26,000	102		259,300	1,398,000	100
東　　海	93,400	495	462,400	1,000	101	99	2,300	100		91,000	450,600	98
近　　畿	103,100	502	517,500	△ 100	100	98	△ 9,100	98		99,500	498,700	98
中　　国	103,700	519	537,800	△ 600	99	98	△ 14,600	97		101,100	524,200	101
四　　国	49,300	473	233,400	△ 600	99	97	△ 9,000	96		49,000	232,000	98
九　　州	160,400	512	821,300	△ 2,700	98	100	△ 10,600	99		156,100	800,000	102
沖　　縄	716	307	2,200	△ 11	98	102	10	100		716	2,200	99
陸　　　　稲	750	232	1,740	△ 63	92	98	△ 180	91		…	…	100

注：　1　10ａ当たり収量及び収穫量は、1.70mmのふるい目幅で選別された玄米の重量である。
　　　2　作況指数は、全国農業地域ごとに、過去５か年間に農家等が実際に使用したふるい目幅の分布において、大きいものから数えて９割を占めるまでの目幅（北海道、東北及び北陸は1.85mm、関東・東山、東海、近畿、中国び九州は1.80mm、四国及び沖縄は1.75mm）以上に選別された玄米を基に算出した数値である。
　　　3　陸稲については、平成30年産から、調査の範囲を全国から主産県に変更し、作付面積調査にあっては３年、収穫量調査にあっては６年ごとに全国調査を実施することとした。平成30年産は主産県調査年であり、全国調査を行った平成29年の調査結果に基づき、全国値を推計している。
　　　　　なお、主産県とは、平成29年における全国の作付面積のおおむね80％を占めるまでの上位都道府県である。
　　　4　陸稲の作況指数欄は、10ａ当たり平均収量（原則として直近７か年のうち、最高及び最低を除いた５か年の平均値）に対する当年産の10ａ当たり収量の比率である。
　　　5　主食用作付面積とは、水稲作付面積（青刈り面積を含む。）から、備蓄米、加工用米、新規需要米等の作付面積を除いた面積である。

(2) 解　説

ア　作付面積（子実用）

(ア)　水　稲

平成30年産水稲（子実用）の作付面積は147万haとなった（表１－１、図１－２）。

(イ)　陸　稲

平成30年産陸稲（子実用）の作付面積は750haとなった（表１－１、図１－２）。

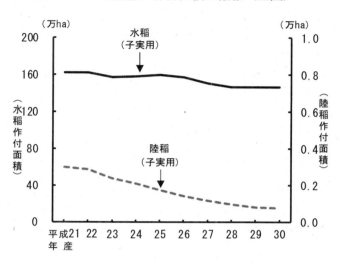

図１－２　水陸稲の作付面積の推移（全国）

イ　作柄概況

図１－３　平成30年産水稲の都道府県別作況指数

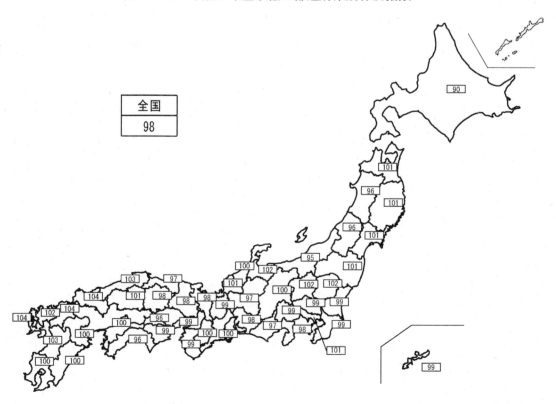

注：1　作況指数は、全国農業地域ごとに、過去５か年間に農家等が実際に使用したふるい目幅の分布において、大きいものから数えて９割を占めるまでの目幅（北海道、東北及び北陸は1.85mm、関東・東山、東海、近畿、中国及び九州は1.80mm、四国及び沖縄は1.75mm）以上に選別された玄米を基に算出した数値である。
　　2　徳島県、高知県、宮崎県、鹿児島県及び沖縄県の作況指数は早期栽培（第一期稲）と普通期栽培（第二期稲）を合算したものである。

(ｱ)　水　稲

　a　北海道

　　田植期は平年に比べ３日早くなり、出穂期は２日遅くなった。

　　全もみ数は、６月中旬から７月中旬の低温・日照不足の影響により、穂数が少なくなったことから、「少ない」となった。

　　登熟は、８月中旬から下旬にかけて低温・日照不足で経過したものの、９月上旬以降は天候が回復したことから、「平年並み」となった。

　　以上のことから、北海道の10ａ当たり収量は495kg（前年産に比べ65kg減少）となった（図１－４、１－５）。

注：　穂数の多少、１穂当たりもみ数の多少、全もみ数の多少及び登熟の良否の平年比較は、「多い・良」が対平年比106％以上、「やや多い・やや良」が105〜102％、「平年並み」が101〜99％、「やや少ない・やや不良」が98〜95％、「少ない・不良」が94％以下に相当する（以下同じ。）。

図１－４　平成30年産水稲の作柄表示地帯別
　　　　　作況指数（北海道）

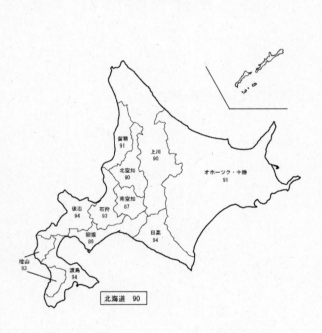

図１－５　平成30年産稲作期間の半旬別気象経過
　　　　　（札幌）

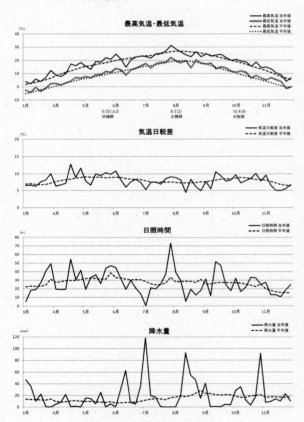

注：１　作況指数は、全国農業地域ごとに、過去５か年間に農家等が実際に使用したふるい目幅の分布において、大きいものから数えて９割を占めるまでの目幅（北海道、東北及び北陸は1.85mm、関東・東山、東海、近畿、中国及び九州は1.80mm、四国及び沖縄は1.75mm）以上に選別された玄米を基に算出した数値である（以下１（２）の各図において同じ。）。

　　２　□内の数値は都道府県平均の作況指数である（以下１（２）の各図において同じ。）。

資料：　気象庁『アメダスデータ』を農林水産省大臣官房統計部において組み替えた結果による（以下１（２）の各図において同じ。）。

注：　耕種期日はそれぞれ最盛期である。（　）内の数値は平年と比較し、その遅速を日数で表しているものであり、△は平年より早いことを示す（以下１（２）の各図において同じ。）。

b 東 北

田植期は、秋田県で平年に比べ1日遅くなり、その他の県では平年並みとなった。出穂期は、福島県で平年に比べ4日、山形県で3日、岩手県及び宮城県で2日、秋田県で1日早くなり、青森県では平年並みとなった。

全もみ数は、青森県、宮城県及び福島県で「やや多い」、岩手県及び山形県で「平年並み」となったものの、秋田県では6月中旬の低温・日照不足の影響により「やや少ない」となった。

登熟は、岩手県、宮城県及び秋田県では「平年並み」となったものの、青森県、山形県及び福島県では、8月下旬以降の日照不足の影響により登熟が抑制されたことから「やや不良」となった。

以上のことから、10a当たり収量は、青森県で596kg（前年と同値）、岩手県で543kg（前年産に比べ10kg増加）、宮城県で551kg（同16kg増加）、秋田県で560kg（同14kg減少）、山形県で580kg（同18kg減少）、福島県で561kg（同12kg増加）となり、東北平均で564kg（前年と同値）となった（図1-6、1-7）。

図1-6　平成30年産水稲の作柄表示地帯別作況指数（東北）

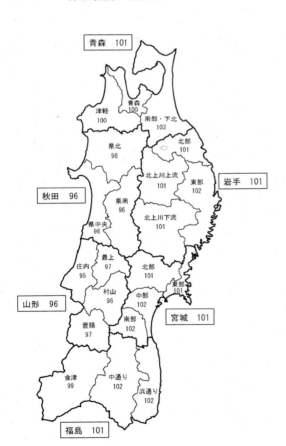

図1-7　平成30年産稲作期間の半旬別気象経過（仙台）

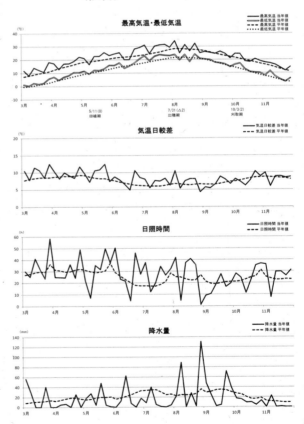

c 北 陸

田植期は、富山県で平年並みとなり、その他の県では平年に比べ１日早くなった。出穂期は、福井県で平年に比べ５日、新潟県及び富山県で３日、石川県では２日早くなった。

全もみ数は、富山県及び福井県が「やや多い」、石川県が「平年並み」となったのに対し、新潟県では分げつ期（６月上旬～７月中旬）の少雨や６月中旬の低温の影響により「やや少ない」となった。

登熟は、石川県では「平年並み」となり、新潟県、富山県及び福井県では、８月下旬以降の日照不足の影響により「やや不良」となった。

以上のことから、10ａ当たり収量は、新潟県で531kg（前年産に比べ５kg増加）、富山県で552kg（同６kg増加）、石川県で519kg（前年と同値）、福井県で530kg（前年産に比べ５kg増加）となり、北陸平均で533kg（同４kg増加）となった（図１－８、１－９）。

図１－８　平成30年産水稲の作柄表示地帯別　　　図１－９　平成30年産稲作期間の半旬別気象経過
　　　　　作況指数（北陸）　　　　　　　　　　　　　　　　　（新潟）

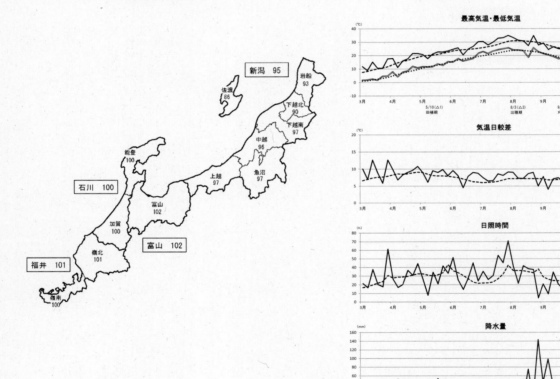

d　関東・東山

　田植期は、神奈川県で平年並みとなり、東京都で平年に比べ３日、その他の県では１日早くなった。出穂期は、栃木県及び東京都で平年に比べ５日、群馬県及び長野県で４日、その他の県では３日早くなった。

　全もみ数は、田植期以降おおむね天候に恵まれたことから、千葉県では「多い」、茨城県、栃木県及び群馬県では「やや多い」、その他の都県では「平年並み」から「やや少ない」となった。

　登熟は、全もみ数が多いことによる相反作用や８月下旬以降の日照不足等により、千葉県では「不良」、その他の都県では「やや不良」から「平年並み」となった。また、神奈川県では出穂期以降の天候がおおむね良好に推移したことから「やや良」となった。

　以上のことから、10 a 当たり収量は、茨城県で524kg（前年産に比べ１kg減少）、栃木県で550kg（同40kg増加）、群馬県で506kg（同７kg増加）、埼玉県で487kg（同７kg減少）、千葉県で542kg（同１kg減少）、東京都で417kg（同６kg増加）、神奈川県で492kg（同17kg減少）、山梨県で542kg（同７kg減少）、長野県で618kg（同11kg減少）となり、関東・東山平均で539kg（同６kg増加）となった（図１−10、１−11）。

図１−10　平成30年産水稲の作柄表示地帯別作況指数（関東・東山）

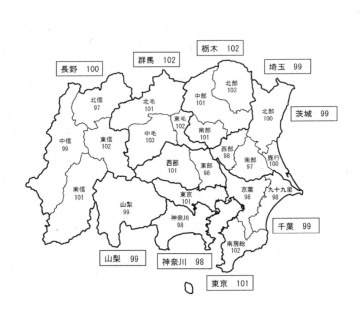

図１−11　平成30年産稲作期間の半旬別気象経過（水戸）

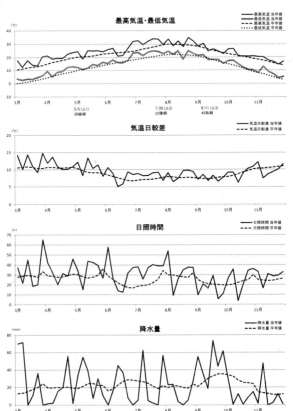

e　東海及び近畿

　田植期は、三重県及び滋賀県で平年に比べ2日、静岡県、愛知県、京都府、兵庫県及び和歌山県で1日早くなり、その他の府県では平年並みとなった。出穂期は、滋賀県及び兵庫県で平年に比べ4日、静岡県、三重県及び京都府で3日、岐阜県、愛知県、大阪府及び和歌山県で2日、奈良県では1日早くなった。

　全もみ数は、田植期以降おおむね天候に恵まれたことから愛知県及び三重県は「やや多い」、その他の府県では「平年並み」となった。

　登熟は、8月下旬以降の日照不足の影響等により岐阜県、静岡県、愛知県、兵庫県及び和歌山県で「やや不良」となったものの、その他の府県では出穂期以降の天候がおおむね順調に推移したことから「平年並み」となった。

　以上のことから、10a当たり収量は、岐阜県で478kg（前年産に比べ10kg減少）、静岡県で506kg（同9kg減少）、愛知県で499kg（同13kg減少）、三重県で499kg（同19kg増加）、滋賀県で512kg（同5kg減少）、京都府で502kg（同8kg減少）、大阪府で494kg（同12kg減少）、兵庫県で492kg（同9kg減少）、奈良県で514kg（同7kg減少）、和歌山県で492kg（同15kg減少）となり、東海平均で495kg（同3kg減少）、近畿平均で502kg（同8kg減少）となった（図1－12、1－13）。

図1－12　平成30年産水稲の作柄表示地帯別　　　　図1－13　平成30年産稲作期間の半旬別気象経過
　　　　　作況指数（東海及び近畿）　　　　　　　　　　　　　（名古屋）

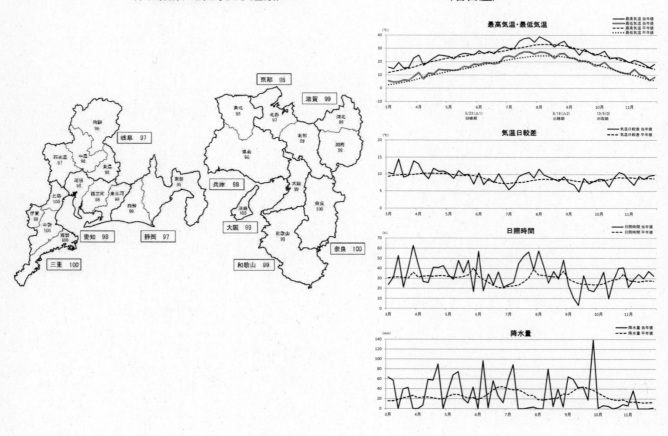

f　中国及び四国

　田植期は、岡山県、徳島県（早期栽培）、愛媛県及び高知県（早期栽培）で平年に比べ1日早くなり、広島県、山口県、徳島県（普通栽培）、香川県及び高知県（普通栽培）は平年並み、鳥取県で平年に比べ1日、島根県では2日遅くなった。出穂期は、島根県で平年に比べ5日、広島県で4日、山口県及び高知県（早期栽培）で3日、岡山県及び徳島県（早期栽培）で2日、徳島県（普通栽培）、香川県、愛媛県及び高知県（普通栽培）で1日早くなり、鳥取県では平年並みとなった。

　穂数は、田植後の低温の影響等を受け、おおむね「やや少ない」となった。ただし、田植時期が遅い岡山県や山口県等では、平年並み以上の穂数となった。一方、1穂当たりもみ数は、幼穂形成期が天候に恵まれたことから、おおむね「平年並み」となった。この結果、全もみ数は、おおむね「やや少ない」ないし「やや多い」となった。

　登熟は、8月までは天候に恵まれたことから、島根県、広島県及び徳島県（早期栽培）では「やや良」となった。その他の県では、9月以降日照不足となったことや台風等の影響から「平年並み」ないし「やや不良」となった。

　以上のことから、10a当たり収量は、鳥取県で498kg（前年産に比べ22kg減少）、島根県で524kg（同5kg増加）、岡山県で517kg（同27kg減少）、広島県で525kg（同9kg減少）、山口県で522kg（同1kg増加）、徳島県で470kg（同10kg減少）、香川県で479kg（同5kg減少）、愛媛県で498kg（同10kg減少）、高知県で441kg（同30kg減少）となり、中国平均で519kg（同11kg減少）、四国平均で473kg（同13kg減少）となった（図1−14、1−15）。

図1−14　平成30年産水稲の作柄表示地帯別作況指数（中国及び四国）

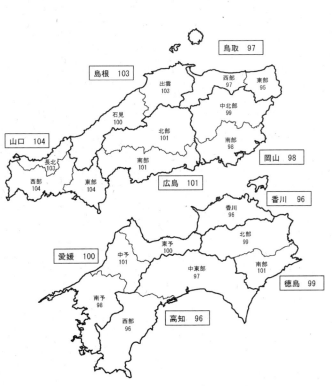

図1−15　平成30年産稲作期間の半旬別気象経過（岡山）

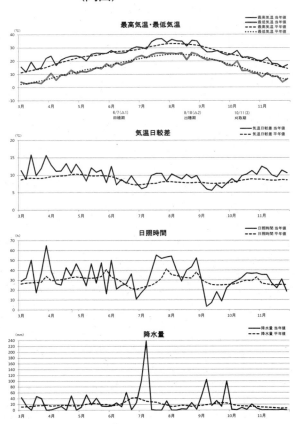

g　九州及び沖縄

　九州においては、田植期は、長崎県及び宮崎県（早期栽培）で平年に比べ2日、福岡県、佐賀、熊本県、大分県及び鹿児島県（早期及び普通栽培）で1日早くなり、宮崎県（普通栽培）では平年並みとなった。出穂期は、鹿児島県（早期栽培）で平年に比べ5日、宮崎県（早期栽培）で4日、熊本県で3日、福岡県、長崎県及び大分県で2日、佐賀県、宮崎県（普通栽培）及び鹿児島県（普通栽培）では1日早くなった。

　全もみ数は、田植期以降、高温・多照で推移したことから、幼穂形成期（8月上旬）の天候が寡照傾向となった鹿児島県（普通栽培）を除いて、おおむね「多い」又は「やや多い」となった。

　登熟については、鹿児島県（普通栽培）で「やや良」、宮崎県（早期栽培）及び鹿児島県（早期栽培）で「平年並み」となったものの、その他の県では全もみ数が多いことによる相反作用や9月上旬以降の日照不足の影響により「やや不良」となった。

　以上のことから、10a当たり収量は、福岡県で518kg（前年産に比べ9kg増加）、佐賀県で532kg（同1kg増加）、長崎県で499kg（同4kg増加）、熊本県で529kg（同2kg増加）、大分県で501kg（同5kg減少）、宮崎県で493kg（同6kg減少）、鹿児島県で481kg（同5kg減少）となり、九州平均で512kg（同2kg増加）となった。

　沖縄県は、第1期稲が一部で台風第7号による倒伏や虫害等が見られたものの、田植期以降おおむね天候に恵まれたことから364kg（前年産に比べ10kg増加）となり、第2期稲が田植期以降おおむね天候に恵まれ初期生育は順調であったものの、出穂・開花期に台風第24号、第25号が直撃した沖縄諸島において、白穂(不稔もみ)が発生したことから149kg（同2kg減少）となり、県計の10a当たり収量は307kg（同6kg増加）となった（図1－16、1－17）。

図1－16　平成30年産水稲の作柄表示地帯別
　　　　　作況指数（九州及び沖縄）

図1－17　平成30年産稲作期間の半旬別気象経過
　　　　　（熊本）

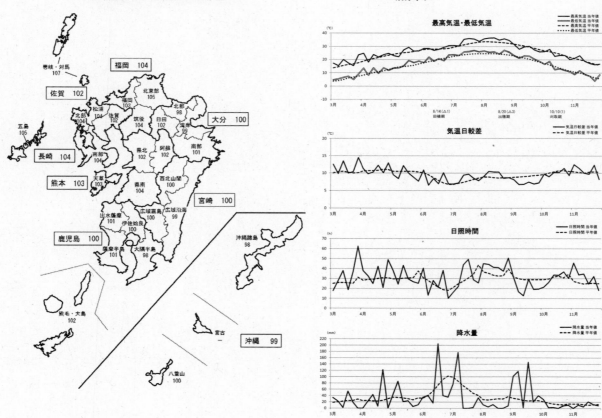

（イ）　陸　稲

10ａ当たり収量は232kgで、前年産に比べ２％下回った（表１－２）。

表１－２　平成30年産陸稲の作付面積、10ａ当たり収量及び収穫量

区　　分	作付面積 （子実用）	10ａ当たり 収　量	収　穫　量 （子実用）	前　年　産　と　の　比　較						（参　考） 10ａ当たり 平均収量対比
				作　付　面　積		10ａ当たり 収　量	収　穫　量			
				対　差	対　比	対　比	対　差	対　比		
	ha	kg	t	ha	％	％	t	％		％
全　　　　　国	750	232	1,740	△　63	92	98	△　180	91		100
うち茨城	528	246	1,300	△　52	91	101	△　120	92		105
栃木	183	206	377	△　8	96	90	△　58	87		88

注：1　陸稲については、平成30年産から、調査の範囲を全国から主産県に変更し、作付面積調査にあっては３年、収穫量調査にあっては６年ごとに全国調査を実施することとした。平成30年産は主産県調査年であり、全国調査を行った平成29年の調査結果に基づき、全国値を推計している。

なお、主産県とは、平成29年における全国の作付面積のおおむね80％を占めるまでの上位都道府県である。

2　（参考）10ａ当たり平均収量対比とは、10ａ当たり平均収量（過去７か年の実績値のうち、最高及び最低を除いた５か年の平均値）と当年産の10ａ当たり収量との対比である。

2 麦 類

(1) 要 旨

ア 作付面積

　平成30年産4麦（小麦、二条大麦、六条大麦及びはだか麦）の子実用作付面積は27万2,900haで、前年産並みとなった。

　このうち、北海道は12万3,100ha、都府県は14万9,800haで、それぞれ前年産並みとなった（表2－1、図2－1）。

イ 収穫量

　平成30年産4麦の子実用収穫量は93万9,600tで、前年産に比べ15万2,400t（14%）減少した。

　これは、小麦及び六条大麦の10a当たり収量が前年産を下回ったためである（表2－1、図2－1）。

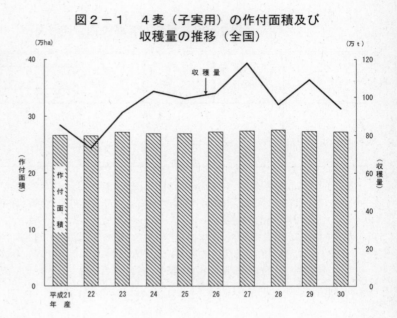

図2－1　4麦（子実用）の作付面積及び収穫量の推移（全国）

表2－1　平成30年産4麦（子実用）の作付面積、10a当たり収量及び収穫量

区　分	作付面積	10a当たり収量	収穫量	前年産との比較 作付面積 対差	前年産との比較 作付面積 対比	前年産との比較 10a当たり収量 対比	前年産との比較 収穫量 対差	前年産との比較 収穫量 対比	（参考）10a当たり平均収量対比	（参考）10a当たり平均収量
	ha	kg	t	ha	%	%	t	%	%	kg
全　国										
4麦計	272,900	…	939,600	△ 800	100	nc	△ 152,400	86	nc	…
小　麦	211,900	361	764,900	△ 400	100	85	△ 141,800	84	90	399
二条大麦	38,300	318	121,700	0	100	102	2,000	102	106	301
六条大麦	17,300	225	39,000	△ 800	96	78	△ 13,400	74	79	285
はだか麦	5,420	258	14,000	450	109	101	1,300	110	102	252
北 海 道										
4麦計	123,100	…	476,800	△ 300	100	nc	△ 136,700	78	nc	…
小　麦	121,400	388	471,100	△ 200	100	78	△ 136,500	78	84	460
二条大麦	1,660	334	5,540	△ 60	97	99	△ 260	96	98	340
六条大麦	x	x	x	x	x	x	x	x	x	…
はだか麦	64	172	110	29	183	46	△ 20	85	50	344
都 府 県										
4麦計	149,800	…	462,800	△ 600	100	nc	△ 15,400	97	nc	…
小　麦	90,500	325	293,800	△ 200	100	98	△ 5,300	98	105	309
二条大麦	36,600	317	116,100	0	100	102	2,200	102	106	299
六条大麦	17,300	225	39,000	△ 800	96	78	△ 13,400	74	79	285
はだか麦	5,350	260	13,900	410	108	103	1,400	111	103	252

注：1　「（参考）10a当たり平均収量対比」とは、10a当たり平均収量（原則として直近7か年のうち、最高及び最低を除いた5か年の平均値）に対する当年産の10a当たり収量の比率である（以下各統計表において同じ。）。
　　2　全国農業地域別（以下「地域別」という。）の10a当たり平均収量は、各都府県の10a当たり平均収量に当年産の作付面積を乗じて求めた平均収穫量を地域別に積み上げ、当年産の地域別作付面積で除して算出している。

表2－2　平成30年産4麦（子実用）の作付面積、10a当たり収量及び収穫量（全国農業地域別）

全国農業地域	4麦計		小麦				二条大麦				六条大麦				はだか麦			
	作付面積	収穫量	作付面積	10a当たり収量	収穫量	(参考)10a当たり平均収量対比	作付面積	10a当たり収量	収穫量	(参考)10a当たり平均収量対比	作付面積	10a当たり収量	収穫量	(参考)10a当たり平均収量対比	作付面積	10a当たり収量	収穫量	(参考)10a当たり平均収量対比
	ha	t	ha	kg	t	%	ha	kg	t	%	ha	kg	t	%	ha	kg	t	%
全　国	272,900	939,600	211,900	361	764,900	90	38,300	318	121,700	106	17,300	225	39,000	79	5,420	258	14,000	102
北 海 道	123,100	476,800	121,400	388	471,100	84	1,660	334	5,540	98	x	x	x	x	64	172	110	50
都 府 県	149,800	462,800	90,500	325	293,800	105	36,600	317	116,100	106	17,300	225	39,000	79	5,350	260	13,900	103
東　　北	7,870	16,100	6,570	192	12,600	90	5	160	8	114	1,280	266	3,400	102	10	120	12	nc
北　　陸	9,790	18,300	403	170	685	84	7	86	6	50	9,380	188	17,600	64	x	225	x	nc
関東・東山	38,500	130,500	20,900	355	74,200	98	12,500	336	42,000	95	4,810	287	13,800	100	x	266	x	nc
東　　海	16,300	54,500	15,500	341	52,800	107	3	200	5	168	693	237	1,640	94	44	320	141	190
近　　畿	10,400	26,200	9,040	257	23,200	104	153	231	353	97	1,070	221	2,360	84	x	230	x	106
中　　国	5,830	16,200	2,410	282	6,800	108	2,740	301	8,240	94	x	171	x	93	x	170	x	105
四　　国	4,840	14,200	2,170	317	6,880	100	x	226	x	72	x	x	x	nc	2,640	274	7,230	101
九　　州	56,300	186,800	33,400	349	116,600	115	21,100	310	65,500	115	3	387	13	129	1,750	271	4,740	115
沖　　縄	x	x	29	155	45	89	x	x	x	nc	－	－	－	nc	－	－	－	nc

(2)　解　説

ア　小麦（子実用）

(ア)　作付面積

　　小麦の作付面積は 21 万 1,900ha で、前年産並みとなった。

　　このうち、北海道は 12 万 1,400ha、都府県は 9 万 500ha で、それぞれ前年産並みとなった（表2－1、2－2、図2－2）。

(イ)　10a当たり収量

　　10a当たり収量は 361 kgで、前年産を15％下回った。

　　このうち、北海道は 388 kgで、前年産を22％下回った。

　　また、都府県は325 kgで、前年産を2％下回った。

　　その主な要因は、北海道の秋まき小麦が6月中旬から7月中旬にかけての低温、日照不足の影響により登熟不良となったことである（表2－1、2－2、図2－2、2－3、2－4）。

(ウ)　収穫量

　　収穫量は76万4,900tで、前年産に比べ14万1,800t（16％）減少した。

　　このうち、北海道の収穫量は47万1,100tで、前年産に比べ13万6,500t（22％）減少した。

　　また、都府県の収穫量は29万3,800tで、前年産に比べ5,300t（2％）減少した（表2－1、2－2、図2－2）。

図2－2　小麦の作付面積及び収穫量及び10a当たり収量の推移（全国）

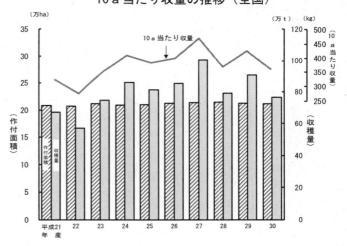

図2-3 平成30年麦作期間の半
旬別気象経過（帯広）

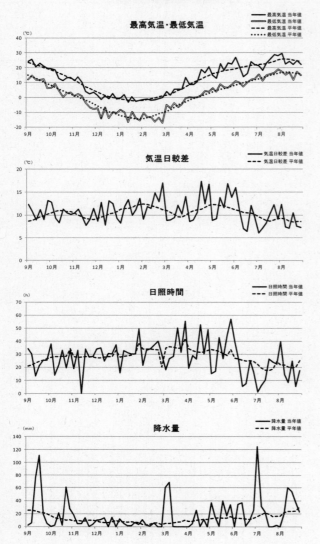

図2-4 平成30年麦作期間の半
旬別気象経過（福岡）

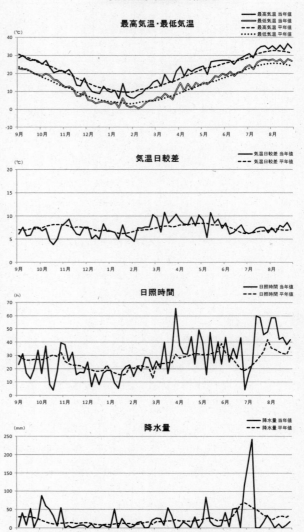

イ　二条大麦（子実用）

（ア）　作付面積

　　二条大麦の作付面積は3万8,300ha
で、前年産並みとなった。

　　このうち、北海道は1,660haで、前年
産に比べ60ha（3％）減少した。

　　一方、都府県は3万6,600haで、前年
産並みであった（表2－1、2－2、
図2－5）。

（イ）　10a当たり収量

　　10a当たり収量は318kgで、前年産を
2％上回った（表2－1、2－2、図
2－5、2－6、2－7）。

（ウ）　収穫量

　　収穫量は12万1,700tで、前年産に比べ2,000t（2％）増加した（表2－1、2－2、図2－
5）。

図2－5　二条大麦の作付面積及び収穫量及び
　　　　10a当たり収量の推移（全国）

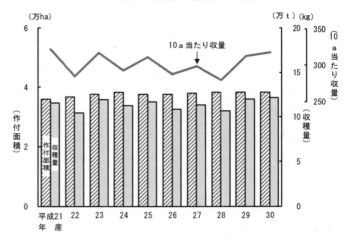

図2－6　平成30年麦作期間の半
　　　　旬別気象経過（栃木）

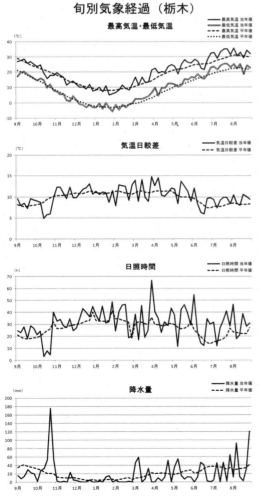

図2－7　平成30年麦作期間の半
　　　　旬別気象経過（佐賀）

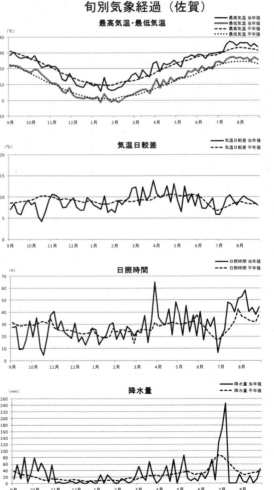

ウ　六条大麦（子実用）

(ア)　作付面積

六条大麦の作付面積は1万7,300haで、800ha（4％）減少した（表2－1、2－2、図2－8）。

(イ)　10a当たり収量

10a当たり収量は225kgで、前年産を22％下回った。

これは、北陸地域において、大雪の影響で融雪時期が遅れたこと等により穂数が少なくなったためである。

なお、10a当たり平均収量対比は79％となった（表2－1、2－2、図2－8、2－9、2－10）。

(ウ)　収穫量

収穫量は3万9,000tで、前年産に比べ1万3,400t（26％）減少した（表2－1、2－2、図2－8）。

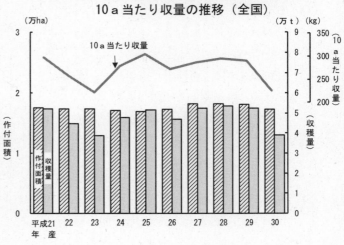

図2－8　六条大麦の作付面積及び収穫量及び10a当たり収量の推移（全国）

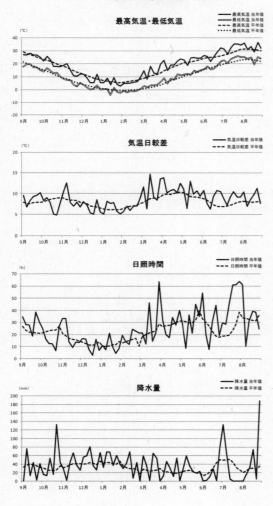

図2－9　平成30年麦作期間の半旬別気象経過（富山）

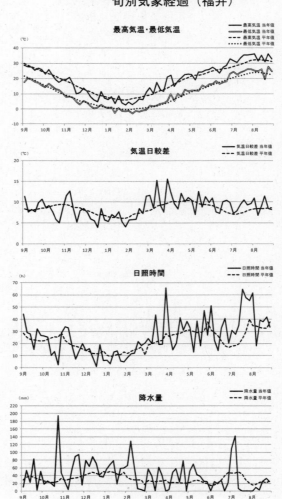

図2－10　平成30年麦作期間の半旬別気象経過（福井）

エ　はだか麦（子実用）

(ｱ)　作付面積

　　はだか麦の作付面積は 5,420ha で、前年産に比べ 450ha（9％）増加した（表2－1、2－2、図2－11）。

(ｲ)　10ａ当たり収量

　　10ａ当たり収量は 258 kgで、前年産を 1％上回った（表2－1、2－2、図2－11、2－12、2－13）。

(ｳ)　収穫量

　　収穫量は1万 4,000 tで、前年産に比べ 1,300 t（10％）増加した（表2－1、2－2、図2－11）。

図2－11　はだか麦の作付面積及び収穫量及び
10ａ当たり収量の推移（全国）

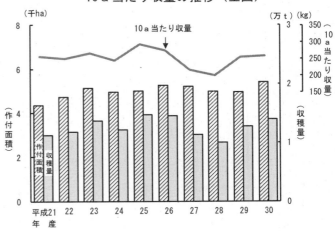

図2－12　平成30年麦作期間の半
旬別気象経過（愛媛）

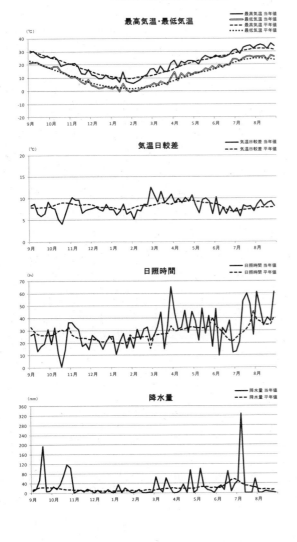

図2－13　平成30年麦作期間の半
旬別気象経過（大分）

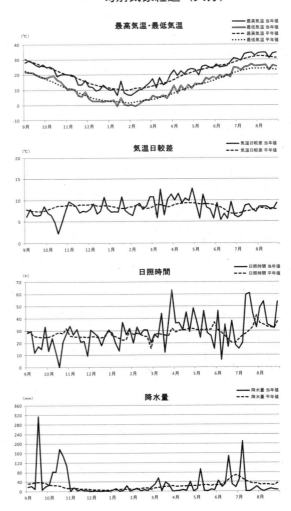

3 豆類・そば

(1) 要 旨

　平成30年産の豆類（乾燥子実）の収穫量は、大豆が21万1,300 t 、小豆が4万2,100 t 、いんげんは9,760 t で、それぞれ前年産に比べ4万1,700 t （16％）、1万1,300 t （21％）、7,140 t （42％）減少した。一方、らっかせいは1万5,600 t で、前年産に比べ200 t （1％）増加した。

　また、そば（乾燥子実）の収穫量は2万9,000 t で、前年産に比べ5,400 t （16％）減少した（表3）。

表3　平成30年産豆類（乾燥子実）及びそば（乾燥子実）の作付面積、10a 当たり収量及び収穫量

区　分	作付面積	10 a 当たり収量	収穫量	前年産との比較 作付面積 対差	対比	10 a 当たり収量 対比	収穫量 対差	対比	（参考）10 a 当たり平均収量 対比	10 a 当たり平均収量
	ha	kg	t	ha	%	%	t	%	%	kg
大　　　豆	146,600	144	211,300	△ 3,600	98	86	△ 41,700	84	86	167
小　　　豆	23,700	178	42,100	1,000	104	76	△ 11,300	79	81	219
うち北海道	19,100	205	39,200	1,200	107	74	△ 10,600	79	80	255
いんげん	7,350	133	9,760	200	103	56	△ 7,140	58	73	182
うち北海道	6,790	136	9,230	160	102	55	△ 7,170	56	72	189
らっかせい	6,370	245	15,600	△ 50	99	102	200	101	103	237
うち千葉	5,080	256	13,000	0	100	106	800	107	106	241
そ　　　ば	63,900	45	29,000	1,000	102	82	△ 5,400	84	80	56

注：　小豆、いんげん及びらっかせいの作付面積調査及び収穫量調査は主産県調査であり、3年又は6年周期で全国調査を実施している。平成30年産については全国の都道府県を対象に調査を行った。

(2) 解 説

ア　大豆（乾燥子実）

（ア）作付面積

　　大豆の作付面積は14万6,600ha で、前年産に比べ3,600ha （2％）減少した（表3、図3－1）。

（イ）10a 当たり収量

　　10a 当たり収量は 144kg で、前年産を 14％下回った。

　　これは、北海道においては低温、日照不足及び多雨の影響による着さや数の減少、北陸や東海等においては台風の影響等による湿害及び倒伏が発生したためである（表3、図3－1）。

（ウ）収穫量

　　収穫量は21万1,300 t で、前年産に比べ4万1,700 t （16％）減少した（表3、図3－1）。

図3－1　大豆の作付面積、収穫量及び 10a 当たり収量の推移（全国）

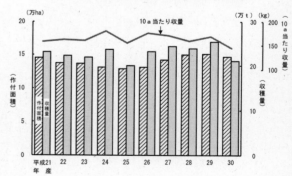

イ　小豆（乾燥子実）

(ア)　作付面積

　　小豆の作付面積は2万3,700ha で、前年産に比べ1,000ha（4％）増加した。

　　このうち、主産地である北海道の作付面積は1万9,100ha で、大豆等からの転換により、前年産に比べ1,200ha（7％）増加した。（表3、図3－2）。

(イ)　10a当たり収量

　　10a当たり収量は 178kg で、前年産を24％下回った。

　　これは、主産地である北海道において、低温、日照不足及び多雨の景況により、着さや数及び粒数が少なくなったためである。（表3、図3－2）。

(ウ)　収穫量

　　収穫量は4万2,100t で、前年産に比べ1万1,300t（21％）減少した。

　　なお、都道府県別の収穫量割合は、北海道が全国の93％を占めている（表3、図3－2）。

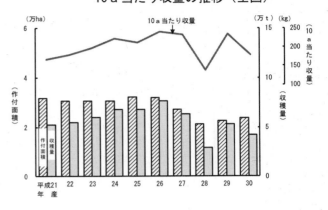

図3－2　小豆の作付面積、収穫量及び10a当たり収量の推移（全国）

ウ　いんげん（乾燥子実）

(ア)　作付面積

　　いんげんの作付面積は 7,350ha で、前年産に比べ200ha（3％）増加した。

　　このうち、北海道の作付面積は 6,790ha で、大豆等からの転換により、前年産に比べ160ha（2％）増加した。（表3、図3－3）。

(イ)　10a当たり収量

　　10a当たり収量は 133kg で、前年産を 44％下回った。

　　これは、低温、日照不足及び多雨の影響により、着さや数及び粒数が少なくなったためである（表3、図3－3）。

(ウ)　収穫量

　　収穫量は9,760t で、前年産に比べ7,140t（42％）減少した（表3、図3－3）。

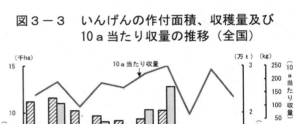

図3－3　いんげんの作付面積、収穫量及び10a当たり収量の推移（全国）

エ　らっかせい（乾燥子実）

(ア)　作付面積

　　らっかせいの作付面積は 6,370ha で、前年産に比べ50ha（1％）減少した。

　　このうち、千葉県の作付面積は 5,080ha で、前年産並みとなった（表3、図3－4）。

(イ)　10a 当たり収量

　　10a 当たり収量は 245 kgで、前年産を2％上回った。（表3、図3－4）。

(ウ)　収穫量

　　収穫量は1万5,600 t で、前年産に比べ200 t（1％）増加した。

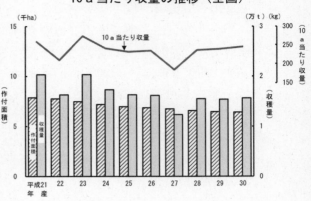

図3－4　らっかせいの作付面積、収穫量及び
　　　　10a 当たり収量の推移（全国）

オ　そば（乾燥子実）

(ア)　作付面積

　　そばの作付面積は6 万 3,900ha で、前年産に比べ1,000ha（2％）増加した。

　　これは、他作物からの転換等があったためである（表3、図3－5）。

(イ)　10a 当たり収量

　　10a 当たり収量は 45kg で、前年産を 18％下回った。

　　これは、主産地である北海道において、日照不足・多雨による湿害等の発生及び台風による脱粒があったためである（表3、図3－5）。

(ウ)　収穫量

　　収穫量は2万9,000 t で、前年産に比べ5,400 t（16％）減少した（表3、図3－5）。

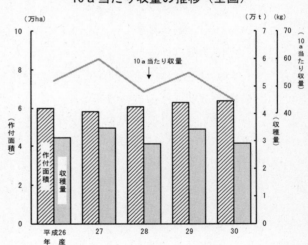

図3－5　そばの作付面積、収穫量及び
　　　　10a 当たり収量の推移（全国）

4　かんしょ

(1)　作付面積

　　かんしょの作付面積は3万5,700ha
で、前年産並みであった（表4、図
4）。

(2)　10a当たり収量

　　10a当たり収量は2,230kgで、前年産
を2%下回った（表4、図4）。

(3)　収穫量

　　収穫量は79万6,500tで、前年産に比
べ1万600t（1%）減少した（表4、図
4）。

図4　かんしょの作付面積、収穫量及び
10a当たり収量の推移（全国）

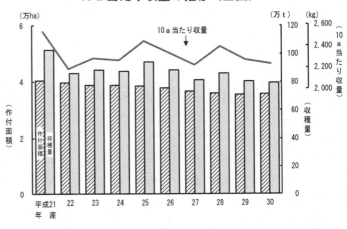

表4　平成30年産かんしょの作付面積、10a当たり収量及び収穫量

区　　分	作付面積	10a当たり収量	収穫量	前　年　産　と　の　比　較						（　参　考　）	
				作　付　面　積		10a当たり収量	収　穫　量			10a当たり平均収量対比	10a当たり平均収量
				対　差	対　比	対比	対　差	対　比			
	ha	kg	t	ha	%	%	t	%		%	kg
全　　　　国	35,700	2,230	796,500	100	100	98	△　10,600	99		97	2,310
うち 茨　　城	6,780	2,560	173,600	80	101	98	△　1,300	99		98	2,600
千　　葉	4,090	2,440	99,800	△　40	99	100	△　1,400	99		98	2,490
静　　岡	540	1,830	9,880	△　42	93	101	△　620	94		109	1,680
徳　　島	1,090	2,570	28,000	△　10	99	93	△　2,300	92		106	2,420
熊　　本	971	2,270	22,000	△　29	97	102	△　300	99		101	2,240
宮　　崎	3,610	2,500	90,300	△　80	98	102	300	100		100	2,510
鹿 児 島	12,100	2,300	278,300	200	102	97	△　3,700	99		92	2,490

注：　かんしょの作付面積調査及び収穫量調査は主産県調査であり、3年又は6年周期で全国調査を実施している。平成30年
　　産については主産県を対象に調査を行った。なお、全国値は、主産県の調査結果から推計したものである。

36

5　飼料作物

(1)　牧草

ア　作付（栽培）面積

　　牧草の作付（栽培）面積は 72 万 6,000ha で、前年産並みとなった（表5－1、図5－1）。

イ　10 a 当たり収量

　　10 a 当たり収量は 3,390kg で、前年産を3％下回った。

　　これは、主産地である北海道において、低温、日照不足及び多雨により、生育が抑制されたためである（表5－1、図5－1）。

ウ　収穫量

　　収穫量は 2,462 万 1,000 t で、前年産に比べ 87 万 6,000 t （3％）減少した（表5－1、図5－1）。

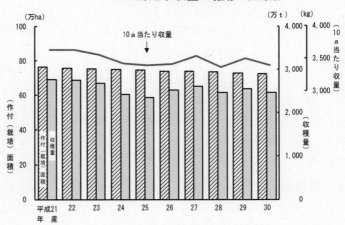

図5－1　牧草の作付面積、収穫量及び
10 a 当たり収量の推移（全国）

注：　平成24年産及び平成25年産の10 a 当たり収量及び収穫量については、全国値の推計を行っていないため、主産県計の数値である。

表5－1　平成 30 年産牧草の作付（栽培）面積、10 a 当たり収量及び収穫量

区　分	作付（栽培）面積	10 a 当たり収量	収穫量	前 年 産 と の 比 較						（ 参 考 ）	
				作付（栽培）面積		10 a 当たり収量	収穫量		10 a 当たり平均収量対比	10 a 当たり平均収量
				対差	対比	対比	対差	対比		
	ha	kg	t	ha	%	%	t	%	%	kg
全　　国	726,000	3,390	24,621,000	△ 2,300	100	97	△ 876,000	97	97	3,480
うち北海道	533,600	3,240	17,289,000	△ 1,400	100	97	△ 580,000	97	99	3,270

注：　飼料作物の作付面積調査及び収穫量調査は主産県調査であり、3年又は6年周期で全国調査を実施している。平成30年調査については主産県を対象に調査を行った。なお、全国値は、主産県の調査結果から推計したものである。

(2) 青刈りとうもろこし

ア 作付面積

青刈りとうもろこしの作付面積は9万4,600ha で、前年産並みとなった（表5－2、図5－2）。

イ 10a当たり収量

10a当たり収量は 4,740kg で、前年産を6％下回った。

これは、主産地である北海道において、日照不足及び多雨により、生育が抑制されたためである（表5－2、図5－2）。

ウ 収穫量

収穫量は448万8,000t で、前年産に比べ29万4,000t（6％）減少した（表5－2、図5－2）。

図5－2 青刈りとうもろこしの作付面積、収穫量及び10a当たり収量の推移（全国）

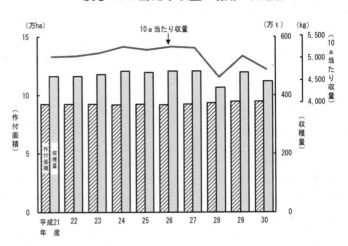

表5－2 平成30年産青刈りとうもろこしの作付面積、10a当たり収量及び収穫量

区　　分	作付面積	10a当たり収量	収穫量	前　年　産　と　の　比　較						（　参　考　）	
				作　付　面　積		10a当たり収量	収　穫　量		10a当たり平均収量	10a当たり平均収量
				対　差	対比	対比	対　差	対比	対　比	
	ha	kg	t	ha	%	%	t	%	%	kg
全　　国	94,600	4,740	4,488,000	△　200	100	94	△　294,000	94	92	5,160
うち北海道	55,500	4,860	2,697,000	400	101	89	△　306,000	90	88	5,500

注： 飼料作物の作付面積調査及び収穫量調査は主産県調査であり、3年又は6年周期で全国調査を実施している。平成30年調査については主産県を対象に調査を行った。なお、全国値は、主産県の調査結果から推計したものである。

（3）　ソルゴー

ア　作付面積

　　ソルゴーの作付面積は1万4,000ha で、
前年産に比べ400ha（3％）減少した。
　　これは、他作物への転換等があったた
めである（表5−3、図5−3）。

イ　10a当たり収量

　　10a当たり収量は4,410kgで、前年産
を5％下回った。
　　これは、主産地である九州において、
台風による倒伏等の被害が発生したため
である。（表5−3、図5−3）。

ウ　収穫量

　　収穫量は61万8,000tで、前年産に比べ4万7,000t（7％）減少した（表5−3、図5−3）。

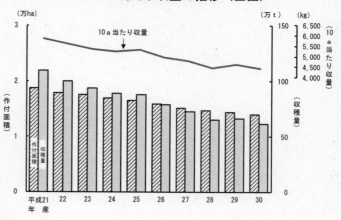

図5−3　ソルゴーの作付面積、収穫量及び
10a当たり収量の推移（全国）

表5−3　平成30年産ソルゴーの作付面積、10a当たり収量及び収穫量

区　分	作付面積	10a当たり収量	収穫量	前　年　産　と　の　比　較						（　参　考　）	
				作　付　面　積		10a当たり収量	収　穫　量		10a当たり平均収量対比	10a当たり平均収量
				対　差	対比	対比	対　差	対比	対　比	
	ha	kg	t	ha	％	％	t	％	％	kg
全　　　　国	14,000	4,410	618,000	△　400	97	95	△　47,000	93	88	4,990

注：　飼料作物の作付面積調査及び収穫量調査は主産県調査であり、3年又は6年周期で全国調査を実施している。平成30年
調査については主産県を対象に調査を行った。なお、全国値は、主産県の調査結果から推計したものである。

6 工芸農作物

(1) 茶

ア 栽培面積

全国の茶の栽培面積は4万1,500haで、前年に比べ900ha（2％）減少した（表6-1）。

イ 摘採実面積

主産県の摘採実面積は3万3,300haで、前年産に比べ500ha（1％）減少した（表6-2）。

ウ 生葉収穫量

主産県の生葉収穫量は38万3,600tで、前年産に比べ2万900t（6％）増加した。

これは、主産地である静岡県、鹿児島県においておおむね天候に恵まれ生育が順調であったためである（表6-2）。

エ 荒茶生産量

主産県の荒茶生産量は8万1,500tで、前年産に比べ4,400t（6％）増加した。

都府県別にみると、静岡県が3万3,400t（主産県計に占める割合は41％）、次いで鹿児島県が2万8,100t（同34％）、三重県が6,240t（同8％）、宮崎県が3,800t（同5％）となっている（表6-2、図6-1）。

表6-1 茶の栽培面積（全国）

単位：ha

区 分	栽 培 面 積
平成29年	42,400
30	41,500
対前年産比（％）	98

注： 平成29年から茶の栽培面積は、主産県調査であり、全国値は主産県の調査結果から推計したものである。

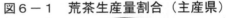
図6-1 荒茶生産量割合（主産県）

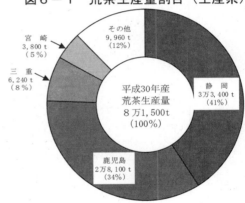

その他 9,960t（12％）
宮崎 3,800t（5％）
三重 6,240t（8％）
平成30年産荒茶生産量 8万1,500t（100％）
静岡 3万3,400t（41％）
鹿児島 2万8,100t（34％）

表6-2 平成30年産茶の摘採面積、10a当たり生葉収量、生葉収穫量及び荒茶生産量（主産県）

区 分	摘 採 面 積		10a当たり生葉収量		生 葉 収 穫 量		荒 茶 生 産 量	
	実 面 積	延べ面積		一番茶		一番茶		一番茶
	ha	ha	kg	kg	t	t	t	t
平成29年産	33,800	82,100	1,070	412	362,700	139,400	77,100	27,900
30	33,300	81,700	1,150	461	383,600	153,100	81,500	30,500
対前年産比（％）	99	100	107	112	106	110	106	109

注：1 茶の収穫量調査は主産県調査であり、6年周期で全国調査を実施している。平成30年産については主産県を対象に調査を行った。
2 平成30年産から主産県の対象が12府県から11府県に変更となったことから、平成29年産の数値は、平成30年産と比較するため、平成30年産における主産県（11府県）を対象に集計したものである。

(2) なたね（子実用）

ア 作付面積

なたねの作付面積は 1,920ha で、前年産に比べ 60ha（3％）減少した（表6－3、図6－2）。

イ 10a当たり収量

10a当たり収量は 163kg で、作柄の良かった前年産を12％下回った。

これは、主産地である北海道において、6月上旬まではおおむね天候に恵まれたものの、その後の日照不足等の影響により、作柄の良かった前年産を下回ったことに加え、東北地方において、多雨により発芽不良となったためである（表6－3、図6－2）。

ウ 収穫量

収穫量は3,120tで、前年産に比べ550t（15％）減少した（表6－3、図6－2）。

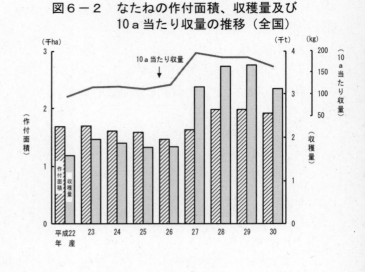

図6－2　なたねの作付面積、収穫量及び10a当たり収量の推移（全国）

表6－3　平成30年産なたねの作付面積、10a当たり収量及び収穫量

区　分	作付面積	10a当たり収量	収穫量	前　年　産　と　の　比　較						（　参　　考　）	
				作　付　面　積		10a当たり収量	収　穫　量		10a当たり平均収量	10a当たり平均収量
				対　差	対比	対比	対　差	対比	対比	
	ha	kg	t	ha	％	％	t	％	％	kg
全　　国	1,920	163	3,120	△ 60	97	88	△ 550	85	113	144

(3) てんさい（北海道）

ア 作付面積

北海道のてんさいの作付面積は5万7,300haで、前年産に比べ900ha（2％）減少した。

これは、労働力不足による作付中止や他作物への転換等があったためである（表6－4、図6－3）。

イ 10a当たり収量

北海道の10a当たり収量は6,300kgで、作柄の良かった前年産を6％下回った。

これは、6月上旬まではおおむね天候に恵まれたものの、その後の日照不足等の影響により、作柄の良かった前年産を下回ったためである（表6－4、図6－3）。

ウ 収穫量

北海道の収穫量は361万1,000tで、前年産に比べ29万t（7％）減少した（表6－4、図6－3）。

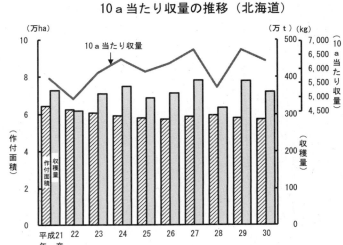

図6－3 てんさいの作付面積、収穫量及び
10a当たり収量の推移（北海道）

表6－4 平成30年産てんさいの作付面積、10a当たり収量及び収穫量（北海道）

区　分	作付面積	10a当たり収量	収穫量	前年産との比較						（参考）	
				作付面積		10a当たり収量	収穫量		10a当たり平均収量対比	10a当たり平均収量
				対差	対比	対比	対差	対比		
	ha	kg	t	ha	％	％	t	％	％	kg
北　海　道	57,300	6,300	3,611,000	△ 900	98	94	△ 290,000	93	102	6,200

注：てんさいの調査は、北海道を対象に行っている。

42

(4) さとうきび

ア 収穫面積

さとうきびの収穫面積は2万2,600haで、前年産に比べ1,100ha（5%）減少した。

これは、他作物への転換があったためである（表6－5、図6－4）。

イ 10a当たり収量

10a当たり収量は 5,290 kgで、前年産を3%下回った。

これは、鹿児島県において、相次ぐ台風の通過により茎葉の損傷や倒伏被害等が発生したためである（表6－5、図6－4）。

図6－4　さとうきびの収穫面積、収穫量及び10a当たり収量の推移

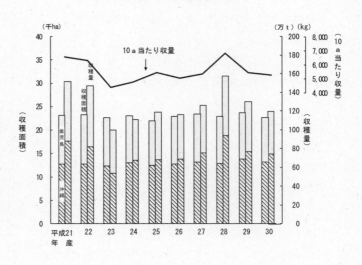

ウ 収穫量

収穫量は119万6,000tで、前年産に比べ10万1,000t（8%）減少した（表6－5、図6－4）。

表6－5　平成30年産さとうきびの作型別栽培・収穫面積、10a当たり収量及び収穫量

区　　分	栽培面積	収　　穫　　面　　積				10 a 当 た り 収 量			
		計	夏植え	春植え	株出し	計	夏植え	春植え	株出し
	ha	ha	ha	ha	ha	kg	kg	kg	kg
全　国　平成29年産	28,500	23,700	5,130	2,880	15,700	5,470	7,120	5,030	5,010
30	27,700	22,600	4,040	3,260	15,300	5,290	7,050	4,880	4,910
対前年産比（％）	97	95	79	113	97	97	99	97	98
鹿　児　島	10,900	9,450	915	1,730	6,800	4,790	6,290	4,850	4,580
対前年産比（％）	98	96	82	104	96	90	87	94	90
沖　　　縄	16,800	13,100	3,120	1,530	8,500	5,670	7,280	4,920	5,180
対前年産比（％）	97	95	78	125	99	102	103	101	105

区　　分	収　　穫　　量			
	計	夏植え	春植え	株出し
	t	t	t	t
全　国　平成29年産	1,297,000	365,200	144,900	787,200
30	1,196,000	284,700	159,100	751,900
対前年産比（％）	92	78	110	96
鹿　児　島	452,900	57,600	83,900	311,400
対前年産比（％）	86	72	98	86
沖　　　縄	742,800	227,100	75,200	440,500
対前年産比（％）	97	80	127	104

注：　さとうきびの調査は、鹿児島県及び沖縄県を対象に行っている。

（5）　こんにゃくいも（全国）

ア　栽培面積・収穫面積

　　全国のこんにゃくいもの栽培面積は
3,700ha で前年産に比べ 160ha（4％）減
少した。

　　これは、労働力不足による作付け中止
があったためである。（表6－6、図6
－5）。

　　また、全国の収穫面積は 2,160ha で、
前年産に比べ 170ha（7％）減少した。

　　これは、群馬県において養成期間の長
い品種への切替えが進んだためである。

イ　10a当たり収量

　　全国の 10a 当たり収量は 2,590kg で、
前年産を7％下回った。

　　これは、7月の高温・乾燥及び9月の台
風の影響により、いもが肥大不良となった
ためである（表6－6、図6－5）。

図6－5　こんにゃくいもの収穫面積、収穫量及び
　　　　10a当たり収量の推移（主産県）

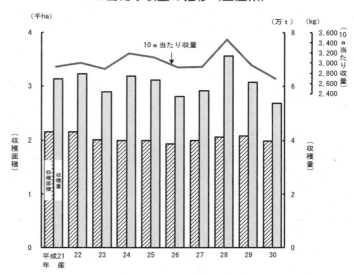

注：　こんにゃくいもの全国値が全て揃わないため、主産県計
　　で作成している。

ウ　収穫量

　　全国の収穫量は5万5,900tで、前年産に比べ8,800t（14％）減少した（表6－6、図6－5）。

表6－6　平成30年産こんにゃくいもの栽培・収穫面積、10a当たり収量及び収穫量

区　　分	栽培面積	収穫面積	10a当たり収量	収穫量	前　　年　　産　　対　　比									（　参　　考　）	
					栽　培　面　積		収　穫　面　積		10a当たり収量	収　　穫　　量		10a当たり平均収量対比	10a当たり平均収量
					対　差	対比	対　差	対比	対比	対　差	対比		
	ha	ha	kg	t	ha	％	ha	％	％	t	％	％	kg
全　　国	3,700	2,160	2,590	55,900	△ 160	96	△ 170	93	93	△ 8,800	86	91	2,840
うち栃木	89	62	2,400	1,490	△ 6	94	△ 5	93	89	△ 330	82	93	2,570
群　馬	3,280	1,930	2,700	52,100	△ 70	98	△ 80	96	91	△ 7,600	87	89	3,040

注：　こんにゃくいもの作付面積及び収穫量調査は主産県調査であり、3年又は6年周期で全国調査を実施している。平成30
　　年調査については、全国を対象に調査を行っている。

(6) い（主産県）

ア 作付面積

主産県（福岡県及び熊本県。以下同じ。）における「い」の作付面積は541haで、前年産に比べ37ha（6％）減少した。

これは、他作物への転換等があったためである（表6－7、図6－6）。

イ 10a当たり収量

主産県の10a当たり収量は1,390kgで、作柄の良かった前年産を6％下回った。

これは、5月下旬以降の高温・少雨により、茎伸長が抑制されたためである（表6－7、図6－6）。

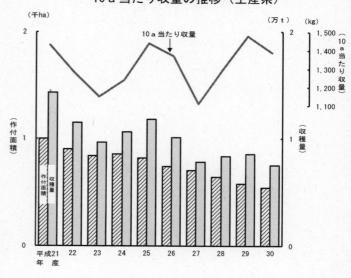

図6－6 「い」の収穫面積、収穫量及び
10a当たり収量の推移（主産県）

ウ 収穫量

主産県の収穫量は7,500tで、前年産に比べ1,030t（12％）減少した（表6－7、図6－6）。

エ 畳表生産農家数及び畳表生産量

主産県の「い」の生産農家数は450戸で、前年産に比べ24戸（5％）減少した。

このうち、畳表の生産まで一貫して行っている畳表生産農家数は449戸で、前年に比べ7戸（2％）減少した。

なお、平成29年7月から平成30年6月までの畳表生産量は2,610千枚で、前年に比べ40千枚（2％）減少した（表6－7）。

表6－7 平成30年産「い」の作付面積、10a当たり収量、収穫量等（主産県）

区分	「い」生産農家数	作付面積	10a当たり収量	収穫量	前年産との比較 作付面積 対差	前年産との比較 作付面積 対比	前年産との比較 10a当たり収量 対比	前年産との比較 収穫量 対差	前年産との比較 収穫量 対比	（参考）10a当たり平均収量 対比	（参考）10a当たり平均収量	畳表生産農家数	畳表生産量
	戸	ha	kg	t	ha	％	％	t	％	％	kg	戸	千枚
主産県計	450	541	1,390	7,500	△37	94	94	△1,030	88	107	1,300	449	2,610
福岡	8	7	1,190	83	△3	70	97	△40	67	97	1,230	9	29
熊本	442	534	1,390	7,420	△34	94	94	△990	88	107	1,300	440	2,580

注：1 「い」の調査は、福岡県及び熊本県を対象に行っている。
　　2 「い」生産農家数は、平成30年産の「い」の生産を行った農家の数である。
　　3 畳表生産農家数は、「い」の生産から畳表の生産まで一貫して行っている農家であって、平成29年7月から平成30年6月までに畳表の生産を行った農家の数である。
　　4 畳表生産量は、畳表生産農家によって平成29年7月から平成30年6月までに生産されたものである。
　　5 主産県計の10a当たり平均収量は、各県の10a当たり平均収量に平成30年産の作付面積を乗じて求めた平均収穫量を積み上げ、平成30年産の主産県計作付面積で除して算出している。

Ⅱ　気象の概要

1　平成 30 年の日本の天候

（気象庁資料から作成）

(1)　概況

　冬（2017 年 12 月～2018 年 2 月）は西日本中心に全国的に低温となったが、春から夏にかけては東・西日本中心に記録的な高温になったことから、年平均気温は、全国的に高く、特に東日本では平年差+1.1℃と 1946 年の統計開始以来最も高かった。年降水量は、東日本太平洋側で平年並のほかは多く、春から夏に低気圧や前線の影響を受ける日が多かった北日本日本海側や「平成30 年 7 月豪雨」、台風、秋雨前線の影響で度々大雨となった西日本太平洋側ではかなり多かった。年間日照時間は、北日本は平年並だったが、移動性高気圧や太平洋高気圧に覆われ顕著な多照となる時期があった東・西日本、沖縄・奄美ではかなり多かった。

　季節別の特徴は以下のとおり。

　冬（2017 年 12 月～2018 年 2 月）は、日本付近に強い寒気の流れ込むことが多かったため、全国的に冬の平均気温は低く、特に西日本は平年差-1.2℃と過去 32 年間で最も低くなった。北日本から西日本にかけての日本海側では発達した雪雲が日本海から盛んに流れ込み、北陸地方を中心に度々大雪になり、交通障害が発生した。福井では、最深積雪が 147cm に達し、37 年ぶりに140cm を超えた。北・東日本太平洋側でも低気圧の影響で大雪になった日があった。

　春は、期間を通して暖かい空気に覆われやすかったため、全国的に春の平均気温はかなり高かった。特に東日本は平年差+2.0℃と春としては 1946 年の統計開始以来最も高かった。東日本から沖縄・奄美にかけては、高気圧に覆われ晴れた日が多かったが、北日本から西日本にかけては、低気圧の通過時には南から湿った空気が流れ込み大雨となる日もあった。春の日照時間は、東日本太平洋側と西日本、沖縄・奄美でかなり多かった。春の降水量は、北・東日本日本海側でかなり多かった。一方、沖縄・奄美ではかなり少なかった。

　夏は、7 月上旬に本州付近に梅雨前線が停滞し、南から大量の湿った空気が流れ込んだため、西日本中心に数日にわたり記録的な大雨となり、土砂災害や河川の氾濫など甚大な被害が発生した（「平成 30 年 7 月豪雨」）。7 月中旬以降は、太平洋高気圧とチベット高気圧の張り出しがともに強まり、多くの地方で梅雨明けがかなり早く、東・西日本中心に晴れて気温が顕著に上昇する日が多かった。7 月 23 日には、熊谷（埼玉県）で日最高気温 41.1℃を記録して歴代全国 1 位となった。東・西日本は夏の平均気温がかなり高く、東日本では平年差+1.7℃と 1946 年の統計開始以来最も高くなった。全国の気象官署 153 地点のうち 48 地点で夏の平均気温の高い方から 1位の値（タイを含む）を記録した。一方、北日本日本海側は梅雨前線や秋雨前線の影響で、西日本太平洋側と沖縄・奄美は台風や梅雨前線の影響で記録的な大雨があったため、夏の降水量はかなり多く、沖縄・奄美では 1946 年の統計開始以来最も多くなった。

　秋は、日本の東海上で高気圧の勢力が強く、北からの寒気が南下しにくかったため、秋の平均気温は北・東日本で高かった。活発な秋雨前線と台風の影響で、秋の降水量は東日本から沖縄・奄美にかけて多かった。9 月上旬には、台風第 21 号が非常に強い勢力で徳島県南部に上陸したのち近畿地方を北上した。9 月下旬には、台風第 24 号が沖縄地方に接近した後、和歌山県田辺市付近に上陸し、西日本から北日本を縦断した。これらの台風の接近・通過に伴い、広い範囲で暴風、大雨、高潮、高波となった。

平均気温：　年平均気温は、東日本でかなり高く、北・西日本と沖縄・奄美で高かった。横浜（神奈川県）など、25地点で年平均気温の高い方から1位の値を更新し、福島（福島県）など4地点で1位タイを記録した。

降水量：　年降水量は、北日本日本海側、西日本太平洋側でかなり多く、北日本太平洋側、東・西日本日本海側、沖縄・奄美で多かった。神戸（兵庫県）、宿毛（高知県）で年降水量の多い方から1位の値を更新した。東日本太平洋側では平年並だった。

日照時間：　年間日照時間は、東・西日本、沖縄・奄美でかなり多かった。諏訪（長野県）など4地点で年間日照時間の多い方から1位の値を更新した。北日本では平年並だった。

平成30年の天候の特徴は以下のとおりとなった。
① 冬は全国的に低温となり、北陸地方中心に大雪となった。
② 春から夏にかけては東・西日本中心に記録的な高温となった。
③ 「平成30年7月豪雨」の発生により西日本中心に記録的な大雨となった。
④ 台風第21号、第24号の接近・通過に伴い各地で暴風、高潮となった。

図1　　平成30年の地域平均気温平年差の5日移動平均時系列図

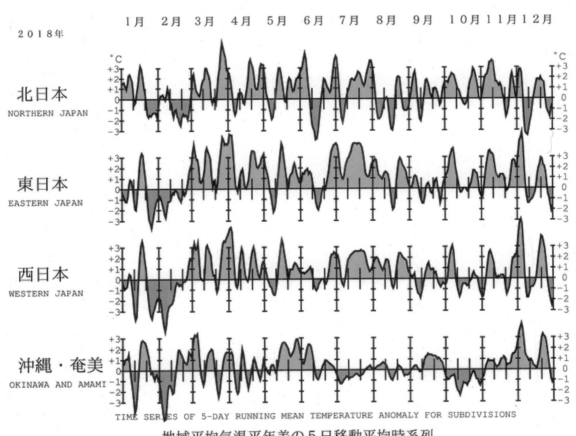

地域平均気温平年差の5日移動平均時系列

更新日：2019年1月10日

図2　年平均気温、年報水量、年日照時間の地域平均平年差（比）

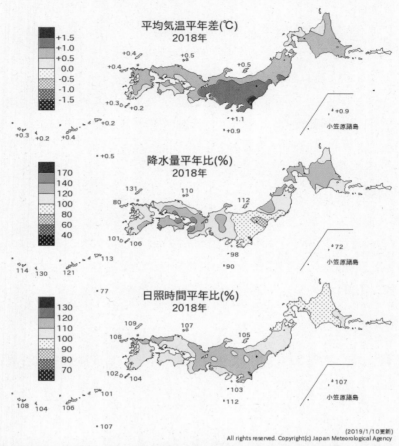

表1　年平均気温、年降水量、年日照時間の地域平均平年差（比）と階級（2018年）

	気温 平年差 ℃（階級）	降水量 平年比 %（階級）	日照時間 平年比 %（階級）		気温 平年差 ℃（階級）	降水量 平年比 %（階級）	日照時間 平年比 %（階級）
北日本	+0.7 (+)	114 (+)	101 (0)	北海道	+0.6 (+)	121 (+)*	97 (−)
日本海側		118 (+)*	99 (0)	日本海側		121 (+)*	96 (−)
太平洋側		109 (+)	102 (0)	オホーツク海側		123 (+)*	98 (0)
				太平洋側		119 (+)	98 (0)
				東北	+0.8 (+)*	104 (0)	105 (+)
				日本海側		114 (+)	104 (+)
				太平洋側		97 (0)	106 (+)
東日本	+1.1 (+)*	107 (0)	111 (+)*	関東甲信	+1.3 (+)*	99 (0)	112 (+)*
日本海側		114 (+)	110 (+)*	北陸	+0.8 (+)*	114 (+)	110 (+)*
太平洋側		105 (0)	111 (+)*	東海	+1.1 (+)*	112 (+)	110 (+)*
西日本	+0.6 (+)	119 (+)*	108 (+)*	近畿	+0.8 (+)*	133 (+)*	110 (+)*
日本海側		108 (+)	109 (+)*	日本海側		122 (+)*	113 (+)*
太平洋側		127 (+)*	107 (+)*	太平洋側		137 (+)*	109 (+)*
				中国	+0.6 (+)	122 (+)*	109 (+)*
				山陰		113 (+)	109 (+)
				山陽		131 (+)*	108 (+)*
				四国	+0.5 (+)	131 (+)*	106 (+)*
				九州北部	+0.6 (+)	103 (0)	109 (+)*
				九州南部・奄美	+0.3 (+)	113 (+)	104 (+)
				九州南部	+0.3 (+)	113 (+)	104 (+)
				奄美	+0.3 (+)	112 (+)	104 (+)
沖縄・奄美	+0.3 (+)	116 (+)	106 (+)*	沖縄	+0.4 (+)*	118 (+)	107 (+)*

階級表示
気温　(−)*：かなり低い、(−)：低い、(0)：平年並み、(+)：高い、(+)*：かなり高い
降水量　(−)*：かなり少ない、(−)：少ない、(0)：平年並み、(+)：多い、(+)*：かなり多い
日照時間　(−)*：かなり少ない、(−)：少ない、(0)：平年並み、(+)：多い、(+)*：かなり多い

表2　月平均気温、月降水量、月日照時間の記録を更新した地点数

単位：地点

	高温	低温	多雨	少雨	多照	寡照
2018年1月						
2月				4	3	
3月	46		9		29	
4月	20			1	2	
5月			1	1	1	
6月			1	4	2	
7月	47		1		5	1
8月	6		2	2	1	
9月	1		7	6		4
10月						
11月				6	4	
12月	1		1	1		6

(2)　月別の気象と特徴

平成30年1月

　　上旬は、冬型の気圧配置は長続きせず、日本付近を低気圧が頻繁に通過した。北日本や東日本日本海側を中心に曇りや雪または雨の日が多く、東日本太平洋側や西日本でもまとまった雨となった日があった。中旬前半は西日本を中心に強い寒気が流れ込み、東日本日本海側では大雪となった。新潟では12日の最深積雪が80cmとなり、2010年2月以来8年ぶりに積雪が80cmに達した。中旬後半は寒気の南下が弱まり、気温が上昇した。下旬は、22日から23日にかけては低気圧が本州の南岸沿いを発達しながら通過したため、関東甲信地方や東北太平洋側では大雪となった。東京では22日の積雪が23cmとなり、2014年2月以来4年ぶりに積雪が20cmを超えた。低気圧の通過後は、日本付近は強い冬型の気圧配置が続き、東・西日本中心に強い寒気が流れ込んだ。北日本から西日本にかけての日本海側を中心に暴風雪や大雪となったところがあったほか、太平洋側でも雪雲が流れこむところがあり、26日には名古屋で3cmの積雪となった。気温は平年を大きく下回り、さいたま（埼玉県）では26日に最低気温が−9.8℃と1977年12月の統計開始以来最も低い気温を観測するなど、25日から27日にかけて東京都や埼玉県の各地点で日最低気温の観測史上1位の値を更新した。

　　東・西日本では、気温の変動が大きかったが、強い寒気が流れ込みやすかったため、月平均気温が低く、東・西日本日本海側の月降雪量は多かった。冬型の気圧配置が強まる時期と低気圧の影響を受けやすい時期があったため、降水量は北日本日本海側でかなり多く、東日本日本海側と西日本で多かった。沖縄・奄美は、寒気や湿った気流の影響で、降水量が多く、月間日照時間が少なかった。

平均気温：　東・西日本で低かった。北日本と沖縄・奄美では平年並だった。

降水量：　北日本日本海側でかなり多く、東日本日本海側と西日本、沖縄・奄美で多かった。北・東日本太平洋側では平年並だった。

日照時間：　北・東日本日本海側、沖縄・奄美で少なかった。一方、東・西日本太平洋側で多かった。北日本太平洋側と西日本日本海側では平年並だった。

降雪・積雪：　降雪の深さ月合計は東日本と西日本日本海側で多かった。水戸（茨城県）で

は降雪の深さ月合計の多い方からの1位タイの値を記録した。一方、北日本日本海側で少なかった。北・西日本太平洋側では平年並だった。

月最深積雪は、多いところが多かった。

2　月

　日本付近は強い寒気に覆われることが多かったため、全国的に月平均気温が低かった。

　しばしば冬型の気圧配置が強まり、日本海側では上旬後半と中旬前半を中心に、発達した雪雲が日本海から盛んに流れ込んで記録的な大雪となった所があった。上旬後半は、福井（福井県）で日最深積雪が7日に147cmに達して1981年以来37年ぶりに140cmを超えるなど、多い所で平年比6倍超の積雪を観測した北陸地方を中心に記録的な大雪に見舞われた。この影響で除雪作業中等の死者が複数出たほか、福井県と石川県を結ぶ国道8号線では約1,500台の車両が立ち往生するなど、交通網が大混乱した。また、農業用ハウスが倒壊するなどの農業施設被害も発生した。中旬前半は、肘折（山形県）で13日に日最深積雪が1982年11月の統計開始以降1位の445cmを記録するなど日本海側の広い範囲で大雪となり、九州や四国の平地でも積雪の所があった。

　一方、東日本太平洋側は冬型の気圧配置の日や高気圧に覆われる日が多く、低気圧や前線の影響を受けることが少なかったため、月降水量がかなり少なく月間日照時間が多かった。

平　均　気　温：　全国的に低かった。
降　水　量：　東日本太平洋側でかなり少なく、西日本日本海側と沖縄・奄美で少なかった。三島（静岡県）、彦根（滋賀県）など4地点で月降水量の少ない方から1位の値を記録した。北日本と東日本日本海側、西日本太平洋側では平年並だった。
日　照　時　間：　北日本太平洋側と東・西日本で多かった。山形（山形県）、仙台、石巻（以上、宮城県）では月間日照時間の多い方から1位の値を記録した。北日本日本海側と沖縄・奄美では平年並だった。
降雪・積雪：　降雪の深さ月合計は西日本日本海側でかなり多く、東日本日本海側と西日本太平洋側で多かった。一方、北日本日本海側で少なかった。北・東日本太平洋側で平年並だった。

月最深積雪は、東・西日本日本海側で多いところが多かった。

3　月

　日本付近は低気圧と高気圧が交互に通過したが、日本の東で高気圧の勢力が強く、低気圧の通過時には南から湿った空気が流れ込みやすかった。このため、北・東・西日本で月降水量は多く、北日本と東日本太平洋側ではかなり多かった。特に上旬は、低気圧が発達しながら日本付近をたびたび通過し、各地で大雨となったほか、北海道では雪解けが急速に進み、河川の増水などによる被害が発生した。また、東日本太平洋側の月降水量は平年比163%となり、1946年の統計開始以来3月として1位の多雨となった。中旬以降は、日本付近は移動性高気圧に覆われて晴れた日が多く、寒気の影響も弱かった。このため、月間日照時間は全国的に多く、東・西日本と沖縄・奄美でかなり多かった。特に、東日本日本海側では月間日照時間の平年比が141%、西日本日本海側では平年比137%、沖縄・奄美では平年比171%となり、いずれも1946

年の統計開始以来３月として１位の多照となった。

　月平均気温は、日本付近に寒気が南下しにくかったことや、日本の東の優勢な高気圧の縁を回って南から暖かい空気が流れ込みやすかったことから全国的に高く、北・東・西日本ではかなり高かった。東日本では平年差+2.5℃となり、1946年の統計開始以来３月として１位の高温となった。

平均気温：　北・東・西日本でかなり高く、沖縄・奄美で高かった。名古屋（愛知県）、京都（京都府）など46地点で３月の月平均気温高い方から１位の値を記録し、仙台（宮城県）など14地点で１位タイの値を記録した。

降水量：　北日本と東日本太平洋側でかなり多かった。河口湖（山梨県）、千葉（千葉県）など９地点で月降水量の多い方から１位の値を記録した。東日本日本海側と西日本では多かった。一方、沖縄・奄美では少なかった。

日照時間：　東日本、西日本、沖縄・奄美でかなり多かった。金沢（石川県）、神戸（兵庫県）、西表島（沖縄県）など29地点で月間日照時間の多い方から１位の値を更新した。北日本では多かった。

降雪・積雪：　降雪の深さ月合計は北・東・西日本日本海側でかなり少なく、北・東・西日本太平洋側で少なかった。

　月最深積雪は、北日本日本海側で多いところが多かった。

４　月

　日本付近は寒気が南下しにくく、南から暖かい空気が流れ込みやすかったため、北日本から西日本にかけては気温が高く、東・西日本はかなり高くなった。特に、21日と22日は、日本付近は南から高気圧に覆われて気温が上昇し、飯塚（福岡県）など46地点で４月の日最高気温の記録を更新した。また、日本付近は低気圧と高気圧が交互に通過して全国的に概ね数日の周期で天気が変化したが、東日本太平洋側から沖縄・奄美にかけては移動性高気圧に覆われやすかったため日照時間が多く、特に西日本太平洋側と沖縄・奄美ではかなり多くなった。

　一方、14日から15日と24日から25日にかけて日本付近を低気圧が発達しながら通過したため、全国的に天気が崩れ大雨となった所もあった。東日本日本海側では、低気圧や前線の通過時に湿った空気が流れ込みやすく、月降水量はかなり多かった。

平均気温：　東・西日本でかなり高く、北日本で高かった。沖縄・奄美では平年並だった。東京（東京都）など20地点で４月の月平均気温高い方から１位の値を更新し、大船渡（岩手県）で１位タイの値を記録した。

降水量：　東日本日本海側でかなり多かった。北・東日本太平洋側と西日本では平年並だった。一方、北日本日本海側と沖縄・奄美は少なかった。館山（千葉県）で月降水量少ない方から１位の値を更新し、南大東島（沖縄県）で１位タイの値を記録した。

日照時間：　西日本太平洋側と沖縄・奄美でかなり多く、東日本太平洋側と西日本日本海側は多かった。北日本と東日本日本海側は平年並だった。枕崎、屋久島（以上鹿児島県）では月間日照時間多い方からの１位の値を更新した。

52

5　月

　高気圧と低気圧が交互に通過して、天気は数日の周期で変化した。北日本から西日本では、低気圧や前線の通過時に、南から湿った空気が流れ込んで広い範囲で雨となり、大雨となった所もあったため、北・東・西日本の月降水量は多く、北日本日本海側ではかなり多かった。特に18日頃は前線が東北地方に停滞し、記録的な大雨となって浸水の被害が発生した所もあった。一方、沖縄・奄美では、上旬に梅雨入りしたが（速報値）、その後は高気圧に覆われて晴れた日が多く、前線や湿った空気の影響を受けにくかったため、降水量はかなり少なく、日照時間はかなり多かった。

　気温は、上旬に一時的に寒気が流れ込んで、全国的に平年を下回る時期があったが、中旬以降は北日本から西日本を中心に暖かい空気に覆われ、沖縄・奄美でも晴れた日が多かったため、全国的に高く、東日本や沖縄・奄美ではかなり高かった。

　　平　均　気　温：　東日本と沖縄・奄美でかなり高く、北・西日本で高かった。与那国島（沖縄県）では、5月の月平均気温高い方から1位タイの値を記録した。
　　降　水　量：　北日本日本海側でかなり多く、北日本太平洋側と東・西日本で多かった。秋田（秋田県）では、5月の月降水量多い方から1位の値を更新した。一方、沖縄・奄美ではかなり少なく、南大東島（沖縄県）で5月の月降水量の少ない方から1位の値を更新した。
　　日　照　時　間：　沖縄・奄美でかなり多く、東日本太平洋側で多かった。名護（沖縄県）では、5月の月間日照時間多い方から1位の値を更新した。一方、東・西日本日本海側では少なかった。北日本と西日本太平洋側では平年並だった。

6　月

　北海道地方では、天気は数日の周期で変化したものの、低気圧や前線の影響を受けやすく、月降水量はかなり多かった。梅雨前線は、上旬から下旬前半までは西日本の南岸から東日本の南海上に位置しやすく、下旬後半は日本海から北日本へ北上した。このため、東日本太平洋側では、梅雨前線や湿った空気の影響を受けにくく、月間日照時間はかなり多く、東・西日本日本海側でも多かった。また、月降水量は東日本日本海側で少なかった。ただし、中旬から下旬は梅雨前線の活動が活発になり、東・西日本でも大雨となった所があった。沖縄・奄美では、中旬に台風や前線の影響で旬降水量がかなり多くなり、月降水量も多かった。

　月平均気温は、日本の南東海上で太平洋高気圧が強く、上旬に日本の東海上で移動性高気圧の勢力が強まりやすかった時期もあり、全国的に高かった。また、北・東・西日本では、上旬と下旬は高温となった一方、中旬は北から寒気が流れ込んだうえオホーツク海高気圧も出現して低温となり、月を通した気温の変動は大きかった。

　　平　均　気　温：　全国的に高かった。
　　降　水　量：　北日本日本海側ではかなり多く、北日本太平洋側と沖縄・奄美で多かった。北見枝幸（北海道）で6月の月降水量多い方から1位の値を更新した。一方、東日本日本海側で少なかった。石巻（宮城県）、福島（福島県）など、4地点

で6月の月降水量少ない方から1位の値を更新した。東日本太平洋側と西日本では平年並だった。

日照時間： 東日本太平洋側ではかなり多く、東・西日本日本海側で多かった。一方、北日本日本海側では少なかった。北・西日本太平洋側と沖縄・奄美では平年並だった。秩父（埼玉県）、日光（栃木県）で6月の月間日照時間多い方から1位の値を更新した。

表3　平成30年（2018年）の梅雨

地域名	梅雨入り		梅雨明け		梅雨期間の降水量 平年比と階級
	平成30年（2018年）	平　年	平成30年（2018年）	平　年	
沖　　縄	6月1日頃(+)*	5月9日頃	6月23日頃(0)	6月23日頃	71%(-)
奄　　美	5月27日頃(+)*	5月11日頃	6月26日頃(0)	6月29日頃	116%(+)
九州南部	6月5日頃(+)	5月31日頃	7月9日頃(-)	7月14日頃	128%(+)
九州北部	6月5日頃(0)	6月5日頃	7月9日頃(-)	7月19日頃	110%(0)
四　　国	6月5日頃(0)	6月5日頃	7月9日頃(-)	7月18日頃	156%(+)*
中　　国	6月5日頃(-)	6月7日頃	7月9日頃(-)*	7月21日頃	119%(+)
近　　畿	6月5日頃(-)	6月7日頃	7月9日頃(-)*	7月21日頃	162%(+)*
東　　海	6月5日頃(-)	6月8日頃	7月9日頃(-)	7月21日頃	110%(0)
関東甲信	6月6日頃(-)	6月8日頃	6月29日頃(-)*	7月21日頃	92%(0)
北　　陸	6月9日頃(0)	6月12日頃	7月9日頃(-)	7月24日頃	70%(-)
東北南部	6月10日頃(0)	6月12日頃	7月14日頃(-)*	7月25日頃	43%(-)*
東北北部	6月11日頃(0)	6月14日頃	7月19日頃(-)	7月28日頃	99%(0)

注：1　梅雨入り・明けには平均的に5日間程度の遷移期間があり、その遷移期間のおおむね中日をもって「〇〇日ごろ」と表現した。記号の意味は、(+)*：かなり遅い、(+)：遅い、(0)：平年並み、(-)：早い、(-)*：かなり早い、の階級区分を表す。
　　2　全国153の気象台・測候所等での観測値を用い、梅雨の時期（6～7月。沖縄と奄美は5～6月。）の地域平均降水量を平年比で示した。記号の意味は、(+)*：かなり多い、(+)：多い、(0)：平年並み、(-)：少ない、(-)*：かなり少ない、の階級区分を表す。

7　月

8日頃にかけては、梅雨前線や台風第7号の影響で、多量の水蒸気が長時間にわたって流れ込んだため、全国的に大雨となり、西日本を中心に土砂災害や河川の氾濫など甚大な被害が生じた（平成30年7月豪雨）。

その後は、東・西日本では太平洋高気圧に覆われて晴れて厳しい暑さとなり、14日から26日にかけては、猛暑日となる日が全国の100地点以上のアメダス（集計地点数927）で続き、記録的な高温となった。月平均気温は、地域平均でみると、東日本で平年差+2.8℃となり、1946年の統計開始以来、7月としての第1位を更新し、西日本は1994年に次ぐ第2位タイとなった。

地点でみると、全国の気象官署のうち53地点で高い方から1位の値を記録した（タイを含む）。23日には熊谷（埼玉県）で日最高気温が41.1℃となり歴代全国1位を更新し、福岡などアメダスの108地点で通年の日最高気温高い方から1位の値を記録した（タイを含む）。

月間日照時間は、太平洋高気圧に覆われて晴れた日が多かったことから、東日本と西日本日本海側ではかなり多く、東日本日本海側は平年比179%となり、1946年の統計開始以来、多い方からの第1位を更新した。

下旬後半は、寒冷渦や台風第12号の影響で東・西日本では曇りや雨の日があり、大雨や大荒れとなった所もあった。西日本太平洋側は、上旬の記録的な大雨に加えて、台風第12号が九州南部付近で速度が遅くなった影響で雨の降り続いた所があり、月降水量はかなり多くなっ

た。また、北日本日本海側では、上旬を中心に前線の活動が活発となり大雨となった影響で月降水量はかなり多かった。沖縄・奄美は、上旬は台風や湿った空気の影響で曇りや雨の日が多く、記録的な大雨となった。中旬以降も湿った空気や台風の影響を受けた日もあり、月降水量はかなり多かった。

平均気温：　北・東・西日本でかなり高かった。一方、沖縄・奄美では低かった。熊谷（埼玉県）、京都（京都府）など、47地点で7月の月平均気温高い方から1位の値を更新し、銚子（千葉県）や御前崎（静岡県）など6地点で1位タイの値を記録した。

降水量：　北日本日本海側と西日本太平洋側、沖縄・奄美でかなり多く、北日本太平洋側と東日本および西日本日本海側は平年並だった。多度津（香川県）では、7月の月降水量多い方から1位の値を更新した。

日照時間：　東日本と西日本日本海側でかなり多く、北日本日本海側と西日本太平洋側で多かった。金沢（石川県）、富山（富山県）など5地点で7月の月間日照時間多い方から1位の値を更新した。一方、沖縄・奄美では少なかった。北日本太平洋側は平年並だった。浦河（北海道）では、7月の月間日照時間少ない方から1位の値を更新した。

8　月

東・西日本は、上・下旬を中心に晴れて気温が顕著に上昇した日が多かったため、月平均気温がかなり高かった。特に西日本では日本海側を中心に高気圧に覆われて晴れた日が多く、湿った気流の影響を受けにくかったため、西日本日本海側では月降水量がかなり少なく、月間日照時間がかなり多かった。一方、東日本日本海側は月の後半に秋雨前線の活発な活動で数回大雨になったため、月降水量がかなり多くなり、31日は記録的な大雨になった所があった。

月の前半は東海地方で日最高気温が40℃を上回る地点もあり、美濃（岐阜県）では40℃以上の日が3日間に及んだほか、前月28日から11日まで15日間連続で猛暑日を記録した。月の後半は、南からの湿った気流により大気の状態が非常に不安定になって局地的な大雨の発生する日があった。また、23日は、台風第20号が縦断した西日本を中心に大雨や暴風に見舞われた所があったほか、日本海側ではフェーン現象により気温が顕著に上昇して中条（新潟県）で日最高気温が40.8℃に達するなど、北陸地方で統計史上初めて40℃以上を記録した。

北日本は、秋雨前線の活発な活動で数回大雨になったことなどにより、日本海側では月降水量がかなり多くなり、太平洋側でも多かった。5日と31日は東北地方で、15～16日は北日本の広い範囲で、それぞれ記録的な大雨になった所があった。また、上旬後半はオホーツク海高気圧からの冷たく湿った気流の影響で、中旬後半は深い気圧の谷の通過後に大陸から東進した冷涼な高気圧に覆われた影響で、ともに顕著な低温になった。

沖縄・奄美は、台風の影響で大雨となった日が中・下旬に数日あったことなどにより、月降水量がかなり多かった。

なお、台風が9個発生してひと月の発生数としては1994年8月以来24年ぶりの多さとなり、特に12～16日は1951年の統計開始以来初めて5日間連続で台風が発生した。

平 均 気 温： 東・西日本でかなり高かった。佐賀（佐賀県）、熊本（熊本県）など6地点で8月の月平均気温高い方から1位の値を更新し、洲本（兵庫県）など6地点で1位タイの値を記録した。北日本と沖縄・奄美では平年並だった。

降 水 量： 東・北日本日本海側と沖縄・奄美でかなり多く、北日本太平洋側で多かった。新庄、酒田（以上、山形県）の2地点で8月の月降水量多い方から1位の値を更新した。一方、西日本西日本海側ではかなり少なかった。萩、山口（以上、山口県）の2地点で8月の月降水量少ない方から1位の値を更新した。東・西日本太平洋側では平年並だった。

日 照 時 間： 西日本でかなり多く、東日本太平洋側で多かった。日田（大分県）で8月の月間日照時間多い方から1位の値を更新した。一方、北日本日本海側では少なかった。北日本太平洋側と東日本日本海側および沖縄・奄美では平年並だった。

９ 月

　東・西日本では、月を通して秋雨前線が停滞しやすく、曇りや雨の日が多かったため、日照時間はかなり少なかった。また、日本の南で高気圧が強く、前線に向かって南から湿った空気が流れ込みやすかったほか、上旬には台風第21号、下旬には第24号の影響を受けたため、降水量もかなり多かった。北日本では、上旬と下旬は前線や低気圧の影響を受けやすかったが、中旬は移動性高気圧に覆われて晴れた日が続き、特に北海道地方では、湿った空気も流れ込みにくかったため、月降水量はかなり少なかった。沖縄・奄美でも湿った空気の影響を受ける時期があり、下旬は台風第24号の影響で大雨となった所があったが、中旬は日本の南に位置する高気圧に覆われ、晴れた日が多かった。4日には台風第21号が徳島県に上陸し、東・西日本で大雨となったほか、近畿地方を中心に暴風や高潮による被害が発生した。また、29日には台風第24号が沖縄・奄美に接近、30日に和歌山県に上陸し、強い勢力で東日本を通過したため、広い範囲で暴風や大雨となり、被害も発生した。

　気温は、北日本では暖かい空気に覆われる日が多く高かったが、東・西日本では、大陸から寒気が南下する時期と、日本の南から暖かい空気が流れ込む時期があり、平年並だった。沖縄・奄美では、中旬を中心に高気圧に覆われ晴れたほか、南から暖かい空気が流れ込む時期もあったため、かなり高かった。

平 均 気 温： 沖縄・奄美ではかなり高く、北日本で高かった。東・西日本は平年並だった。父島（東京都）では9月の月平均気温高い方から1位の値を更新した。

降 水 量： 東・西日本ではかなり多く、沖縄・奄美で多かった。富山（富山県）、鳥取（鳥取県）など7地点で9月の月降水量多い方から1位の値を更新した。一方、北日本では少なかった。旭川、網走（以上北海道）など6地点で9月の月降水量少ない方から1位の値を更新した。

日 照 時 間： 東・西日本ではかなり少なかった。北日本と沖縄・奄美では平年並だった。大阪（大阪府）、京都（京都府）など4地点で9月の月間日照時間少ない方から1位の値を更新した。

10　月

　9月終わりから10月上旬にかけては、台風第24号と第25号が相次いで日本付近に接近した。1日には、台風第24号が本州から北海道南東海上を北東に進み、東日本で記録的な暴風となったほか、北日本太平洋側を中心に大雨となった。また、台風第25号は、4日から6日にかけて沖縄地方から九州の西を経て日本海を北上、その後温帯低気圧に変わっても強い勢力を維持して7日に北海道地方を通過した。この影響で、西日本や北海道地方を中心に大雨となり、九州や東北地方を中心に記録的な暴風となった所もあった。その後は、全国的に天気は数日の周期で変化した。北日本の月降水量は、北海道地方では上旬の台風第24号及び第25号から変わった低気圧に伴う大雨の影響でかなり多かったが、東北地方では平年並だった。東・西日本太平洋側では、秋雨前線に伴う活発な雨雲は南海上に離れて位置して南から湿った空気が流れ込みにくかったため、月降水量は東日本太平洋側でかなり少なく、西日本太平洋側でも少なかった。

　沖縄・奄美では、上旬から中旬にかけて前線の影響を受けやすく、月降水量は多かった。

　気温は、北・東・西日本の上旬は、本州の南東海上で太平洋高気圧が強いことや相次ぐ台風の通過に伴って暖かい空気が流れ込み、かなりの高温となった。特に6日には三条（新潟県）で日最高気温が36.0℃で10月として歴代全国1位の高温となるなど、上旬の中頃は、東日本と西日本日本海側を中心に台風による暖かい空気の流入に加えてフェーン現象の影響で顕著な高温となった。北・東日本では、下旬にも南から暖かい空気が流れ込んで気温が高くなり、月平均気温は北日本でかなり高く、東日本でも高かった。一方、西日本では中旬に冷たい空気が流れ込んで低温となり、月平均気温は平年並となった。沖縄・奄美では、月を通して北から冷たい空気が流れ込みやすく、月平均気温の平年差は-1.1℃とかなり低く、10月としては1986年（平年差-1.1℃）以来32年ぶりの低さとなった。

　平 均 気 温：　北日本でかなり高く、東日本で高かった。横浜（神奈川県）など4地点で10月の月平均気温高い方から1位タイの値を記録した。一方、沖縄・奄美ではかなり低かった。西日本は平年並だった。

　降 　水 　量：　東日本太平洋側でかなり少なく、西日本太平洋側で少なかった。一方、北日本日本海側ではかなり多く、北日本太平洋側と沖縄・奄美で多かった。東・西日本日本海側は平年並だった。

　日 照 時 間：　北日本日本海側と西日本太平洋側で多かった。一方、沖縄・奄美では少なかった。北日本太平洋側と東日本、西日本日本海側は平年並だった。

11　月

　全国的に天気は数日の周期で変化したが、高気圧に覆われやすく晴れた日が多かった。北・東日本を中心に寒気の南下が弱く、日本海側ではしぐれる日が少なかったが、下旬の前半はこの時期としては強い寒気が南下したため、北日本日本海側を中心に雪が降り積雪となったところがあった。上旬は高気圧に覆われて晴れたところが多かったが、東日本太平洋側は気圧の谷となりやすく、雲が広がりやすかった。9日から10日にかけては低気圧が発達しながら日本海を通過したため、局地的に激しい雨の降ったところがあった。中旬は、低気圧と高気圧が交互に通過し、全国的に天気は数日の周期で変化したが、北・東日本は低気圧や前線の影響を受

けにくく、降水量は少なかった。下旬も全国的に天気は数日の周期で変化したが、高気圧に覆われて晴れた日が多かった。

　気温は、北・東日本は暖かい空気に覆われる日が多く、東日本はかなり高く、北日本は高かった。沖縄・奄美は南から暖かい空気が流れ込みやすく高かった。西日本は、寒気の影響を受ける時期と、暖かい空気に覆われる時期があり、平年並だった。

平 均 気 温：　東日本でかなり高く、北日本と沖縄・奄美で高かった。西日本では平年並だった。

降　水　量：　北日本と東日本日本海側ではかなり少なく、東日本太平洋側と西日本では少なかった。輪島（石川県）、松江（島根県）など6地点で月降水量少ない方から1位の値を更新した。沖縄・奄美では平年並だった。

日 照 時 間：　東・西日本日本海側ではかなり多く、北日本と西日本太平洋側、沖縄・奄美では多かった。
　　　　　　　若松（福島県）、飯田（長野県）など4地点では月間日照時間多い方から1位の値を更新した。東日本太平洋側では平年並だった。

12 月

　寒気の南下が弱く暖かい空気に覆われる日が多かったため、沖縄・奄美は気温がかなり高く、東・西日本も高かった。北日本は寒暖の変動が大きく、月平均気温は平年並だった。4日は日本海の低気圧に向かって南から暖かい空気が流れ込んで全国的に季節外れの暖かさになり、全国の観測点926地点のうち352地点で12月として最も高い気温を観測したほか、沖縄・奄美や西日本を中心に66地点で夏日になった。

　天気は、全国的に概ね数日の周期で変化した。日本付近を高気圧と低気圧が次々に通過したが、東日本太平洋側と西日本は高気圧に覆われることは少なかった。冬型の気圧配置になることも少なく、晴れた日が12月としては顕著に少なかったため、東日本太平洋側と西日本は日照時間がかなり少なかった。また、北日本日本海側も気圧の谷の影響を受けることが多く、日照時間がかなり少なかった。なお、月末は強い冬型の気圧配置が続いたため、夕張（北海道）では30日に積雪が137cmに達して1979年の統計開始以来12月として最も大きくなるなど、27〜30日は北・東日本日本海側を中心に暴風雪や大雪となった所があった。

平 均 気 温：　沖縄・奄美でかなり高く、東・西日本で高かった。南大東島（沖縄県）で月平均気温高い方から1位の値を更新した。北日本では平年並だった。

降　水　量：　北日本日本海側と西日本、沖縄・奄美で多かった。三宅島（東京都）では月降水量多い方から1位の値を更新した。一方、北日本太平洋側と東日本では平年並だった。父島（東京都）では月降水量少ない方から1位の値を更新した。

日 照 時 間：　北日本日本海側と東日本太平洋側、西日本でかなり少なく、東日本日本海側と沖縄・奄美で少なかった。三島（静岡県）、津山（岡山県）など6地点では月間日照時間の少ない方から1位の値を更新した。北日本太平洋側では平年並だった。

降雪・積雪：　降雪の深さ月合計は東・西日本太平洋側で少なかった。一方、北日本と東日

本日本海側では平年並だった。浦河（北海道）では降雪の深さ月合計値多い方から1位の値を更新した。

　　月最深積雪は平年並となった地点が多く、日本海側を中心に大きくなった地点があった。福島（福島県）では月最深積雪大きい方から1位タイの値を記録した。

(3) 台風

　　平成30年の台風の発生数は平年より多い29個であった。日本への接近数は平年より多い16個で、そのうち5個が上陸した。

表4　平成30年の台風発生数、日本への上陸数、日本への接近数

		1月	2	3	4	5	6	7	8	9	10	11	12	年間
平年	発生数	0.3	0.1	0.3	0.6	1.1	1.7	3.6	5.9	4.8	3.6	2.3	1.2	25.6
	上陸数					0.0	0.2	0.5	0.9	0.8	0.2	0.0		2.7
	接近数				0.2	0.6	0.8	2.1	3.4	2.9	1.5	0.6	0.1	11.4
2017年	発生数				1		1	8	5	4	3	3	2	27
	上陸数							1	1	1	1			4
	接近数							4	2	2	2			8
2018年	発生数	1	1	1			4	5	9	4	1	3		29
	上陸数							1	2	2				5
	接近数						2	4	7	2	2	1		16

資料：気象庁ホームページ

注：1　本表は台風の発生月別にとりまとめたもの。台風によっては発生月と接近・上陸月が違う場合があるがここでは示さない。
　　2　台風の中心が北海道、本州、四国、九州の海岸線に達した場合を「上陸」としている（小さい島や半島を横切って短時間で再び海に出る場合は「通過」）。
　　3　台風の中心がそれぞれの地域のいずれかの気象官署（ただし南鳥島を除く）から300km以内に入った場合を「接近」としている。
　　4　日本への接近は2か月にまたがる場合があり、各月を合計した数は年間接近数と一致しないことがある。
　　5　平年値は、昭和56年（1981年）から平成22年（2010年）の30年の平均である。
　　6　値が空白となっている月は、該当する台風が1例もなかったことを示している。

図3　平成30年に日本列島に上陸・接近した台風経路図

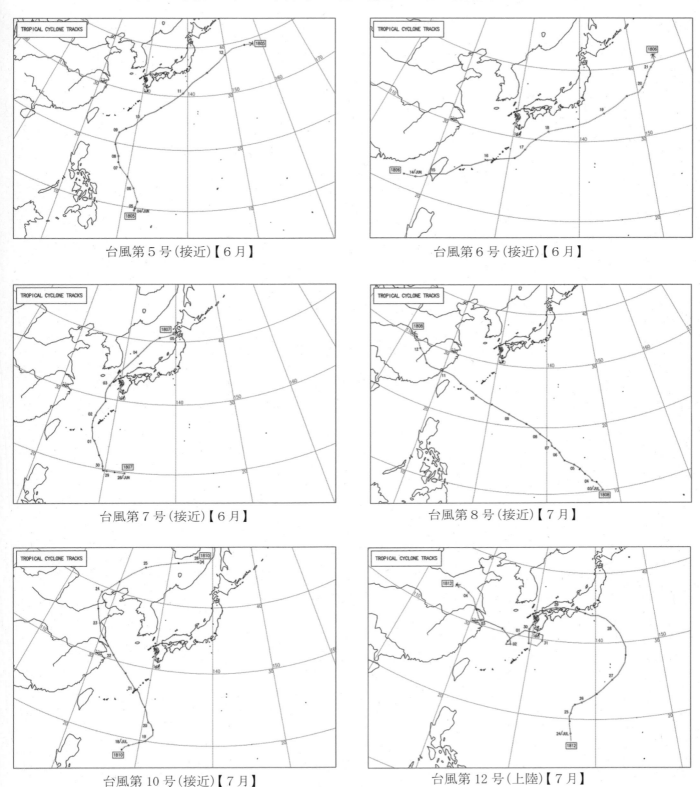

台風第5号（接近）【6月】　　　　　　台風第6号（接近）【6月】

台風第7号（接近）【6月】　　　　　　台風第8号（接近）【7月】

台風第10号（接近）【7月】　　　　　　台風第12号（上陸）【7月】

注：1　気象庁「台風経路図　平成30年（2018年）」より、平成30年に日本列島に上陸・接近した台風の台風経路図を
　　　　引用した。
　：2　【】内は台風の発生した月を示している。
　：3　経路上の〇印は傍らに記した日の午前9時、●印は午後9時の位置で→|は消滅を示している。また、経路の実
　　　　線は台風、破線は熱帯低気圧・温帯低気圧の期間を示している。

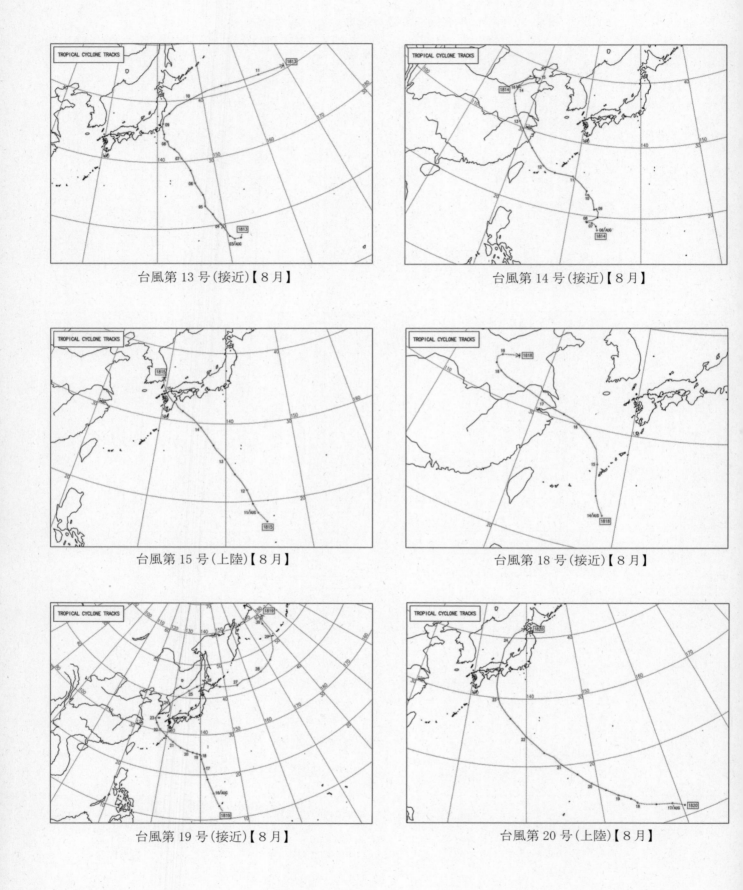

台風第 13 号(接近)【8 月】

台風第 14 号(接近)【8 月】

台風第 15 号(上陸)【8 月】

台風第 18 号(接近)【8 月】

台風第 19 号(接近)【8 月】

台風第 20 号(上陸)【8 月】

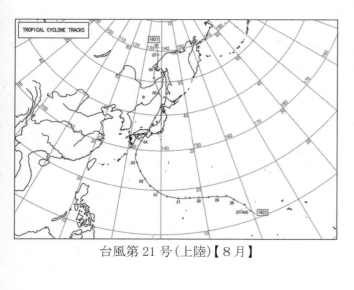

台風第 21 号（上陸）【8月】

台風第 24 号（上陸）【9月】

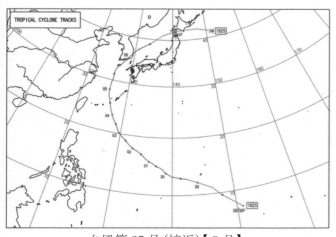

台風第 25 号（接近）【9月】

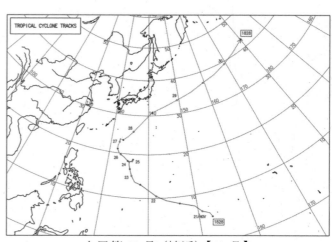

台風第 28 号（接近）【11月】

— 台風の大きさと強さ —

強さの階級分け

階　　級	最大風速
強い	33m/s（64ノット）以上～44m/s（85ノット）未満
非常に強い	44m/s（85ノット）以上～54m/s（105ノット）未満
猛烈な	54m/s（105ノット）以上

大きさの階級分け

階　　級	風速15m/s以上の半径
大型（大きい）	500km以上～800km未満
超大型（非常に大きい）	800km以上

2 過去の台風による被害（全国）

年次及び台風名	本邦に上陸又は一番接近した日 (1)	気象資料（最大値）				農作物		うち水陸稲		
		10分間平均最大風速 (2) m/s	観測地点 (3)	総降水量 (4) mm	観測地点 (5)	被害面積 (6) 千ha	（参考）被害見込金額 (7) 100万円	被害面積 (8) 千ha	被害量 (9) 千t	（参考）被害見込金額 (10) 100万円
平成元年 台風第11号	7月27日	33	油津（宮崎）	429	都城					
〃12〃	8月1日	17	沖永良部	322	名瀬	175.8	15,800	95.5	18.6	5,500
〃13〃（豪雨を含む。）	8月6日	21	銚子	419	筆甫（宮城）					
〃17〃	8月27日	34	室戸岬	464	窪川（高知）	102.9	6,250	83.3	13.9	4,090
〃22〃	9月19日	36	種子島	317	色川（和歌山）	26.2	1,850	12.5	2.8	795
2 台風第11号	8月10日	22	石廊崎	475	日光市	54.1	2,440	47.9	6.1	1,830
〃14〃	8月22日	26	室戸岬	231	宿毛市	69.7	6,550	45.3	8.5	2,490
〃19〃（秋雨前線豪雨を含む。）	9月19日	43	室戸岬	545	名瀬	368.7	43,300	156.2	49.8	14,600
〃20〃	9月30日	47	室戸岬	620	宮崎市	46.3	5,070	10.0	2.6	735
〃21〃（10月上・中旬の長雨を含む。）	10月8日	28	那覇市	299	延岡市	74.5	8,730	11.5	1.5	423
〃28〃	11月30日	32	室戸岬	410	尾鷲市	13.0	2,590	—	—	—
3 台風第9号	7月29日	30	那覇	307	那覇	93.5	7,190	56.4	5.2	1,480
〃12〃	8月23日	24	室戸岬	480	名瀬	35.6	2,900	22.6	7.0	2,210
〃14〃	8月31日	18	伊豆大島	229	日光	13.0	1,050	13.0	3.4	1,020
〃15〃	9月9日	28	八丈島	248	八丈島	10.5	1,190	10.2	3.5	1,090
〃17〃	9月14日	38	那覇	252	静岡					
〃18〃	9月19日	24	室戸岬	537	尾鷲	768.6	212,800	479.5	213.4	61,700
〃19〃	9月27日	45	野母崎	255	福江					
〃21〃	10月12日	24	三宅島	671	三宅島	48.3	15,700	12.7	8.9	2,630
4 台風第3号	6月30日	28	那覇	239	種子島	13.5	1,280	0.1	0.0	4
〃10〃	8月7日	33	枕崎	296	名瀬	288.2	17,900	205.6	23.0	6,490
〃11〃	8月18日	29	室戸岬	456	尾鷲	18.9	1,550	15.3	3.7	1,050
〃17〃	9月11日	20	銚子	259	根室	13.2	4,160	0.3	0.2	43
5 台風第4号	7月25日	19	室戸岬	209	館山市					
〃5〃	7月27日	24	日南市油津	417	高知市					
〃6〃	7月29日	24	牛深市	154	都城市					
〃7〃（長雨、豪雨及び暴風雨（5月下旬～8月中旬）を含む。）	8月10日	29	日南市油津	235	宇和島市	964.9	155,900	695.1	301.1	87,700
台風第11号	8月28日	21	三宅島	294	東京大手町	25.0	3,560	20.0	7.7	2,340
〃13〃	9月3日	37	久米島	422	大分市	453.9	49,300	333.0	93.5	28,000
6 台風第26号（9月中・下旬の長雨、集中豪雨を含む。）	9月29日	37	室戸岬	469	尾鷲	12.9	19,700	5.4	2.2	6,900
7 台風第12号	9月17日	35	三宅島	357	千葉県大多喜町	18.3	2,400	9.9	1.7	613
〃14〃	9月24日	37	沖縄県多良間村	366	宮崎県高千穂町	42.2	2,400	29.3	3.6	1,200
8 台風第6号	7月18日	32	油津	722	宮崎県えびの市	70.9	11,400	34.5	5.3	1,750
〃12〃	8月14日	37	鹿児島	657	宮崎県田野町鰐塚山	214.5	14,000	13.8	14.2	4,460
〃17〃	8月22日	36	銚子	411	南大東島	30.2	5,910	10.6	12.8	386
9 台風第7号	6月19日	32	室戸岬	351	静岡県中伊豆町					
〃8〃	6月27日	30	室戸岬	311	鳥取県鹿野町	72.1	8,720	30.3	5.0	1,500
〃9〃	7月24日	28	室戸岬	734	奈良県上北山村	96.6	6,560	79.8	12.7	3,540
〃11〃	8月7日	29	那覇市	504	渡嘉敷島	34.0	7,420	1.6	0.5	143
〃13〃	8月17日	29	那覇市	244	南大東島	15.6	1,160	—	—	—
〃19〃	9月17日	31	油津	688	宮崎県えびの市	119.6	9,350	69.6	13.6	4,020

注：1　農作物の被害面積等は「農作物災害種類別被害統計」から、農作物の被害見込金額が10億円以上のものについて整理した。
　　2　気象資料は気象庁資料による（以下各統計表において同じ。）。

年次及び台風名	本邦に上陸又は一番接近した日	気象資料（最大値）10分間平均最大風速	観測地点	総降水量	観測地点	農作物 被害面積	農作物 (参考)被害見込金額	うち水陸稲 被害面積	被害量	(参考)被害見込金額
	(1)	(2)	(3)	(4)	(5)	(6)	(7)	(8)	(9)	(10)
		m/s		mm		千ha	100万円	千ha	千t	100万円
平成10年 台風第5号	9月16日	28	銚子	346	北海道広尾					
〃 6 〃	9月17日	20	油津	303	高知県東津野村					
〃 7 〃	9月22日	44	室戸岬	…	…	347.9	77,700	210.4	87.1	25,200
〃 8 〃	9月20日	22	津	314	奈良県上北山村					
〃 9 〃	9月30日	…	…	250	徳島県上勝町					
〃 10 〃	10月17日	42	室戸岬	352	徳島県上勝町	94.0	10,200	17.6	4.5	1,250
11 台風第5号	7月25日	25	油津	1,067	高知県本川					
〃 7 〃	8月1日	…	…	885	高知県船戸	62.7	3,290	33.2	7.9	2,040
〃 8 〃	8月5日	30	室戸岬	957	高知県上北山					
〃 16 〃	9月14日	27	室戸岬	517	岐阜県蛭ヶ野					
〃 18 〃	9月24日	35	那覇	623	岐阜県萩原	383.2	69,500	237.9	113.6	29,100
12 台風第3号	7月8日	25	八丈島	414	大島	18.9	1,120	3.7	0.2	67
〃 8 〃	8月3日	39	南大東島	384	沖永良部	11.5	1,110	—	—	—
〃 14 〃	9月10日	30	沖永良部	328	高知	24.6	2,520	5.3	1.7	416
（秋雨前線の大雨を含む。）										
13 台風第11号	8月21日	35	室戸岬	745	尾鷲	68.1	2,960	53.5	7.3	1,770
〃 15 〃	9月11日	24	石廊崎	896	日光	36.0	3,190	20.0	3.4	786
〃 21 〃	10月16日	31	与那国島	401	延岡	20.7	1,580	0.3	0.2	54
14 台風第6号	7月7日	27	八丈島	464	日光					
〃 7 〃	7月13日	32	沖永良部	299	相川	58.1	4,650	23.2	5.7	1,360
（梅雨前線豪雨を含む。）										
台風第13号	8月15日	28	三宅島	331	大島	19.4	1,450	18.8	5.8	1,360
〃 15 〃	8月26日	22	沖永良部	337	尾鷲	96.1	3,330	69.5	8.1	1,900
〃 16 〃	9月5日	32	那覇	438	那覇	22.1	1,780	0.0	0.0	0
〃 21 〃	9月29日	31	石廊崎	220	秩父	30.9	7,720	5.5	0.7	162
15 台風第6号	6月18日	30	西表島	305	人吉	28.5	2,600	8.7	0.5	109
〃 10 〃	8月8日	50	室戸岬	438	尾鷲	122.4	8,090	60.8	10.9	2,470
〃 14 〃	9月11日	38	宮古島	463	宮古島	32.8	5,020	4.4	0.6	136
16 台風第4号	6月11日	29	宮古島	302	那覇市	22.1	1,290	1.2	0.1	12
〃 6 〃	6月21日	44	室戸岬	431	宮川村	60.7	6,150	21.0	1.0	237
〃 10 〃	7月31日	48	室戸岬	1,822	北山村	23.0	1,900	16.9	4.2	1,020
〃 11 〃	8月4日	…	…	…	…					
〃 15 〃	8月20日	34	酒田市	610	四国中央市					
〃 16 〃	8月30日	47	室戸岬	821	えびの市	911.7	128,600	652.1	269.1	68,700
〃 18 〃	9月7日	48	瀬戸町	905	諸塚村					
〃 21 〃	9月29日	32	鹿児島市	904	尾鷲市	148.9	7,280	94.5	12.8	3,150
〃 22 〃	10月9日	39	熱海市	418	御前崎市	6.1	1,700	0.6	0.2	54
〃 23 〃	10月20日	45	室戸岬	550	上勝町	121.5	20,200	24.8	2.6	628
17 台風第11号	8月26日	33	神津島村	694	箱根町	16.7	1,390	14.1	4.6	1,150
〃 14 〃	9月6日	36	喜界町	1,321	南郷村	344.3	18,800	228.9	42.2	10,500
18 台風第13号	9月17日	48	石垣市	402	伊万里市	227.4	45,900	148.5	148.6	35,600
19 台風第4号	7月13日	34	和泊町	913	美郷町	94.4	12,800	61.0	33.2	8,150
（梅雨前線の大雨を含む。）	7月14日	34	日南市	…	…					
台風第5号	8月2日	30	伊方町	522	日之影村	62.3	2,080	52.2	5.5	1,300
〃 9 〃	9月7日	55	石廊崎	694	小河内	42.8	3,240	27.7	3.9	918
20	—	—	—	—	—	—	—	—	—	—
21 台風第18号	10月8日	59	南大東島	383	色川	49.7	9,050	5.1	0.5	118
22	—	—	—	—	—	—	—	—	—	—
23 台風第1号	5月11日	23.4	えりも岬	341	鹿野					
〃 2 〃	5月29日	41.8	北原	521	屋久島	90.9	11,800	3.4	1.0	201
〃 5 〃	6月24日	29.1	下地	280	本山					
（梅雨前線の大雨を含む。）										
台風第6号	7月20日	39.4	室戸岬	1,181	魚梁瀬	42.4	3,320	31.2	7.8	1,590
〃 9 〃	8月5日	32.2	宮城島	725	本部	18.6	1,140	—	—	—
〃 12 〃	9月3日	24.3	日和佐	1,809	上北山	93.4	5,890	70.2	8.7	1,820
〃 15 〃	9月21日	35.4	えりも岬	1,128	神門	79.3	4,760	46.4	5.7	1,250
24 台風第4号	6月19日	29.3	三宅坪田	406	宮川	12.7	1,390	1.1	0.0	9
〃 15号	8月26日	30.5	沖永良部	626	沖永良部	31.0	1,320	11.3	0.3	81
〃 16号	9月16日	42.1	与論島	646	宮川	38.9	1,770	16.5	1.6	356
〃 17号	9月30日	43.6	北原	576	仲筋	34.1	3,030	1.8	0.3	73
〃 19号	10月3日	21.0	八重見ヶ原	294	八丈島					

2　過去の台風による被害（全国）（続き）

年次及び台風名		本邦に上陸又は一番接近した日	気象資料（最大値）				農作物		うち水陸稲		
			10分間平均最大風速	観測地点	総降水量	観測地点	被害面積	(参考)被害見込金額	被害面積	被害量	(参考)被害見込金額
		(1)	(2)	(3)	(4)	(5)	(6)	(7)	(8)	(9)	(10)
			m/s		mm		千ha	100万円	千ha	千t	100万円
平成25年	台風第18号	9月16日	28.0	三宅島	576	大台町	47.1	4,540	22.6	4.7	1,070
	〃 26 〃	10月16日	34.9	えりも岬	824	伊豆大島	18.7	2,300	0.1	0.0	5
	〃 27 〃	10月26日	28.4	南大東島	678	仁淀川町					
26	台風第8号（梅雨前線の大雨を含む。）	7月10日	35.3	渡嘉敷村	535	えびの市	28.7	1,500	4.1	0.5	107
	〃 11号	8月10日	42.1	室戸岬	1,081	馬路村	35.0	3,380	16.0	3.3	791
	〃 12号（前線の大雨含む。）	8月1日	29.7	奄美市	1,366	香美市					
	〃 18号	10月6日	32.2	南伊豆町	489	伊豆市	24.5	1,400	2.5	0.4	106
	〃 19号	10月12日	35.1	宮城島	527	国頭村	34.6	2,060	4.8	0.6	134
27	台風第6号	5月12日	45.8	宮古島	156	石垣島	14.2	2,920	0.3	0.0	2
	〃 15 〃	8月25日	47.9	石垣島	681	大台町	162.0	7,850	104.8	10.7	2,380
	〃 18 〃〔豪雨を含む。〕	9月9日	22.8	えりも岬	602	日光市	21.3	4,840	14.1	17.2	3,450
28	台風第7号	8月17日	31.8	釧路市	243	浦河町	52.9	6,910	23.6	2.2	426
	台風第11号	8月21日	31.5	勝浦市	449	伊豆市					
	台風第9号	8月22日									
	台風第10号	8月30日	25.3	酒田市	271	上士幌町	25.4	4,530	0.9	0.7	113
29	台風第3号（梅雨前線の大雨を含む。）	7月4日	38.4	室戸岬	849	室谷	9.0	3,480	5.0	5.4	1,120
	台風第18号	9月17日	39.1	室戸岬	619	田野	61.1	2,490	18.3	1.4	308
	台風第21号	10月23日	35.5	三宅坪田	889	新宮	51.8	7,330	2.9	0.5	108
	台風第22号	10月28日	32.3	笠利	484	赤江					
30	台風第7号（梅雨前線の大雨を含む。）	上陸なし	35.2	下地	1,853	魚梁瀬	26.0	7,350	14.1	8.9	1,960
	台風第21号	9月4日	48.2	室戸岬	379	茶臼山	50.0	5,110	21.4	1.1	251
	台風第24号	9月30日	40.0]	笠利	460	鳥形山	59.4	5,800	8.0	0.7	144

注：　]については、期間内のデータに欠測の時間帯がある資料不足値である。

Ⅲ 統 計 表

1　米

(1)　平成30年産水陸稲の収穫量（全国農業地域別・都道府県別）

ア　水稲

全国農業地域・都道府県	作付面積（子実用）	10a当たり収量	収穫量（子実用）	(参考)農家等が使用しているふるい目幅で選別		参考	
				10a当たり収量	作況指数	主食用作付面積	収穫量（主食用）
	(1)	(2)	(3)	(4)	(5)	(6)	(7)
	ha	kg	t	kg		ha	t
全　　国　(1)	1,470,000	529	7,780,000	511	98	1,386,000	7,327,000
（全国農業地域）							
北　海　道　(2)	104,000	495	514,800	480	90	98,900	489,600
都　府　県　(3)	1,366,000	532	7,265,000	514	99	1,287,000	6,837,000
東　　北　(4)	379,100	564	2,137,000	540	99	345,500	1,947,000
北　　陸　(5)	205,600	533	1,096,000	508	98	184,800	985,300
関東・東山　(6)	270,300	539	1,457,000	524	100	259,300	1,398,000
東　　海　(7)	93,400	495	462,400	484	98	91,000	450,600
近　　畿　(8)	103,100	502	517,500	489	98	99,500	498,700
中　　国　(9)	103,700	519	537,800	509	101	101,100	524,200
四　　国　(10)	49,300	473	233,400	468	98	49,000	232,000
九　　州　(11)	160,400	512	821,300	494	102	156,100	800,000
沖　　縄　(12)	716	307	2,200	304	99	716	2,200
（都道府県）							
北　海　道　(13)	104,000	495	514,800	480	90	98,900	489,600
青　　森　(14)	44,200	596	263,400	577	101	39,600	236,000
岩　　手　(15)	50,300	543	273,100	526	101	48,800	265,000
宮　　城　(16)	67,400	551	371,400	527	101	64,500	355,400
秋　　田　(17)	87,700	560	491,100	533	96	75,000	420,000
山　　形　(18)	64,500	580	374,100	556	96	56,400	327,100
福　　島　(19)	64,900	561	364,100	535	101	61,200	343,300
茨　　城　(20)	68,400	524	358,400	508	99	66,800	350,000
栃　　木　(21)	58,500	550	321,800	537	102	54,700	300,900
群　　馬　(22)	15,600	506	78,900	489	102	13,700	69,300
埼　　玉　(23)	31,900	487	155,400	471	99	30,800	150,000
千　　葉　(24)	55,600	542	301,400	525	99	53,900	292,100
東　　京　(25)	133	417	555	410	101	133	555
神　奈　川　(26)	3,080	492	15,200	470	98	3,080	15,200
新　　潟　(27)	118,200	531	627,600	500	95	104,700	556,000
富　　山　(28)	37,300	552	205,900	535	102	33,300	183,800
石　　川　(29)	25,100	519	130,300	507	100	23,200	120,400
福　　井　(30)	25,000	530	132,500	503	101	23,600	125,100
山　　梨　(31)	4,900	542	26,600	526	99	4,820	26,100
長　　野　(32)	32,200	618	199,000	607	100	31,300	193,400
岐　　阜　(33)	22,500	478	107,600	465	97	21,500	102,800
静　　岡　(34)	15,800	506	79,900	496	97	15,700	79,400
愛　　知　(35)	27,600	499	137,700	489	98	26,700	133,200
三　　重　(36)	27,500	499	137,200	489	100	27,100	135,200
滋　　賀　(37)	31,700	512	162,300	501	99	30,100	154,100
京　　都　(38)	14,500	502	72,800	491	98	13,900	69,800
大　　阪　(39)	5,010	494	24,700	475	99	5,000	24,700
兵　　庫　(40)	37,000	492	182,000	479	98	35,500	174,700
奈　　良　(41)	8,580	514	44,100	499	100	8,530	43,800
和　歌　山　(42)	6,430	492	31,600	479	99	6,430	31,600
鳥　　取　(43)	12,800	498	63,700	488	97	12,700	63,200
島　　根　(44)	17,500	524	91,700	515	103	17,200	90,100
岡　　山　(45)	30,200	517	156,100	504	98	29,400	152,000
広　　島　(46)	23,400	525	122,900	517	101	22,900	120,200
山　　口　(47)	19,800	522	103,400	513	104	18,900	98,700
徳　　島　(48)	11,400	470	53,600	466	99	11,200	52,600
早期栽培　(49)	4,400	466	20,500	463	101	…	…
普通栽培　(50)	7,000	474	33,200	470	99	…	…
香　　川　(51)	12,500	479	59,900	470	96	12,500	59,900
愛　　媛　(52)	13,900	498	69,200	492	100	13,900	69,200
高　　知　(53)	11,500	441	50,700	437	96	11,400	50,300
早期栽培　(54)	6,470	465	30,100	462	97	…	…
普通栽培　(55)	5,000	411	20,600	407	96	…	…
福　　岡　(56)	35,300	518	182,900	497	104	34,900	180,800
佐　　賀　(57)	24,300	532	129,300	514	102	24,000	127,700
長　　崎　(58)	11,500	499	57,400	483	104	11,400	56,900
熊　　本　(59)	33,300	529	176,200	510	103	32,300	170,900
大　　分　(60)	20,700	501	103,700	478	100	20,600	103,200
宮　　崎　(61)	16,100	493	79,400	480	100	14,700	72,500
早期栽培　(62)	6,410	476	30,500	469	100	…	…
普通栽培　(63)	9,670	505	48,800	487	99	…	…
鹿児島　(64)	19,200	481	92,400	468	100	18,300	88,000
早期栽培　(65)	4,340	450	19,500	439	101	…	…
普通栽培　(66)	14,800	490	72,500	477	100	…	…
沖　　縄　(67)	716	307	2,200	304	99	716	2,200
第一期稲　(68)	527	364	1,920	362	101	…	…
第二期稲　(69)	189	149	282	144	90	…	…
関東農政局　(70)	286,100	537	1,537,000	523	100	275,000	1,477,000
東海農政局　(71)	77,600	493	382,500	482	98	75,300	371,200
中国四国農政局　(72)	153,000	504	771,200	495	100	150,000	756,200

注：1　作付面積（子実用）とは、青刈り面積（飼料用米等を含む。）を除いた面積である（以下各統計表において同じ。）。

　　2　10a当たり収量及び収穫量（子実用）は、1.70mmのふるい目幅で選別された玄米の重量である。

　　3　主食用作付面積とは、水稲作付面積（青刈り面積を含む。）から、備蓄米、加工用米、新規需要米等の作付面積を除いた面積である。

　　4　収穫量（子実用）及び収穫量（主食用）については都道府県ごとの積上げ値であるため、表頭の計算は一致しない場合がある。

前　年　産　と　の　比　較						10 a 当 た り 平 年 収 量	平 年 収 量 （子 実 用）	(参考)農家等が使用しているふるい目幅で選別		
作　付　面　積		10 a 当 た り 収 量		収　穫　量				10 a 当 た り 平 年 収 量	平 年 収 量 （子 実 用）	
対　差	対　比	対　差	対　比	対　差	対　比					
(8)	(9)	(10)	(11)	(12)	(13)	(14)	(15)	(16)	(17)	
ha	%	kg	%	t	%	kg	t	kg	t	
5,000	100	△ 5	99	△ 42,000	99	532	7,820,000	519	7,629,000	(1)
100	100	△ 65	88	△ 67,000	88	548	569,900	532	553,300	(2)
5,000	100	0	100	25,000	100	531	7,253,000	518	7,076,000	(3)
4,300	101	0	100	22,000	101	562	2,131,000	546	2,070,000	(4)
1,500	101	4	101	17,000	102	537	1,104,000	521	1,071,000	(5)
1,800	101	6	101	26,000	102	536	1,449,000	525	1,419,000	(6)
1,000	101	△ 3	99	2,300	100	503	469,800	494	461,400	(7)
△ 100	100	△ 8	98	△ 9,100	98	509	524,800	497	512,400	(8)
△ 600	99	△ 11	98	△ 14,600	97	517	536,100	506	524,700	(9)
△ 600	99	△ 13	97	△ 9,000	96	482	237,600	477	235,200	(10)
△ 2,700	98	2	100	△ 10,600	99	500	802,000	484	776,300	(11)
△ 11	98	6	102	10	100	309	2,210	306	2,190	(12)
100	100	△ 65	88	△ 67,000	88	548	569,900	532	553,300	(13)
800	102	0	100	4,700	102	590	260,800	573	253,100	(14)
500	101	10	102	7,700	103	536	269,600	522	262,600	(15)
1,100	102	16	103	16,700	105	534	359,900	520	350,500	(16)
800	101	△ 14	98	△ 7,700	98	573	502,500	554	485,900	(17)
0	100	△ 18	97	△ 11,600	97	596	384,400	580	374,100	(18)
900	101	12	102	12,700	104	544	353,100	528	342,700	(19)
300	100	△ 1	100	900	100	524	358,400	515	352,300	(20)
900	102	40	108	28,000	110	540	315,900	528	308,900	(21)
100	101	△ 7	101	1,600	102	495	77,200	479	74,700	(22)
300	101	△ 7	99	△ 700	100	490	156,300	476	151,800	(23)
400	101	△ 1	100	1,700	101	540	300,200	530	294,700	(24)
△ 8	94	6	101	25	96	414	551	404	537	(25)
△ 10	100	17	97	△ 500	97	494	15,200	479	14,800	(26)
1,900	102	5	101	15,900	103	543	641,800	527	622,900	(27)
△ 300	99	6	101	600	100	540	201,400	527	196,600	(28)
△ 200	99	0	100	△ 1,000	99	520	130,500	506	127,000	(29)
100	100	5	101	1,800	101	519	129,800	500	125,000	(30)
△ 60	99	△ 7	99	△ 600	98	547	26,800	533	26,100	(31)
△ 100	100	△ 11	98	△ 4,200	98	619	199,300	607	195,500	(32)
600	103	△ 10	98	700	101	488	109,800	478	107,600	(33)
100	101	△ 9	98	△ 1,000	99	521	82,300	513	81,100	(34)
100	100	△ 13	97	△ 3,100	98	507	139,900	499	137,700	(35)
100	100	19	104	5,700	104	500	137,500	489	134,500	(36)
0	100	△ 5	99	△ 1,600	99	518	164,200	506	160,400	(37)
△ 200	99	△ 8	98	△ 2,200	97	511	74,100	501	72,600	(38)
△ 140	97	△ 12	98	△ 1,400	95	495	24,800	480	24,000	(39)
400	101	△ 9	98	△ 1,400	99	502	185,700	490	181,300	(40)
△ 30	100	△ 7	99	△ 800	98	513	44,000	500	42,900	(41)
△ 130	98	△ 15	97	△ 1,700	95	495	31,800	484	31,100	(42)
200	102	△ 22	96	△ 1,800	97	514	65,800	504	64,500	(43)
0	100	5	101	900	101	511	89,400	502	87,900	(44)
100	100	△ 27	95	△ 7,600	95	526	158,900	514	155,200	(45)
△ 300	99	△ 9	98	△ 3,700	97	523	122,400	513	120,000	(46)
△ 500	98	1	100	△ 2,400	98	504	99,800	492	97,400	(47)
△ 100	99	△ 10	98	△ 1,600	97	474	54,000	469	53,500	(48)
△ 50	99	△ 15	97	△ 900	96	463	20,400	459	20,200	(49)
△ 80	99	△ 5	99	△ 700	98	480	33,600	475	33,300	(50)
△ 300	98	△ 5	99	△ 2,100	97	496	62,000	491	61,400	(51)
0	100	△ 10	98	△ 1,400	98	498	69,200	493	68,500	(52)
△ 100	99	△ 30	94	△ 3,900	93	458	52,700	454	52,200	(53)
△ 30	100	△ 33	93	△ 2,300	93	480	31,100	475	30,700	(54)
△ 60	99	△ 24	94	△ 1,400	94	431	21,600	425	21,300	(55)
△ 400	99	9	102	1,200	101	496	175,100	478	168,700	(56)
△ 300	99	1	100	△ 1,300	99	519	126,100	503	122,200	(57)
△ 100	99	4	101	0	100	480	55,200	463	53,200	(58)
0	100	2	100	700	100	513	170,800	497	165,500	(59)
△ 300	99	△ 5	99	△ 2,600	98	502	103,900	480	99,400	(60)
△ 200	99	△ 6	99	△ 1,900	98	496	79,900	482	77,600	(61)
△ 50	99	△ 18	96	△ 1,400	96	478	30,600	469	30,100	(62)
△ 200	98	2	100	△ 800	98	507	49,000	490	47,400	(63)
△ 1,200	94	△ 5	99	△ 6,700	93	482	92,500	469	90,000	(64)
△ 120	97	△ 22	95	△ 1,600	92	444	19,300	435	18,900	(65)
△ 1,200	93	0	100	△ 5,900	92	493	73,000	479	70,900	(66)
△ 11	98	6	102	10	100	309	2,210	306	2,190	(67)
△ 10	98	10	103	20	101	360	1,900	358	1,890	(68)
△ 1	99	△ 2	99	△ 5	98	165	312	160	302	(69)
1,900	101	5	101	25,000	102	536	1,533,000	524	1,499,000	(70)
900	101	△ 1	100	3,300	101	500	388,000	490	380,200	(71)
△ 1,200	99	△ 11	98	△ 23,600	97	505	772,700	496	758,900	(72)

5　(参考)の農家等が使用しているふるい目幅で選別された10a当たり収量、作況指数、10a当たり平年収量及び平年収量（子実用）は、全国農業地域
　　ごとに、過去5か年間に農家等が実際に使用したふるい目幅の分布において、大きいものから数えて9割を占めるまでの目幅（北海道、東北及び北陸は
　　1.85mm、関東・東山、東海、近畿、中国及び九州は1.80mm、四国及び沖縄は1.75mm）以上に選別された玄米を基に算出した数値である。
6　徳島県、高知県、宮崎県、鹿児島県及び沖縄県の作期別の主食用作付面積は、備蓄米、加工用米、新規需要米等の面積を把握していないことから「…」
　　で示している。
7　10a当たり収量及び収穫量の前年産との比較は、1.70mmのふるい目幅で選別された玄米の重量で比較している。

1　米（続き）

(1)　平成30年産水陸稲の収穫量（全国農業地域別・都道府県別）（続き）

イ　水陸稲計・陸稲（主産県別）

全国農業地域・都道府県	水　陸　稲　計		陸　　　　　　稲										参　　考	
	作付面積（子実用）	収穫量（子実用）	作付面積（子実用）	10a当たり収量	収穫量（子実用）	前　年　産　と　の　比　較							10a当たり平均収量対比	10a当たり平均収量
						作　付　面　積		10a当たり収量		収　穫　量				
						対　差	対　比	対　差	対　比	対　差	対　比			
	(1)	(2)	(3)	(4)	(5)	(6)	(7)	(8)	(9)	(10)	(11)		(12)	(13)
	ha	t	ha	kg	t	ha	%	kg	%	t	%		%	k
全　　　　国	1,470,000	7,782,000	750	232	1,740	△　63	92	△　4	98	△　180	91		100	23
うち茨城	68,900	359,700	528	246	1,300	△　52	91	2	101	△　120	92		105	23
栃　木	58,700	322,200	183	206	377	△　8	96	△　22	90	△　58	87		88	23

注：1　陸稲については、平成30年産から、調査の範囲を全国から主産県に変更し、作付面積調査にあっては3年、収穫量調査にあっては6年ごとに全国調査を実施することとした。平
　　　成30年産は主産県調査年であり、全国調査を行った平成29年の調査結果に基づき、全国値を推計している。
　　　なお、主産県とは、平成29年における全国の作付面積のおおむね80％を占めるまでの上位都道府県である。
　　2　（参考）10a当たり平均収量対比とは、10a当たり平均収量（過去7か年の実績値のうち、最高及び最低を除いた5か年の平均値）と当年産の10a当たり収量との対比である。

1　米（続き）

(2)　平成30年産水稲の時期別作柄及び収穫量（全国農業地域別・都道府県別）

全国農業地域・都道府県	作付面積（子実用）(1)	8月15日現在 作柄の良否（作況指数）(2)	9月15日現在 10a当たり予想収量 (3)	(参考)10a当たり予想収量 (4)	作況指数 (5)	10月15日現在 10a当たり予想収量 (6)	(参考)10a当たり予想収量 (7)	作況指数 (8)	予想収穫量（子実用）(9)	収穫期 10a当たり収量 (10)	(参考)10a当たり収量 (11)	作況指数 (12)	収穫量（子実用）(13)
	ha		kg	kg		kg	kg		t	kg	kg		t
全国	1,470,000	…	533	517	100	529	512	99	7,782,000	529	511	98	7,780,000
（全国農業地域）													
北海道	104,000	不良	494	480	90	496	481	90	515,800	495	480	90	514,800
都府県	1,366,000	…	536	520	100	532	514	99	7,266,000	532	514	99	7,265,000
東北	379,100	…	567	549	101	564	540	99	2,137,000	564	540	99	2,137,000
北陸	205,600	…	537	517	99	533	508	98	1,096,000	533	508	98	1,096,000
関東・東山	270,300	…	541	526	100	539	524	100	1,457,000	539	524	100	1,457,000
東海	93,400	…	501	492	100	495	485	98	462,400	495	484	98	462,400
近畿	103,100	…	504	492	99	502	490	99	517,600	502	489	98	517,500
中国	103,700	…	522	512	101	519	511	101	538,700	519	509	101	537,800
四国	49,300	…	480	474	99	474	468	98	233,500	473	468	98	233,400
九州	160,400	…	519	500	103	512	494	102	821,200	512	494	102	821,300
沖縄	716	…	311	309	101	311	309	101	2,230	307	304	99	2,200
（都道府県）													
北海道	104,000	不良	494	480	90	496	481	90	515,800	495	480	90	514,800
青森	44,200	平年並み	598	581	101	596	577	101	263,400	596	577	101	263,400
岩手	50,300	やや良	547	535	102	543	526	101	273,100	543	526	101	273,100
宮城	67,400	やや良	551	534	103	551	527	101	371,400	551	527	101	371,400
秋田	87,700	平年並み	560	541	98	560	533	96	491,100	560	533	96	491,100
山形	64,500	平年並み	593	574	99	580	556	96	374,100	580	556	96	374,100
福島	64,900	やや良	562	541	102	561	535	101	364,100	561	535	101	364,100
茨城	68,400	やや良	525	509	99	524	508	99	358,400	524	508	99	358,400
栃木	58,500	やや良	553	540	102	550	537	102	321,800	550	537	102	321,800
群馬	15,600	…	505	489	102	506	489	102	78,900	506	489	102	78,900
埼玉	31,900	…	486	472	99	487	471	99	155,400	487	471	99	155,400
千葉	55,600	やや良	542	526	99	542	525	99	301,400	542	525	99	301,400
東京	133	…	418	409	101	417	410	101	555	417	410	101	555
神奈川	3,080	…	496	480	100	492	470	98	15,200	492	470	98	15,200
新潟	118,200	平年並み	538	514	98	531	500	95	627,600	531	500	95	627,600
富山	37,300	平年並み	553	539	102	552	535	102	205,900	552	535	102	205,900
石川	25,100	平年並み	520	507	100	519	507	100	130,300	519	507	100	130,300
福井	25,000	平年並み	529	506	101	530	503	101	132,500	530	503	101	132,500
山梨	4,900	…	546	532	100	542	527	99	26,600	542	526	99	26,600
長野	32,200	やや良	624	611	101	618	607	100	199,000	618	607	100	199,000
岐阜	22,500	…	484	475	99	478	465	97	107,600	478	465	97	107,600
静岡	15,800	…	518	508	99	506	497	97	79,900	506	496	97	79,900
愛知	27,600	…	508	499	100	499	490	98	137,700	499	489	98	137,700
三重	27,500	平年並み	499	489	100	499	489	100	137,200	499	489	100	137,200
滋賀	31,700	平年並み	512	501	99	512	501	99	162,300	512	501	99	162,300
京都	14,500	…	505	494	99	503	492	98	72,900	502	491	98	72,800
大阪	5,010	…	497	481	100	494	475	99	24,700	494	475	99	24,700
兵庫	37,000	…	497	485	99	497	479	98	182,000	492	479	98	182,000
奈良	8,580	…	514	499	100	514	499	100	44,100	514	499	100	44,100
和歌山	6,430	…	493	481	99	492	479	99	31,600	492	479	99	31,600
鳥取	12,800	平年並み	512	501	99	498	488	97	63,700	498	488	97	63,700
島根	17,500	平年並み	519	508	101	524	515	103	91,700	524	515	103	91,700
岡山	30,200	…	528	517	101	520	511	99	157,000	517	504	98	156,100
広島	23,400	…	526	517	101	525	517	101	122,900	525	517	101	122,900
山口	19,800	…	519	508	103	522	514	104	103,400	522	513	104	103,400
徳島	11,400	…	473	468	100	470	466	99	53,600	470	466	99	53,600
早期栽培	4,400	100	466	463	101	466	463	101	20,500	466	463	101	20,500
普通栽培	7,000	…	479	473	100	474	470	99	33,200	474	470	99	33,200
香川	12,500	…	494	488	99	480	471	96	60,000	479	470	96	59,900
愛媛	13,900	…	506	497	101	498	492	100	69,200	498	492	100	69,200
高知	11,500	…	442	438	96	441	437	96	50,700	441	437	96	50,700
早期栽培	6,470	97	465	462	97	465	462	97	30,100	465	462	97	30,100
普通栽培	5,000	…	413	408	96	411	407	96	20,600	411	407	96	20,600
福岡	35,300	…	526	503	105	518	497	104	182,900	518	497	104	182,900
佐賀	24,300	…	541	523	104	533	513	102	129,500	532	514	102	129,300
長崎	11,500	…	505	486	105	499	483	104	57,400	499	483	104	57,400
熊本	33,300	…	535	515	104	530	511	103	176,500	529	510	103	176,200
大分	20,700	…	514	493	103	500	478	100	103,500	501	478	100	103,700
宮崎	16,100	…	497	484	100	493	480	100	79,400	493	480	100	79,400
早期栽培	6,410	100	476	469	100	476	469	100	30,500	476	469	100	30,500
普通栽培	9,670	…	511	494	101	505	487	99	48,800	505	487	99	48,800
鹿児島	19,200	…	480	466	99	479	467	100	92,000	481	468	100	92,400
早期栽培	4,340	101	450	439	101	450	439	101	19,500	450	439	101	19,500
普通栽培	14,800	…	489	474	99	488	476	99	72,200	490	477	100	72,500
沖縄	716	…	311	309	101	311	309	101	2,230	307	304	99	2,200
第一期稲	527	101	364	362	101	364	362	101	1,920	364	362	101	1,920
第二期稲	189	…	…	…	…	…	…	…	…	149	144	90	282
関東農政局	286,100	…	539	525	100	537	523	100	1,537,000	537	523	100	1,537,000
東海農政局	77,600	…	498	489	100	493	482	98	382,500	493	482	98	382,500
中国四国農政局	153,000	…	509	500	101	505	497	100	772,200	504	495	100	771,200

注：1　8月15日現在の作況指数、（参考）の農家等が使用しているふるい目幅で選別された10a当たり予想収量、10a当たり収量及び作況指数は、全国農業地域ごとに、過去5か年間に農家等が実際に使用したふるい目幅の分布において、大きいものから数えて9割を占めるまでの目幅（北海道、東北及び北陸は1.85mm、関東・東山、東海、近畿、中国及び九州は1.80mm、四国及び沖縄は1.75mm）以上に選別された玄米を基に算出した数値である。

2　9月15日現在の10a当たり予想収量、10月15日現在の10a当たり予想収量及び予想収穫量（子実用）並びに収穫期の10a当たり収量及び収穫量（子実用）は1.70mmのふるい目幅で選別された玄米の重量である。

3　沖縄県計の作況指数の算出について、9月15日現在及び10月15日現在については、第一期稲は10a当たり収量を、第二期稲は未確定の要素が多いことから、10a当たり平年収量を用いた。

1　米（続き）

(3)　平成30年産水稲の収量構成要素（水稲作況標本筆調査成績）（全国農業地域別・都道府県別）

全国農業地域 都道府県		1㎡当たり株数		1株当たり有効穂数		1㎡当たり有効穂数		1穂当たりもみ数		1㎡当たり全もみ数		千もみ当
		本年	対平年比	本年	対平年比	本年	対平年比	本年	対平年比	本年	対平年比	本年
		(1)	(2)	(3)	(4)	(5)	(6)	(7)	(8)	(9)	(10)	(11)
		株	％	本	％	本	％	粒	％	100粒	％	g
全　　　　　国	(1)	17.3	98	22.9	101	396	99	75.5	102	299	100	18.1
（全国農業地域）												
北　海　道	(2)	22.2	100	22.5	90	500	89	61.6	100	308	90	16.7
都　府　県	(3)	16.9	97	23.0	103	388	100	76.8	101	298	101	18.2
東　　　北	(4)	18.2	97	23.1	100	421	97	72.9	103	307	100	18.7
北　　　陸	(5)	17.5	101	21.1	98	370	98	78.1	101	289	99	18.9
関 東・東 山	(6)	16.5	97	23.5	106	388	103	79.9	100	310	103	17.7
東　　　海	(7)	16.3	96	22.7	103	370	99	76.2	102	282	101	18.0
近　　　畿	(8)	15.9	96	22.1	103	352	99	80.1	100	282	99	18.1
中　　　国	(9)	15.8	97	22.3	102	352	99	80.4	102	283	101	18.8
四　　　国	(10)	15.2	97	24.1	103	366	100	76.2	101	279	100	17.4
九　　　州	(11)	16.1	98	24.8	106	400	104	76.8	101	307	105	17.0
沖　　　縄	(12)	…	nc	…	nc	…	nc	…	nc	…	nc	…
（都道府県）												
北　海　道	(13)	22.2	100	22.5	90	500	89	61.6	100	308	90	16.7
青　　　森	(14)	19.4	94	20.9	103	405	96	84.9	107	344	103	17.7
岩　　　手	(15)	17.3	94	23.8	101	412	95	69.2	105	285	100	19.4
宮　　　城	(16)	16.9	94	26.2	105	443	99	67.5	104	299	103	18.8
秋　　　田	(17)	18.8	98	21.4	95	403	94	74.2	102	299	95	19.1
山　　　形	(18)	19.3	99	24.0	101	464	100	68.3	101	317	101	18.7
福　　　島	(19)	17.3	97	22.9	104	396	101	77.8	103	308	104	18.6
茨　　　城	(20)	15.8	96	24.7	107	390	103	79.2	99	309	102	17.3
栃　　　木	(21)	17.0	98	22.0	108	374	106	82.4	97	308	103	18.2
群　　　馬	(22)	16.5	94	23.0	111	379	104	80.5	101	305	105	17.0
埼　　　玉	(23)	16.2	97	24.0	109	389	105	74.3	96	289	101	17.1
千　　　葉	(24)	16.0	98	24.9	107	398	104	80.2	102	319	107	17.3
東　　　京	(25)	…	nc	…	nc	…	nc	…	nc	…	nc	…
神　奈　川	(26)	17.0	98	19.7	99	335	98	80.3	99	269	97	18.6
新　　　潟	(27)	16.9	101	21.2	95	358	96	80.7	102	289	98	18.8
富　　　山	(28)	19.2	102	19.3	99	371	102	77.4	101	287	103	19.7
石　　　川	(29)	17.9	102	21.9	99	392	101	74.5	101	292	101	18.2
福　　　井	(30)	17.7	99	22.8	103	403	102	72.7	100	293	102	18.5
山　　　梨	(31)	16.5	95	22.8	99	376	94	79.0	104	297	98	18.5
長　　　野	(32)	18.0	98	22.6	100	406	97	80.3	102	326	99	19.3
岐　　　阜	(33)	15.7	96	22.7	103	356	99	75.0	101	267	100	18.3
静　　　岡	(34)	17.2	97	20.8	98	358	95	77.7	104	278	99	18.6
愛　　　知	(35)	16.8	97	22.6	102	380	99	76.1	102	289	102	17.7
三　　　重	(36)	15.8	96	23.9	105	377	100	76.9	102	290	102	17.7
滋　　　賀	(37)	16.0	95	23.3	105	373	99	79.6	99	297	99	17.6
京　　　都	(38)	16.4	99	20.3	99	333	97	82.6	101	275	99	18.5
大　　　阪	(39)	15.1	92	23.8	109	360	100	80.0	100	288	100	17.4
兵　　　庫	(40)	15.8	98	21.3	102	337	100	79.5	99	268	99	18.7
奈　　　良	(41)	15.7	94	23.1	107	362	101	80.9	99	293	99	17.8
和　歌　山	(42)	16.0	95	22.6	103	361	98	78.9	103	285	101	17.5
鳥　　　取	(43)	16.3	99	21.1	95	344	94	77.6	105	267	99	19.0
島　　　根	(44)	16.3	97	20.6	98	335	95	85.1	107	285	102	19.0
岡　　　山	(45)	15.2	96	23.4	106	356	102	80.6	99	287	101	18.5
広　　　島	(46)	15.5	96	22.8	101	353	97	79.9	101	282	98	19.3
山　　　口	(47)	16.4	98	22.3	106	366	104	78.7	100	288	104	18.5
徳　　　島	(48)	15.6	96	23.7	102	370	98	75.9	100	281	98	17.0
早 期 栽 培	(49)	14.8	96	24.8	101	367	97	74.7	100	274	98	17.3
普 通 栽 培	(50)	16.1	96	23.1	102	372	99	76.9	100	286	99	16.8
香　　　川	(51)	15.6	96	23.9	101	373	97	75.9	101	283	98	17.3
愛　　　媛	(52)	15.0	99	24.8	107	372	106	79.3	101	295	107	17.4
高　　　知	(53)	14.5	98	24.0	100	348	97	73.0	101	254	98	17.9
早 期 栽 培	(54)	14.7	98	25.8	100	379	97	69.1	101	262	98	18.2
普 通 栽 培	(55)	14.3	99	21.5	99	307	97	79.2	100	243	98	17.5
福　　　岡	(56)	16.3	99	24.4	107	398	106	78.9	101	314	108	16.8
佐　　　賀	(57)	16.6	97	26.4	112	438	108	73.7	98	323	106	16.8
長　　　崎	(58)	16.0	95	25.1	112	402	106	75.6	100	304	106	16.9
熊　　　本	(59)	15.2	97	26.6	106	405	105	78.3	102	317	107	17.0
大　　　分	(60)	14.8	94	25.4	110	376	103	80.9	100	304	103	16.7
宮　　　崎	(61)	16.4	97	24.0	101	393	98	73.5	104	289	101	17.3
早 期 栽 培	(62)	17.4	97	25.1	100	437	97	63.8	102	279	99	17.3
普 通 栽 培	(63)	15.7	97	23.2	102	364	98	81.0	105	295	103	17.4
鹿　児　島	(64)	17.6	99	21.6	100	380	100	72.6	99	276	99	17.9
早 期 栽 培	(65)	19.4	99	21.6	100	420	100	69.3	103	291	102	16.2
普 通 栽 培	(66)	17.0	99	21.6	100	368	99	73.6	98	271	97	18.4
沖　　　縄	(67)	…	nc	…	nc	…	nc	…	nc	…	nc	…
関 東 農 政 局	(68)	16.5	97	23.5	106	387	103	79.6	100	308	103	17.8
東 海 農 政 局	(69)	16.1	96	23.1	104	372	100	76.1	102	283	101	17.9
中国四国農政局	(70)	15.6	97	22.9	103	357	99	79.0	101	282	101	18.4

注：1　対平年比とは、過年次の水稲作況標本筆結果から作成した各収量構成要素（1㎡当たり株数等）の平年値との対比である。
　　2　東京都及び沖縄県については、水稲作況標本筆を設置していないことから「…」で示した。

たり収量	粗玄米粒数歩合		玄米粒数歩合		玄米千粒重		10a当たり粗玄米重		玄米重歩合		10a当たり玄米重		
対平年比	本年	対平年比	本年	対平年比	本年	対平年比	本年	対平年比	本年	対平年比	本年	対平年比	
(12)	(13)	(14)	(15)	(16)	(17)	(18)	(19)	(20)	(21)	(22)	(23)	(24)	
%	%	%	%	%	g	%	kg	%	%	%	kg	%	
99	88.3	100	95.5	100	21.5	100	555	99	97.5	100	541	99	(1)
101	80.2	101	96.0	100	21.6	100	524	91	97.9	100	513	90	(2)
99	88.9	100	95.5	100	21.5	100	558	100	97.3	100	543	100	(3)
99	89.6	100	96.4	100	21.7	100	588	101	97.8	100	575	100	(4)
100	91.0	101	95.8	100	21.6	100	558	100	97.7	100	545	99	(5)
97	89.7	99	94.6	99	20.9	99	566	101	97.2	100	550	101	(6)
98	85.8	99	95.9	100	21.9	99	520	99	97.7	100	508	99	(7)
99	86.9	99	95.1	101	21.9	100	525	98	97.1	100	510	98	(8)
100	89.4	100	96.4	100	21.8	99	544	101	98.0	100	533	101	(9)
98	86.7	98	94.2	100	21.3	100	501	98	96.8	100	485	98	(10)
97	85.7	98	93.5	100	21.2	99	542	102	96.3	100	522	102	(11)
nc	…	nc	…	nc	…	nc	…	nc	…	nc	…	nc	(12)
101	80.2	101	96.0	100	21.6	100	524	91	97.9	100	513	90	(13)
98	83.4	98	96.5	101	22.0	100	619	101	98.4	101	609	101	(14)
101	91.2	100	96.9	100	21.9	101	562	101	98.2	100	552	101	(15)
101	90.6	101	95.9	100	21.6	100	576	104	97.6	100	562	103	(16)
103	91.0	103	96.3	100	21.8	100	584	98	97.8	99	571	98	(17)
97	90.9	99	95.8	99	21.4	98	606	98	97.7	99	592	97	(18)
99	89.3	100	96.0	100	21.7	99	586	103	97.6	100	572	103	(19)
98	89.0	100	94.5	99	20.6	99	553	100	96.9	100	536	100	(20)
98	94.2	102	94.8	100	20.4	97	578	102	97.2	100	562	102	(21)
97	85.6	97	93.5	102	21.2	99	537	101	96.5	101	518	102	(22)
98	88.2	99	94.1	101	20.6	99	513	99	96.5	100	495	99	(23)
94	87.1	97	94.2	98	21.1	99	570	101	96.8	99	552	100	(24)
nc	…	nc	…	nc	…	nc	…	nc	…	nc	…	nc	(25)
103	93.3	103	92.8	99	21.4	101	520	100	96.0	100	499	100	(26)
100	91.0	101	95.8	99	21.5	100	556	98	97.5	99	542	97	(27)
99	93.0	100	96.3	99	22.0	100	576	102	98.1	99	565	102	(28)
99	86.0	99	96.4	99	21.9	100	539	100	98.3	100	530	100	(29)
100	91.1	101	95.5	100	21.3	99	556	102	97.5	100	542	102	(30)
101	90.9	99	94.8	101	21.4	101	565	99	97.2	100	549	99	(31)
101	90.5	98	96.6	101	22.1	101	641	99	98.1	100	629	100	(32)
98	85.0	100	95.6	100	22.5	99	501	99	97.4	100	488	98	(33)
98	88.1	99	95.9	99	22.0	99	528	97	98.1	100	518	97	(34)
97	84.1	98	95.9	100	22.0	100	524	99	97.7	100	512	99	(35)
98	86.9	99	96.0	100	21.2	99	526	101	97.7	100	514	101	(36)
101	83.5	97	97.2	103	21.7	100	531	97	98.3	101	522	99	(37)
99	89.5	101	95.1	100	21.8	99	520	98	97.9	100	509	98	(38)
99	88.5	100	92.5	99	21.2	101	524	100	95.6	99	501	100	(39)
98	89.6	99	94.2	99	22.1	100	518	98	96.5	99	500	98	(40)
101	86.3	100	94.5	99	21.8	101	542	101	96.3	99	522	100	(41)
98	86.0	99	92.2	98	22.1	101	523	101	95.6	99	500	100	(42)
98	88.8	99	96.6	101	22.1	99	517	97	98.1	100	507	97	(43)
102	90.5	102	96.9	101	21.6	99	550	103	98.4	101	541	104	(44)
98	88.5	99	94.9	100	22.0	99	547	99	97.1	100	531	99	(45)
103	90.4	103	97.3	101	22.0	100	552	101	98.7	101	545	101	(46)
100	88.2	99	96.9	102	21.6	99	542	103	98.2	101	532	104	(47)
101	83.6	100	96.2	101	21.2	101	488	99	98.0	100	478	99	(48)
104	84.3	102	97.0	101	21.2	101	481	100	98.5	101	474	101	(49)
100	83.2	99	95.8	101	21.1	100	493	98	97.6	100	481	99	(50)
99	88.7	98	90.4	98	21.5	102	516	97	94.8	100	489	96	(51)
95	87.5	96	94.2	99	21.1	99	531	102	96.4	99	512	101	(52)
98	87.0	98	96.8	100	21.2	100	463	96	98.1	100	454	96	(53)
98	88.5	98	97.4	101	21.1	100	483	96	98.6	100	476	97	(54)
97	85.2	97	95.7	100	21.5	100	436	95	97.5	100	425	95	(55)
97	85.7	99	92.9	100	21.1	98	551	104	95.8	100	528	104	(56)
97	82.7	95	92.5	100	21.9	101	566	102	95.8	100	542	102	(57)
98	84.2	98	94.1	100	21.4	100	532	104	96.8	100	515	104	(58)
96	86.8	98	93.8	100	20.9	98	559	103	96.4	100	539	103	(59)
95	85.9	98	92.7	99	21.0	99	530	99	96.0	100	509	98	(60)
97	86.2	98	94.4	99	21.3	101	516	99	97.1	100	501	99	(61)
101	84.6	98	97.5	101	21.0	101	491	99	98.6	101	484	99	(62)
96	87.1	97	93.0	98	21.5	101	533	99	96.2	100	513	99	(63)
101	87.3	100	95.4	100	21.4	100	504	99	97.8	100	493	99	(64)
101	81.8	99	95.4	100	20.7	101	482	103	97.7	100	471	103	(65)
101	89.3	101	95.5	100	21.6	100	511	98	97.7	100	499	98	(66)
nc	…	nc	…	nc	…	nc	…	nc	…	nc	…	nc	(67)
98	89.6	99	94.6	99	21.0	99	564	100	97.2	100	548	100	(68)
98	85.5	99	95.9	100	21.8	99	518	100	97.7	100	506	100	(69)
99	88.3	99	96.0	100	21.7	100	530	100	97.7	100	518	100	(70)

1　米（続き）

(4)　平成30年産水稲の都道府県別作柄表示地帯別作況指数
（農家等使用ふるい目幅ベース）

都道府県・作柄表示地帯	作況指数	都道府県・作柄表示地帯	作況指数	都道府県・作柄表示地帯	作況指数	都道府県・作柄表示地帯	作況指数
北　海　道	90	栃　　木	102	静　　岡	97	愛　　媛	100
石　狩	93	北　部	103	東　部	95	東　予	100
南　空　知	87	中　部	101	西　部	99	中　予	101
北　空　知	90	南　部	101	愛　　知	98	南　予	98
上　川	90	群　　馬	102	尾　張	98	高　　知	96
留　萌	91	中　毛	103	西　三　河	98	中　東　部	97
渡　島	94	北　毛	101	東　三　河	98	西　部	96
檜　山	93	東　毛	102	三　　重	100	福　　岡	104
後　志	94	埼　　玉	99	北　勢	100	福　岡	103
胆　振	89	東　部	98	中　勢	100	北　東　部	105
日　高	94	西　部	101	南　勢	100	筑　後	104
オホーツク・十勝	91	千　　葉	99	伊　賀	99	佐　　賀	102
青　　森	101	京　葉	98	滋　　賀	99	佐　賀	102
青　森	100	九　十　九　里	98	湖　南	99	松　浦	104
津　軽	100	南　房　総	102	湖　北	99	長　　崎	104
南　部・下　北	103	東　　京	101	京　　都	98	南　部	104
岩　　手	101	神　奈　川	98	南　部	99	北　部	104
北　上　川　上　流	101	新　　潟	95	北　部	97	五　島	105
北　上　川　下　流	101	岩　船	93	大　　阪	99	壱　岐・対　馬	107
東　部	102	下　越　北	90	兵　　庫	98	熊　　本	103
北　部	101	下　越　南	97	県　南	98	県　北	102
宮　　城	101	中　越	96	県　北	96	阿　蘇	102
南　部	102	魚　沼	97	淡　路	100	県　南	104
中　部	102	上　越	97	奈　　良	100	天　草	103
北　部	101	佐　渡	86	和　歌　山	99	大　　分	100
東　部	101	富　　山	102	鳥　　取	97	北　部	98
秋　　田	96	石　　川	100	東　部	95	湾　岸	99
県　北	96	加　賀	100	西　部	97	南　部	101
県　中　央	96	能　登	100	島　　根	103	日　田	102
県　南	96	福　　井	101	出　雲	103	宮　　崎	100
山　　形	96	嶺　北	101	石　見	100	広　域　沿　海	99
村　山	96	嶺　南	100	岡　　山	98	広　域　霧　島	100
最　上	97	山　　梨	99	南　部	98	西　北　山　間	100
置　賜	97	長　　野	100	中　北　部	99	鹿　児　島	100
庄　内	95	東　信	102	広　　島	101	薩　摩　半　島	101
福　　島	101	南　信	101	南　部	101	出　水　薩　摩	101
中　通　り	102	中　信	99	北　部	101	伊　佐　姶　良	100
浜　通　り	102	北　信	97	山　　口	104	大　隅　半　島	98
会　津	99	岐　　阜	97	東　部	104	熊　毛・大　島	102
茨　　城	99	西　濃	97	西　部	104	沖　　縄	99
北　部	100	中　濃	98	長　北	103	沖　縄　諸　島	98
鹿　行	100	東　濃	98	徳　　島	99	八　重　山	100
南　部	97	飛　騨	99	北　部	99		
西　部	98			南　部	101		
				香　　川	96		

注：1　作況指数は、全国農業地域ごとに、過去５か年間に農家等が実際に使用したふるい目幅の分布において、大きいものから数えて９割を占めるまでの目幅（北海道、東北及び北陸は1.85㎜、関東・東山、東海、近畿、中国及び九州は1.80㎜、四国及び沖縄は1.75㎜）以上に選別された玄米を基に算出した数値である。
　　　2　西南暖地の早期栽培等の地域（徳島県、高知県、宮崎県、鹿児島県及び沖縄県）は早期栽培（第一期稲）、普通期栽培（第二期稲）を合算したものである。

(5)　平成30年産水稲玄米のふるい目幅別重量分布

単位：％

全 国 農 業 地 域 都 道 府 県	計	1.70mm以上 1.75mm未満	1.75〜1.80	1.80〜1.85	1.85〜1.90	1.90〜2.00	2.00mm 以 上
	(1)	(2)	(3)	(4)	(5)	(6)	(7)
全　　　　　　国	100.0	0.9	1.6	2.3	3.3	17.6	74.3
（全国農業地域）							
北　海　　　道	100.0	0.6	1.1	1.4	2.1	11.5	83.3
都　府　　　県	100.0	0.9	1.6	2.4	3.4	18.0	73.7
東　　　　　北	100.0	0.7	1.4	2.1	3.3	17.4	75.1
北　　　　　陸	100.0	0.7	1.6	2.5	3.7	19.6	71.9
関 東 ・ 東 山	100.0	1.1	1.7	2.5	3.8	20.5	70.4
東　　　　　海	100.0	0.8	1.4	2.1	2.5	13.1	80.1
近　　　　　畿	100.0	0.9	1.6	2.1	2.9	15.2	77.3
中　　　　　国	100.0	0.7	1.3	2.1	2.7	13.7	79.5
四　　　　　国	100.0	1.2	1.9	2.5	3.3	17.3	73.8
九　　　　　州	100.0	1.2	2.3	3.0	4.0	20.5	69.0
沖　　　　　縄	100.0	0.8	1.7	2.1	3.3	14.3	77.8
（ 都 道 府 県 ）							
北　海　　　道	100.0	0.6	1.1	1.4	2.1	11.5	83.3
青　　　　　森	100.0	0.6	1.1	1.5	2.2	13.3	81.3
岩　　　　　手	100.0	0.6	1.0	1.6	2.2	13.2	81.4
宮　　　　　城	100.0	0.8	1.5	2.0	3.2	17.5	75.0
秋　　　　　田	100.0	0.7	1.6	2.5	3.2	17.6	74.4
山　　　　　形	100.0	0.7	1.2	2.3	5.1	23.0	67.7
福　　　　　島	100.0	0.6	1.9	2.2	3.2	17.4	74.7
茨　　　　　城	100.0	1.1	2.0	2.2	4.1	20.9	69.7
栃　　　　　木	100.0	1.0	1.3	2.8	3.7	22.7	68.5
群　　　　　馬	100.0	1.4	1.9	3.7	5.5	25.3	62.2
埼　　　　　玉	100.0	1.2	2.1	3.0	4.8	26.4	62.5
千　　　　　葉	100.0	1.2	1.9	2.7	3.7	19.4	71.1
東　　　　　京	100.0	0.7	1.0	1.6	2.6	16.3	77.8
神　奈　　　川	100.0	1.7	2.8	3.3	5.9	24.9	61.4
新　　　　　潟	100.0	0.9	1.9	3.1	4.2	22.5	67.4
富　　　　　山	100.0	0.4	1.2	1.5	3.3	16.6	77.0
石　　　　　川	100.0	0.4	0.8	1.2	2.0	10.7	84.9
福　　　　　井	100.0	0.9	1.8	2.4	3.7	19.3	71.9
山　　　　　梨	100.0	1.1	1.9	2.2	3.8	17.2	73.8
長　　　　　野	100.0	0.7	1.0	1.4	1.8	11.2	83.9
岐　　　　　阜	100.0	1.0	1.7	2.3	2.8	14.0	78.2
静　　　　　岡	100.0	0.7	1.2	2.0	2.8	16.1	77.2
愛　　　　　知	100.0	0.8	1.3	2.1	2.7	12.6	80.5
三　　　　　重	100.0	0.7	1.3	2.0	1.9	11.1	83.0
滋　　　　　賀	100.0	0.8	1.3	1.9	2.5	14.8	78.7
京　　　　　都	100.0	0.8	1.3	1.9	2.3	11.8	81.9
大　　　　　阪	100.0	1.5	2.4	3.8	5.0	20.6	66.7
兵　　　　　庫	100.0	0.9	1.8	2.2	3.1	16.7	75.3
奈　　　　　良	100.0	1.0	2.0	2.4	3.4	15.6	75.6
和　歌　　　山	100.0	1.0	1.6	2.0	2.5	12.4	80.5
鳥　　　　　取	100.0	0.7	1.3	1.5	2.3	11.7	82.5
島　　　　　根	100.0	0.6	1.2	1.7	2.0	11.3	83.2
岡　　　　　山	100.0	1.0	1.6	3.3	4.0	18.1	72.0
広　　　　　島	100.0	0.5	1.0	1.2	1.8	10.9	84.6
山　　　　　口	100.0	0.6	1.2	1.9	2.5	13.5	80.3
徳　　　　　島	100.0	0.8	1.5	1.9	2.5	13.1	80.2
香　　　　　川	100.0	1.8	2.7	3.4	4.3	23.1	64.7
愛　　　　　媛	100.0	1.2	2.0	2.7	3.8	18.8	71.5
高　　　　　知	100.0	0.8	1.2	1.6	2.5	12.7	81.2
福　　　　　岡	100.0	1.4	2.6	3.4	3.8	20.6	68.2
佐　　　　　賀	100.0	1.3	2.1	3.0	3.5	18.2	71.9
長　　　　　崎	100.0	1.1	2.2	2.8	4.1	20.7	69.1
熊　　　　　本	100.0	1.2	2.4	2.7	4.1	20.1	69.5
大　　　　　分	100.0	1.6	3.0	3.9	6.0	26.5	59.0
宮　　　　　崎	100.0	0.9	1.8	2.5	3.3	20.0	71.5
鹿　児　　　島	100.0	0.9	1.7	2.5	3.5	17.6	73.8
沖　　　　　縄	100.0	0.8	1.7	2.1	3.3	14.3	77.8
関 東 農 政 局	100.0	1.1	1.7	2.5	3.7	20.2	70.8
東 海 農 政 局	100.0	0.8	1.4	2.1	2.4	12.5	80.8
中国四国農政局	100.0	0.8	1.5	2.2	2.9	14.7	77.9

注：未熟粒・被害粒等の混入が多く農産物規格規程に定める三等の品位に達しない場合は、再選別を行っており、その選別後の値を含んでいる。

1　米（続き）

(6)　平成30年産水稲玄米のふるい目幅別10a当たり収量

単位：kg

全国農業地域 都道府県	1.70mm 以上 (1)	1.75mm 以上 (2)	1.80mm 以上 (3)	1.85mm 以上 (4)	1.90mm 以上 (5)	2.00mm 以上 (6)
全　　　　国	529	524	516	504	486	393
（全国農業地域）						
北　海　道	495	492	487	480	469	412
都　府　県	532	527	519	506	488	392
東　　　北	564	560	552	540	522	424
北　　　陸	533	529	521	507	488	383
関東・東山	539	533	524	510	490	379
東　　　海	495	491	484	474	461	396
近　　　畿	502	497	489	479	464	388
中　　　国	519	515	509	498	484	413
四　　　国	473	467	458	447	431	349
九　　　州	512	506	494	479	458	353
沖　　　縄	307	305	299	293	283	239
（都道府県）						
北　海　道	495	492	487	480	469	412
青　　　森	596	592	586	577	564	485
岩　　　手	543	540	534	526	514	442
宮　　　城	551	547	538	527	510	413
秋　　　田	560	556	547	533	515	417
山　　　形	580	576	569	556	526	393
福　　　島	561	558	547	535	517	419
茨　　　城	524	518	508	496	475	365
栃　　　木	550	545	537	522	502	377
群　　　馬	506	499	489	471	443	315
埼　　　玉	487	481	471	456	433	304
千　　　葉	542	535	525	511	491	385
東　　　京	417	414	410	403	392	324
神　奈　川	492	484	470	454	425	302
新　　　潟	531	526	516	500	477	358
富　　　山	552	550	543	535	517	425
石　　　川	519	517	513	507	496	441
福　　　井	530	525	516	503	483	381
山　　　梨	542	536	526	514	493	400
長　　　野	618	614	607	599	588	519
岐　　　阜	478	473	465	454	441	374
静　　　岡	506	502	496	486	472	391
愛　　　知	499	495	489	478	465	402
三　　　重	499	496	489	479	470	414
滋　　　賀	512	508	501	492	479	403
京　　　都	502	498	491	482	470	411
大　　　阪	494	487	475	456	431	329
兵　　　庫	492	488	479	468	453	370
奈　　　良	514	509	499	486	469	389
和　歌　山	492	487	479	469	457	396
鳥　　　取	498	495	488	481	469	411
島　　　根	524	521	515	506	495	436
岡　　　山	517	512	504	486	466	372
広　　　島	525	522	517	511	501	444
山　　　口	522	519	513	503	490	419
徳　　　島	470	466	459	450	439	377
香　　　川	479	470	457	441	421	310
愛　　　媛	498	492	482	469	450	356
高　　　知	441	437	432	425	414	358
福　　　岡	518	511	497	480	460	353
佐　　　賀	532	525	514	498	479	383
長　　　崎	499	494	483	469	448	345
熊　　　本	529	523	510	496	474	368
大　　　分	501	493	478	458	428	296
宮　　　崎	493	489	480	467	451	352
鹿　児　島	481	477	468	456	440	355
沖　　　縄	307	305	299	293	283	239
関東農政局	537	531	523	509	489	380
東海農政局	493	489	482	472	460	398
中国四国農政局	504	500	492	481	467	393

注：1　ふるい目幅別の10a当たり収量とは、全国、全国農業地域別、都道府県別又は地方農政局別の10a当たり収量にふるい目幅別重量割合を乗じて算出したものである。

　　2　未熟粒・被害粒等の混入が多く農産物規格規程に定める三等の品位に達しない場合は、再選別を行っており、その選別後の値を含んでいる。

(7)　平成30年産水稲玄米のふるい目幅別収穫量（子実用）

単位：t

全国農業地域 都道府県	1.70mm 以上	1.75mm 以上	1.80mm 以上	1.85mm 以上	1.90mm 以上	2.00mm 以上
	(1)	(2)	(3)	(4)	(5)	(6)
全　　　　国	7,780,000	7,710,000	7,586,000	7,407,000	7,150,000	5,781,000
（全国農業地域）						
北　海　道	514,800	511,700	506,000	498,800	488,000	428,800
都　府　県	7,265,000	7,200,000	7,083,000	6,909,000	6,662,000	5,354,000
東　　　北	2,137,000	2,122,000	2,092,000	2,047,000	1,977,000	1,605,000
北　　　陸	1,096,000	1,088,000	1,071,000	1,043,000	1,003,000	788,000
関東・東山	1,457,000	1,441,000	1,416,000	1,380,000	1,324,000	1,026,000
東　　　海	462,400	458,700	452,200	442,500	431,000	370,400
近　　　畿	517,500	512,800	504,600	493,700	478,700	400,000
中　　　国	537,800	534,000	527,000	515,800	501,200	427,600
四　　　国	233,400	230,600	226,200	220,300	212,600	172,200
九　　　州	821,300	811,400	792,600	767,900	735,100	566,700
沖　　　縄	2,200	2,180	2,150	2,100	2,030	1,710
（都道府県）						
北　海　道	514,800	511,700	506,000	498,800	488,000	428,800
青　　　森	263,400	261,800	258,900	255,000	249,200	214,100
岩　　　手	273,100	271,500	268,700	264,400	258,400	222,300
宮　　　城	371,400	368,400	362,900	355,400	343,500	278,600
秋　　　田	491,100	487,700	479,800	467,500	451,800	365,400
山　　　形	374,100	371,500	367,000	358,400	339,300	253,300
福　　　島	364,100	361,900	355,000	347,000	335,300	272,000
茨　　　城	358,400	354,500	347,300	339,400	324,700	249,800
栃　　　木	321,800	318,600	314,400	305,400	293,500	220,400
群　　　馬	78,900	77,800	76,300	73,400	69,000	49,100
埼　　　玉	155,400	153,500	150,300	145,600	138,200	97,100
千　　　葉	301,400	297,800	292,100	283,900	272,800	214,300
東　　　京	555	551	546	537	522	432
神　奈　川	15,200	14,900	14,500	14,000	13,100	9,330
新　　　潟	627,600	622,000	610,000	590,600	564,200	423,000
富　　　山	205,900	205,100	202,600	199,500	192,700	158,500
石　　　川	130,300	129,800	128,700	127,200	124,600	110,600
福　　　井	132,500	131,300	128,900	125,700	120,800	95,300
山　　　梨	26,600	26,300	25,800	25,200	24,200	19,600
長　　　野	199,000	197,600	195,600	192,800	189,200	167,000
岐　　　阜	107,600	106,500	104,700	102,200	99,200	84,100
静　　　岡	79,900	79,300	78,400	76,800	74,500	61,700
愛　　　知	137,700	136,600	134,800	131,900	128,200	110,800
三　　　重	137,200	136,200	134,500	131,700	129,100	113,900
滋　　　賀	162,300	161,000	158,900	155,800	151,800	127,700
京　　　都	72,800	72,200	71,300	69,900	68,200	59,600
大　　　阪	24,700	24,300	23,700	22,800	21,600	16,500
兵　　　庫	182,000	180,400	177,100	173,100	167,400	137,000
奈　　　良	44,100	43,700	42,800	41,700	40,200	33,300
和　歌　山	31,600	31,300	30,800	30,100	29,400	25,400
鳥　　　取	63,700	63,300	62,400	61,500	60,000	52,600
島　　　根	91,700	91,200	90,000	88,500	86,700	76,300
岡　　　山	156,100	154,500	152,000	146,900	140,600	112,400
広　　　島	122,900	122,300	121,100	119,600	117,400	104,000
山　　　口	103,400	102,800	101,500	99,600	97,000	83,000
徳　　　島	53,600	53,200	52,400	51,300	50,000	43,000
香　　　川	59,900	58,800	57,200	55,200	52,600	38,800
愛　　　媛	69,200	68,400	67,000	65,100	62,500	49,500
高　　　知	50,700	50,300	49,700	48,900	47,600	41,200
福　　　岡	182,900	180,300	175,600	169,400	162,400	124,700
佐　　　賀	129,300	127,600	124,900	121,000	116,500	93,000
長　　　崎	57,400	56,800	55,500	53,900	51,500	39,700
熊　　　本	176,200	174,100	169,900	165,100	157,900	122,500
大　　　分	103,700	102,000	98,900	94,900	88,700	61,200
宮　　　崎	79,400	78,700	77,300	75,300	72,700	56,800
鹿　児　島	92,400	91,600	90,000	87,700	84,500	68,200
沖　　　縄	2,200	2,180	2,150	2,100	2,030	1,710
関東農政局	1,537,000	1,520,000	1,495,000	1,456,000	1,399,000	1,088,000
東海農政局	382,500	379,400	374,100	366,100	356,900	309,100
中国四国農政局	771,200	765,000	753,500	736,500	714,100	600,800

注：1　ふるい目幅別の収穫量（子実用）とは、全国、全国農業地域別、都道府県別又は地方農政局別の収穫量にふるい目幅別重量割合を乗じて算出したものである。
　　2　未熟粒・被害粒等の混入が多く農産物規格規程に定める三等の品位に達しない場合は、再選別を行っており、その選別後の値を含んでいる。

1　米（続き）

(8)　平成30年産水稲農家等が使用した選別ふるい目幅の分布

単位：%

全国農業地域・都道府県	計	1.70mm以上 1.75mm未満	1.75～1.80	1.80～1.85	1.85～1.90	1.90～2.00	2.00mm 以上
	(1)	(2)	(3)	(4)	(5)	(6)	(7)
全　　国	100.0	0.2	2.2	25.2	37.3	34.3	0.8
（全国農業地域）							
北　海　道	100.0	0.2	-	0.2	22.9	72.1	4.6
都　府　県	100.0	0.2	2.4	26.9	38.3	31.7	0.5
東　　北	100.0	0.0	0.0	0.3	17.3	82.3	0.1
北　　陸	100.0	0.2	0.3	1.8	36.4	59.9	1.4
関　東・東　山	100.0	0.3	5.2	41.7	50.0	2.5	0.3
東　　海	100.0	0.4	2.2	31.1	48.8	17.3	0.2
近　　畿	100.0	0.4	4.4	44.9	29.9	18.1	2.3
中　　国	100.0	0.1	0.6	16.2	65.3	17.7	0.1
四　　国	100.0	0.5	7.8	71.7	20.0	-	-
九　　州	100.0	0.1	2.1	44.4	46.3	6.9	0.2
沖　　縄	100.0	-	30.0	70.0	-	-	-
（都道府県）							
北　海　道	100.0	0.2	-	0.2	22.9	72.1	4.6
青　　森	100.0	-	-	-	0.6	99.4	-
岩　　手	100.0	-	0.3	0.6	6.7	92.1	0.3
宮　　城	100.0	-	-	-	3.2	96.8	-
秋　　田	100.0	0.3	-	0.8	19.6	79.3	-
山　　形	100.0	-	-	-	14.9	84.8	0.3
福　　島	100.0	-	-	0.6	61.9	37.5	-
茨　　城	100.0	-	1.1	13.5	84.3	0.7	0.4
栃　　木	100.0	-	-	4.5	94.8	0.7	-
群　　馬	100.0	1.2	5.4	85.1	6.5	1.8	-
埼　　玉	100.0	1.8	29.3	62.3	6.6	-	-
千　　葉	100.0	-	2.5	87.5	8.9	0.7	0.4
東　　京	100.0	-	50.0	50.0	-	-	-
神　奈　川	100.0	-	18.2	75.8	3.0	3.0	-
新　　潟	100.0	0.4	0.6	3.6	59.0	34.6	1.8
富　　山	100.0	-	-	0.5	11.7	85.5	2.3
石　　川	100.0	-	-	0.4	47.2	52.4	-
福　　井	100.0	-	-	0.4	1.7	96.6	1.3
山　　梨	100.0	-	-	11.6	32.6	55.8	-
長　　野	100.0	-	-	21.4	67.9	10.0	0.7
岐　　阜	100.0	-	3.1	48.1	43.8	4.4	0.6
静　　岡	100.0	0.5	5.9	48.5	44.1	0.5	0.5
愛　　知	100.0	-	-	6.2	38.7	55.1	-
三　　重	100.0	0.8	0.8	29.5	65.5	3.4	-
滋　　賀	100.0	0.5	-	9.6	28.9	61.0	-
京　　都	100.0	-	0.6	33.9	52.2	13.3	-
大　　阪	100.0	4.3	24.3	67.1	2.9	1.4	-
兵　　庫	100.0	-	6.7	37.9	43.7	2.9	8.8
奈　　良	100.0	-	4.7	80.4	14.0	0.9	-
和　歌　山	100.0	-	0.9	99.1	-	-	-
鳥　　取	100.0	-	-	10.2	89.1	0.7	-
島　　根	100.0	-	-	4.1	31.6	64.3	-
岡　　山	100.0	-	2.0	31.9	65.3	0.8	-
広　　島	100.0	-	0.5	25.0	69.6	4.4	0.5
山　　口	100.0	0.5	-	3.1	78.2	18.2	-
徳　　島	100.0	0.6	9.0	78.9	11.5	-	-
香　　川	100.0	1.3	14.9	65.0	18.8	-	-
愛　　媛	100.0	-	1.9	55.4	42.7	-	-
高　　知	100.0	-	5.4	88.5	6.1	-	-
福　　岡	100.0	-	-	13.9	85.7	0.4	-
佐　　賀	100.0	-	-	0.9	56.3	41.9	0.9
長　　崎	100.0	0.8	16.9	62.3	16.9	3.1	-
熊　　本	100.0	-	1.8	39.2	58.3	0.7	-
大　　分	100.0	-	1.0	48.0	50.5	-	0.5
宮　　崎	100.0	-	0.5	99.0	0.5	-	-
鹿　児　島	100.0	-	-	86.7	13.3	-	-
沖　　縄	100.0	-	30.0	70.0	-	-	-
関　東　農　政　局	100.0	0.3	5.3	42.4	49.4	2.3	0.3
東　海　農　政　局	100.0	0.3	1.1	25.9	50.2	22.3	0.2
中　国　四　国　農　政　局	100.0	0.3	3.4	37.6	47.7	10.9	0.1

注：水稲作況標本（基準）筆農家からの聞き取り結果である。

(9)　平成30年産水稲の作況標本筆の10ａ当たり玄米重の分布状況

単位：％

全国農業地域 ・ 都 道 府 県	計	100kg 未 満	100～200	200～300	300～400	400～500	500～600	600～700	700～800	800kg 以 上
	(1)	(2)	(3)	(4)	(5)	(6)	(7)	(8)	(9)	(10)
全　　　　　国	100.0	0.1	0.2	1.2	5.7	26.4	43.8	19.5	2.8	0.3
（全国農業地域）										
北 海 道	100.0	0.3	0.2	1.3	7.3	36.0	45.2	9.2	0.5	－
都 府 県	100.0	0.1	0.2	1.2	5.6	25.8	43.6	20.2	3.0	0.3
東 北	100.0	－	－	0.6	2.0	15.0	42.9	33.2	6.0	0.3
北 陸	100.0	0.3	0.1	0.8	4.2	22.4	49.6	20.2	2.1	0.3
関 東 ・ 東 山	100.0	－	0.1	0.3	5.1	24.3	41.3	22.5	5.8	0.6
東 海	100.0	0.1	0.2	1.7	7.7	35.1	42.2	12.3	0.7	－
近 畿	100.0	0.1	－	1.8	6.7	33.3	46.3	11.7	0.1	－
中 国	100.0	0.2	0.3	1.7	7.0	24.8	42.7	19.6	3.4	0.3
四 国	100.0	－	1.0	3.1	11.7	40.7	36.1	7.0	0.2	0.2
九 州	100.0	0.3	0.1	1.6	6.7	29.9	45.8	15.2	0.3	0.1
沖 縄	…	…	…	…	…	…	…	…	…	…
（都 道 府 県 ）										
北 海 道	100.0	0.3	0.2	1.3	7.3	36.0	45.2	9.2	0.5	－
青 森	100.0	－	－	－	1.5	10.0	34.5	40.7	12.4	0.9
岩 手	100.0	－	－	0.3	2.9	23.5	44.2	25.9	3.2	－
宮 城	100.0	－	－	0.6	1.5	14.9	55.0	27.7	0.3	－
秋 田	100.0	－	－	0.3	2.1	14.5	47.3	31.6	3.9	0.3
山 形	100.0	－	－	1.2	0.9	12.4	33.8	42.0	9.4	0.3
福 島	100.0	－	－	1.4	3.4	14.3	42.0	31.4	6.8	0.7
茨 城	100.0	－	－	0.4	2.1	30.7	49.6	16.8	0.4	－
栃 木	100.0	－	－	0.4	3.6	20.4	44.2	25.7	5.7	－
群 馬	100.0	－	－	－	6.7	34.4	46.7	11.1	1.1	－
埼 玉	100.0	－	0.6	0.6	11.7	37.8	40.9	7.8	0.6	－
千 葉	100.0	－	－	0.4	4.2	20.0	49.7	21.9	3.8	－
東 京	…	…	…	…	…	…	…	…	…	…
神 奈 川	100.0	－	－	－	15.0	31.7	38.3	15.0	－	－
新 潟	100.0	0.6	0.2	0.4	5.4	23.2	46.4	19.4	3.8	0.6
富 山	100.0	－	－	－	1.8	20.6	43.6	30.7	2.8	0.5
石 川	100.0	0.4	－	2.2	5.7	23.9	47.8	20.0	－	－
福 井	100.0	－	－	0.9	2.2	20.9	63.8	12.2	－	－
山 梨	100.0	－	－	－	7.5	28.8	29.9	25.0	6.3	2.5
長 野	100.0	－	－	0.4	2.5	8.1	23.2	42.6	20.4	2.8
岐 阜	100.0	－	－	3.2	9.2	38.9	41.2	7.0	0.5	－
静 岡	100.0	－	－	0.6	5.6	34.6	44.1	14.0	1.1	－
愛 知	100.0	0.5	0.5	1.4	7.6	31.0	45.2	13.8	－	－
三 重	100.0	－	0.4	1.7	8.3	36.1	38.3	13.9	1.3	－
滋 賀	100.0	－	－	1.4	3.3	29.5	55.3	10.0	0.5	－
京 都	100.0	－	－	3.3	8.7	28.0	47.3	12.7	－	－
大 阪	100.0	－	－	6.0	8.0	30.0	42.0	14.0	－	－
兵 庫	100.0	－	－	0.9	7.8	40.0	40.0	11.3	－	－
奈 良	100.0	－	－	1.0	5.1	32.3	45.4	16.2	－	－
和 歌 山	100.0	1.0	－	1.0	9.0	36.0	44.0	9.0	－	－
鳥 取	100.0	－	－	2.0	11.3	30.7	40.0	13.3	2.7	－
島 根	100.0	－	0.5	2.6	7.7	23.1	41.0	21.0	4.1	－
岡 山	100.0	－	－	0.8	5.8	25.0	48.0	17.5	2.9	－
広 島	100.0	0.5	0.9	1.9	6.9	22.7	37.9	21.8	6.0	1.4
山 口	100.0	0.5	－	1.6	4.3	24.3	45.0	23.2	1.1	－
徳 島	100.0	－	1.3	1.3	12.7	48.0	28.0	8.0	－	0.7
香 川	100.0	－	－	2.0	11.3	38.0	40.7	7.3	0.7	－
愛 媛	100.0	－	0.7	2.7	5.4	33.8	44.6	12.8	－	－
高 知	100.0	－	1.8	5.9	16.5	43.4	31.8	0.6	－	－
福 岡	100.0	－	－	1.5	1.2	31.5	50.8	15.0	－	－
佐 賀	100.0	－	－	1.9	5.2	19.0	49.6	23.3	0.5	0.5
長 崎	100.0	1.3	0.7	2.7	8.7	25.3	48.6	12.7	－	－
熊 本	100.0	－	－	0.7	5.4	25.7	50.7	17.1	0.4	－
大 分	100.0	－	－	1.7	11.1	32.8	39.9	13.9	0.6	－
宮 崎	100.0	－	－	0.5	9.1	39.9	39.9	10.6	－	－
鹿 児 島	100.0	1.5	0.5	3.0	9.0	35.2	37.7	12.1	1.0	－
沖 縄	…	…	…	…	…	…	…	…	…	…
関 東 農 政 局	100.0	－	0.1	0.3	5.2	25.3	41.6	21.6	5.3	0.6
東 海 農 政 局	100.0	0.2	0.3	2.1	8.3	35.2	41.5	11.8	0.6	－
中国四国農政局	100.0	0.1	0.6	2.2	8.8	31.0	40.2	14.7	2.2	0.2

注：1　東京都及び沖縄県については、水稲作況標本筆を設置していないことから「…」で示した。
　　2　10ａ当たり玄米重は、1.70mmのふるい目幅で選別された玄米の重量である。

1 米（続き）

(10) 平成30年産水稲の玄米品位の状況

単位：％

全 国 農 業 地 域	整粒	未熟粒	乳白粒・腹白粒	被害粒	死米・着色粒
	(1)	(2)	(3)	(4)	(5)
全　　　　　国	69.2	25.7	2.7	5.0	0.7
北　　海　　道	64.9	29.0	3.7	6.2	1.0
東　　　　　北	74.6	21.2	1.2	4.2	0.4
北　　　　　陸	69.8	22.8	1.9	7.5	0.3
関　東　・　東　山	68.0	27.9	3.3	4.3	0.8
東　　　　　海	62.7	31.7	6.0	5.6	1.4
近　　　　　畿	66.5	27.0	2.5	6.5	0.7
中　　　　　国	68.2	27.4	3.1	4.6	0.8
四　　　　　国	65.9	28.5	4.2	5.9	1.8
九　　　　　州	66.2	29.1	3.2	4.8	0.9

注： 1 作況基準筆の刈取試料を穀粒判別器を用いて品位分析したものである（九州には沖縄県のデータを含む。）。
　　 2 当該品位分析は、全国農業地域ごとに、過去５か年間に農家等が実際に使用したふるい目幅の分布において、大きいものから数えて９割を占めるまでの目幅（北海道、東北及び北陸は1.85㎜、関東・東山、東海、近畿、中国及び九州は1.80㎜、四国及び沖縄は1.75㎜）以上に選別された玄米を基に算出した数値である。

1　米（続き）

(11)　平成30年産水稲の被害面積及び被害量（全国農業地域別・都道府県別）

全 国 農 業 地 域 都 道 府 県		気		象	被			害				
		冷	害		日 照 不 足				高 温 障 害			
		被害面積	被害量	被 害 率	被害面積	被害量	被 害 率		被害面積	被害量	被 害 率	
				実 数	対前年差			実 数	対前年差			実 数	対前年差
		(1)	(2)	(3)	(4)	(5)	(6)	(7)	(8)	(9)	(10)	(11)	(12)
		ha	t	%	ポイント	ha	t	%	ポイント	ha	t	%	ポイント
全　　　　国	(1)	110,900	36,400	0.5	△ 0.1	1,045,000	251,500	3.2	0.1	653,300	94,300	1.2	1.0
（全国農業地域）													
北　海　道	(2)	100,000	34,600	6.1	3.9	104,000	63,000	11.1	7.5	－	－	－	－
都　府　県	(3)	10,900	1,780	0.0	△ 0.5	941,500	188,500	2.6	△ 0.5	653,300	94,300	1.3	1.1
東　　　北	(4)	6,720	745	0.0	△ 1.2	379,000	97,300	4.6	△ 0.6	135,400	20,200	0.9	0.9
北　　　陸	(5)	－	－	－	0.0	156,800	18,300	1.7	0.1	205,600	17,000	1.5	1.5
関 東・東 山	(6)	4,210	1,030	0.1	△ 0.4	92,500	13,400	0.9	△ 2.4	132,400	31,500	2.2	2.0
東　　　海	(7)	－	－	－	－	38,800	7,860	1.7	△ 0.8	41,700	10,400	2.2	1.3
近　　　畿	(8)	－	－	－	0.0	74,300	12,200	2.3	1.4	23,100	2,440	0.5	0.2
中　　　国	(9)	－	－	－	－	57,000	9,060	1.7	1.1	51,600	7,010	1.3	0.9
四　　　国	(10)	－	－	－	－	37,300	6,770	2.8	0.3	30,000	2,270	1.0	0:7
九　　　州	(11)	－	－	－	－	105,900	23,600	2.9	－	33,500	3,330	0.4	0.2
沖　　　縄	(12)	－	－	－	－	－	－	－	△ 1.1	－	－	－	－
（都道府県）													
北　海　道	(13)	100,000	34,600	6.1	3.9	104,000	63,000	11.1	7.5	－	－	－	－
青　　　森	(14)	3,070	348	0.1	△ 1.0	44,200	11,400	4.4	2.0	－	－	－	－
岩　　　手	(15)	3,650	397	0.1	1.3	50,300	13,900	5.2	△ 3.3	－	－	－	－
宮　　　城	(16)	－	－	－	△ 1.2	67,400	15,300	4.3	△ 3.8	3,510	332	0.1	0.1
秋　　　田	(17)	－	－	－	△ 0.2	87,700	26,400	5.3	0.7	2,510	644	0.1	0.1
山　　　形	(18)	－	－	－	△ 2.8	64,500	24,500	6.4	2.2	64,500	14,400	3.7	3.7
福　　　島	(19)	－	－	－	△ 0.6	64,900	5,800	1.6	△ 2.0	64,900	4,870	1.4	1.4
茨　　　城	(20)	－	－	－	△ 0.4	23,600	3,750	1.0	△ 1.8	52,400	15,100	4.2	3.9
栃　　　木	(21)	－	－	－	△ 1.6	23,000	1,100	0.3	△ 7.1	34,300	3,750	1.2	1.2
群　　　馬	(22)	69	4	0.0	0.0	3,130	1,410	1.8	△ 2.8	3,110	617	0.8	0.7
埼　　　玉	(23)	－	－	－	－	18,000	3,600	2.3	△ 0.4	10,000	3,000	1.9	1.8
千　　　葉	(24)	－	－	－	－	4,000	880	0.3	△ 1.2	18,000	5,940	2.0	1.7
東　　　京	(25)	－	－	－	－	－	－	－	△ 2.4	－	－	－	－
神　奈　川	(26)	－	－	－	－	2,520	164	1.1	△ 1.2	－	－	－	－
新　　　潟	(27)	－	－	－	0.0	118,200	17,600	2.7	0.4	118,200	12,900	2.0	2.0
富　　　山	(28)	－	－	－	－	32,000	378	0.2	△ 0.4	37,300	1,410	0.7	0.7
石　　　川	(29)	－	－	－	－	3,070	125	0.1	△ 0.7	25,100	1,300	1.0	1.0
福　　　井	(30)	－	－	－	－	3,490	165	0.1	0.1	25,000	1,400	1.1	1.1
山　　　梨	(31)	250	120	0.4	△ 0.2	1,530	150	0.6	△ 0.4	2,400	380	1.4	1.4
長　　　野	(32)	3,890	906	0.5	△ 0.1	16,700	2,380	1.2	0.3	12,200	2,720	1.4	1.3
岐　　　阜	(33)	－	－	－	－	12,900	2,360	2.1	0.6	3,970	567	0.5	0.3
静　　　岡	(34)	－	－	－	－	9,370	2,630	3.2	0.2	3,850	1,480	1.8	1.2
愛　　　知	(35)	－	－	－	－	16,500	2,870	2.1	0.8	11,200	2,260	1.6	1.3
三　　　重	(36)	－	－	－	－	－	－	－	△ 4.2	22,700	6,130	4.5	2.4
滋　　　賀	(37)	－	－	－	－	14,500	2,730	1.7	0.5	12,500	1,110	0.7	0.2
京　　　都	(38)	－	－	－	－	14,500	2,960	4.0	3.7	0	0	0.0	0.0
大　　　阪	(39)	－	－	－	－	4,500	460	1.9	1.2	900	60	0.2	0.1
兵　　　庫	(40)	－	－	－	－	34,600	5,670	3.1	2.0	7,160	1,020	0.5	0.3
奈　　　良	(41)	－	－	－	0.0	5,580	279	0.6	0.2	260	50	0.1	0.1
和　歌　山	(42)	－	－	－	－	610	123	0.4	0.2	2,260	201	0.6	0.4
鳥　　　取	(43)	－	－	－	－	12,800	2,980	4.5	4.0	4,070	770	1.2	0.9
島　　　根	(44)	－	－	－	－	4,820	690	0.8	0.8	11,800	1,840	2.1	0.6
岡　　　山	(45)	－	－	－	－	30,200	3,910	2.5	2.1	7,000	1,090	0.7	0.6
広　　　島	(46)	－	－	－	－	2,480	726	0.6	△ 0.6	22,700	2,860	2.3	2.3
山　　　口	(47)	－	－	－	－	6,670	758	0.8	△ 0.2	6,020	450	0.5	0.4
徳　　　島	(48)	－	－	－	－	7,180	1,130	2.1	△ 0.5	11,400	614	1.1	1.1
香　　　川	(49)	－	－	－	－	9,250	3,100	5.0	1.1	3,750	93	0.2	0.0
愛　　　媛	(50)	－	－	－	－	9,350	842	1.2	0.0	6,950	1,040	1.5	1.1
高　　　知	(51)	－	－	－	－	11,500	1,700	3.2	0.7	7,850	523	1.0	0.6
福　　　岡	(52)	－	－	－	－	9,330	1,210	0.7	△ 0.4	9,280	521	0.3	0.0
佐　　　賀	(53)	－	－	－	－	11,500	2,630	2.1	0.2	4,460	480	0.4	0.3
長　　　崎	(54)	－	－	－	－	9,410	1,280	2.3	△ 0.5	787	49	0.1	0.1
熊　　　本	(55)	－	－	－	－	30,000	5,960	3.5	△ 0.7	8,270	443	0.3	0.3
大　　　分	(56)	－	－	－	－	16,700	4,640	4.5	1.9	6,490	639	0.6	0.6
宮　　　崎	(57)	－	－	－	－	16,100	5,800	7.3	3.3	98	8	0.0	0.0
鹿　児　島	(58)	－	－	－	－	12,900	2,070	2.2	△ 2.1	4,100	1,190	1.3	1.3
沖　　　縄	(59)	－	－	－	－	－	－	－	△ 1.1	－	－	－	－
関 東 農 政 局	(60)	4,210	1,030	0.1	△ 0.4	101,900	16,100	1.1	△ 2.2	136,300	33,000	2.2	2.0
東 海 農 政 局	(61)	－	－	－	－	29,400	5,230	1.4	△ 1.0	37,900	8,960	2.3	1.4
中国四国農政局	(62)	－	－	－	－	94,300	15,800	2.0	0.8	81,500	9,280	1.2	0.9

注：被害率＝ 被害量 ／ 平年収量 ×100

病　　　　害				虫　　　　　　　　害								
い　　も　　ち　　病				ウ　　ン　　カ				カ　メ　ム　シ				
被害面積	被害量	被　害　率		被害面積	被害量	被　害　率		被害面積	被害量	被　害　率		
		実　数	対前年差			実　数	対前年差			実　数	対前年差	
(13)	(14)	(15)	(16)	(17)	(18)	(19)	(20)	(21)	(22)	(23)	(24)	
ha	t	%	ポイント	ha	t	%	ポイント	ha	t	%	ポイント	
211,300	49,100	0.6	△ 0.2	48,300	6,500	0.1	△ 0.1	109,300	12,800	0.2	0.1	(1)
2,170	318	0.1	0.1	506	45	0.0	0.0	2,330	127	0.0	0.0	(2)
209,100	48,800	0.7	△ 0.1	47,800	6,460	0.1	△ 0.1	106,900	12,600	0.2	0.1	(3)
49,700	10,000	0.5	△ 0.2	3,600	257	0.0	0.0	21,100	1,670	0.1	0.0	(4)
10,400	1,100	0.1	0.0	3,470	99	0.0	0.0	10,900	405	0.0	0.0	(5)
39,800	11,300	0.8	△ 0.3	15,300	1,740	0.1	0.0	23,900	4,520	0.3	0.1	(6)
21,500	4,760	1.0	△ 0.1	4,590	623	0.1	△ 0.1	14,100	1,690	0.4	0.1	(7)
13,300	5,760	1.1	△ 0.1	5,110	818	0.2	0.1	6,960	717	0.1	0.0	(8)
18,100	3,260	0.6	△ 0.3	3,450	726	0.1	0.0	5,800	864	0.2	0.0	(9)
14,500	3,000	1.3	0.3	3,180	295	0.1	△ 0.1	13,500	1,250	0.5	0.2	(10)
41,800	9,560	1.2	△ 0.1	9,130	1,900	0.2	△ 1.1	10,700	1,520	0.2	△ 0.1	(11)
7	0	0.0	△ 0.2	－	－	－	－	－	－	－	－	(12)
2,170	318	0.1	0.1	506	45	0.0	0.0	2,330	127	0.0	0.0	(13)
1,010	87	0.0	0.0	570	41	0.0	0.0	1,270	93	0.0	0.0	(14)
5,050	1,110	0.4	△ 0.4	25	1	0.0	0.0	1,300	130	0.0	0.0	(15)
8,040	1,870	0.5	△ 0.1	60	2	0.0	0.0	3,570	374	0.1	0.0	(16)
19,100	4,370	0.9	0.0	733	39	0.0	0.0	6,340	365	0.1	0.1	(17)
11,200	1,800	0.5	0.0	1,690	141	0.0	0.0	4,360	340	0.1	0.0	(18)
5,300	767	0.2	△ 0.9	520	33	0.0	0.0	4,240	371	0.1	0.0	(19)
8,920	1,720	0.5	△ 0.7	868	116	0.0	△ 0.1	13,200	2,810	0.8	0.5	(20)
12,500	3,400	1.1	△ 0.1	2,900	490	0.2	0.1	4,200	850	0.3	0.2	(21)
2,070	840	1.1	△ 0.2	1,750	291	0.4	0.0	602	127	0.2	0.1	(22)
4,000	400	0.3	△ 0.7	6,000	600	0.4	0.3	1,300	110	0.1	0.1	(23)
6,150	2,970	1.0	0.0	90	11	0.0	0.0	2,150	220	0.1	0.0	(24)
7	1	0.2	0.0	1	0	0.0	0.0	7	1	0.2	0.0	(25)
－	－	－	0.0	0	0	0.0	0.0	6	0	0.0	0.0	(26)
7,900	910	0.1	0.0	2,050	55	0.0	0.0	5,600	229	0.0	0.0	(27)
1,190	44	0.0	0.0	670	4	0.0	0.0	1,190	25	0.0	0.0	(28)
560	40	0.0	△ 0.1	230	15	0.0	△ 0.1	550	26	0.0	0.0	(29)
760	110	0.1	0.0	520	25	0.0	0.0	3,550	125	0.1	0.0	(30)
820	380	1.4	△ 0.1	100	15	0.1	0.0	350	65	0.2	0.0	(31)
5,340	1,610	0.8	△ 0.1	3,600	213	0.1	0.0	2,130	334	0.2	0.0	(32)
6,240	2,090	1.9	△ 0.3	1,490	267	0.2	△ 0.1	2,890	592	0.5	0.4	(33)
3,140	576	0.7	0.0	1,260	165	0.2	0.0	3,950	329	0.4	0.0	(34)
8,370	1,550	1.1	0.4	1,200	123	0.1	0.0	4,760	441	0.3	0.1	(35)
3,770	546	0.4	△ 0.6	635	68	0.0	△ 0.1	2,490	327	0.2	△ 0.4	(36)
7,300	3,610	2.2	0.0	3,720	454	0.3	0.1	2,700	211	0.1	0.0	(37)
869	91	0.1	△ 0.9	29	2	0.0	0.0	579	58	0.1	△ 0.1	(38)
600	350	1.4	△ 0.2	480	180	0.7	△ 0.1	240	30	0.1	0.0	(39)
2,020	300	0.2	0.0	325	17	0.0	0.0	2,370	183	0.1	0.0	(40)
1,720	1,200	2.7	0.9	130	50	0.1	0.0	260	140	0.3	0.1	(41)
800	205	0.6	△ 0.5	430	115	0.4	△ 0.1	810	95	0.3	0.1	(42)
1,220	407	0.6	△ 0.3	48	12	0.0	0.0	897	87	0.1	0.0	(43)
2,210	201	0.2	△ 0.6	120	35	0.0	△ 0.1	820	98	0.1	△ 0.1	(44)
7,600	1,270	0.8	△ 0.1	2,720	636	0.4	0.3	1,900	288	0.2	△ 0.1	(45)
5,310	819	0.7	△ 0.1	328	23	0.0	△ 0.1	749	281	0.2	0.0	(46)
1,710	560	0.6	△ 0.5	230	20	0.0	0.0	1,430	110	0.1	0.0	(47)
3,310	558	1.0	0.1	343	47	0.1	0.0	3,200	185	0.3	0.0	(48)
4,000	900	1.5	△ 0.1	2,000	160	0.3	0.0	2,300	140	0.2	0.0	(49)
3,480	415	0.6	△ 0.2	448	58	0.1	△ 0.2	3,610	722	1.0	0.8	(50)
3,710	1,130	2.1	1.6	391	30	0.1	△ 0.1	4,370	198	0.4	△ 0.2	(51)
3,220	462	0.3	△ 0.2	1,120	121	0.1	△ 0.2	1,420	106	0.1	△ 0.1	(52)
2,510	314	0.2	△ 0.3	474	38	0.0	1.8	598	48	0.0	0.0	(53)
1,610	265	0.5	△ 0.1	539	33	0.1	△ 1.4	590	25	0.0	0.0	(54)
7,840	1,580	0.9	0.0	1,120	185	0.1	△ 1.2	790	79	0.0	△ 0.1	(55)
7,500	1,680	1.6	0.0	230	27	0.0	△ 0.5	974	94	0.1	0.0	(56)
8,440	2,470	3.1	0.0	1,930	430	0.5	△ 0.5	2,590	350	0.4	△ 0.6	(57)
10,700	2,790	3.0	△ 0.1	3,720	1,070	1.2	△ 2.0	3,720	821	0.9	△ 0.1	(58)
7	0	0.0	△ 0.2	－	－	－	－	－	－	－	－	(59)
42,900	11,900	0.8	△ 0.3	16,600	1,900	0.1	0.0	27,900	4,850	0.3	0.1	(60)
18,400	4,190	1.1	△ 0.1	3,330	458	0.1	△ 0.1	10,100	1,360	0.4	0.1	(61)
32,600	6,260	0.8	△ 0.1	6,630	1,020	0.1	0.0	19,300	2,110	0.3	0.1	(62)

2　麦類
（1）　平成30年産麦類（子実用）の収穫量（全国農業地域別・都道府県別）
　　　ア　4麦計

全国農業地域・都道府県	作付面積	収穫量	前 年 産 と の 比 較			
			作 付 面 積		収 穫 量	
			対 差	対 比	対 差	対 比
	(1)	(2)	(3)	(4)	(5)	(6)
	ha	t	ha	%	t	%
全　　　　　国	272,900	939,600	△ 800	100	△ 152,400	86
（全国農業地域）						
北　海　道	123 100	476,800	△ 300	100	△ 136,700	78
都　府　県	149,800	462,800	△ 600	100	△ 15,400	97
東　　　北	7,870	16,100	△ 360	96	△ 5,300	75
北　　　陸	9,790	18,300	△ 710	93	△ 11,500	61
関東・東山	38,500	130,500	△ 200	99	△ 12,900	91
東　　　海	16,300	54,500	△ 300	98	△ 3,900	93
近　　　畿	10,400	26,200	△ 100	99	500	102
中　　　国	5,830	16,200	130	102	△ 1,300	93
四　　　国	4,840	14,200	140	103	△ 500	97
九　　　州	56,300	186,800	900	102	19,600	112
沖　　　縄	x	x	x	x	x	x
（都道府県）						
北　海　道	123,100	476,800	△ 300	100	△ 136,700	78
青　　　森	x	x	x	x	x	x
岩　　　手	3,920	6,590	△ 190	95	△ 1,780	79
宮　　　城	2,280	7,110	10	100	△ 2,030	78
秋　　　田	317	494	△ 52	86	△ 284	63
山　　　形	x	x	x	x	x	x
福　　　島	354	706	x	x	x	x
茨　　　城	7,920	21,400	△ 100	99	△ 2,400	90
栃　　　木	12,900	43,700	△ 100	99	△ 6,500	87
群　　　馬	7,760	29,800	90	101	△ 2,000	94
埼　　　玉	6,170	22,900	△ 20	100	△ 2,000	92
千　　　葉	x	x	x	x	x	x
東　　　京	x	x	x	x	x	x
神　奈　川	35	99	x	x	x	x
新　　　潟	246	515	△ 58	81	△ 188	73
富　　　山	3,330	7,270	△ 130	96	△ 2,430	75
石　　　川	1,420	3,090	△ 30	98	△ 1,680	65
福　　　井	4,800	7,460	△ 500	91	△ 7,140	51
山　　　梨	123	313	9	108	6	102
長　　　野	2,750	9,540	△ 40	99	△ 60	99
岐　　　阜	3,420	9,650	△ 50	99	△ 750	93
静　　　岡	768	1,760	16	102	250	117
愛　　　知	5,500	23,100	△ 120	98	△ 3,500	87
三　　　重	6,590	20,000	△ 160	98	100	101
滋　　　賀	7,680	21,800	△ 80	99	2,400	112
京　　　都	x	x	x	x	x	x
大　　　阪	x	x	x	x	x	x
兵　　　庫	2,330	3,870	△ 80	97	△ 1,850	68
奈　　　良	111	219	1	101	△ 50	81
和　歌　山	x	x	x	x	x	x
鳥　　　取	163	408	x	x	x	x
島　　　根	617	1,320	△ 11	98	△ 530	71
岡　　　山	2,870	9,100	10	100	△ 1,300	88
広　　　島	x	x	x	x	x	x
山　　　口	1,900	4,910	90	105	640	115
徳　　　島	x	x	x	x	x	x
香　　　川	2,670	8,290	120	105	△ 630	93
愛　　　媛	2,030	5,590	40	102	210	104
高　　　知	13	24	0	100	△ 2	92
福　　　岡	21,400	75,500	200	101	8,600	113
佐　　　賀	20,800	72,000	200	101	8,100	113
長　　　崎	1,920	5,690	80	104	1,000	121
熊　　　本	6,870	20,000	130	102	700	104
大　　　分	4,850	12,900	190	104	1,300	111
宮　　　崎	185	317	19	111	△ 94	77
鹿　児　島	x	x	x	x	x	x
沖　　　縄	x	x	x	x	x	x
関 東 農 政 局	39,200	132,200	△ 200	99	△ 12,700	91
東 海 農 政 局	15,500	52,800	△ 300	98	△ 4,100	93
中国四国農政局	10,700	30,400	300	103	△ 1,800	94

イ　小麦

全国農業地域・都道府県	作付面積	10a当たり収量	収穫量	前年産との比較						(参考)	
				作付面積		10a当たり収量	収穫量			10a当たり平均収量	10a当たり平均収量
				対差	対比	対比	対差	対比		対比	
	(1)	(2)	(3)	(4)	(5)	(6)	(7)	(8)		(9)	(10)
	ha	kg	t	ha	%	%	t	%		%	kg
全　　国	211,900	361	764,900	△ 400	100	85	△ 141,800	84		90	399
（全国農業地域）											
北　海　道	121,400	388	471,100	△ 200	100	78	△ 136,500	78		84	460
都　府　県	90,500	325	293,800	△ 200	100	98	△ 5,300	98		105	309
東　　北	6,570	192	12,600	△ 470	93	78	△ 4,700	73		90	213
北　　陸	403	170	685	27	107	73	△ 194	78		84	203
関東・東山	20,900	355	74,200	△ 200	99	93	△ 6,200	92		98	363
東　　海	15,500	341	52,800	△ 400	97	96	△ 3,800	93		107	319
近　　畿	9,040	257	23,200	△ 230	98	106	800	104		104	246
中　　国	2,410	282	6,800	120	105	95	△ 30	100		108	261
四　　国	2,170	317	6,880	120	106	88	△ 480	93		100	316
九　　州	33,400	349	116,600	700	102	106	9,300	109		115	304
沖　　縄	29	155	45	6	126	127	17	161		89	175
（都道府県）											
北　海　道	121,400	388	471,100	△ 200	100	78	△ 136,500	78		84	460
青　　森	907	106	961	△ 123	88	49	△ 1,250	43		53	199
岩　　手	3,830	167	6,400	△ 190	95	82	△ 1,760	78		91	183
宮　　城	1,100	356	3,920	△ 100	92	81	△ 1,320	75		100	355
秋　　田	314	157	493	△ 53	86	74	△ 281	64		94	167
山　　形	72	236	170	△ 19	79	101	△ 42	80		113	208
福　　島	348	200	696	12	104	99	14	102		110	181
茨　　城	4,610	293	13,500	△ 170	96	91	△ 1,800	88		95	308
栃　　木	2,250	350	7,880	△ 30	99	88	△ 1,150	87		98	357
群　　馬	5,680	406	23,100	110	102	93	△ 1,200	95		96	425
埼　　玉	5,220	370	19,300	△ 30	99	92	△ 1,900	91		99	374
千　　葉	801	311	2,490	32	104	96	△ 10	100		108	289
東　　京	20	255	51	△ 1	95	93	△ 7	88		91	279
神　奈　川	34	285	97	1	103	97	0	100		105	272
新　　潟	67	210	141	7	112	87	△ 4	97		104	201
富　　山	44	193	85	△ 28	61	101	△ 53	62		85	227
石　　川	84	188	158	0	100	79	△ 41	79		117	161
福　　井	208	145	301	48	130	58	△ 96	76		67	215
山　　梨	77	290	223	7	110	93	5	102		99	294
長　　野	2,210	341	7,540	△ 80	97	101	△ 180	98		103	332
岐　　阜	3,160	292	9,230	△ 30	99	94	△ 720	93		98	297
静　　岡	758	229	1,740	16	102	114	250	117		118	194
愛　　知	5,390	423	22,800	△ 140	97	89	△ 3,400	87		104	406
三　　重	6,230	305	19,000	△ 200	97	103	0	100		115	266
滋　　賀	6,990	285	19,900	△ 160	98	116	2,300	113		110	260
京　　都	147	141	207	△ 7	95	107	4	102		118	120
大　　阪	1	157	1	x	x	165	x	x		134	117
兵　　庫	1,790	162	2,900	△ 60	97	69	△ 1,430	67		81	200
奈　　良	110	198	218	1	101	80	△ 50	81		92	215
和　歌　山	2	131	2	0	100	98	△ 1	67		107	123
鳥　　取	61	257	157	14	130	72	△ 10	94		112	229
島　　根	104	146	152	0	100	74	△ 52	75		104	140
岡　　山	747	311	2,320	32	104	82	△ 390	86		97	321
広　　島	156	168	262	△ 6	96	83	△ 66	80		88	190
山　　口	1,340	292	3,910	80	106	108	490	114		118	248
徳　　島	56	230	129	△ 10	85	77	△ 69	65		80	289
香　　川	1,890	321	6,060	110	106	88	△ 420	94		101	319
愛　　媛	220	311	684	23	112	92	18	103		105	295
高　　知	6	143	9	△ 1	86	87	△ 2	82		80	178
福　　岡	14,800	371	54,900	0	100	110	5,000	110		116	320
佐　　賀	10,100	365	36,900	460	105	102	2,300	107		117	313
長　　崎	608	258	1,570	73	114	93	80	105		100	258
熊　　本	4,970	308	15,300	90	102	106	1,100	108		106	290
大　　分	2,750	281	7,730	60	102	112	950	114		122	230
宮　　崎	116	120	139	5	105	47	△ 146	49		62	195
鹿　児　島	35	124	43	0	100	76	△ 14	75		77	161
沖　　縄	29	155	45	6	126	127	17	161		89	175
関東農政局	21,700	350	75,900	△ 100	100	93	△ 6,000	93		98	356
東海農政局	14,800	345	51,000	△ 400	97	95	△ 4,200	92		106	324
中国四国農政局	4,590	298	13,700	250	106	91	△ 500	96		103	288

注：1　「（参考）10a当たり平均収量対比」とは、10a当たり平均収量（原則として直近7か年のうち、最高及び最低を除いた5か年の平均値）に対する
　　　　当年産の10a当たり収量の比率である（以下各統計表において同じ。）。
　　2　全国農業地域別（都府県を除く。）の10a当たり平均収量は、各都府県の10a当たり平均収量に当年産の作付面積を乗じて求めた平均収穫量を全国
　　　　農業地域別に積み上げ、当年産の全国農業地域別作付面積で除して算出している（以下各統計表において同じ。）。

2 麦類（続き）
(1) 平成30年産麦類（子実用）の収穫量（全国農業地域別・都道府県別）（続き）
ウ 二条大麦

全国農業地域・都道府県	作付面積	10a当たり収量	収穫量	前年産との比較 作付面積 対差	前年産との比較 作付面積 対比	前年産との比較 10a当たり収量 対比	前年産との比較 収穫量 対差	前年産との比較 収穫量 対比	（参考）10a当たり平均収量 対比	（参考）10a当たり平均収量
	(1)	(2)	(3)	(4)	(5)	(6)	(7)	(8)	(9)	(10)
	ha	kg	t	ha	%	%	t	%	%	k
全 国	38,300	318	121,700	0	100	102	2,000	102	106	30
（全国農業地域）										
北 海 道	1,660	334	5,540	△ 60	97	99	△ 260	96	98	34
都 府 県	36,600	317	116,100	0	100	102	2,200	102	106	29
東 北	5	160	8	x	x	58	x	x	114	‥
北 陸	7	86	6	△ 2	78	55	△ 8	43	50	17
関 東・東 山	12,500	336	42,000	△ 100	99	88	△ 5,900	88	95	
東 海	3	200	5	1	150	163	2	167	168	11
近 畿	153	231	353	△ 1	99	92	△ 32	92	97	23
中 国	2,740	301	8,240	△ 80	97	88	△ 1,460	85	94	32
四 国	x	226	x	x	x	81	x	x	72	31
九 州	21,100	310	65,500	0	100	117	9,600	117	115	26
沖 縄	x	x	x	x	x	x	x	x	nc	
（都道府県）										
北 海 道	1,660	334	5,540	△ 60	97	99	△ 260	96	98	34
青 森	-	-	-	-	nc	nc	-	nc	nc	‥
岩 手	x	x	x	x	x	x	x	x	29
宮 城	2	320	6	0	100	101	0	100	nc	
秋 田	x	x	x	x	x	x	x	x	x	16
山 形	-	-	-	-	nc	nc	-	nc	nc	
福 島	x	x	x	x	x	x	x	x	x	17
茨 城	1,240	260	3,220	130	112	95	190	106	105	24
栃 木	9,020	344	31,000	△ 140	98	87	△ 5,200	86	95	36
群 馬	1,580	322	5,090	10	101	88	△ 670	88	92	34
埼 玉	699	377	2,640	△ 13	98	94	△ 220	92	97	39
千 葉	x	x	x	x	x	x	x	x	x	17
東 京	1	160	2	△ 1	50	70	△ 2	50	70	22
神 奈 川	x	x	x	x	x	x	x	x	x	29
新 潟	-	-	-	-	nc	nc	-	nc	-	6
富 山	x	x	x	x	x	x	x	x	x	13
石 川	x	x	x	x	x	x	x	x	x	17
福 井	-	-	-	-	nc	nc	-	nc	nc	
山 梨	-	-	-	-	nc	nc	-	nc	-	22
長 野	2	253	5	0	100	76	△ 1	83	nc	
岐 阜	-	-	-	-	nc	nc	-	nc	nc	
静 岡	3	200	5	1	150	163	2	167	168	11
愛 知	-	-	-	-	nc	nc	-	nc	nc	24
三 重	-	-	-	-	nc	nc	-	nc	nc	
滋 賀	55	424	233	△ 3	95	106	1	100	121	34
京 都	98	122	120	2	102	77	△ 33	78	69	17
大 阪	-	-	-	-	nc	nc	-	nc	nc	
兵 庫	-	-	-	-	nc	nc	-	nc	nc	
奈 良	-	-	-	-	nc	nc	-	nc	nc	
和 歌 山	-	-	-	-	nc	nc	-	nc	nc	
鳥 取	100	247	247	3	103	83	△ 41	86	90	27
島 根	459	233	1,070	△ 34	93	72	△ 530	67	87	26
岡 山	2,030	323	6,560	△ 70	97	90	△ 1,010	87	94	34
広 島	x	x	x	x	x	x	x	x	x	11
山 口	150	239	359	15	111	133	116	148	113	21
徳 島	22	223	49	△ 3	88	80	△ 21	70	71	31
香 川	x	x	x	x	x	x	x	x	x	
愛 媛	-	-	-	-	nc	nc	-	nc	nc	
高 知	5	238	12	0	100	82	△ 2	86	73	32
福 岡	6,070	313	19,000	120	102	117	3,100	119	116	26
佐 賀	10,500	328	34,400	△ 200	98	122	5,700	120	116	28
長 崎	1,230	324	3,990	30	103	127	930	130	129	25
熊 本	1,750	246	4,310	30	102	88	△ 470	90	95	20
大 分	1,350	245	3,310	90	107	102	290	110	117	20
宮 崎	55	308	169	9	120	120	51	143	133	23
鹿 児 島	141	238	336	△ 11	93	122	40	114	123	19
沖 縄	x	x	x	x	x	x	x	x	nc	
関 東 農 政 局	12,500	336	42,000	△ 100	99	88	△ 5,900	88	95	35
東 海 農 政 局	-	-	-	-	nc	nc	-	nc	nc	
中国四国農政局	2,770	300	8,300	△ 80	97	87	△ 1,490	85	94	31

エ　六条大麦

全国農業地域・都道府県	作付面積 (1)	10a当たり収量 (2)	収穫量 (3)	前年産との比較 作付面積 対差 (4)	作付面積 対比 (5)	10a当たり収量 対比 (6)	収穫量 対差 (7)	収穫量 対比 (8)	(参考) 10a当たり平均収量 対比 (9)	10a当たり平均収量 (10)
	ha	kg	t	ha	%	%	t	%	%	kg
全　　国	17,300	225	39,000	△ 800	96	78	△ 13,400	74	79	285
（全国農業地域）										
北　海　道	x	x	x	x	x	x	x	x	x	…
都　府　県	17,300	225	39,000	△ 800	96	78	△ 13,400	74	79	285
東　　北	1,280	266	3,400	100	108	76	△ 720	83	102	…
北　　陸	9,380	188	17,600	△ 720	93	66	△ 11,300	61	64	294
関東・東山	4,810	287	13,800	△ 140	97	96	△ 1,000	93	100	287
東　　海	693	237	1,640	12	102	96	△ 40	98	94	251
近　　畿	1,070	221	2,360	40	104	82	△ 430	85	84	264
中　　国	x	171	x	x	x	90	x	x	93	183
四　　国	x	x	x	x	x	x	x	x	nc	…
九　　州	3	387	13	△ 9	25	99	△ 34	28	129	300
沖　　縄	-	-	-	-	nc	nc	-	nc	nc	-
（都道府県）										
北　海　道	x	x	x	x	x	x	x	x	x	…
青　　森	x	x	x	x	x	x	x	x	x	-
岩　　手	84	230	193	△ 9	90	105	△ 12	94	97	236
宮　　城	1,170	272	3,180	110	110	74	△ 710	82	103	265
秋　　田	x	x	x	x	x	x	x	x	x	201
山　　形	19	59	11	△ 4	83	71	△ 8	58	50	118
福　　島	4	211	8	2	200	83	3	160	71	297
茨　　城	1,940	225	4,370	△ 150	93	89	△ 940	82	97	233
栃　　木	1,560	308	4,800	0	100	98	△ 110	98	104	296
群　　馬	491	325	1,600	△ 36	93	99	△ 130	92	96	339
埼　　玉	198	415	822	16	109	109	127	118	103	403
千　　葉	37	376	139	△ 6	86	113	△ 5	97	156	241
東　　京	-	-	-	-	nc	nc	-	nc	nc	…
神　奈　川	x	x	x	x	x	x	x	x	x	274
新　　潟	179	209	374	△ 65	73	91	△ 184	67	101	206
富　　山	3,280	219	7,180	△ 110	97	78	△ 2,380	75	71	309
石　　川	1,330	220	2,930	△ 30	98	66	△ 1,630	64	74	297
福　　井	4,590	156	7,160	△ 550	89	57	△ 7,040	50	54	288
山　　梨	46	196	90	2	105	97	1	101	80	246
長　　野	538	370	1,990	42	108	98	120	106	101	366
岐　　阜	260	163	424	△ 17	94	101	△ 22	95	98	166
静　　岡	7	176	13	△ 1	88	111	0	100	123	143
愛　　知	96	304	292	11	113	66	△ 97	75	79	384
三　　重	330	276	911	19	106	103	78	109	98	282
滋　　賀	585	251	1,470	52	110	88	△ 40	97	87	290
京　　都	x	x	x	x	x	x	x	x	x	103
大　　阪	x	x	x	x	x	x	x	x	nc	…
兵　　庫	483	183	884	△ 14	97	71	△ 396	69	79	231
奈　　良	x	x	x	x	x	x	x	x	x	96
和　歌　山	x	x	x	x	x	x	x	x	x	132
鳥　　取	x	x	x	x	x	x	x	x	x	153
島　　根	10	170	17	x	x	x	x	x	139	122
岡　　山	x	119	x	x	x	99	x	x	66	180
広　　島	83	171	142	3	104	84	△ 20	88	90	190
山　　口	-	-	-	-	nc	nc	-	nc	nc	-
徳　　島	x	x	x	x	x	x	x	x	nc	…
香　　川	-	-	-	-	nc	nc	-	nc	nc	-
愛　　媛	-	-	-	-	nc	nc	-	nc	nc	-
高　　知	-	-	-	-	nc	nc	-	nc	nc	-
福　　岡	-	-	-	-	nc	nc	-	nc	nc	-
佐　　賀	-	-	-	-	nc	nc	-	nc	nc	-
長　　崎	-	-	-	-	nc	nc	-	nc	nc	-
熊　　本	-	-	-	x	x	x	x	x	-	323
大　　分	x	x	x	x	x	x	x	x	x	359
宮　　崎	-	-	-	-	nc	nc	-	nc	nc	-
鹿　児　島	x	x	x	x	x	x	x	x	x	242
沖　　縄	-	-	-	-	nc	nc	-	nc	nc	-
関　東　農　政　局	4,820	286	13,800	△ 140	97	96	△ 1,000	93	100	286
東　海　農　政　局	686	238	1,630	13	102	96	△ 40	98	94	252
中国四国農政局	x	172	x	x	x	90	x	x	94	183

2　麦類（続き）

(1)　平成30年産麦類（子実用）の収穫量（全国農業地域別・都道府県別）（続き）

オ　はだか麦

全国農業地域・都道府県	作付面積	10a当たり収量	収穫量	前年産との比較					（参考）	
				作付面積		10a当たり収量	収穫量		10a当たり平均収量	10a当たり平均収量
				対差	対比	対比	対差	対比	対比	
	(1)	(2)	(3)	(4)	(5)	(6)	(7)	(8)	(9)	(10)
	ha	kg	t	ha	%	%	t	%	%	kg
全国	5,420	258	14,000	450	109	101	1,300	110	102	252
（全国農業地域）										
北海道	64	172	110	29	183	46	△ 20	85	50	344
都府県	5,350	260	13,900	410	108	103	1,400	111	103	252
東北	10	120	12	9	1,000	522	12	nc	nc	..
北陸	x	225	x	x	x	x	x	x	nc	...
関東・東山	x	266	x	x	x	77	x	x	nc	..
東海	44	320	141	30	314	118	103	371	190	168
近畿	x	230	x	x	x	112	x	x	106	216
中国	x	170	x	x	x	108	x	x	105	162
四国	2,640	274	7,230	20	101	99	△ 30	100	101	272
九州	1,750	271	4,740	120	107	112	780	120	115	235
沖縄	-	-	-	-	nc	nc	-	nc	nc	
（都道府県）										
北海道	64	172	110	29	183	46	△ 20	85	50	344
青森	-	-	-	-	nc	nc	-	nc	nc	
岩手	-	-	-	-	nc	nc	-	nc	nc	
宮城	x	x	x	x	x	x	x	x	x	
秋田	-	-	-	-	nc	nc	÷	nc	nc	
山形	x	x	x	x	x	x	x	x	x	32
福島	x	x	x	x	x	x	x	x	nc	
茨城	125	252	315	85	313	57	139	179	97	259
栃木	21	267	56	11	210	111	32	233	126	212
群馬	3	200	6	3	nc	nc	6	nc	nc	
埼玉	51	300	153	7	116	103	25	120	98	305
千葉	16	281	45	x	x	x	x	x	141	199
東京	x	x	x	x	x	x	x	x	x	188
神奈川	x	x	x	x	x	x	x	x	x	192
新潟	-	-	-	-	nc	nc	-	nc	nc	
富山	x	x	x	x	x	x	x	x	nc	
石川	-	-	-	-	nc	nc	-	nc	nc	
福井	-	-	-	-	nc	nc	-	nc	nc	
山梨	-	-	-	-	nc	nc	-	nc	nc	
長野	-	-	-	-	nc	nc	-	nc	nc	
岐阜	-	-	-	-	nc	nc	-	nc	nc	..
静岡	-	-	-	-	nc	nc	-	nc	nc	
愛知	13	208	27	8	260	80	14	208	102	204
三重	31	368	114	22	344	132	89	456	241	153
滋賀	47	355	167	28	247	128	114	315	115	308
京都	-	-	-	-	nc	nc	-	nc	nc	
大阪	-	-	-	-	nc	nc	-	nc	nc	199
兵庫	63	137	86	5	109	75	△ 20	81	93	147
奈良	x	153	x	x	x	100	x	x	95	161
和歌山	0	145	0	0	nc	nc	0	nc	nc	
鳥取	x	x	x	x	x	x	x	x	nc	..
島根	44	182	80	x	x	x	x	x	86	212
岡山	89	242	215	43	193	100	103	192	103	236
広島	45	109	49	20	180	97	21	175	80	137
山口	404	159	642	△ 5	99	107	33	105	110	144
徳島	60	137	82	9	118	67	△ 23	78	72	190
香川	774	288	2,230	4	101	91	△ 210	91	100	289
愛媛	1,810	271	4,910	20	101	103	200	104	102	266
高知	2	167	3	1	200	127	2	300	111	150
福岡	504	314	1,580	57	113	131	510	148	116	270
佐賀	225	324	729	6	103	115	114	119	119	273
長崎	77	173	133	△ 25	75	127	△ 6	96	114	152
熊本	157	229	360	23	117	111	83	130	122	188
大分	748	253	1,890	43	106	98	70	104	113	223
宮崎	14	66	9	5	156	70	1	113	49	134
鹿児島	21	164	34	5	131	93	6	121	110	149
沖縄	-	-	-	-	nc	nc	-	nc	nc	
関東農政局	x	266	x	x	x	77	x	x	103	258
東海農政局	44	320	141	30	314	118	103	371	190	168
中国四国農政局	3,230	254	8,220	110	104	98	180	102	101	251

(2)　平成30年産小麦の秋まき、春まき別収穫量（北海道）

区分	作付面積	10a当たり収量	収穫量	前年産との比較					（参考）	
				作付面積		10a当たり収量	収穫量		10a当たり平均収量	10a当たり平均収量
				対差	対比	対比	対差	対比	対比	
	(1)	(2)	(3)	(4)	(5)	(6)	(7)	(8)	(9)	(10)
	ha	kg	t	ha	%	%	t	%	%	kg
北　海　道	121,400	388	471,100	△　200	100	78	△136,500	78	84	460
秋　ま　き	103,500	421	435,700	△　700	99	79	△117,600	79	88	479
春　ま　き	17,900	198	35,400	500	103	63	△ 18,900	65	62	321

3　豆類・そば

(1)　平成30年産豆類（乾燥子実）及びそば（乾燥子実）の収穫量（全国農業地域別・都道府県別）

ア　大豆

全国農業地域・都道府県	作付面積	10a当たり収量	収穫量	前年産との比較 作付面積 対差	前年産との比較 作付面積 対比	前年産との比較 10a当たり収量 対比	前年産との比較 収穫量 対差	前年産との比較 収穫量 対比	（参考）10a当たり平均収量対比	（参考）10a当たり平均収量
	(1)	(2)	(3)	(4)	(5)	(6)	(7)	(8)	(9)	(10)
	ha	kg	t	ha	%	%	t	%	%	kg
全　　　　　国	146,600	144	211,300	△ 3,600	98	86	△ 41,700	84	86	167
（全国農業地域）										
北　海　道	40,100	205	82,300	△ 900	98	84	△ 18,200	82	85	241
都　府　県	106,600	121	129,000	△ 2,600	98	86	△ 23,500	85	84	144
東　　　北	35,400	132	46,600	△ 900	98	102	△ 400	99	92	143
北　　　陸	13,000	144	18,700	△ 500	96	85	△ 4,100	82	87	165
関　東・東　山	10,000	137	13,700	△ 500	95	96	△ 1,300	91	95	144
東　　　海	12,000	51	6,080	△ 100	99	44	△ 8,120	43	45	114
近　　　畿	9,700	66	6,410	△ 180	98	52	△ 6,190	51	49	134
中　　　国	4,530	96	4,330	△ 210	96	80	△ 1,350	76	80	120
四　　　国	531	101	537	△ 26	95	100	△ 24	96	91	111
九　　　州	21,400	152	32,600	△ 300	99	95	△ 2,100	94	92	166
沖　　　縄	0	42	0	0	nc	79	0	nc	124	34
（都道府県）										
北　海　道	40,100	205	82,300	△ 900	98	84	△ 18,200	82	85	241
青　　　森	5,010	107	5,360	70	101	84	△ 910	85	77	139
岩　　　手	4,590	136	6,240	△ 50	99	117	860	116	106	128
宮　　　城	10,700	150	16,100	△ 500	96	108	500	103	91	164
秋　　　田	8,470	122	10,300	△ 250	97	102	△ 200	98	94	130
山　　　形	5,090	128	6,520	△ 40	99	88	△ 920	88	90	142
福　　　島	1,570	133	2,090	△ 20	99	118	290	116	103	129
茨　　　城	3,470	110	3,820	△ 170	95	85	△ 910	81	85	130
栃　　　木	2,370	168	3,980	△ 190	93	104	△ 140	97	100	168
群　　　馬	303	127	385	△ 13	96	113	31	109	98	129
埼　　　玉	667	96	640	△ 12	98	70	△ 290	69	88	109
千　　　葉	885	106	938	△ 15	98	95	△ 72	93	89	119
東　　　京	10	107	11	2	125	91	2	122	88	122
神　奈　川	41	132	54	△ 1	98	92	△ 6	90	80	165
新　　　潟	4,750	168	7,980	△ 410	92	94	△ 1,260	86	97	174
富　　　山	4,710	135	6,360	△ 70	99	79	△ 1,770	78	83	162
石　　　川	1,660	130	2,160	△ 70	96	87	△ 440	83	87	150
福　　　井	1,850	120	2,220	30	102	78	△ 560	80	71	170
山　　　梨	220	119	262	2	101	96	△ 8	97	101	118
長　　　野	2,070	172	3,560	△ 70	97	106	70	102	104	165
岐　　　阜	2,870	50	1,440	△ 40	99	43	△ 1,960	42	43	117
静　　　岡	260	69	179	5	102	60	△ 114	61	66	105
愛　　　知	4,440	62	2,750	△ 90	98	44	△ 3,680	43	45	138
三　　　重	4,390	39	1,710	△ 30	99	42	△ 2,400	42	43	90
滋　　　賀	6,690	66	4,420	△ 10	100	47	△ 4,890	47	45	147
京　　　都	311	83	258	7	102	70	△ 101	72	71	117
大　　　阪	15	73	11	△ 1	94	61	△ 8	58	59	123
兵　　　庫	2,500	64	1,600	△ 180	93	63	△ 1,110	59	63	102
奈　　　良	148	70	104	△ 2	99	59	△ 75	58	52	134
和　歌　山	29	72	21	0	100	74	△ 7	75	69	105
鳥　　　取	701	103	722	△ 12	98	81	△ 184	80	73	142
島　　　根	805	110	886	△ 18	98	81	△ 234	79	87	127
岡　　　山	1,630	85	1,390	△ 100	94	74	△ 600	70	73	116
広　　　島	499	90	449	△ 67	88	87	△ 140	76	84	107
山　　　口	896	98	881	△ 10	99	83	△ 189	82	89	110
徳　　　島	39	43	17	△ 3	93	96	△ 2	89	64	67
香　　　川	61	59	36	△ 11	85	61	△ 34	51	63	93
愛　　　媛	346	128	443	△ 8	98	108	22	105	99	129
高　　　知	85	48	41	△ 4	96	84	△ 10	80	71	68
福　　　岡	8,280	156	12,900	△ 130	98	97	△ 600	96	92	169
佐　　　賀	8,000	170	13,600	△ 150	98	92	△ 1,500	90	91	186
長　　　崎	468	90	421	19	104	77	△ 104	80	81	111
熊　　　本	2,430	149	3,620	△ 10	100	106	180	105	93	161
大　　　分	1,630	87	1,420	△ 70	96	94	△ 160	90	86	101
宮　　　崎	250	109	273	17	107	97	12	105	103	106
鹿　児　島	364	107	389	36	111	108	64	120	98	109
沖　　　縄	0	42	0	0	nc	79	0	nc	124	34
関　東　農　政　局	10,300	134	13,800	△ 500	95	94	△ 1,500	90	94	143
東　海　農　政　局	11,700	50	5,900	△ 200	98	43	△ 8,000	42	43	115
中国四国農政局	5,060	96	4,870	△ 230	96	81	△ 1,370	78	81	119

イ　小豆

全国農業地域・都道府県	作付面積	10a当たり収量	収穫量	前年産との比較					（参考）	
				作付面積		10a当たり収量	収穫量		10a当たり平均収量	10a当たり平均収量
				対差	対比	対比	対差	対比	対比	
	(1)	(2)	(3)	(4)	(5)	(6)	(7)	(8)	(9)	(10)
	ha	kg	t	ha	%	%	t	%	%	kg
全国	23,700	178	42,100	1,000	104	76	△ 11,300	79	81	219
（全国農業地域）										
北海道	19,100	205	39,200	1,200	107	74	△ 10,600	79	80	255
都府県	4,620	63	2,920	nc	nc	nc	nc	nc	nc	…
東北	898	73	652	nc	nc	nc	nc	nc	nc	…
北陸	328	47	153	nc	nc	nc	nc	nc	nc	…
関東・東山	906	89	805	nc	nc	nc	nc	nc	nc	…
東海	115	65	75	nc	nc	nc	nc	nc	nc	…
近畿	1,240	51	633	nc	nc	nc	nc	nc	nc	…
中国	732	48	349	nc	nc	nc	nc	nc	nc	…
四国	85	71	60	nc	nc	nc	nc	nc	nc	…
九州	314	61	193	nc	nc	nc	nc	nc	nc	…
沖縄	-	-	-	nc	nc	nc	nc	nc	nc	…
（都道府県）										
北海道	19,100	205	39,200	1,200	107	74	△ 10,600	79	80	255
青森	150	85	128	nc	nc	nc	nc	nc	nc	…
岩手	271	77	209	nc	nc	nc	nc	nc	nc	…
宮城	104	40	42	nc	nc	nc	nc	nc	nc	…
秋田	119	83	99	nc	nc	nc	nc	nc	nc	…
山形	75	65	49	nc	nc	nc	nc	nc	nc	…
福島	179	70	125	nc	nc	nc	nc	nc	89	79
茨城	123	103	127	nc	nc	nc	nc	nc	nc	…
栃木	149	130	194	nc	nc	nc	nc	nc	nc	…
群馬	171	106	181	nc	nc	nc	nc	nc	nc	…
埼玉	127	63	80	nc	nc	nc	nc	nc	nc	…
千葉	95	63	60	nc	nc	nc	nc	nc	nc	…
東京	-	-	-	nc	nc	nc	nc	nc	nc	…
神奈川	12	75	9	nc	nc	nc	nc	nc	nc	…
新潟	137	61	84	nc	nc	nc	nc	nc	nc	…
富山	17	60	10	nc	nc	nc	nc	nc	nc	…
石川	140	27	38	nc	nc	nc	nc	nc	nc	…
福井	34	62	21	nc	nc	nc	nc	nc	nc	…
山梨	42	69	29	nc	nc	nc	nc	nc	nc	…
長野	187	67	125	nc	nc	nc	nc	nc	nc	…
岐阜	44	73	32	nc	nc	nc	nc	nc	nc	…
静岡	13	69	9	nc	nc	nc	nc	nc	nc	…
愛知	28	75	21	nc	nc	nc	nc	nc	nc	…
三重	30	43	13	nc	nc	nc	nc	nc	nc	…
滋賀	53	55	29	1	102	92	△ 2	94	73	75
京都	453	41	186	△ 8	98	79	△ 54	78	71	58
大阪	0	54	0	nc	nc	nc	nc	nc	nc	…
兵庫	707	56	396	17	102	80	△ 87	82	74	76
奈良	27	74	20	nc	nc	nc	nc	nc	nc	…
和歌山	2	76	2	nc	nc	nc	nc	nc	nc	…
鳥取	116	55	64	nc	nc	nc	nc	nc	nc	…
島根	144	43	62	nc	nc	nc	nc	nc	nc	…
岡山	326	43	140	nc	nc	nc	nc	nc	nc	…
広島	110	59	65	nc	nc	nc	nc	nc	nc	…
山口	36	50	18	nc	nc	nc	nc	nc	nc	…
徳島	16	53	8	nc	nc	nc	nc	nc	nc	…
香川	21	34	7	nc	nc	nc	nc	nc	nc	…
愛媛	39	103	40	nc	nc	nc	nc	nc	nc	…
高知	9	54	5	nc	nc	nc	nc	nc	nc	…
福岡	40	73	29	nc	nc	nc	nc	nc	nc	…
佐賀	40	68	27	nc	nc	nc	nc	nc	nc	…
長崎	36	56	20	nc	nc	nc	nc	nc	nc	…
熊本	110	56	62	nc	nc	nc	nc	nc	nc	…
大分	60	58	35	nc	nc	nc	nc	nc	nc	…
宮崎	24	67	16	nc	nc	nc	nc	nc	nc	…
鹿児島	4	90	4	nc	nc	nc	nc	nc	nc	…
沖縄	-	-	-	nc	nc	nc	nc	nc	nc	…
関東農政局	919	89	814	nc	nc	nc	nc	nc	nc	…
東海農政局	102	65	66	nc	nc	nc	nc	nc	nc	…
中国四国農政局	817	50	409	nc	nc	nc	nc	nc	nc	…

注：1　平成30年産については全国の都道府県を対象に調査を実施した。
　　2　作付面積調査は３年、収穫量調査は６年ごとに全国調査を実施し、全国調査以外の年にあっては、直近の全国調査年における作付面積のおおむね80％以上を占めるまで
　　　の上位都道府県及び畑作物共済事業を実施する都道府県の範囲を調査対象（主産県）としている。

3 豆類・そば（続き）

（1） 平成30年産豆類（乾燥子実）及びそば（乾燥子実）の収穫量（全国農業地域別・都道府県別）（続き）

ウ いんげん

全国農業地域・都道府県	作付面積	10a当たり収量	収穫量	前 年 産 と の 比 較					（ 参 考 ）	
				作 付 面 積		10a当たり収量	収 穫 量		10a当たり平均収量	10a当たり平均収量
				対 差	対 比	対 比	対 差	対 比	対比	
	·(1)	(2)	(3)	(4)	(5)	(6)	(7)	(8)	(9)	(10)
	ha	kg	t	ha	%	%	t	%	%	kg
全　　　　　国	7,350	133	9,760	200	103	56	△ 7,140	58	73	182
（全国農業地域）										
北　海　　道	6,790	136	9,230	160	102	55	△ 7,170	56	72	189
都　府　　県	556	96	533	nc	nc	nc	nc	nc	nc	…
東　　　　北	68	103	70	nc	nc	nc	nc	nc	nc	…
北　　　　陸	80	76	61	nc	nc	nc	nc	nc	nc	…
関　東・東　山	391	99	389	nc	nc	nc	nc	nc	nc	…
東　　　　海	2	50	1	nc	nc	nc	nc	nc	nc	…
近　　　　畿	4	75	3	nc	nc	nc	nc	nc	nc	…
中　　　　国	8	75	6	nc	nc	nc	nc	nc	nc	…
四　　　　国	3	100	3	nc	nc	nc	nc	nc	nc	…
九　　　　州	-	-	-	nc	nc	nc	nc	nc	nc	…
沖　　　　縄	-	-	-	nc	nc	nc	nc	nc	nc	…
（都道府県）										
北　海　　道	6,790	136	9,230	160	102	55	△ 7,170	56	72	189
青　　　　森	4	99	4	nc	nc	nc	nc	nc	nc	…
岩　　　　手	18	87	16	nc	nc	nc	nc	nc	nc	…
宮　　　　城	1	76	1	nc	nc	nc	nc	nc	nc	…
秋　　　　田	18	81	15	nc	nc	nc	nc	nc	nc	…
山　　　　形	9	78	7	nc	nc	nc	nc	nc	nc	…
福　　　　島	18	148	27	nc	nc	nc	nc	nc	nc	…
茨　　　　城	39	103	40	nc	nc	nc	nc	nc	nc	…
栃　　　　木	5	80	4	nc	nc	nc	nc	nc	nc	…
群　　　　馬	104	119	124	nc	nc	nc	nc	nc	nc	…
埼　　　　玉	-	-	-	nc	nc	nc	nc	nc	nc	…
千　　　　葉	-	-	-	nc	nc	nc	nc	nc	nc	…
東　　　　京	-	-	-	nc	nc	nc	nc	nc	nc	…
神　奈　　川	1	96	1	nc	nc	nc	nc	nc	nc	…
新　　　　潟	38	71	27	nc	nc	nc	nc	nc	nc	…
富　　　　山	7	75	5	nc	nc	nc	nc	nc	nc	…
石　　　　川	26	92	24	nc	nc	nc	nc	nc	nc	…
福　　　　井	9	56	5	nc	nc	nc	nc	nc	nc	…
山　　　　梨	47	91	43	nc	nc	nc	nc	nc	nc	…
長　　　　野	195	91	177	nc	nc	nc	nc	nc	nc	…
岐　　　　阜	0	79	0	nc	nc	nc	nc	nc	nc	…
静　　　　岡	-	-	-	nc	nc	nc	nc	nc	nc	…
愛　　　　知	2	68	1	nc	nc	nc	nc	nc	nc	…
三　　　　重	-	-	-	nc	nc	nc	nc	nc	nc	…
滋　　　　賀	0	80	0	nc	nc	nc	nc	nc	nc	…
京　　　　都	3	68	2	nc	nc	nc	nc	nc	nc	…
大　　　　阪	-	-	-	nc	nc	nc	nc	nc	nc	…
兵　　　　庫	1	58	1	nc	nc	nc	nc	nc	nc	…
奈　　　　良	-	-	-	nc	nc	nc	nc	nc	nc	…
和　歌　　山	-	-	-	nc	nc	nc	nc	nc	nc	…
鳥　　　　取	3	70	2	nc	nc	nc	nc	nc	nc	…
島　　　　根	2	93	2	nc	nc	nc	nc	nc	nc	…
岡　　　　山	0	58	0	nc	nc	nc	nc	nc	nc	…
広　　　　島	3	65	2	nc	nc	nc	nc	nc	nc	…
山　　　　口	-	-	-	nc	nc	nc	nc	nc	nc	…
徳　　　　島	1	88	1	nc	nc	nc	nc	nc	nc	…
香　　　　川	0	90	0	nc	nc	nc	nc	nc	nc	…
愛　　　　媛	1	108	1	nc	nc	nc	nc	nc	nc	…
高　　　　知	1	80	1	nc	nc	nc	nc	nc	nc	…
福　　　　岡	-	-	-	nc	nc	nc	nc	nc	nc	…
佐　　　　賀	-	-	-	nc	nc	nc	nc	nc	nc	…
長　　　　崎	-	-	-	nc	nc	nc	nc	nc	nc	…
熊　　　　本	-	-	-	nc	nc	nc	nc	nc	nc	…
大　　　　分	-	-	-	nc	nc	nc	nc	nc	nc	…
宮　　　　崎	-	-	-	nc	nc	nc	nc	nc	nc	…
鹿　児　　島	-	-	-	nc	nc	nc	nc	nc	nc	…
沖　　　　縄	-	-	-	nc	nc	nc	nc	nc	nc	…
関 東 農 政 局	391	99	389	nc	nc	nc	nc	nc	nc	…
東 海 農 政 局	2	50	1	nc	nc	nc	nc	nc	nc	…
中国四国農政局	11	82	9	nc	nc	nc	nc	nc	nc	…

注：1　平成30年産については全国の都道府県を対象に調査を実施した。
　　2　作付面積調査は3年、収穫量調査は6年ごとに全国調査を実施し、全国調査以外の年にあっては、直近の全国調査年における作付面積のおおむね80％以上を占めるまで
　　　の上位都道府県及び畑作物共済事業を実施する都道府県の範囲を調査対象（主産県）としている。

エ　らっかせい

全国農業地域・都道府県	作付面積	10a当たり収量	収穫量	前年産との比較 作付面積 対差	対比	10a当たり収量 対比	収穫量 対差	対比	（参考）10a当たり平均収量 対比	10a当たり平均収量
	(1)	(2)	(3)	(4)	(5)	(6)	(7)	(8)	(9)	(10)
	ha	kg	t	ha	%	%	t	%	%	kg
全　　　国	6,370	245	15,600	△ 50	99	102	200	101	103	237
（全国農業地域）										
北　海　道	3	233	7	nc	nc	nc	nc	nc	nc	…
都　府　県	6,370	245	15,600	nc	nc	nc	nc	nc	nc	…
東　　北	11	219	25	nc	nc	nc	nc	nc	nc	…
北　　陸	31	94	29	nc	nc	nc	nc	nc	nc	…
関東・東山	5,980	253	15,100	nc	nc	nc	nc	nc	nc	…
東　　海	84	115	97	nc	nc	nc	nc	nc	nc	…
近　　畿	7	100	7	nc	nc	nc	nc	nc	nc	…
中　　国	13	100	13	nc	nc	nc	nc	nc	nc	…
四　　国	14	100	14	nc	nc	nc	nc	nc	nc	…
九　　州	227	132	300	nc	nc	nc	nc	nc	nc	…
沖　　縄	8	141	11	nc	nc	nc	nc	nc	nc	…
（都道府県）										
北　海　道	3	233	7	nc	nc	nc	nc	nc	nc	…
青　　森	0	110	0	nc	nc	nc	nc	nc	nc	…
岩　　手	0	190	1	nc	nc	nc	nc	nc	nc	…
宮　　城	0	141	0	nc	nc	nc	nc	nc	nc	…
秋　　田	0	137	0	nc	nc	nc	nc	nc	nc	…
山　　形	1	154	2	nc	nc	nc	nc	nc	nc	…
福　　島	10	220	22	nc	nc	nc	nc	nc	nc	…
茨　　城	544	281	1,530	△ 17	97	94	△ 140	92	97	291
栃　　木	78	149	116	nc	nc	nc	nc	nc	nc	…
群　　馬	30	118	35	nc	nc	nc	nc	nc	nc	…
埼　　玉	34	129	44	nc	nc	nc	nc	nc	nc	…
千　　葉	5,080	256	13,000	0	100	106	800	107	106	241
東　　京	3	124	4	nc	nc	nc	nc	nc	nc	…
神　奈　川	159	177	281	nc	nc	nc	nc	nc	nc	…
新　　潟	25	101	25	nc	nc	nc	nc	nc	nc	…
富　　山	3	80	2	nc	nc	nc	nc	nc	nc	…
石　　川	1	110	1	nc	nc	nc	nc	nc	nc	…
福　　井	2	74	1	nc	nc	nc	nc	nc	nc	…
山　　梨	39	110	43	nc	nc	nc	nc	nc	nc	…
長　　野	13	69	9	nc	nc	nc	nc	nc	nc	…
岐　　阜	25	89	22	nc	nc	nc	nc	nc	nc	…
静　　岡	18	61	11	nc	nc	nc	nc	nc	nc	…
愛　　知	16	131	21	nc	nc	nc	nc	nc	nc	…
三　　重	25	172	43	nc	nc	nc	nc	nc	nc	…
滋　　賀	3	120	4	nc	nc	nc	nc	nc	nc	…
京　　都	2	25	1	nc	nc	nc	nc	nc	nc	…
大　　阪	-	-	-	nc	nc	nc	nc	nc	nc	…
兵　　庫	1	75	1	nc	nc	nc	nc	nc	nc	…
奈　　良	1	100	1	nc	nc	nc	nc	nc	nc	…
和　歌　山	0	102	0	nc	nc	nc	nc	nc	nc	…
鳥　　取	4	118	5	nc	nc	nc	nc	nc	nc	…
島　　根	0	105	0	nc	nc	nc	nc	nc	nc	…
岡　　山	4	85	3	nc	nc	nc	nc	nc	nc	…
広　　島	4	90	4	nc	nc	nc	nc	nc	nc	…
山　　口	1	61	1	nc	nc	nc	nc	nc	nc	…
徳　　島	0	100	0	nc	nc	nc	nc	nc	nc	…
香　　川	6	105	6	nc	nc	nc	nc	nc	nc	…
愛　　媛	3	110	3	nc	nc	nc	nc	nc	nc	…
高　　知	5	106	5	nc	nc	nc	nc	nc	nc	…
福　　岡	5	97	5	nc	nc	nc	nc	nc	nc	…
佐　　賀	4	64	3	nc	nc	nc	nc	nc	nc	…
長　　崎	33	103	34	nc	nc	nc	nc	nc	nc	…
熊　　本	19	113	21	nc	nc	nc	nc	nc	nc	…
大　　分	25	88	22	nc	nc	nc	nc	nc	nc	…
宮　　崎	37	168	62	nc	nc	nc	nc	nc	nc	…
鹿　児　島	104	147	153	nc	nc	nc	nc	nc	nc	…
沖　　縄	8	141	11	nc	nc	nc	nc	nc	nc	…
関東農政局	5,990	252	15,100	nc	nc	nc	nc	nc	nc	…
東海農政局	66	130	86	nc	nc	nc	nc	nc	nc	…
中国四国農政局	27	100	27	nc	nc	nc	nc	nc	nc	…

注：1　平成30年産については全国の都道府県を対象に調査を実施した。
　　2　作付面積調査は3年、収穫量調査は6年ごとに全国調査を実施し、全国調査以外の年にあっては、直近の全国調査年における作付面積のおおむね80％以上を占めるまでの上位都道府県及び畑作物共済事業を実施する都道府県の範囲を調査対象（主産県）としている。

3　豆類・そば（続き）

（1）　平成30年産豆類（乾燥子実）及びそば（乾燥子実）の収穫量（全国農業地域別・都道府県別）（続き）

オ　そば

全国農業地域・都道府県	作付面積	10a当たり収量	収穫量	前年産との比較						（参考）	
				作付面積		10a当たり収量	収穫量			10a当たり平均収量	10a当たり平均収量
				対差	対比	対比	対差	対比		対比	
	(1)	(2)	(3)	(4)	(5)	(6)	(7)		(8)	(9)	(10)
	ha	kg	t	ha	%	%	t		%	%	k
全国	63,900	45	29,000	1,000	102	82	△	5,400	84	80	5
（全国農業地域）											
北海道	24,400	47	11,400	1,500	107	59	△	6,900	62	68	6
都府県	39,500	45	17,600	△ 400	99	113		1,500	109	94	4
東北	16,500	40	6,560	△ 300	98	118		820	114	98	4
北陸	5,520	35	1,920	△ 490	92	140		390	125	92	3
関東・東山	11,600	62	7,190	400	104	103		510	108	87	7
東海	619	26	158	66	112	72	△	42	79	76	3
近畿	903	23	209	△ 18	98	61	△	137	60	58	4
中国	1,620	32	519	△ 70	96	107	△	9	102	107	3
四国	136	28	38	△ 6	96	90	△	6	86	67	4
九州	2,560	38	983	△ 50	98	100	△	17	98	70	4
沖縄	53	62	33	△ 3	95	111		2	106	138	4
（都道府県）											
北海道	24,400	47	11,400	1,500	107	59	△	6,900	62	68	6
青森	1,640	37	607	30	102	123		124	126	119	3
岩手	1,780	60	1,070	20	101	136		296	138	113	5
宮城	671	22	148	△ 45	94	183		62	172	88	2
秋田	3,610	35	1,260	△ 120	97	121		180	117	88	4
山形	5,040	32	1,610	△ 60	99	103		30	102	82	4
福島	3,720	50	1,860	△ 140	96	111		120	107	104	4
茨城	3,370	60	2,020	100	103	111		250	114	81	7
栃木	2,700	74	2,000	210	108	96		80	104	94	7
群馬	558	89	497	40	108	101		41	109	102	8
埼玉	342	51	174	△ 5	99	80	△	48	78	75	
千葉	197	48	95	14	108	145		35	158	84	
東京	7	43	3	△ 1	88	80	△	1	75	80	3
神奈川	21	48	10	5	131	141		5	200	84	
新潟	1,330	36	479	△ 90	94	106	△	4	99	88	4
富山	519	37	192	△ 42	93	137		41	127	103	3
石川	326	12	39	△ 3	101	46	△	45	46	55	3
福井	3,350	36	1,210	△ 350	91	164		396	149	92	
山梨	188	47	88	4	102	85	△	13	87	92	
長野	4,250	54	2,300	60	101	106		160	107	87	6
岐阜	368	29	107	51	116	97		12	113	83	3
静岡	69	22	15	△ 12	85	63	△	13	54	69	3
愛知	39	8	3	3	108	24	△	9	25	33	
三重	143	23	33	24	120	42	△	32	51	64	
滋賀	497	25	124	10	102	54	△	100	55	49	5
京都	122	20	24	△ 1	99	80	△	7	77	61	
大阪	1	25	0	△ 0	100	69	△	0	nc	64	
兵庫	258	21	54	△ 25	91	72	△	28	66	100	
奈良	22	30	7	△ 3	88	88	△	1	88	77	
和歌山	3	7	0	1	150	14	△	1	0	22	
鳥取	319	32	102	△ 15	96	123		15	117	123	3
島根	679	31	210	△ 19	97	89	△	34	86	97	3
岡山	204	36	73	△ 15	93	124		9	114	106	
広島	343	32	110	△ 23	94	128		18	120	107	3
山口	71	34	24	3	104	100		1	104	113	
徳島	64	35	22	△ 1	98	85	△	5	81	69	5
香川	33	22	7	0	100	96	△	1	88	81	
愛媛	32	24	8	△ 4	89	120		1	114	60	
高知	7	20	1	△ 1	88	105	△	1	50	74	
福岡	77	51	39	6	108	142		13	150	159	
佐賀	26	45	12	△ 1	96	83	△	3	80	96	
長崎	162	52	84	△ 2	99	113		9	112	121	
熊本	586	58	342	△ 33	95	105	△	1	100	97	6
大分	228	41	93	△ 41	85	137		12	115	124	
宮崎	287	28	80	△ 22	93	93	△	13	86	51	
鹿児島	1,190	28	333	40	103	88	△	35	90	48	
沖縄	53	62	33	△ 3	95	111		2	106	138	
関東農政局	11,700	62	7,200	400	104	105		490	107	89	7
東海農政局	550	26	143	78	117	72	△	29	83	76	
中国四国農政局	1,750	32	557	△ 80	96	107		3	101	103	

(2)　平成30年産いんげん（乾燥子実）の種類別収穫量（北海道）

区　分	作付面積	10 a 当たり収　量	収　穫　量	前　年　産　と　の　比　較						（　参　考　）	
				作　付　面　積		10 a 当たり収　量	収　穫　量			10 a 当たり平均収量	10 a 当たり平均収量
				対　差	対　比	対　比	対　差	対　比	対　比	
	(1)	(2)	(3)	(4)	(5)	(6)	(7)	(8)	(9)	(10)
	ha	kg	t	ha	%	%	t	%	%	kg
い ん げ ん	6,790	136	9,230	160	102	55	△ 7,170	56	72	189
うち 金　　時	5,140	114	5,860	70	101	48	△ 6,340	48	69	166
手　　亡	1,210	212	2,570	150	114	73	△　490	84	89	237

4　かんしょ

(1)　平成30年産かんしょの収穫量（全国農業地域別・都道府県別）

全国農業地域・都道府県	作付面積	10a当たり収量	収穫量	前年産との比較					(参考)	10a当たり平均収量
				作付面積		10a当たり収量	収穫量		10a当たり平均収量	
				対差	対比	対比	対差	対比	対比	
	(1)	(2)	(3)	(4)	(5)	(6)	(7)	(8)	(9)	(10)
	ha	kg	t	ha	%	%	t	%	%	kg
全国	35,700	2,230	796,500	100	100	98	△ 10,600	99	97	2,310
（全国農業地域）										
北海道	…	…	…	nc	nc	nc	nc	nc	nc	…
都府県	…	…	…	nc	nc	nc	nc	nc	nc	…
東北	…	…	…	nc	nc	nc	nc	nc	nc	…
北陸	…	…	…	nc	nc	nc	nc	nc	nc	…
関東・東山	…	…	…	nc	nc	nc	nc	nc	nc	…
東海	…	…	…	nc	nc	nc	nc	nc	nc	…
近畿	…	…	…	nc	nc	nc	nc	nc	nc	…
中国	…	…	…	nc	nc	nc	nc	nc	nc	…
四国	…	…	…	nc	nc	nc	nc	nc	nc	…
九州	…	…	…	nc	nc	nc	nc	nc	nc	…
沖縄	…	…	…	nc	nc	nc	nc	nc	nc	…
（都道府県）										
北海道	…	…	…	nc	nc	nc	nc	nc	nc	…
青森	…	…	…	nc	nc	nc	nc	nc	nc	…
岩手	…	…	…	nc	nc	nc	nc	nc	nc	…
宮城	…	…	…	nc	nc	nc	nc	nc	nc	…
秋田	…	…	…	nc	nc	nc	nc	nc	nc	…
山形	…	…	…	nc	nc	nc	nc	nc	nc	…
福島	…	…	…	nc	nc	nc	nc	nc	nc	…
茨城	6,780	2,560	173,600	80	101	98	△ 1,300	99	98	2,600
栃木	…	…	…	nc	nc	nc	nc	nc	nc	…
群馬	…	…	…	nc	nc	nc	nc	nc	nc	…
埼玉	…	…	…	nc	nc	nc	nc	nc	nc	…
千葉	4,090	2,440	99,800	△ 40	99	100	△ 1,400	99	98	2,490
東京	…	…	…	nc	nc	nc	nc	nc	nc	…
神奈川	…	…	…	nc	nc	nc	nc	nc	nc	…
新潟	…	…	…	nc	nc	nc	nc	nc	nc	…
富山	…	…	…	nc	nc	nc	nc	nc	nc	…
石川	…	…	…	nc	nc	nc	nc	nc	nc	…
福井	…	…	…	nc	nc	nc	nc	nc	nc	…
山梨	…	…	…	nc	nc	nc	nc	nc	nc	…
長野	…	…	…	nc	nc	nc	nc	nc	nc	…
岐阜	…	…	…	nc	nc	nc	nc	nc	nc	…
静岡	540	1,830	9,880	△ 42	93	101	△ 620	94	109	1,680
愛知	…	…	…	nc	nc	nc	nc	nc	nc	…
三重	…	…	…	nc	nc	nc	nc	nc	nc	…
滋賀	…	…	…	nc	nc	nc	nc	nc	nc	…
京都	…	…	…	nc	nc	nc	nc	nc	nc	…
大阪	…	…	…	nc	nc	nc	nc	nc	nc	…
兵庫	…	…	…	nc	nc	nc	nc	nc	nc	…
奈良	…	…	…	nc	nc	nc	nc	nc	nc	…
和歌山	…	…	…	nc	nc	nc	nc	nc	nc	…
鳥取	…	…	…	nc	nc	nc	nc	nc	nc	…
島根	…	…	…	nc	nc	nc	nc	nc	nc	…
岡山	…	…	…	nc	nc	nc	nc	nc	nc	…
広島	…	…	…	nc	nc	nc	nc	nc	nc	…
山口	…	…	…	nc	nc	nc	nc	nc	nc	…
徳島	1,090	2,570	28,000	△ 10	99	93	△ 2,300	92	106	2,420
香川	…	…	…	nc	nc	nc	nc	nc	nc	…
愛媛	…	…	…	nc	nc	nc	nc	nc	nc	…
高知	…	…	…	nc	nc	nc	nc	nc	nc	…
福岡	…	…	…	nc	nc	nc	nc	nc	nc	…
佐賀	…	…	…	nc	nc	nc	nc	nc	nc	…
長崎	…	…	…	nc	nc	nc	nc	nc	nc	…
熊本	971	2,270	22,000	△ 29	97	102	△ 300	99	101	2,240
大分	…	…	…	nc	nc	nc	nc	nc	nc	…
宮崎	3,610	2,500	90,300	△ 80	98	102	300	100	100	2,510
鹿児島	12,100	2,300	278,300	200	102	97	△ 3,700	99	92	2,490
沖縄	…	…	…	nc	nc	nc	nc	nc	nc	…
関東農政局	…	…	…	nc	nc	nc	nc	nc	nc	…
東海農政局	…	…	…	nc	nc	nc	nc	nc	nc	…
中国四国農政局	…	…	…	nc	nc	nc	nc	nc	nc	…

注：1　平成30年産調査については作付面積調査及び収穫量調査ともに主産県を対象に調査を実施した。
　　2　全国値については、主産県の調査結果から推計したものである
　　3　かんしょの作付面積調査及び収穫量調査は主産県調査であり、3年又は6年周期で全国調査を実施している。

(2)　平成30年産でんぷん原料仕向けかんしょの収穫量（宮崎県及び鹿児島県）

区　分	作　付　面　積		10 a 当たり収量	収　穫　量		前　年　産　と　の　比　較					
	実　数	かんしょの作付面積に占める割合		実　数	かんしょの収穫量に占める割合	作　付　面　積		10 a 当たり収量	収　穫　量		
						対　差	対　比	対　比	対　差	対　比
	(1)	(2)	(3)	(4)	(5)	(6)	(7)	(8)	(9)	(10)
	ha	%	kg	t	%	ha	%	%	t	%
2　県　計	4,370	28	2,190	95,800	26	△ 40	99	93	△ 8,300	92
宮　崎	137	4	2,360	3,230	4	△ 12	92	87	△ 790	80
鹿 児 島	4,230	35	2,190	92,600	33	△ 30	99	93	△ 7,500	93

注：1　作付面積及び収穫量は、宮崎県及び鹿児島県の数値の内数である。
　　2　「かんしょの作付面積に占める割合」及び「かんしょの収穫量に占める割合」は、当該県の合計及び県別のかんしょの作付面積及び収穫量に占めるでん粉原料仕向けかんしょの割合である。

5　飼料作物
平成30年産飼料作物の収穫量（全国農業地域別・都道府県別）
(1)　牧草

全国農業地域・都道府県	作付(栽培)面積	10a当たり収量	収穫量	前年産との比較					（参考）	
				作付(栽培)面積 対差	対比	10a当たり収量 対比	収穫量 対差	対比	10a当たり平均収量 対比	10a当たり平均収量
	(1)	(2)	(3)	(4)	(5)	(6)	(7)	(8)	(9)	(10)
	ha	kg	t	ha	%	%	t	%	%	kg
全　　　　国	726,000	3,390	24,621,000	△ 2,300	100	97	△ 876,000	97	97	3,480
（全国農業地域）										
北　海　道	533,600	3,240	17,289,000	△ 1,400	100	97	△ 580,000	97	99	3,270
都　府　県	…	…	…	nc	nc	nc	nc	nc	nc	…
東　　北	…	…	…	nc	nc	nc	nc	nc	nc	…
北　　陸	…	…	…	nc	nc	nc	nc	nc	nc	…
関東・東山	…	…	…	nc	nc	nc	nc	nc	nc	…
東　　海	…	…	…	nc	nc	nc	nc	nc	nc	…
近　　畿	…	…	…	nc	nc	nc	nc	nc	nc	…
中　　国	…	…	…	nc	nc	nc	nc	nc	nc	…
四　　国	…	…	…	nc	nc	nc	nc	nc	nc	…
九　　州	…	…	…	nc	nc	nc	nc	nc	nc	…
沖　　縄	5,840	10,600	619,000	90	102	101	15,200	103	102	10,400
（都道府県）										
北　海　道	533,600	3,240	17,289,000	△ 1,400	100	97	△ 580,000	97	99	3,270
青　　森	18,500	2,770	512,500	△ 400	98	100	△ 9,100	98	100	2,770
岩　　手	35,900	2,810	1,009,000	△ 200	99	102	16,200	102	111	2,540
宮　　城	…	…	…	nc	nc	nc	nc	nc	nc	…
秋　　田	…	…	…	nc	nc	nc	nc	nc	nc	…
山　　形	…	…	…	nc	nc	nc	nc	nc	nc	…
福　　島	…	…	…	nc	nc	nc	nc	nc	nc	…
茨　　城	1,550	4,270	66,200	△ 50	97	91	△ 8,800	88	92	4,640
栃　　木	7,090	3,820	270,800	10	100	89	△ 32,900	89	94	4,080
群　　馬	2,930	4,860	142,400	△ 10	100	94	△ 9,300	94	96	5,080
埼　　玉	…	…	…	nc	nc	nc	nc	nc	nc	…
千　　葉	1,020	4,080	41,600	△ 30	97	100	△ 1,200	97	95	4,310
東　　京	…	…	…	nc	nc	nc	nc	nc	nc	…
神　奈　川	…	…	…	nc	nc	nc	nc	nc	nc	…
新　　潟	…	…	…	nc	nc	nc	nc	nc	nc	…
富　　山	…	…	…	nc	nc	nc	nc	nc	nc	…
石　　川	…	…	…	nc	nc	nc	nc	nc	nc	…
福　　井	…	…	…	nc	nc	nc	nc	nc	nc	…
山　　梨	…	…	…	nc	nc	nc	nc	nc	nc	…
長　　野	…	…	…	nc	nc	nc	nc	nc	nc	…
岐　　阜	…	…	…	nc	nc	nc	nc	nc	nc	…
静　　岡	…	…	…	nc	nc	nc	nc	nc	nc	…
愛　　知	733	3,320	24,300	△ 33	96	95	△ 2,600	90	74	4,460
三　　重	…	…	…	nc	nc	nc	nc	nc	nc	…
滋　　賀	…	…	…	nc	nc	nc	nc	nc	nc	…
京　　都	…	…	…	nc	nc	nc	nc	nc	nc	…
大　　阪	…	…	…	nc	nc	nc	nc	nc	nc	…
兵　　庫	970	3,420	33,200	△ 50	95	95	△ 3,500	90	84	4,090
奈　　良	…	…	…	nc	nc	nc	nc	nc	nc	…
和　歌　山	…	…	…	nc	nc	nc	nc	nc	nc	…
鳥　　取	2,310	3,100	71,600	20	101	89	△ 8,600	89	96	3,230
島　　根	1,400	2,870	40,200	10	101	94	△ 2,300	95	93	3,100
岡　　山	…	…	…	nc	nc	nc	nc	nc	nc	…
広　　島	…	…	…	nc	nc	nc	nc	nc	nc	…
山　　口	1,250	2,470	30,900	△ 20	98	85	△ 6,200	83	79	3,110
徳　　島	…	…	…	nc	nc	nc	nc	nc	nc	…
香　　川	…	…	…	nc	nc	nc	nc	nc	nc	…
愛　　媛	…	…	…	nc	nc	nc	nc	nc	nc	…
高　　知	…	…	…	nc	nc	nc	nc	nc	nc	…
福　　岡	…	…	…	nc	nc	nc	nc	nc	nc	…
佐　　賀	910	3,630	33,000	△ 29	97	107	1,200	104	94	3,870
長　　崎	5,560	4,870	270,800	20	100	103	9,900	104	101	4,830
熊　　本	14,400	4,120	593,300	△ 100	99	100	△ 2,700	100	102	4,040
大　　分	5,070	4,300	218,000	△ 40	99	99	△ 3,800	98	102	4,230
宮　　崎	16,000	6,090	974,400	△ 100	99	101	2,000	100	101	6,040
鹿　児　島	18,900	4,880	922,300	100	101	82	△ 197,700	82	73	6,690
沖　　縄	5,840	10,600	619,000	90	102	101	15,200	103	102	10,400
関東農政局	…	…	…	nc	nc	nc	nc	nc	nc	…
東海農政局	…	…	…	nc	nc	nc	nc	nc	nc	…
中国四国農政局	…	…	…	nc	nc	nc	nc	nc	nc	…

注：1　平成30年産調査については作付面積調査及び収穫量調査ともに主産県を対象に調査を実施した。
　　2　全国値については、主産県の調査結果から推計したものである
　　3　牧草の作付面積調査及び収穫量調査は主産県調査であり、3年又は6年周期で全国調査を実施している。

(2)　青刈りとうもろこし

全国農業地域・都道府県	作付面積	10a当たり収量	収穫量	前年産との比較					参考	
				作付面積		10a当たり収量	収穫量		10a当たり平均収量	10a当たり平均収量
				対差	対比	対比	対差	対比	対比	
	(1)	(2)	(3)	(4)	(5)	(6)	(7)	(8)	(9)	(10)
	ha	kg	t	ha	%	%	t	%	%	kg
全　　国	94,600	4,740	4,488,000	△ 200	100	94	△ 294,000	94	92	5,160
（全国農業地域）										
北　海　道	55,500	4,860	2,697,000	400	101	89	△ 306,000	90	88	5,500
都　府　県	…	…	…	nc	nc	nc	nc	nc	nc	…
東　北	…	…	…	nc	nc	nc	nc	nc	nc	…
北　陸	…	…	…	nc	nc	nc	nc	nc	nc	…
関東・東山	…	…	…	nc	nc	nc	nc	nc	nc	…
東　海	…	…	…	nc	nc	nc	nc	nc	nc	…
近　畿	…	…	…	nc	nc	nc	nc	nc	nc	…
中　国	…	…	…	nc	nc	nc	nc	nc	nc	…
四　国	…	…	…	nc	nc	nc	nc	nc	nc	…
九　州	…	…	…	nc	nc	nc	nc	nc	nc	…
沖　縄	1	3,590	36	0	100	47	△ 41	47	56	6,410
（都道府県）										
北　海　道	55,500	4,860	2,697,000	400	101	89	△ 306,000	90	88	5,500
青　森	1,680	4,050	68,000	△ 120	93	107	△ 200	100	97	4,180
岩　手	5,130	4,010	205,700	△ 40	99	108	13,400	107	93	4,290
宮　城	…	…	…	nc	nc	nc	nc	nc	nc	…
秋　田	…	…	…	nc	nc	nc	nc	nc	nc	…
山　形	…	…	…	nc	nc	nc	nc	nc	nc	…
福　島	…	…	…	nc	nc	nc	nc	nc	nc	…
茨　城	2,460	5,000	123,000	50	102	104	6,800	106	94	5,310
栃　木	4,740	5,010	237,500	60	101	120	42,800	122	102	4,910
群　馬	2,770	5,250	145,400	△ 60	98	97	△ 7,400	95	93	5,670
埼　玉	…	…	…	nc	nc	nc	nc	nc	nc	…
千　葉	962	5,380	51,800	△ 20	98	96	△ 3,500	94	95	5,650
東　京	…	…	…	nc	nc	nc	nc	nc	nc	…
神　奈　川	…	…	…	nc	nc	nc	nc	nc	nc	…
新　潟	…	…	…	nc	nc	nc	nc	nc	nc	…
富　山	…	…	…	nc	nc	nc	nc	nc	nc	…
石　川	…	…	…	nc	nc	nc	nc	nc	nc	…
福　井	…	…	…	nc	nc	nc	nc	nc	nc	…
山　梨	…	…	…	nc	nc	nc	nc	nc	nc	…
長　野	…	…	…	nc	nc	nc	nc	nc	nc	…
岐　阜	…	…	…	nc	nc	nc	nc	nc	nc	…
静　岡	…	…	…	nc	nc	nc	nc	nc	nc	…
愛　知	178	4,060	7,230	△ 3	98	77	△ 2,330	76	95	4,290
三　重	…	…	…	nc	nc	nc	nc	nc	nc	…
滋　賀	…	…	…	nc	nc	nc	nc	nc	nc	…
京　都	…	…	…	nc	nc	nc	nc	nc	nc	…
大　阪	…	…	…	nc	nc	nc	nc	nc	nc	…
兵　庫	149	2,940	4,380	3	102	91	△ 350	93	80	3,680
奈　良	…	…	…	nc	nc	nc	nc	nc	nc	…
和　歌　山	…	…	…	nc	nc	nc	nc	nc	nc	…
鳥　取	869	2,900	25,200	△ 36	96	85	△ 5,600	82	73	3,960
島　根	66	3,250	2,150	△ 1	99	94	△ 150	93	91	3,590
岡　山	…	…	…	nc	nc	nc	nc	nc	nc	…
広　島	…	…	…	nc	nc	nc	nc	nc	nc	…
山　口	7	3,090	216	△ 1	88	82	△ 84	72	91	3,410
徳　島	…	…	…	nc	nc	nc	nc	nc	nc	…
香　川	…	…	…	nc	nc	nc	nc	nc	nc	…
愛　媛	…	…	…	nc	nc	nc	nc	nc	nc	…
高　知	…	…	…	nc	nc	nc	nc	nc	nc	…
福　岡	…	…	…	nc	nc	nc	nc	nc	nc	…
佐　賀	9	3,270	294	0	100	96	△ 12	96	89	3,660
長　崎	524	4,520	23,700	△ 30	95	102	△ 900	96	99	4,560
熊　本	3,410	4,490	153,100	△ 190	95	101	△ 7,100	96	101	4,430
大　分	729	4,310	31,400	△ 17	98	98	△ 1,400	96	99	4,350
宮　崎	4,810	4,810	231,400	△ 100	98	95	△ 16,600	93	101	4,750
鹿　児　島	2,030	4,050	82,200	△ 80	96	95	△ 8,100	91	81	4,970
沖　縄	1	3,590	36	0	100	47	△ 41	47	56	6,410
関　東　農　政　局	…	…	…	nc	nc	nc	nc	nc	nc	…
東　海　農　政　局	…	…	…	nc	nc	nc	nc	nc	nc	…
中国四国農政局	…	…	…	nc	nc	nc	nc	nc	nc	…

注：1　平成30年産調査については作付面積調査及び収穫量調査ともに主産県を対象に調査を実施した。
　　2　全国値については、主産県の調査結果から推計したものである
　　3　青刈りとうもろこしの作付面積調査及び収穫量調査は主産県調査であり、3年又は6年周期で全国調査を実施している。

5　飼料作物（続き）

平成30年産飼料作物の収穫量（全国農業地域別・都道府県別）（続き）

(3)　ソルゴー

全国農業地域・都道府県	作付面積	10a当たり収量	収穫量	前年産との比較					（参考）	
				作付面積		10a当たり収量	収穫量		10a当たり平均収量	10a当たり平均収量
				対差	対比	対比	対差	対比	対比	
	(1)	(2)	(3)	(4)	(5)	(6)	(7)	(8)	(9)	(10)
	ha	kg	t	ha	%	%	t	%	%	kg
全　　　　　国	14,000	4,410	618,000	△ 400	97	95	△ 47,000	93	88	4,990
（全国農業地域）										
北　海　道	x	x	x	x	x	x	x	x	nc	－
都　府　県	…	…	…	nc	nc	nc	nc	nc	nc	…
東　北	…	…	…	nc	nc	nc	nc	nc	nc	…
北　陸	…	…	…	nc	nc	nc	nc	nc	nc	…
関東・東山	…	…	…	nc	nc	nc	nc	nc	nc	…
東　海	…	…	…	nc	nc	nc	nc	nc	nc	…
近　畿	…	…	…	nc	nc	nc	nc	nc	nc	…
中　国	…	…	…	nc	nc	nc	nc	nc	nc	…
四　国	…	…	…	nc	nc	nc	nc	nc	nc	…
九　州	…	…	…	nc	nc	nc	nc	nc	nc	…
沖　縄	44	3,000	1,320	7	119	90	90	107	61	4,890
（都道府県）										
北　海　道	x	x	x	x	x	x	x	x	nc	－
青　森	－	－	－	－	nc	nc	－	nc	nc	－
岩　手	3	3,120	94	△ 3	50	201	1	101	93	3,360
宮　城	…	…	…	nc	nc	nc	nc	nc	nc	…
秋　田	…	…	…	nc	nc	nc	nc	nc	nc	…
山　形	…	…	…	nc	nc	nc	nc	nc	nc	…
福　島	…	…	…	nc	nc	nc	nc	nc	nc	…
茨　城	315	4,530	14,300	△ 86	79	98	△ 4,100	78	93	4,860
栃　木	291	3,460	10,100	△ 8	97	102	△ 100	99	85	4,080
群　馬	88	4,400	3,870	1	101	90	△ 400	91	92	4,770
埼　玉	…	…	…	nc	nc	nc	nc	nc	nc	…
千　葉	446	5,910	26,400	△ 7	98	102	100	100	95	6,240
東　京	…	…	…	nc	nc	nc	nc	nc	nc	…
神　奈　川	…	…	…	nc	nc	nc	nc	nc	nc	…
新　潟	…	…	…	nc	nc	nc	nc	nc	nc	…
富　山	…	…	…	nc	nc	nc	nc	nc	nc	…
石　川	…	…	…	nc	nc	nc	nc	nc	nc	…
福　井	…	…	…	nc	nc	nc	nc	nc	nc	…
山　梨	…	…	…	nc	nc	nc	nc	nc	nc	…
長　野	…	…	…	nc	nc	nc	nc	nc	nc	…
岐　阜	…	…	…	nc	nc	nc	nc	nc	nc	…
静　岡	…	…	…	nc	nc	nc	nc	nc	nc	…
愛　知	390	3,030	11,800	1	100	92	△ 1,000	92	77	3,920
三　重	…	…	…	nc	nc	nc	nc	nc	nc	…
滋　賀	…	…	…	nc	nc	nc	nc	nc	nc	…
京　都	…	…	…	nc	nc	nc	nc	nc	nc	…
大　阪	…	…	…	nc	nc	nc	nc	nc	nc	…
兵　庫	710	2,250	16,000	△ 68	91	91	△ 3,200	83	58	3,900
奈　良	…	…	…	nc	nc	nc	nc	nc	nc	…
和　歌　山	…	…	…	nc	nc	nc	nc	nc	nc	…
鳥　取	321	2,100	6,740	5	102	84	△ 1,160	85	70	2,980
島　根	184	2,940	5,410	5	103	96	△ 90	98	92	3,200
岡　山	…	…	…	nc	nc	nc	nc	nc	nc	…
広　島	…	…	…	nc	nc	nc	nc	nc	nc	…
山　口	435	2,290	9,960	0	100	80	△ 2,440	80	76	3,010
徳　島	…	…	…	nc	nc	nc	nc	nc	nc	…
香　川	…	…	…	nc	nc	nc	nc	nc	nc	…
愛　媛	…	…	…	nc	nc	nc	nc	nc	nc	…
高　知	…	…	…	nc	nc	nc	nc	nc	nc	…
福　岡	…	…	…	nc	nc	nc	nc	nc	nc	…
佐　賀	329	3,070	10,100	△ 11	97	94	△ 1,000	91	83	3,680
長　崎	2,140	4,760	101,900	△ 30	99	105	3,800	104	96	4,970
熊　本	768	5,390	41,400	△ 37	95	100	△ 2,200	95	100	5,410
大　分	823	5,180	42,600	△ 32	96	98	△ 2,500	94	101	5,150
宮　崎	2,850	5,420	154,500	△ 220	93	98	△ 15,900	91	99	5,500
鹿　児　島	1,840	4,830	88,900	90	105	90	△ 5,100	95	78	6,190
沖　縄	44	3,000	1,320	7	119	90	90	107	61	4,890
関東農政局	…	…	…	nc	nc	nc	nc	nc	nc	…
東海農政局	…	…	…	nc	nc	nc	nc	nc	nc	…
中国四国農政局	…	…	…	nc	nc	nc	nc	nc	nc	…

注：1　平成30年産調査については作付面積調査及び収穫量調査ともに主産県を対象に調査を実施した。
　　2　全国値については、主産県の調査結果から推計したものである
　　3　ソルゴーの作付面積調査及び収穫量調査は主産県調査であり、3年又は6年周期で全国調査を実施している。

6　工芸農作物
平成30年産工芸農作物の収穫量
(1)　茶（主産県別）
ア　栽培面積（全国農業地域別・都道府県別）

全国農業地域・都道府県	栽培面積	対前年比
	(1)	(2)
	ha	%
全　　国　　計	41,500	98
主　産　県　計	36,500	96
（全国農業地域）		
北　　海　　道	…	nc
都　　府　　県	…	nc
東　　　　　北	…	nc
北　　　　　陸	…	nc
関　東・東　山	…	nc
東　　　　　海	…	nc
近　　　　　畿	…	nc
中　　　　　国	…	nc
四　　　　　国	…	nc
九　　　　　州	…	nc
沖　　　　　縄	…	nc
（都道府県）		
北　　海　　道	…	nc
青　　　　　森	…	nc
岩　　　　　手	…	nc
宮　　　　　城	…	nc
秋　　　　　田	…	nc
山　　　　　形	…	nc
福　　　　　島	…	nc
茨　　　　　城	…	nc
栃　　　　　木	…	nc
群　　　　　馬	…	nc
埼　　　　　玉	855	98
千　　　　　葉	…	nc
東　　　　　京	…	nc
神　　奈　　川	…	nc
新　　　　　潟	…	nc
富　　　　　山	…	nc
石　　　　　川	…	nc
福　　　　　井	…	nc
山　　　　　梨	…	nc
長　　　　　野	…	nc
岐　　　　　阜	…	nc
静　　　　　岡	16,500	96
愛　　　　　知	521	97
三　　　　　重	2,880	98
滋　　　　　賀	…	nc
京　　　　　都	1,570	100
大　　　　　阪	…	nc
兵　　　　　庫	…	nc
奈　　　　　良	…	nc
和　　歌　　山	…	nc
鳥　　　　　取	…	nc
島　　　　　根	…	nc
岡　　　　　山	…	nc
広　　　　　島	…	nc
山　　　　　口	…	nc
徳　　　　　島	…	nc
香　　　　　川	…	nc
愛　　　　　媛	…	nc
高　　　　　知	…	nc
福　　　　　岡	1,540	99
佐　　　　　賀	795	95
長　　　　　崎	742	99
熊　　　　　本	1,260	97
大　　　　　分	…	nc
宮　　　　　崎	1,390	99
鹿　　児　　島	8,410	100
沖　　　　　縄	…	nc
関　東　農　政　局	…	nc
東　海　農　政　局	…	nc
中国四国農政局	…	nc

注：1　平成30年産調査については主産県を対象に調査を実施した。
　　2　全国値については、主産県の調査結果から推計したものである
　　3　茶の栽培面積は主産県調査であり、3年周期で全国調査を実施している。

6 工芸農作物（続き）
平成30年産工芸農作物の収穫量（続き）
（1）茶（続き）
イ 摘採面積・10a当たり生葉収量・生葉収穫量・荒茶生産量（主産県別）

全 国 農 業 地 域 都 道 府 県	年 間 計					一 番 茶			
	摘採面積（実面積）	摘採延べ面積	10a当たり生葉収量	生葉収穫量	荒茶生産量	摘採面積	10a当たり生葉収量	生葉収穫量	荒茶生産量
	(1)	(2)	(3)	(4)	(5)	(6)	(7)	(8)	(9)
	ha	ha	kg	t	t	ha	kg	t	t
全 国 (1)	…	…	…	…	86,300	…	…	…	…
主 産 県 計 (2)	33,300	81,700	1,150	383,600	81,500	33,200	461	153,100	30,500
（全国農業地域）									
北 海 道 (3)	…	…	…	…	…	…	…	…	…
都 府 県 (4)	…	…	…	…	…	…	…	…	…
東 北 (5)	…	…	…	…	…	…	…	…	…
北 陸 (6)	…	…	…	…	…	…	…	…	…
関 東 ・ 東 山 (7)	…	…	…	…	…	…	…	…	…
東 海 (8)	…	…	…	…	…	…	…	…	…
近 畿 (9)	…	…	…	…	…	…	…	…	…
中 国 (10)	…	…	…	…	…	…	…	…	…
四 国 (11)	…	…	…	…	…	…	…	…	…
九 州 (12)	…	…	…	…	…	…	…	…	…
沖 縄 (13)	…	…	…	…	…	…	…	…	…
（都道府県）									
北 海 道 (14)	…	…	…	…	…	…	…	…	…
青 森 (15)	…	…	…	…	…	…	…	…	…
岩 手 (16)	…	…	…	…	…	…	…	…	…
宮 城 (17)	…	…	…	…	…	…	…	…	…
秋 田 (18)	…	…	…	…	…	…	…	…	…
山 形 (19)	…	…	…	…	…	…	…	…	…
福 島 (20)	…	…	…	…	…	…	…	…	…
茨 城 (21)	…	…	…	…	…	…	…	…	…
栃 木 (22)	…	…	…	…	…	…	…	…	…
群 馬 (23)	…	…	…	…	…	…	…	…	…
埼 玉 (24)	657	1,010	615	4,040	898	602	369	2,220	477
千 葉 (25)	…	…	…	…	…	…	…	…	…
東 京 (26)	…	…	…	…	…	…	…	…	…
神 奈 川 (27)	…	…	…	…	…	…	…	…	…
新 潟 (28)	…	…	…	…	…	…	…	…	…
富 山 (29)	…	…	…	…	…	…	…	…	…
石 川 (30)	…	…	…	…	…	…	…	…	…
福 井 (31)	…	…	…	…	…	…	…	…	…
山 梨 (32)	…	…	…	…	…	…	…	…	…
長 野 (33)	…	…	…	…	…	…	…	…	…
岐 阜 (34)	…	…	…	…	…	…	…	…	…
静 岡 (35)	15,100	32,300	997	150,500	33,400	15,100	407	61,400	12,700
愛 知 (36)	468	742	895	4,190	863	468	592	2,770	542
三 重 (37)	2,690	5,690	1,120	30,200	6,240	2,690	524	14,100	2,790
滋 賀 (38)	…	…	…	…	…	…	…	…	…
京 都 (39)	1,400	3,030	987	13,800	3,070	1,400	496	6,940	1,420
大 阪 (40)	…	…	…	…	…	…	…	…	…
兵 庫 (41)	…	…	…	…	…	…	…	…	…
奈 良 (42)	…	…	…	…	…	…	…	…	…
和 歌 山 (43)	…	…	…	…	…	…	…	…	…
鳥 取 (44)	…	…	…	…	…	…	…	…	…
島 根 (45)	…	…	…	…	…	…	…	…	…
岡 山 (46)	…	…	…	…	…	…	…	…	…
広 島 (47)	…	…	…	…	…	…	…	…	…
山 口 (48)	…	…	…	…	…	…	…	…	…
徳 島 (49)	…	…	…	…	…	…	…	…	…
香 川 (50)	…	…	…	…	…	…	…	…	…
愛 媛 (51)	…	…	…	…	…	…	…	…	…
高 知 (52)	…	…	…	…	…	…	…	…	…
福 岡 (53)	1,440	2,830	667	9,600	1,890	1,440	348	5,010	951
佐 賀 (54)	723	1,410	783	5,660	1,270	723	393	2,840	602
長 崎 (55)	578	1,010	630	3,640	733	578	355	2,050	396
熊 本 (56)	1,020	1,680	600	6,120	1,260	1,020	291	2,970	594
大 分 (57)	…	…	…	…	…	…	…	…	…
宮 崎 (58)	1,190	3,650	1,520	18,100	3,800	1,190	530	6,310	1,260
鹿 児 島 (59)	7,990	28,300	1,720	137,700	28,100	7,990	582	46,500	8,770
沖 縄 (60)	…	…	…	…	…	…	…	…	…
関 東 農 政 局 (61)	…	…	…	…	…	…	…	…	…
東 海 農 政 局 (62)	…	…	…	…	…	…	…	…	…
中国四国農政局 (63)	…	…	…	…	…	…	…	…	…

注： 1 平成30年産調査については主産県を対象に調査を実施した。
　　 2 全国の荒茶生産量（年間計）については、主産県の調査結果から推計したものである。
　　 3 10a当たり生葉収量とは、生葉収穫量を摘採実面積（一番茶は摘採面積）で除して求めたものである。
　　 4 茶の収穫量調査は主産県調査であり、6年周期で全国調査を実施している。

対　　　　前　　　　年　　　　産　　　　比									
年　　　　間　　　　計					一　　　番　　　茶				
摘採面積（実面積）	摘　採延べ面積	10 a 当たり生葉収量	生葉収穫量	荒茶生産量	摘採面積	10 a 当たり生葉収量	生葉収穫量	荒茶生産量	
(10)	(11)	(12)	(13)	(14)	(15)	(16)	(17)	(18)	
%	%	%	%	%	%	%	%	%	
nc	nc	nc	nc	102	nc	nc	nc	nc	(1)
97	98	107	104	103	97	110	107	106	(2)
nc	nc	nc	nc	nc	nc	nc	nc	nc	(3)
nc	nc	nc	nc	nc	nc	nc	nc	nc	(4)
nc	nc	nc	nc	nc	nc	nc	nc	nc	(5)
nc	nc	nc	nc	nc	nc	nc	nc	nc	(6)
nc	nc	nc	nc	nc	nc	nc	nc	nc	(7)
nc	nc	nc	nc	nc	nc	nc	nc	nc	(8)
nc	nc	nc	nc	nc	nc	nc	nc	nc	(9)
nc	nc	nc	nc	nc	nc	nc	nc	nc	(10)
nc	nc	nc	nc	nc	nc	nc	nc	nc	(11)
nc	nc	nc	nc	nc	nc	nc	nc	nc	(12)
nc	nc	nc	nc	nc	nc	nc	nc	nc	(13)
nc	nc	nc	nc	nc	nc	nc	nc	nc	(14)
nc	nc	nc	nc	nc	nc	nc	nc	nc	(15)
nc	nc	nc	nc	nc	nc	nc	nc	nc	(16)
nc	nc	nc	nc	nc	nc	nc	nc	nc	(17)
nc	nc	nc	nc	nc	nc	nc	nc	nc	(18)
nc	nc	nc	nc	nc	nc	nc	nc	nc	(19)
nc	nc	nc	nc	nc	nc	nc	nc	nc	(20)
nc	nc	nc	nc	nc	nc	nc	nc	nc	(21)
nc	nc	nc	nc	nc	nc	nc	nc	nc	(22)
nc	nc	nc	nc	nc	nc	nc	nc	nc	(23)
97	111	126	123	129	98	104	102	104	(24)
nc	nc	nc	nc	nc	nc	nc	nc	nc	(25)
nc	nc	nc	nc	nc	nc	nc	nc	nc	(26)
nc	nc	nc	nc	nc	nc	nc	nc	nc	(27)
nc	nc	nc	nc	nc	nc	nc	nc	nc	(28)
nc	nc	nc	nc	nc	nc	nc	nc	nc	(29)
nc	nc	nc	nc	nc	nc	nc	nc	nc	(30)
nc	nc	nc	nc	nc	nc	nc	nc	nc	(31)
nc	nc	nc	nc	nc	nc	nc	nc	nc	(32)
nc	nc	nc	nc	nc	nc	nc	nc	nc	(33)
nc	nc	nc	nc	nc	nc	nc	nc	nc	(34)
97	97	111	107	108	97	119	115	115	(35)
98	98	101	99	98	98	105	103	103	(36)
99	98	105	104	102	99	111	109	109	(37)
nc	nc	nc	nc	nc	nc	nc	nc	nc	(38)
99	100	98	97	97	99	98	97	97	(39)
nc	nc	nc	nc	nc	nc	nc	nc	nc	(40)
nc	nc	nc	nc	nc	nc	nc	nc	nc	(41)
nc	nc	nc	nc	nc	nc	nc	nc	nc	(42)
nc	nc	nc	nc	nc	nc	nc	nc	nc	(43)
nc	nc	nc	nc	nc	nc	nc	nc	nc	(44)
nc	nc	nc	nc	nc	nc	nc	nc	nc	(45)
nc	nc	nc	nc	nc	nc	nc	nc	nc	(46)
nc	nc	nc	nc	102	nc	nc	nc	nc	(47)
nc	nc	nc	nc	nc	nc	nc	nc	nc	(48)
nc	nc	nc	nc	nc	nc	nc	nc	nc	(49)
nc	nc	nc	nc	nc	nc	nc	nc	nc	(50)
nc	nc	nc	nc	nc	nc	nc	nc	nc	(51)
nc	nc	nc	nc	nc	nc	nc	nc	nc	(52)
100	102	99	99	98	100	94	94	94	(53)
94	107	115	109	109	94	102	96	97	(54)
97	102	105	102	102	97	98	95	93	(55)
99	97	99	98	98	99	99	98	98	(56)
nc	nc	nc	nc	nc	nc	nc	nc	nc	(57)
98	100	102	101	101	98	99	98	96	(58)
101	101	106	107	106	101	112	113	111	(59)
nc	nc	nc	nc	nc	nc	nc	nc	nc	(60)
nc	nc	nc	nc	nc	nc	nc	nc	nc	(61)
nc	nc	nc	nc	nc	nc	nc	nc	nc	(62)
nc	nc	nc	nc	nc	nc	nc	nc	nc	(63)

6　工芸農作物（続き）

平成30年産工芸農作物の収穫量（続き）

(1)　茶（続き）

ウ　摘採面積率（主産県別）　　　　　エ　製茶歩留まり（主産県別）

単位：%　　　　　　　　　　　　　　　単位：%

都道府県	年間（実面積）(1)	一番茶(2)	年間平均(3)	一番茶(4)
全　　　国	…	…	…	…
主 産 県 計	91	91	21	20
（全国農業地域）				
北　海　道	…	…	…	…
都　府　県	…	…	…	…
東　北	…	…	…	…
北　陸	…	…	…	…
関 東 ・ 東 山	…	…	…	…
東　海	…	…	…	…
近　畿	…	…	…	…
中　国	…	…	…	…
四　国	…	…	…	…
九　州	…	…	…	…
沖　縄	…	…	…	…
（都道府県）				
北　海　道	…	…	…	…
青　森	…	…	…	…
岩　手	…	…	…	…
宮　城	…	…	…	…
秋　田	…	…	…	…
山　形	…	…	…	…
福　島	…	…	…	…
茨　城	…	…	…	…
栃　木	…	…	…	…
群　馬	…	…	…	…
埼　玉	77	70	22	21
千　葉	…	…	…	…
東　京	…	…	…	…
神　奈　川	…	…	…	…
新　潟	…	…	…	…
富　山	…	…	…	…
石　川	…	…	…	…
福　井	…	…	…	…
山　梨	…	…	…	…
長　野	…	…	…	…
岐　阜	…	…	…	…
静　岡	92	92	22	21
愛　知	90	90	21	20
三　重	93	93	21	20
滋　賀	…	…	…	…
京　都	89	89	22	20
大　阪	…	…	…	…
兵　庫	…	…	…	…
奈　良	…	…	…	…
和　歌　山	…	…	…	…
鳥　取	…	…	…	…
島　根	…	…	…	…
岡　山	…	…	…	…
広　島	…	…	…	…
山　口	…	…	…	…
徳　島	…	…	…	…
香　川	…	…	…	…
愛　媛	…	…	…	…
高　知	…	…	…	…
福　岡	94	94	20	19
佐　賀	91	91	22	21
長　崎	78	78	20	19
熊　本	81	81	21	20
大　分	…	…	…	…
宮　崎	86	86	21	20
鹿　児　島	95	95	20	19
沖　縄	…	…	…	…
関 東 農 政 局	…	…	…	…
東 海 農 政 局	…	…	…	…
中 国 四 国 農 政 局	…	…	…	…

注：1　摘採面積率は、茶栽培面積に占める摘採面積の比率である。
　　2　製茶歩留まりは、生葉収穫量に占める荒茶収穫量の比率である。

(2)　なたね（子実用）（全国農業地域別・都道府県別）

全国農業地域・都道府県	作付面積	10a当たり収量	収穫量	前年産との比較					（参考）	
				作付面積		10a当たり収量	収穫量		10a当たり平均収量	10a当たり平均収量
				対差	対比	対比	対差	対比	対比	
	(1)	(2)	(3)	(4)	(5)	(6)	(7)	(8)	(9)	(10)
	ha	kg	t	ha	%	%	t	%	%	kg
全　国	1,920	163	3,120	△60	97	88	△550	85	113	144
（全国農業地域）										
北海道	971	246	2,390	32	103	86	△290	89	105	235
都府県	953	76	728	△97	91	81	△264	73	84	91
東北	509	99	505	△41	93	87	△124	80	82	121
北陸	30	27	8	△12	71	45	△17	32	57	47
関東・東山	x	70	x	x	x	97	x	x	80	87
東海	102	29	30	△1	99	42	△41	42	45	64
近畿	x	54	x	x	x	59	x	x	61	88
中国	x	65	x	x	x	159	x	x	186	35
四国	x	x	x	x	x	x	x	x	nc	nc
九州	198	58	114	△6	97	74	△46	71	72	81
沖縄	-	-	-	-	nc	nc	-	nc	nc	-
（都道府県）										
北海道	971	246	2,390	32	103	86	△290	89	105	235
青森	270	159	429	0	100	80	△106	80	83	191
岩手	30	53	16	△3	91	73	△8	67	65	82
宮城	34	6	2	△10	77	67	△2	50	27	22
秋田	47	49	23	△35	57	148	△4	85	111	44
山形	12	34	4	△3	80	72	△3	57	72	47
福島	116	27	31	10	109	90	△1	97	75	36
茨城	11	41	5	△1	92	95	0	100	67	61
栃木	8	48	4	△2	80	160	1	133	79	61
群馬	9	93	8	△2	82	101	△2	80	98	95
埼玉	4	88	4	△1	80	62	△3	57	78	113
千葉	x	x	x	x	x	x	x	x	x	58
東京	x	x	x	x	x	x	x	x	x	76
神奈川	1	66	0	0	100	63	△1	0	77	86
新潟	8	38	3	△5	62	109	△2	60	115	33
富山	17	22	4	△8	68	34	△12	25	43	51
石川	x	x	x	x	x	x	x	x	x	60
福井	x	x	x	x	x	x	x	x	x	17
山梨	x	x	x	x	x	x	x	x	x	34
長野	10	120	12	△7	59	136	△3	80	110	109
岐阜	-	-	-	-	nc	nc	-	nc	-	9
静岡	4	14	1	2	200	34	0	100	54	26
愛知	42	45	19	4	111	54	△13	59	56	80
三重	56	18	10	△7	89	30	△28	26	33	54
滋賀	32	63	20	△3	91	53	△21	49	58	108
京都	x	x	x	x	x	x	x	x	x	11
大阪	x	x	x	x	x	x	x	x	x	98
兵庫	16	38	6	△4	80	84	△3	67	76	50
奈良	2	60	1	0	100	81	△1	50	97	62
和歌山	-	-	-	-	nc	nc	-	nc	nc	-
鳥取	4	50	2	0	100	250	1	200	227	22
島根	9	89	8	△3	75	133	0	100	207	43
岡山	4	32	1	△6	40	213	△1	50	128	25
広島	-	-	-	-	nc	nc	-	nc	-	13
山口	x	x	x	x	x	x	x	x	x	68
徳島	x	x	x	x	x	x	x	x	x	21
香川	-	-	-	x	x	x	x	x	x	54
愛媛	x	x	x	x	x	x	x	x	x	45
高知	-	-	-	-	nc	nc	-	nc	-	24
福岡	35	80	28	1	103	60	△17	62	62	130
佐賀	20	89	18	5	133	89	3	120	144	62
長崎	10	36	4	△2	83	72	△2	67	60	60
熊本	58	52	30	4	107	100	2	107	80	65
大分	36	29	10	△9	80	41	△22	31	55	53
宮崎	7	74	5	△2	78	80	△3	63	85	87
鹿児島	32	60	19	△3	91	81	△7	73	59	102
沖縄	-	-	-	-	nc	nc	-	nc	-	-
関東農政局	x	67	x	x	x	94	x	x	82	82
東海農政局	98	30	29	△3	97	43	△41	41	46	65
中国四国農政局	x	65	x	x	x	159	x	x	186	35

6　工芸農作物（続き）
平成30年産工芸農作物の収穫量（続き）
(3)　てんさい（北海道）

区　分	作付面積	10a当たり収量	収穫量	前　年　産　と　の　比　較					（　参　考　）	
				作　付　面　積		10a当たり収量	収　穫　量		10a当たり平均収量	10a当たり平均収量
				対　差	対　比	対　比	対　差	対　比	対　比	
	(1)	(2)	(3)	(4)	(5)	(6)	(7)	(8)	(9)	(10)
	ha	kg	t	ha	%	%	t	%	%	kg
北 海 道	57,300	6,300	3,611,000	△ 900	98	94	△ 290,000	93	102	6,200

注：てんさいの調査は、北海道を対象に行っている。

(4)　さとうきび

区　分	栽培面積	収　穫　面　積				10 a 当 た り 収 量			
		計	夏植え	春植え	株出し	計	夏植え	春植え	株出し
	(1)	(2)	(3)	(4)	(5)	(6)	(7)	(8)	(9)
	ha	ha	ha	ha	ha	kg	kg	kg	kg
全　　国	27,700	22,600	4,040	3,260	15,300	5,290	7,050	4,880	4,910
鹿 児 島	10,900	9,450	915	1,730	6,800	4,790	6,290	4,850	4,580
沖　　縄	16,800	13,100	3,120	1,530	8,500	5,670	7,280	4,920	5,180

区　分	収　　穫　　量				前　年　産　と　の　比　較				（　参　考　）	
	計	夏植え	春植え	株出し	栽培面積	収穫面積	10a当たり収量	収穫量	10a当たり平均収量対比	10a当たり平均収量
	(10)	(11)	(12)	(13)	(14)	(15)	(16)	(17)	(18)	(19)
	t	t	t	t	%	%	%	%	%	kg
全　　国	1,196,000	284,700	159,100	751,900	97	95	97	92	101	5,230
鹿 児 島	452,900	57,600	83,900	311,400	98	96	90	86	96	4,970
沖　　縄	742,800	227,100	75,200	440,500	97	95	102	97	104	5,470

注：さとうきびの調査は、鹿児島県及び沖縄県を対象に行っている。

(5)　い（主産県別）

主産県	い生産農家数	作付面積	10a当たり収量	収穫量	前　年　産　と　の　比　較					（　参　考　）		畳表生産農家数	畳表生産量
					作　付　面　積		10a当たり収量	収　穫　量		10a当たり平均収量	10a当たり平均収量		
					対　差	対　比	対　比	対　差	対　比	対　比			
	(1)	(2)	(3)	(4)	(5)	(6)	(7)	(8)	(9)	(10)	(11)	(12)	(13)
	戸	ha	kg	t	ha	%	%	t	%	%	kg	戸	千枚
主産県計	450	541	1,390	7,500	△ 37	94	94	△ 1,030	88	107	1,300	449	2,610
福　岡	8	7	1,190	83	△ 3	70	97	△ 40	67	97	1,230	9	29
熊　本	442	534	1,390	7,420	△ 34	94	94	△ 990	88	107	1,300	440	2,580

注：1　「い」の調査は、福岡県及び熊本県を対象に行っている。
　　2　い生産農家数は、平成30年産の「い」の栽培を行った農家の数である。
　　3　畳表生産農家数は、「い」の生産から畳表の生産まで一貫して行っている農家で、平成29年7月から平成30年6月までに畳表の生産を行った農家の数である。
　　4　畳表生産量は、平成29年7月から平成30年6月までに生産されたものである。
　　5　主産県計の10a当たり平均収量は、各県の10a当たり平均収量に平成30年産の作付面積を乗じて求めた平均収穫量を積み上げ、平成30年産の主産県計作付面積で除して算出している。

(6)　こんにゃくいも（全国農業地域別・都道府県別）

全国農業地域・都道府県	栽培面積	収穫面積	10a当たり収量	収穫量	前年産との比較 栽培面積 対差	対比	収穫面積 対差	対比	10a当たり収量 対比	収穫量 対差	対比	（参考）10a当たり平均収量対比	10a当たり平均収量
	(1)	(2)	(3)	(4)	(5)	(6)	(7)	(8)	(9)	(10)	(11)	(12)	(13)
	ha	ha	kg	t	ha	%	ha	%	%	t	%	%	kg
全　　　　国	3,700	2,160	2,590	55,900	△ 160	96	△ 170	93	93	△ 8,800	86	91	2,840
（全国農業地域）													
北　海　道	x	x	x	x	nc	nc	nc	nc	nc	nc	nc	nc	…
都　府　県	3,690	2,160	2,590	55,900	nc	nc	nc	nc	nc	nc	nc	nc	…
東　　北	x	x	1,740	x	nc	nc	nc	nc	nc	nc	nc	nc	…
北　　陸	5	4	650	26	nc	nc	nc	nc	nc	nc	nc	nc	…
関東・東山	3,460	2,050	2,680	54,900	nc	nc	nc	nc	nc	nc	nc	nc	…
東　　海	22	12	517	62	nc	nc	nc	nc	nc	nc	nc	nc	…
近　　畿	x	x	382	x	nc	nc	nc	nc	nc	nc	nc	nc	…
中　　国	59	30	1,450	435	nc	nc	nc	nc	nc	nc	nc	nc	…
四　　国	35	15	667	100	nc	nc	nc	nc	nc	nc	nc	nc	…
九　　州	52	16	338	54	nc	nc	nc	nc	nc	nc	nc	nc	…
沖　　縄	－	－	－	－	nc	nc	nc	nc	nc	nc	nc	nc	…
（都道府県）													
北　海　道	x	x	x	x	nc	nc	nc	nc	nc	nc	nc	nc	…
青　　森	x	x	x	x	nc	nc	nc	nc	nc	nc	nc	nc	…
岩　　手	1	0	875	4	nc	nc	nc	nc	nc	nc	nc	nc	…
宮　　城	4	2	1,140	23	nc	nc	nc	nc	nc	nc	nc	nc	…
秋　　田	－	－	－	－	nc	nc	nc	nc	nc	nc	nc	nc	…
山　　形	4	3	836	23	nc	nc	nc	nc	nc	nc	nc	nc	…
福　　島	22	11	2,070	228	nc	nc	nc	nc	nc	nc	nc	nc	…
茨　　城	40	30	2,550	765	nc	nc	nc	nc	nc	nc	nc	nc	…
栃　　木	89	62	2,400	1,490	△ 6	94	△ 5	93	89	△ 330	82	93	2,570
群　　馬	3,280	1,930	2,700	52,100	△ 70	98	△ 80	96	91	△ 7,600	87	89	3,040
埼　　玉	12	8	2,060	165	nc	nc	nc	nc	nc	nc	nc	nc	…
千　　葉	10	6	2,700	162	nc	nc	nc	nc	nc	nc	nc	nc	…
東　　京	1	0	785	3	nc	nc	nc	nc	nc	nc	nc	nc	…
神　奈　川	5	2	490	8	nc	nc	nc	nc	nc	nc	nc	nc	…
新　　潟	5	4	600	24	nc	nc	nc	nc	nc	nc	nc	nc	…
富　　山	0	0	906	0	nc	nc	nc	nc	nc	nc	nc	nc	…
石　　川	0	0	842	1	nc	nc	nc	nc	nc	nc	nc	nc	…
福　　井	0	0	217	1	nc	nc	nc	nc	nc	nc	nc	nc	…
山　　梨	10	5	1,060	53	nc	nc	nc	nc	nc	nc	nc	nc	…
長　　野	18	10	1,300	130	nc	nc	nc	nc	nc	nc	nc	nc	…
岐　　阜	7	5	811	41	nc	nc	nc	nc	nc	nc	nc	nc	…
静　　岡	5	3	255	8	nc	nc	nc	nc	nc	nc	nc	nc	…
愛　　知	2	1	698	7	nc	nc	nc	nc	nc	nc	nc	nc	…
三　　重	8	3	212	6	nc	nc	nc	nc	nc	nc	nc	nc	…
滋　　賀	6	2	250	5	nc	nc	nc	nc	nc	nc	nc	nc	…
京　　都	3	2	143	3	nc	nc	nc	nc	nc	nc	nc	nc	…
大　　阪	x	x	x	x	nc	nc	nc	nc	nc	nc	nc	nc	…
兵　　庫	3	1	214	3	nc	nc	nc	nc	nc	nc	nc	nc	…
奈　　良	8	4	614	25	nc	nc	nc	nc	nc	nc	nc	nc	…
和　歌　山	5	2	300	5	nc	nc	nc	nc	nc	nc	nc	nc	…
鳥　　取	3	3	767	23	nc	nc	nc	nc	nc	nc	nc	nc	…
島　　根	22	8	390	31	nc	nc	nc	nc	nc	nc	nc	nc	…
岡　　山	2	1	720	7	nc	nc	nc	nc	nc	nc	nc	nc	…
広　　島	32	18	2,080	374	nc	nc	nc	nc	nc	nc	nc	nc	…
山　　口	0	0	376	0	nc	nc	nc	nc	nc	nc	nc	nc	…
徳　　島	15	8	1,010	81	nc	nc	nc	nc	nc	nc	nc	nc	…
香　　川	0	0	370	0	nc	nc	nc	nc	nc	nc	nc	nc	…
愛　　媛	5	3	394	12	nc	nc	nc	nc	nc	nc	nc	nc	…
高　　知	15	4	185	7	nc	nc	nc	nc	nc	nc	nc	nc	…
福　　岡	16	5	480	24	nc	nc	nc	nc	nc	nc	nc	nc	…
佐　　賀	1	1	112	1	nc	nc	nc	nc	nc	nc	nc	nc	…
長　　崎	1	0	236	1	nc	nc	nc	nc	nc	nc	nc	nc	…
熊　　本	13	5	230	12	nc	nc	nc	nc	nc	nc	nc	nc	…
大　　分	18	4	240	10	nc	nc	nc	nc	nc	nc	nc	nc	…
宮　　崎	2	1	450	5	nc	nc	nc	nc	nc	nc	nc	nc	…
鹿　児　島	1	0	350	1	nc	nc	nc	nc	nc	nc	nc	nc	…
沖　　縄	－	－	－	－	nc	nc	nc	nc	nc	nc	nc	nc	…
関 東 農 政 局	3,470	2,060	2,670	54,900	nc	nc	nc	nc	nc	nc	nc	nc	…
東 海 農 政 局	17	9	600	54	nc	nc	nc	nc	nc	nc	nc	nc	…
中国四国農政局	94	45	1,190	535	nc	nc	nc	nc	nc	nc	nc	nc	…

注：1　こんにゃくいもの作付面積調査及び収穫量調査は主産県調査であり、3年又は6年周期で全国調査を実施している。平成30年調査については全国を対象に調査を行った。
　　2　「（参考）10a当たり平均収量対比」とは、10a当たり平均収量（原則として直近7か年のうち、最高及び最低を除いた5か年の平均値）に対する当年産の10a当たり収量の比率である。なお、直近7か年のうち3か年分の10a当たり収量のデータが確保できない場合は、10a当たり平均収量を作成していない。

Ⅳ 　累年統計表

全 国 累 年 統 計 表

全 国 農 業 地 域 別 ・ 都 道 府 県 別 累 年 統 計 表
（ 平 成 26 年 産 ～ 平 成 30 年 産 ）

全国累年統計表
1　米
(1)　水陸稲の収穫量

年　産	水　陸　稲　計		水　　稲				参　考		作況指数	陸　　稲			作況指数
	作付面積 （子実用）	収穫量 （子実用）	作付面積 （子実用）	10 a 当たり 収量	収穫量 （子実用）		主食用 作付面積	収穫量 （主食用）		作付面積 （子実用）	10 a 当たり 収量	収穫量 （子実用）	
	(1)	(2)	(3)	(4)	(5)		(6)	(7)	(8)	(9)	(10)	(11)	(12)
	ha	t	ha	kg	t		ha	t		ha	kg	t	
明治11年産	…	3,792,000	…	…	…		…	…	…	…	…	…	…
12	2,516,000	4,753,000	…	…	…		…	…	…	…	…	…	…
13	2,549,000	4,715,000	…	…	…		…	…	…	…	…	…	…
14	2,538,000	4,487,000											…
15	2,571,000	4,560,000	…	…	…		…	…	…	…	…	…	…
16	2,586,000	4,587,000	2,565,000	178	4,566,000		…	…	…	20,700	103	21,300	…
17	2,594,000	4,070,000	2,551,000	158	4,041,000		…	…	…	42,400	69	29,000	…
18	2,590,000	5,106,000	2,552,000	198	5,063,000		…	…	…	38,100	114	43,300	…
19	2,606,000	5,583,000	2,576,000	216	5,557,000		…	…	…	29,800	87	26,000	…
20	2,620,000	6,004,000	2,591,000	230	5,970,000		…	…	…	29,300	114	33,500	…
21	2,670,000	5,803,000	2,643,000	218	5,772,000		…	…	…	26,700	115	30,800	…
22	2,709,000	4,957,000	2,678,000	184	4,926,000		…	…	…	31,100	101	31,400	…
23	2,729,000	6,463,000	2,694,000	238	6,422,000		…	…	…	34,900	117	40,700	…
24	2,740,000	5,727,000	2,701,000	211	5,686,000		…	…	…	39,700	105	41,400	…
25	2,738,000	6,214,000	2,692,000	229	6,160,000		…	…	…	46,100	118	54,500	…
26	2,752,000	5,590,000	2,707,000	205	5,545,000		…	…	…	44,700	100	44,600	…
27	2,714,000	6,279,000	2,664,000	234	6,236,000		…	…	…	49,400	88	43,300	…
28	2,762,000	5,994,000	2,708,000	219	5,933,000		…	…	…	53,500	114	60,700	…
29	2,769,000	5,436,000	2,713,000	198	5,376,000		…	…	…	56,100	111	60,300	…
30	2,764,000	4,956,000	2,703,000	181	4,890,000		…	…	…	61,500	107	65,600	…
31	2,794,000	7,108,000	2,727,000	257	7,015,000		…	…	…	66,800	139	92,900	…
32	2,816,000	5,955,000	2,745,000	214	5,872,000		…	…	…	70,700	117	82,700	…
33	2,805,000	6,220,000	2,731,000	224	6,122,000		…	…	…	74,200	132	98,200	…
34	2,824,000	7,037,000	2,745,000	252	6,929,000		…	…	…	79,200	136	108,100	…
35	2,824,000	5,540,000	2,740,000	199	5,449,000		…	…	…	83,500	109	91,000	…
36	2,840,000	6,971,000	2,755,000	249	6,872,000		…	…	…	85,500	116	99,300	…
37	2,857,000	7,715,000	2,775,000	275	7,627,000		…	…	…	82,000	106	87,300	…
38	2,858,000	5,726,000	2,783,000	203	5,637,000		…	…	…	74,500	120	89,000	…
39	2,875,000	6,945,000	2,799,000	244	6,842,000		…	…	…	75,800	136	103,400	…
40	2,882,000	7,358,000	2,804,000	258	7,238,000		…	…	…	78,200	153	119,600	…
41	2,898,000	7,790,000	2,815,000	272	7,658,000		…	…	…	83,100	159	132,400	…
42	2,914,000	7,866,000	2,827,000	273	7,732,000		…	…	…	86,500	154	133,600	…
43	2,925,000	6,995,000	2,834,000	242	6,855,000		…	…	…	91,400	153	139,600	…
44	2,949,000	7,757,000	2,852,000	267	7,602,000		…	…	…	96,500	160	154,300	…
大正元	2,978,000	7,533,000	2,869,000	258	7,389,000		…	…	…	109,000	132	144,200	…
2	3,005,000	7,539,000	2,886,000	255	7,374,000		…	…	…	118,500	139	165,000	…
3	3,008,000	8,551,000	2,886,000	290	8,382,000		…	…	…	122,500	133	169,400	…
4	3,031,000	8,389,000	2,907,000	282	8,189,000		…	…	…	124,400	161	199,900	…
5	3,046,000	8,768,000	2,918,000	292	8,534,000		…	…	…	127,600	183	233,500	…
6	3,058,000	8,185,000	2,928,000	274	8,015,000		…	…	…	130,200	131	170,400	…
7	3,067,000	8,205,000	2,935,000	273	8,021,000		…	…	…	131,900	139	183,600	…
8	3,079,000	9,123,000	2,943,000	302	8,887,000		…	…	…	135,600	174	236,100	…
9	3,101,000	9,481,000	2,960,000	311	9,205,000		…	…	…	140,300	197	276,200	…
10	3,109,000	8,277,000	2,968,000	271	8,055,000		…	…	…	141,000	157	221,700	…
11	3,115,000	9,104,000	2,972,000	300	8,901,000		…	…	…	143,200	142	203,400	…
12	3,121,000	8,317,000	2,982,000	272	8,120,000		…	…	…	139,500	141	196,800	…
13	3,116,000	8,576,000	2,980,000	283	8,425,000		…	…	…	136,700	110	150,500	…
14	3,128,000	8,956,000	2,992,000	291	8,717,000		…	…	…	135,200	177	239,000	…
昭和元	3,132,000	8,339,000	2,996,000	272	8,150,000		…	…	94	136,100	138	188,500	…
2	3,147,000	9,315,000	3,013,000	301	9,083,000		…	…	106	134,200	173	232,300	…
3	3,165,000	9,045,000	3,030,000	291	8,812,000		…	…	102	135,500	172	233,000	…
4	3,184,000	8,934,000	3,049,000	289	8,802,000		…	…	101	134,500	98	131,700	…
5	3,212,000	10,031,000	3,079,000	318	9,790,000		…	…	112	133,400	181	241,800	…

注：1　この統計表は、明治11年産から大正12年産までは『農商務統計表』から、大正13年産から昭和32年産までは『農林省統計表』（昭和17年及び昭和18年産のみ『農商
　　　　省統計表』）からそれぞれ作成した（昭和33年産から『作物統計』を発刊）。
　　2　昭和29年産までの数値は農作物累年統計表・稲（農林省統計調査部編）の全国数値を ha あるいは t に換算した。
　　　　また、昭和29年産以後は『農林省統計表』から作成した。
　　3　昭和元年産から昭和22年産までの水稲の作況指数は、過去７か年の実績値のうち、最高及び最低を除いた５か年の平均値を10 a 当たり平年収量とみなして算出した。
　　　　また、昭和23年産から平成26年産までの水稲の作況指数は1.70mmのふるい目幅以上に選別された玄米をもとに算出し、平成27年以降の作況指数は農家等使用ふるい
　　　　目幅ベースで算出した数値である。
　　4　明治15年産以前は北海道及び沖縄県を含まない。明治17年産及び明治18年産並びに昭和19年産から昭和48年産までは沖縄県を含まない。
　　5　四捨五入のため、水稲・陸稲の計と水陸稲計とは一致しないことがある。

年　産	水　陸　稲　計		水　　　稲						陸　　　稲			
	作付面積（子実用）	収穫量（子実用）	作付面積（子実用）	10a当たり収量	収穫量（子実用）	参　考 主食用作付面積	収穫量（主食用）	作況指数	作付面積（子実用）	10a当たり収量	収穫量（子実用）	作況指数
	(1)	(2)	(3)	(4)	(5)	(6)	(7)	(8)	(9)	(10)	(11)	(12)
	ha	t	ha	kg	t	ha	t		ha	kg	t	
昭和6年産	3,222,000	8,282,000	3,089,000	262	8,098,000	…	…	90	132,900	138	184,000	…
7	3,230,000	9,059,000	3,097,000	286	8,852,000	…	…	99	133,200	155	206,300	…
8	3,147,000	10,624,000	3,022,000	345	10,439,000	…	…	120	124,600	148	184,900	…
9	3,146,000	7,776,000	3,022,000	253	7,634,000	…	…	85	124,600	114	141,800	…
10	3,178,000	8,619,000	3,044,000	276	8,414,000	…	…	96	133,900	153	204,700	…
11	3,180,000	10,101,000	3,042,000	323	9,836,000	…	…	113	138,800	191	265,100	…
12	3,190,000	9,948,000	3,044,000	321	9,766,000	…	…	110	146,300	125	182,300	…
13	3,194,000	9,880,000	3,048,000	316	9,628,000	…	…	107	146,100	172	251,900	…
14	3,166,000	10,345,000	3,016,000	333	10,052,000	…	…	110	150,500	194	292,400	…
15	3,152,000	9,131,000	3,004,000	298	8,955,000	…	…	95	147,700	119	175,600	…
16	3,156,000	8,263,000	3,011,000	269	8,111,000	…	…	88	144,700	105	152,200	…
17	3,138,000	10,016,000	3,001,000	329	9,859,000	…	…	107	137,000	115	157,000	…
18	3,084,000	9,433,000	2,967,000	313	9,273,000	…	…	99	117,300	136	159,700	…
19	2,955,000	8,784,000	2,852,000	304	8,666,000	…	…	97	102,800	115	118,100	…
20	2,869,000	5,872,000	2,798,000	208	5,823,000	…	…	67	71,000	69	49,100	…
21	2,781,000	9,208,000	2,719,000	336	9,124,000	…	…	111	61,300	136	83,500	…
22	2,883,000	8,798,000	2,811,000	311	8,746,000	…	…	103	72,700	72	52,100	…
23	2,957,000	9,966,000	2,866,000	342	9,792,000	…	…	112	90,900	191	173,700	…
24	2,987,000	9,383,000	2,875,000	322	9,243,000	…	…	100	112,100	125	140,500	…
25	3,011,000	9,651,000	2,877,000	327	9,412,000	…	…	99	133,900	178	238,400	…
26	3,016,000	9,042,000	2,877,000	309	8,888,000	…	…	93	139,200	110	153,800	…
27	3,009,000	9,923,000	2,872,000	337	9,676,000	…	…	101	137,500	180	247,000	…
28	3,014,000	8,239,000	2,866,000	280	8,038,000	…	…	84	148,400	135	200,500	…
29	3,051,000	9,113,000	2,888,000	308	8,895,000	…	…	92	163,400	133	218,000	…
30	3,222,000	12,385,000	3,045,000	396	12,073,000	…	…	118	177,200	175	311,600	…
31	3,243,000	10,899,000	3,059,000	348	10,647,000	…	…	104	183,200	138	252,200	…
32	3,239,000	11,464,000	3,075,000	364	11,188,000	…	…	107	164,000	168	276,100	…
33	3,253,000	11,993,000	3,080,000	379	11,689,000	…	…	108	173,700	175	304,000	109
34	3,288,000	12,501,000	3,105,000	391	12,158,000	…	…	109	182,800	188	343,100	115
35	3,308,000	12,858,000	3,124,000	401	12,539,000	…	…	108	184,000	173	319,900	101
36	3,301,000	12,419,000	3,134,000	387	12,138,000	…	…	102	166,700	168	280,700	98
37	3,285,000	13,009,000	3,134,000	407	12,762,000	…	…	105	150,300	164	247,300	91
38	3,272,000	12,812,000	3,133,000	400	12,529,000	…	…	101	139,100	203	282,600	111
39	3,260,000	12,584,000	3,126,000	396	12,362,000	…	…	99	134,700	165	222,100	89
40	3,255,000	12,409,000	3,123,000	390	12,181,000	…	…	97	132,400	172	228,100	91
41	3,254,000	12,745,000	3,129,000	400	12,526,000	…	…	99	125,300	175	219,400	93
42	3,263,000	14,453,000	3,149,000	453	14,257,000	…	…	112	113,600	172	195,800	91
43	3,280,000	14,449,000	3,171,000	449	14,223,000	…	…	109	108,800	207	225,700	108
44	3,274,000	14,003,000	3,173,000	435	13,797,000	…	…	102	101,300	203	205,800	106
45	2,923,000	12,689,000	2,836,000	442	12,528,000	…	…	103	87,400	184	160,800	94
46	2,695,000	10,887,000	2,626,000	411	10,782,000	…	…	93	68,500	153	104,900	78
47	2,640,000	11,889,000	2,581,000	456	11,766,000	…	…	103	58,600	210	123,100	108
48	2,620,000	12,144,000	2,568,000	470	12,068,000	…	…	106	52,400	145	76,000	74
49	2,724,000	12,292,000	2,675,000	455	12,182,000	…	…	102	48,800	225	109,700	116
50	2,764,000	13,165,000	2,719,000	481	13,085,000	…	…	107	44,900	179	80,400	90
51	2,779,000	11,772,000	2,741,000	427	11,699,000	…	…	94	37,700	194	73,200	95
52	2,757,000	13,095,000	2,723,000	478	13,022,000	…	…	105	33,500	218	73,000	107
53	2,548,000	12,589,000	2,516,000	499	12,546,000	…	…	108	31,900	135	43,000	66
54	2,497,000	11,958,000	2,468,000	482	11,898,000	…	…	103	29,200	207	60,400	101
55	2,377,000	9,751,000	2,350,000	412	9,692,000	…	…	87	27,200	215	58,600	106
56	2,278,000	10,259,000	2,251,000	453	10,204,000	…	…	96	27,000	202	54,500	100
57	2,257,000	10,270,000	2,230,000	458	10,212,000	…	…	96	27,300	212	58,000	104
58	2,273,000	10,366,000	2,246,000	459	10,308,000	…	…	96	27,000	216	58,300	106
59	2,315,000	11,878,000	2,290,000	517	11,832,000	…	…	108	25,200	181	45,700	89
60	2,342,000	11,662,000	2,318,000	501	11,613,000	…	…	104	23,600	206	48,500	100
61	2,303,000	11,647,000	2,280,000	508	11,592,000	…	…	105	22,500	244	54,800	118
62	2,146,000	10,627,000	2,123,000	498	10,571,000	…	…	102	23,000	243	56,000	116
63	2,110,000	9,935,000	2,087,000	474	9,888,000	…	…	97	22,800	205	46,800	97

6　平成16年産から平成19年産までの主食用作付面積及び収穫量（主食用）は、農林水産省生産局資料による。
　　平成20年産以降は、水稲作付面積（青刈り面積を含む。）から、生産数量目標の外数として取り扱う米穀等（備蓄米、加工用米、新規需要米等）の作付面積を除いた面積である（以下水稲の各統計表において同じ。）。
7　平成17年産以降の陸稲の作況指数は、10a当たり平均収量対比（過去7か年の実績のうち、最高及び最低を除いた5か年の平均値と当年産の10a当たり収量との対比）である。

全国累年統計表
1　米（続き）
(1)　水陸稲の収穫量（続き）

年　産	水　陸　稲　計		水　　稲				参　考			陸　　稲			
	作付面積 （子実用）	収穫量 （子実用）	作付面積 （子実用）	10 a 当たり 収量	収穫量 （子実用）		主食用 作付面積	収穫量 （主食用）	作況指数	作付面積 （子実用）	10 a 当たり 収量	収穫量 （子実用）	作況指数
	(1)	(2)	(3)	(4)	(5)		(6)	(7)	(8)	(9)	(10)	(11)	(12)
	ha	t	ha	kg	t		ha	t		ha	kg	t	
平成元年産	2,097,000	10,347,000	2,076,000	496	10,297,000		…	…	101	21,600	229	49,500	107
2	2,074,000	10,499,000	2,055,000	509	10,463,000		…	…	103	18,900	189	35,700	88
3	2,049,000	9,604,000	2,033,000	470	9,565,000		…	…	95	16,100	243	39,200	112
4	2,106,000	10,573,000	2,092,000	504	10,546,000		…	…	101	13,700	196	26,900	89
5	2,139,000	7,834,000	2,127,000	367	7,811,000		…	…	74	12,400	183	22,700	83
6	2,212,000	11,981,000	2,200,000	544	11,961,000		…	…	109	12,300	160	19,700	72
7	2,118,000	10,748,000	2,106,000	509	10,724,000		…	…	102	11,600	209	24,300	95
8	1,977,000	10,344,000	1,967,000	525	10,328,000		…	…	105	9,440	166	15,700	75
9	1,953,000	10,025,000	1,944,000	515	10,004,000		…	…	102	8,600	243	20,900	117
10	1,801,000	8,960,000	1,793,000	499	8,939,000		…	…	98	8,040	256	20,600	122
11	1,788,000	9,175,000	1,780,000	515	9,159,000		…	…	101	7,470	214	16,000	102
12	1,770,000	9,490,000	1,763,000	537	9,472,000		…	…	104	7,060	256	18,100	121
13	1,706,000	9,057,000	1,700,000	532	9,048,000		…	…	103	6,380	144	9,170	68
14	1,688,000	8,889,000	1,683,000	527	8,876,000		…	…	101	5,560	225	12,500	106
15	1,665,000	7,792,000	1,660,000	469	7,779,000		…	…	90	5,010	250	12,500	117
16	1,701,000	8,730,000	1,697,000	514	8,721,000		1,658,000	8,600,000	98	4,690	200	9,400	92
17	1,706,000	9,074,000	1,702,000	532	9,062,000		1,652,000	8,930,000	101	4,470	266	11,900	116
18	1,688,000	8,556,000	1,684,000	507	8,546,000		1,643,000	8,400,000	96	4,100	246	10,100	106
19	1,673,000	8,714,000	1,669,000	522	8,705,000		1,637,000	8,540,000	99	3,640	257	9,370	108
20	1,627,000	8,823,000	1,624,000	543	8,815,000		1,596,000	8,658,000	102	3,200	265	8,490	111
21	1,624,000	8,474,000	1,621,000	522	8,466,000		1,592,000	8,309,000	98	3,000	276	8,280	110
22	1,628,000	8,483,000	1,625,000	522	8,478,000		1,580,000	8,239,000	98	2,890	189	5,460	72
23	1,576,000	8,402,000	1,574,000	533	8,397,000		1,526,000	8,133,000	101	2,370	220	5,220	88
24	1,581,000	8,523,000	1,579,000	540	8,519,000		1,524,000	8,210,000	102	2,110	172	3,630	68
25	1,599,000	8,607,000	1,597,000	539	8,603,000		1,522,000	8,182,000	102	1,720	249	4,290	104
26	1,575,000	8,439,000	1,573,000	536	8,435,000		1,474,000	7,882,000	101	1,410	257	3,630	107
27	1,506,000	7,989,000	1,505,000	531	7,986,000		1,406,000	7,442,000	100	1,160	233	2,700	97
28	1,479,000	8,044,000	1,478,000	544	8,042,000		1,381,000	7,496,000	103	944	218	2,060	94
29	1,466,000	7,824,000	1,465,000	534	7,822,000		1,370,000	7,306,000	100	813	236	1,920	106
30	1,470,000	7,782,000	1,470,000	529	7,780,000		1,386,000	7,327,000	98	750	232	1,740	100

1 米（続き）

(2) 水稲の被害

年　産	合　　　計				気　　　象　　　被　　　害											
	被害面積	被害量	被害面積率	被害率	計		風　水　害		干　害		冷　害		日　照　不　足		高　温　障　害	
					被害面積	被害量	被害面積	被害量	被害面積	被害量	被害面積	被害量	被害面積	被害量	被害面積	被害量
	(1)	(2)	(3)	(4)	(5)	(6)	(7)	(8)	(9)	(10)	(11)	(12)	(13)	(14)	(15)	(16)
	千ha	千t	%	%	千ha	千t	千ha	千t	千ha	千t	千ha	千t	千ha	千t	千ha	千t
昭和24年産	1,499.0	896.1	51.7	9.7	…	…	500.4	288.8	74.1	53.7	41.6	23.0	…	…	…	…
25	1,318.0	732.1	45.4	7.7	…	…	757.8	440.4	28.8	20.0	1.9	1.2	…	…	…	…
26	2,526.0	1,047.0	87.1	11.0	…	…	568.7	207.3	141.1	87.0	497.0	195.3	…	…	…	…
27	1,697.0	630.8	58.6	6.6	…	…	269.1	121.6	12.5	5.1	70.8	25.0	…	…	…	…
28	4,180.0	2,019.0	144.6	21.2	…	…	950.9	471.8	9.8	3.4	777.0	539.9	…	…	…	…
29	5,536.0	1,455.0	190.1	15.1	…	…	2,198.0	573.3	33.5	9.5	955.4	373.4	…	…	…	…
30	3,270.0	645.9	106.5	6.3	809.8	247.1	714.2	204.6	86.5	39.6	4.5	1.3	…	…	…	…
31	4,765.0	1,394.0	154.5	13.6	1,477.0	677.7	1,000.0	308.4	45.7	22.5	410.5	341.6	…	…	…	…
32	4,498.0	1,129.0	145.1	10.8	1,144.0	447.1	846.9	291.5	5.1	2.7	284.4	148.8	…	…	…	…
33	4,691.0	1,443.0	151.1	13.4	1,384.0	784.0	1,098.0	599.6	200.2	135.0	75.4	40.5	…	…	…	…
34	4,830.0	1,395.0	154.3	12.5	1,489.0	813.5	1,367.0	755.9	55.6	19.5	58.2	30.8	…	…	…	…
35	4,836.0	1,099.0	153.5	9.5	758.5	316.9	578.6	196.2	144.8	103.2	22.6	8.4	…	…	…	…
36	6,093.0	1,975.0	192.8	16.6	1,998.0	1,176.0	1,895.0	1,118.0	95.7	55.3	5.6	2.2	…	…	…	…
37	4,869.0	1,105.0	154.0	9.1	752.7	342.3	511.7	201.0	86.4	49.7	122.0	75.9	…	…	…	…
38	5,262.0	1,342.0	166.6	10.8	918.0	317.5	536.3	155.5	17.7	11.9	128.9	115.8	…	…	…	…
39	5,592.0	1,719.0	178.9	13.8	1,666.0	995.3	1,093.0	487.0	185.0	112.6	232.1	332.6	…	…	…	…
40	5,861.0	1,828.0	187.7	14.5	2,360.0	1,184.0	1,379.0	612.1	131.2	68.7	769.6	467.0	…	…	…	…
41	4,885.0	1,647.0	156.1	13.1	1,131.0	739.9	667.6	313.6	50.1	31.4	383.3	381.3	…	…	…	…
42	3,929.0	1,057.0	124.8	8.3	804.8	469.2	450.7	179.6	321.0	268.8	20.9	13.1	…	…	…	…
43	4,194.0	1,058.0	132.4	8.1	1,101.0	433.3	634.9	243.5	50.9	23.0	263.7	124.4	…	…	…	…
44	4,326.0	1,381.0	136.3	10.2	1,201.0	709.3	554.7	221.3	44.8	20.8	506.0	445.6	…	…	…	…
45	4,505.0	1,127.0	158.9	9.2	1,173.0	369.9	750.9	228.7	62.0	37.4	38.8	19.4	…	…	…	…
46	4,839.0	1,758.0	184.3	15.2	2,032.0	1,090.0	941.4	361.4	18.6	10.2	727.1	606.9	…	…	…	…
47	3,056.0	835.9	118.4	7.3	722.9	358.5	585.8	286.8	24.0	12.5	90.4	47.6	…	…	…	…
48	2,819.0	757.1	109.8	6.6	544.2	275.3	300.6	116.1	192.5	136.5	15.1	6.6	…	…	…	…
49	3,435.0	1,113.0	128.4	9.3	736.6	308.6	458.8	177.6	18.5	10.3	252.3	117.2	…	…	…	…
50	3,233.0	778.4	118.9	6.4	898.0	298.0	474.8	172.1	83.6	47.5	156.9	42.7	…	…	…	…
51	4,557.0	2,071.0	166.3	16.6	1,963.0	1,321.0	547.4	261.3	5.5	3.6	1,394.0	1,052.0	…	…	…	…
52	2,775.0	735.0	101.9	5.9	517.2	213.9	204.9	84.9	86.5	24.5	157.8	81.8	…	…	…	…
53	2,312.0	644.7	91.9	5.6	664.2	294.6	422.2	154.8	156.1	110.8	1.9	0.5	…	…	…	…
54	2,766.0	820.9	112.1	7.1	976.8	420.4	741.0	302.8	20.9	10.1	208.7	102.8	…	…	…	…
55	4,449.0	2,431.0	189.3	22.0	1,992.0	1,603.0	376.2	163.9	1.2	0.4	1,613.0	1,438.0	…	…	…	…
56	3,361.0	1,390.0	149.3	13.0	1,504.0	956.3	602.6	326.1	15.4	7.2	868.4	618.1	…	…	…	…
57	3,888.0	1,434.0	174.3	13.5	1,792.0	896.9	777.6	325.0	46.0	16.1	658.6	472.5	…	…	…	…
58	4,100.0	1,323.0	182.5	12.3	1,646.0	711.5	486.5	173.5	11.5	5.0	563.8	395.8	…	…	…	…
59	2,217.0	440.5	96.8	4.0	508.8	142.5	370.8	103.9	50.4	16.5	49.8	12.8	…	…	…	…
60	2,854.0	714.5	123.1	6.4	671.1	271.1	534.6	159.4	51.5	23.9	16.1	5.2	…	…	…	…
61	2,577.0	651.4	113.0	5.9	880.9	366.1	294.9	139.9	15.7	6.0	407.4	184.9	…	…	…	…
62	3,173.0	795.8	149.5	7.7	1,360.0	463.3	767.7	273.3	19.7	5.1	173.8	84.5	…	…	…	…
63	3,478.0	1,325.0	166.7	13.0	1,487.0	830.7	347.1	108.6	2.8	0.7	1,031.0	707.1	…	…	…	…
平成元	3,367.0	828.9	162.2	8.1	1,525.0	467.4	599.0	194.9	30.3	14.8	430.6	157.7	…	…	…	…
2	2,988.0	677.8	145.4	6.7	1,248.0	362.4	531.3	184.2	44.3	13.8	59.6	10.9	…	…	…	…
3	4,178.0	1,452.0	205.5	14.4	2,112.0	948.2	859.6	431.6	12.1	3.5	413.0	247.1	…	…	…	…
4	3,115.0	791.9	148.9	7.6	1,495.0	506.3	496.0	111.8	35.8	8.6	559.3	325.3	…	…	…	…
5	5,305.0	3,834.0	249.4	36.1	2,798.0	3,031.0	746.9	303.3	2.0	0.3	1,090.0	2,325.0	…	…	…	…
6	2,174.0	434.9	98.8	4.0	887.2	279.6	469.4	127.5	131.3	100.4	1.8	0.5	…	…	…	…
7	3,352.0	819.4	159.2	7.8	1,440.0	473.0	345.9	84.9	13.0	6.4	228.6	72.4	…	…	…	…
8	2,766.0	591.6	140.6	6.0	1,279.0	382.8	432.0	87.9	22.7	7.7	220.6	94.1	…	…	…	…
9	3,165.0	672.8	162.8	6.9	1,569.0	404.3	527.4	138.3	43.7	4.8	176.8	65.7	…	…	…	…
10	3,584.0	998.7	199.9	11.0	1,887.0	644.9	513.7	229.2	5.6	1.6	294.9	129.4	…	…	…	…
11	3,157.0	728.7	177.4	8.0	1,605.0	486.4	577.8	258.7	40.7	9.9	31.7	8.4	…	…	…	…
12	2,455.0	416.6	139.3	4.6	1,068.0	220.4	440.2	113.1	21.1	6.1	34.0	6.7	…	…	…	…
13	2,546.0	507.7	149.8	5.8	1,048.0	283.1	363.1	90.7	12.5	4.2	235.5	100.6	…	…	…	…
14	2,653.0	601.4	157.6	6.8	1,182.0	367.5	468.2	113.7	44.2	9.6	160.6	118.7	284.8	92.9	185.4	25.6
15	3,891.0	1,657.0	234.4	19.0	1,974.0	1,191.0	288.5	77.6	0.7	0.3	684.6	830.4	953.0	276.0	29.9	3.4

注： 1　昭和39年産以前の被害面積は尺貫法（町歩）によって調査したものをそのまま ha に読み替え、昭和40年産以降はメートル法によって調査したものを表示した。

2　被害面積率 ＝ $\frac{被害面積}{作付面積}$ ×100　 3　被害率 ＝ $\frac{被害量}{平年収量}$ ×100　 4　昭和48年産以前は、沖縄県を含まない。

5　平成29年産からは、6種類（冷害、日照不足、高温障害、いもち病、ウンカ及びカメムシ）の被害について調査を実施し、公表をしている。

年産	合計				気象被害											
					計		風水害		干害		冷害		日照不足		高温障害	
	被害面積	被害量	被害面積率	被害率	被害面積	被害量	被害面積	被害量	被害面積	被害量	被害面積	被害量	被害面積	被害量	被害面積	被害量
	(1)	(2)	(3)	(4)	(5)	(6)	(7)	(8)	(9)	(10)	(11)	(12)	(13)	(14)	(15)	(16)
	千ha	千t	%	%	千ha	千t	千ha	千t	千ha	千t	千ha	千t	千ha	千t	千ha	千t
平成16年産	3,260.0	970.6	192.1	10.9	1,766.0	739.3	956.0	503.6	13.0	4.1	93.1	21.4	479.9	165.2	209.8	42.6
17	3,337.0	636.9	196.1	7.1	1,713.0	371.2	607.8	154.8	24.8	6.7	264.0	48.9	528.2	97.9	284.9	62.4
18	3,966.0	1,072.0	235.5	12.0	2,336.0	790.0	453.4	260.6	4.7	1.1	171.8	42.8	1,512.0	468.3	185.2	16.3
19	4,209.0	851.2	252.2	9.6	2,520.0	579.7	456.1	134.3	10.9	2.9	281.9	120.0	1,248.0	241.3	519.2	80.8
20	3,119.0	518.1	192.1	6.0	1,620.0	314.1	363.1	88.2	7.0	2.7	348.7	82.4	688.0	116.7	207.9	21.8
21	3,478.0	807.9	214.6	9.4	2,014.0	588.9	363.9	83.9	12.7	3.9	287.9	154.5	1,329.0	344.5	16.7	1.3
22	4,913.0	826.8	302.3	9.6	3,363.0	600.0	445.1	78.3	19.7	5.3	1.5	0.2	952.6	161.2	979.5	176.2
23	3,947.0	630.1	250.8	7.6	2,552.0	426.4	586.2	144.4	5.1	1.5	301.2	24.5	1,036.0	183.2	126.7	13.1
24	3,083.0	526.0	195.3	6.3	1,729.0	329.9	260.4	56.8	19.6	6.6	75.5	14.1	666.7	149.0	454.6	44.5
25	3,067.0	563.0	192.0	6.7	1,530.0	297.8	404.8	101.4	15.4	7.2	86.0	20.1	421.6	92.4	475.3	51.8
26	3,268.0	594.5	207.8	7.1	1,737.0	342.2	348.8	75.8	3.7	1.4	50.7	11.3	1,217.0	239.5	77.3	5.8
27	3,259.0	647.4	216.5	8.1	1,924.0	432.7	401.7	102.7	6.9	2.7	123.9	24.6	1,227.0	280.9	124.9	17.6
28	2,746.0	478.0	185.8	6.1	1,503.0	294.8	309.4	66.5	9.4	2.4	125.2	26.9	808.5	170.6	189.1	23.2
29	…	…	…	…	…	…	…	…	…	…	211.7	44.8	1,070.0	243.1	105.3	11.8
30	…	…	…	…	…	…	…	…	…	…	110.9	36.4	1,045.0	251.5	653.3	94.3

1　米（続き）

(2)　水稲の被害（続き）

年産	病害 計		いもち病		紋枯病		虫害 計		ニカメイチュウ		ウンカ		カメムシ		その他	
	被害面積	被害量	被害面積	被害量	被害面積	被害量	被害面積	被害量	被害面積	被害量	被害面積	被害量	被害面積	被害量	被害面積	被害量
	(17)	(18)	(19)	(20)	(21)	(22)	(23)	(24)	(25)	(26)	(27)	(28)	(29)	(30)	(31)	(32)
	千ha	千t	千ha	千t	千ha	千t	千ha	千t	千ha	千t	千ha	千t	千ha	千t	千ha	千t
昭和24年産	587.5	402.7	438.9	366.9	…	…	252.8	104.0	107.1	38.3	72.4	35.2	…	…	…	…
25	379.0	208.3	253.6	158.1	…	…	109.4	43.7	67.0	26.1	17.2	7.0	…	…	…	…
26	495.5	234.0	353.0	193.7	…	…	626.2	280.0	279.6	107.9	296.7	160.8				
27	616.5	231.5	385.1	179.4	…	…	694.7	230.2	460.0	165.2	97.6	34.9				
28	1,473.0	751.9	1,167.0	693.0	…	…	885.2	234.5	609.2	177.3	110.3	26.2				
29	1,082.0	235.4	558.8	139.8	…	…	1,202.0	239.5	592.4	104.9	206.6	67.0	…	…	…	…
30	1,502.0	254.9	753.0	144.0	281.3	36.0	944.0	136.0	631.7	83.0	156.9	34.1	…	…	…	…
31	2,216.0	532.7	1,377.0	406.7	341.4	51.1	1,055.0	174.8	789.8	121.5	121.8	35.8	…	…	…	…
32	2,187.0	480.2	1,120.0	304.8	351.5	47.8	1,141.0	189.5	873.1	128.5	129.9	43.9	…	…	…	…
33	2,135.0	454.6	968.5	270.2	549.5	92.4	1,144.0	190.6	779.8	106.6	257.1	70.5	…	…	…	…
34	2,180.0	408.7	861.5	214.6	625.7	98.5	1,138.0	165.5	724.4	88.3	219.2	56.4	…	…	…	…
35	2,604.4	539.5	987.0	273.2	826.3	143.4	1,448.0	233.3	973.6	137.1	283.5	73.1	…	…	…	…
36	2,685.0	540.3	1,023.0	263.0	801.2	131.9	1,387.0	245.5	1,040.0	185.3	152.2	36.6	…	…	…	…
37	2,712.0	529.7	1,028.0	298.7	714.4	93.1	1,368.0	218.5	1,034.0	166.9	154.8	28.4	…	…	…	…
38	3,169.0	876.4	1,559.0	649.1	697.0	93.2	1,143.0	136.9	820.7	95.9	118.2	18.2	…	…	…	…
39	2,850.0	585.7	1,126.0	323.5	931.5	162.1	1,042.0	126.4	644.9	67.9	235.8	39.4	…	…	…	…
40	2,465.0	515.0	1,015.0	304.6	543.4	72.3	1,009.0	119.0	670.5	77.1	202.6	27.8	…	…	…	…
41	2,209.0	470.5	856.2	242.9	685.8	103.2	1,514.0	429.0	560.1	62.9	780.5	348.9	…	…	…	…
42	2,010.0	422.4	673.9	174.9	707.1	110.8	1,070.0	157.2	545.3	68.1	345.0	72.3	…	…	…	…
43	2,154.0	478.8	926.1	290.4	644.3	97.8	891.4	131.2	614.6	88.8	169.7	33.7	…	…	…	…
44	1,859.0	389.3	736.4	212.9	608.2	97.3	1,224.0	272.5	534.7	74.9	516.9	176.5	…	…	41.3	9.7
45	2,265.0	536.6	829.4	252.6	779.5	155.8	1,023.0	203.7	551.0	79.8	338.3	111.1	…	…	43.4	10.3
46	2,034.0	553.4	754.3	302.4	587.0	109.8	717.6	99.5	432.3	54.2	164.9	33.4	…	…	55.4	14.4
47	1,672.0	376.6	576.4	181.7	515.4	89.7	589.2	83.2	298.4	35.9	182.4	32.9	…	…	71.2	17.7
48	1,432.0	321.7	516.6	172.8	530.5	91.2	761.3	138.9	280.1	31.7	284.0	83.4	…	…	80.1	21.1
49	2,038.0	692.5	1,120.0	544.5	470.0	77.7	614.0	101.8	265.2	30.1	176.3	52.0	…	…	47.2	10.9
50	1,574.0	350.1	689.2	202.0	482.1	73.7	709.7	119.5	211.9	25.4	229.6	66.7	…	…	50.7	10.7
51	2,054.0	679.4	1,194.0	531.4	396.8	61.8	495.0	60.2	186.4	21.0	110.4	19.0	…	…	45.2	10.3
52	1,681.0	432.0	750.1	255.7	478.9	83.9	531.5	79.3	165.4	18.6	176.7	41.1	…	…	45.6	9.8
53	1,115.0	250.4	430.7	109.4	379.4	65.8	484.8	89.0	130.2	14.6	178.3	55.3	…	…	48.2	10.7
54	1,214.0	296.9	526.3	160.2	373.1	66.3	529.7	94.3	145.3	17.9	191.4	59.5	…	…	45.2	9.3
55	1,791.0	729.5	1,031.0	576.2	340.4	58.8	624.8	90.9	129.2	17.6	126.3	26.7	…	…	40.8	7.2
56	1,283.0	354.9	566.9	196.6	321.3	53.5	530.2	71.9	123.6	14.6	154.8	33.7	…	…	44.0	7.4
57	1,526.0	463.7	687.7	280.4	499.6	99.1	515.1	65.2	113.5	13.0	147.6	32.7	…	…	54.6	7.9
58	1,610.0	437.1	584.2	200.3	618.6	134.2	802.2	167.9	86.9	10.3	363.8	123.9	…	…	41.8	6.6
59	1,212.0	246.8	435.3	109.7	419.4	68.4	454.4	44.8	82.6	9.7	105.3	18.7	…	…	42.0	6.6
60	1,199.0	275.2	372.3	100.9	462.5	93.9	742.3	162.0	81.1	9.7	371.6	133.0	…	…	41.8	6.2
61	1,074.0	219.8	371.2	98.7	355.6	64.2	574.5	59.1	86.0	10.5	151.5	23.9	…	…	47.5	6.4
62	1,004.0	204.3	320.2	79.8	410.0	75.1	755.5	121.5	76.3	9.0	289.8	79.9	…	…	53.4	6.7
63	1,343.0	422.3	641.0	308.7	395.6	72.0	586.5	64.9	71.5	9.2	151.6	27.6	…	…	61.4	7.1
平成元	1,262.0	305.1	522.8	166.4	445.4	90.2	516.9	48.2	74.6	8.2	114.5	16.8	…	…	62.6	8.2
2	1,065.0	231.0	414.6	116.1	379.9	70.1	609.7	75.9	73.6	9.8	206.3	39.7	…	…	65.1	8.5
3	1,295.0	406.6	719.2	305.3	312.1	58.3	696.7	87.6	76.4	9.7	235.8	48.2	…	…	74.4	9.8
4	1,022.0	222.5	374.9	104.4	405.1	77.4	520.9	52.0	74.6	10.1	115.0	16.4	…	…	77.5	11.1
5	1,774.0	725.8	1,097.0	597.8	290.1	54.1	659.1	66.8	65.7	8.2	116.7	18.7	…	…	74.1	10.3
6	693.8	104.9	280.9	54.1	285.1	37.0	515.1	41.3	58.7	6.1	84.3	8.3	…	…	77.8	9.1
7	1,109.0	270.9	576.0	191.0	286.5	44.5	716.7	64.5	75.9	9.9	109.7	13.2	…	…	85.9	11.0
8	829.4	153.5	405.5	95.9	239.2	34.1	567.3	43.8	70.0	8.2	69.0	7.3	…	…	90.4	11.5
9	975.3	216.8	498.5	146.1	268.5	42.3	524.0	40.8	71.2	7.3	76.9	9.7	…	…	97.1	10.9
10	1,022.0	268.7	572.9	201.2	272.0	45.7	589.8	74.1	65.9	7.3	144.1	40.4	…	…	85.6	11.0
11	795.6	165.1	319.0	84.2	302.3	57.6	657.3	64.3	61.5	6.9	82.9	13.0			98.7	12.9
12	755.5	138.8	303.2	71.2	283.5	43.3	534.1	43.3	57.1	6.0	75.2	9.6			97.4	14.1
13	871.2	164.4	337.6	85.2	281.3	45.4	516.2	45.7	57.4	6.4	68.8	10.2	…	…	110.1	14.5
14	859.0	174.4	324.9	92.2	288.9	48.5	485.8	41.5	52.8	6.0	65.0	8.0	114.3	9.9	125.7	18.0
15	1,160.0	390.0	652.6	317.5	240.9	42.2	635.2	59.7	64.3	6.7	70.0	9.2	95.8	9.5	121.8	16.4

年産	病害 計		いもち病		紋枯病		虫害 計		ニカメイチュウ		ウンカ		カメムシ		その他	
	被害面積	被害量	被害面積	被害量	被害面積	被害量	被害面積	被害量	被害面積	被害量	被害面積	被害量	被害面積	被害量	被害面積	被害量
	(17)	(18)	(19)	(20)	(21)	(22)	(23)	(24)	(25)	(26)	(27)	(28)	(29)	(30)	(31)	(32)
	千ha	千t	千ha	千t	千ha	千t	千ha	千t	千ha	千t	千ha	千t	千ha	千t	千ha	千t
平成16年産	840.0	170.9	341.9	89.1	291.8	58.5	523.0	42.1	58.5	5.9	64.6	6.9	113.9	11.5	130.6	18.3
17	814.4	167.8	266.1	79.0	336.7	62.5	663.6	80.1	60.8	6.5	112.4	30.8	155.2	19.1	146.3	17.8
18	848.7	199.0	338.1	116.6	277.7	51.5	662.1	66.0	59.9	6.8	88.1	13.6	135.3	19.8	119.1	16.6
19	849.3	177.2	314.3	93.0	295.9	54.5	721.9	78.4	62.3	6.6	108.4	28.5	124.6	11.6	117.4	15.9
20	793.4	141.0	274.4	67.0	274.8	44.5	579.8	45.9	57.3	5.4	57.5	6.2	121.1	11.7	125.9	17.1
21	795.2	147.0	311.7	81.7	239.3	35.3	546.6	52.7	53.9	5.2	83.0	17.4	95.4	10.2	122.2	19.3
22	749.6	138.9	268.8	66.5	267.9	46.8	672.8	64.4	54.8	5.5	82.4	15.3	121.3	11.7	127.6	23.5
23	731.3	135.2	276.8	73.2	248.9	39.2	538.9	44.6	64.6	6.8	60.6	7.5	92.7	9.2	124.6	23.9
24	701.8	123.7	239.3	56.8	235.5	37.4	532.2	49.7	58.9	5.6	80.0	15.3	113.1	11.1	120.0	22.7
25	784.5	150.3	284.0	72.4	251.6	39.6	632.7	91.6	64.2	6.4	152.3	55.0	105.2	10.1	119.7	23.3
26	910.1	172.6	383.3	102.6	258.4	40.1	508.6	55.4	60.8	5.9	96.8	23.9	104.7	10.4	112.0	24.3
27	774.7	154.6	324.3	92.0	245.8	37.7	446.8	36.8	53.5	5.4	52.1	7.2	108.0	9.7	113.5	23.3
28	683.3	118.6	237.1	58.9	218.0	34.2	449.3	41.1	50.3	5.4	61.9	11.9	104.8	8.9	110.6	23.5
29	…	…	238.8	60.9	…	…	…	…	…	…	69.8	14.6	110.3	10.6	…	…
30	…	…	211.3	49.1	…	…	…	…	…	…	48.3	6.5	109.3	12.8	…	…

2　麦類

(1)　4麦計

年　産	作　付　面　積			収　穫　量		
	計	田	畑	計	田	畑
	(1)	(2)	(3)	(4)	(5)	(6)
	ha	ha	ha	t	t	t
明治11年産	1,354,000	…	…	1,163,000	…	…
12	1,405,000	…	…	1,220,000	…	…
13	1,417,000	…	…	1,517,000	…	…
14	1,419,000	…	…	1,304,000	…	…
15	1,452,000	…	…	1,572,000	…	…
16	1,475,000	…	…	1,491,000	…	…
17	1,478,000	…	…	1,608,000	…	…
18	1,523,000	…	…	1,492,000	…	…
19	1,574,000	…	…	1,993,000	…	…
20	1,578,000	…	…	1,977,000	…	…
21	1,608,000	…	…	1,906,000	…	…
22	1,643,000	519,300	1,124,000	1,903,000	594,600	1,309,000
23	1,690,000	555,600	1,134,000	1,321,000	386,900	933,700
24	1,702,000	581,000	1,121,000	2,261,000	796,900	1,464,000
25	1,725,000	595,300	1,130,000	2,003,000	758,300	1,245,000
26	1,732,000	583,200	1,149,000	2,086,000	734,400	1,352,000
27	1,739,000	611,800	1,127,000	2,487,000	903,900	1,583,000
28	1,759,000	628,100	1,131,000	2,447,000	897,700	1,550,000
29	1,752,000	631,400	1,121,000	2,164,000	774,700	1,389,000
30	1,735,000	649,300	1,086,000	2,250,000	854,900	1,395,000
31	1,792,000	646,600	1,145,000	2,564,000	967,500	1,596,000
32	1,788,000	650,000	1,138,000	2,407,000	881,800	1,525,000
33	1,782,000	655,200	1,127,000	2,556,000	964,800	1,592,000
34	1,801,000	654,300	1,147,000	2,588,000	977,600	1,611,000
35	1,790,000	676,400	1,114,000	2,305,000	875,200	1,430,000
36	1,784,000	648,400	1,136,000	1,652,000	519,800	1,132,000
37	1,785,000	663,900	1,122,000	2,450,000	916,000	1,534,000
38	1,802,000	682,900	1,120,000	2,337,000	914,300	1,422,000
39	1,799,000	686,600	1,112,000	2,535,000	964,900	1,570,000
40	1,783,000	682,700	1,100,000	2,758,000	1,056,000	1,702,000
41	1,768,000	679,600	1,088,000	2,683,000	1,061,000	1,621,000
42	1,757,000	677,600	1,080,000	2,699,000	1,068,000	1,631,000
43	1,757,000	683,100	1,074,000	2,572,000	984,500	1,588,000
44	1,751,000	686,600	1,064,000	2,748,000	1,105,000	1,643,000
大正元	1,760,000	695,100	1,065,000	2,870,000	1,150,000	1,720,000
2	1,813,000	727,700	1,086,000	3,147,000	1,301,000	1,845,000
3	1,807,000	742,700	1,064,000	2,653,000	1,069,000	1,584,000
4	1,797,000	729,300	1,067,000	2,982,000	1,228,000	1,754,000
5	1,772,000	726,000	1,046,000	2,941,000	1,226,000	1,715,000
6	1,732,000	722,100	1,010,000	3,063,000	1,300,000	1,763,000
7	1,720,000	723,800	996,600	2,869,000	1,239,000	1,631,000
8	1,715,000	714,600	1,000,000	2,998,000	1,207,000	1,790,000
9	1,738,000	727,900	1,010,000	2,859,000	1,269,000	1,590,000
10	1,697,000	705,600	991,000	2,725,000	1,100,000	1,625,000
11	1,608,000	662,900	945,600	2,727,000	1,140,000	1,587,000
12	1,515,000	621,500	894,000	2,349,000	948,000	1,401,000
13	1,460,000	600,500	859,500	2,396,000	959,200	1,436,000
14	1,463,000	615,000	848,100	2,877,000	1,253,000	1,625,000
昭和元	1,448,000	624,600	823,000	2,771,000	1,228,000	1,543,000
2	1,418,000	614,100	804,000	2,667,000	1,217,000	1,450,000
3	1,393,000	618,300	774,700	2,690,000	1,247,000	1,443,000
4	1,379,000	622,700	756,200	2,656,000	1,282,000	1,373,000
5	1,343,000	623,300	720,000	2,454,000	1,153,000	1,301,000

注：1　4麦計は、小麦、大麦（二条大麦＋六条大麦）及びはだか麦の計である。
　　2　昭和32年産以降の作付面積は、子実用作付面積である（以下2の各統計表において同じ。）。
　　3　明治22年産以前及び昭和19年産から昭和48年産までは沖縄県を含まない。
　　4　平成19年産から麦類の田畑別の収穫量調査は行っていない。

年　産	作　付　面　積			収　穫　量		
	計	田	畑	計	田	畑
	(1)	(2)	(3)	(4)	(5)	(6)
	ha	ha	ha	t	t	t
昭和6年産	1,346,000	626,300	719,400	2,583,000	1,229,000	1,354,000
7	1,357,000	631,900	725,200	2,623,000	1,253,000	1,370,000
8	1,390,000	651,800	738,000	2,591,000	1,158,000	1,433,000
9	1,393,000	659,800	733,200	2,887,000	1,384,000	1,503,000
10	1,434,000	675,600	757,900	3,032,000	1,470,000	1,562,000
11	1,457,000	685,000	772,100	2,728,000	1,330,000	1,398,000
12	1,472,000	699,700	772,200	2,943,000	1,433,000	1,510,000
13	1,485,000	711,400	773,700	2,625,000	1,286,000	1,340,000
14	1,497,000	723,700	772,900	3,436,000	1,760,000	1,676,000
15	1,574,000	775,100	798,600	3,479,000	1,770,000	1,710,000
16	1,639,000	812,100	827,100	3,104,000	1,667,000	1,436,000
17	1,753,000	844,900	907,900	3,037,000	1,558,000	1,479,000
18	1,664,000	804,700	859,100	2,399,000	1,241,000	1,158,000
19	1,758,000	866,000	892,100	3,078,000	1,625,000	1,453,000
20	1,602,000	803,600	798,100	2,199,000	1,203,000	995,500
21	1,446,000	713,600	732,200	1,483,000	776,400	707,000
22	1,333,000	…	…	1,923,000	…	…
23	1,727,000	814,100	913,300	3,025,000	…	…
24	1,766,000	828,600	937,100	3,300,000	…	…
25	1,784,000	826,700	957,300	3,298,000	…	…
26	1,714,000	763,800	950,200	3,659,000	1,573,000	2,085,000
27	1,651,000	728,000	922,600	3,695,000	1,588,000	2,107,000
28	1,607,000	711,200	895,900	3,465,000	1,470,000	1,995,000
29	1,686,000	753,900	932,100	4,098,000	1,842,000	2,256,000
30	1,659,000	751,500	907,300	3,875,000	1,794,000	2,081,000
31	1,639,000	742,900	896,000	3,716,000	1,681,000	2,035,000
32	1,548,000	698,000	849,600	3,490,000	1,508,000	1,982,000
33	1,513,000	687,100	825,900	3,348,000	1,524,000	1,824,000
34	1,494,000	677,200	817,000	3,724,000	1,632,000	2,092,000
35	1,440,000	653,500	786,700	3,831,000	1,733,000	2,098,000
36	1,341,000	605,100	735,900	3,758,000	1,716,000	2,042,000
37	1,255,000	563,500	691,400	3,357,000	1,499,000	1,858,000
38	1,149,000	513,500	635,400	1,474,000	385,500	1,089,000
39	986,500	422,800	563,700	2,446,000	994,300	1,452,000
40	898,100	381,900	516,400	2,521,000	1,084,000	1,437,000
41	809,100	337,300	471,900	2,129,000	859,900	1,269,000
42	718,900	302,100	416,700	2,029,000	804,400	1,225,000
43	638,300	267,300	371,000	2,033,000	872,500	1,160,000
44	569,600	242,600	327,000	1,570,000	657,800	911,700
45	455,000	198,500	256,500	1,046,000	400,400	645,700
46	329,700	146,500	183,200	943,100	422,000	520,900
47	234,800	108,800	126,000	608,800	262,700	346,300
48	154,800	67,700	87,100	418,600	174,700	243,900
49	160,200	76,800	83,400	464,800	231,800	233,000
50	167,700	82,600	85,100	461,600	226,800	234,700
51	169,300	88,400	80,900	432,700	199,800	232,900
52	163,900	86,200	77,700	442,200	214,300	228,000
53	208,000	124,700	83,300	692,700	411,600	280,700
54	264,600	169,200	95,400	947,700	592,500	355,100
55	313,300	206,500	106,800	968,100	609,100	358,800
56	346,800	232,300	114,500	970,400	690,900	279,500
57	350,700	240,100	110,600	1,132,000	734,600	396,800
58	353,300	245,000	108,300	1,075,000	789,200	285,500
59	348,700	241,500	107,200	1,136,000	814,500	321,200
60	346,900	237,100	109,800	1,252,000	812,800	438,700
61	352,800	236,900	115,900	1,220,000	790,600	429,500
62	382,600	256,600	126,000	1,217,000	780,100	436,500
63	396,000	262,400	133,600	1,420,000	872,900	547,500

2 麦類（続き）
(1) 4麦計（続き）

年　産	作　付　面　積			収　穫　量		
	計	田	畑	計	田	畑
	(1)	(2)	(3)	(4)	(5)	(6)
	ha	ha	ha	t	t	t
平成元年産	396,700	262,200	134,500	1,356,000	849,200	506,900
2	366,400	241,500	124,900	1,297,000	789,500	507,700
3	333,800	217,400	116,400	1,042,000	582,100	460,100
4	298,900	184,400	114,500	1,045,000	590,400	454,400
5	260,800	157,200	103,600	921,200	540,500	381,200
6	214,300	115,500	98,700	789,600	401,400	388,200
7	210,200	113,700	96,500	661,800	412,000	250,000
8	215,600	117,800	97,700	711,300	438,000	273,000
9	214,900	118,600	96,300	766,200	389,300	377,000
10	217,000	121,900	95,100	713,100	306,800	406,300
11	220,700	126,600	94,100	788,400	466,200	321,900
12	236,600	139,600	96,900	902,500	516,000	386,500
13	257,400	161,100	96,400	906,300	507,000	399,600
14	271,500	173,500	98,000	1,047,000	573,800	472,500
15	275,800	177,500	98,300	1,054,000	565,500	488,900
16	272,400	173,900	98,600	1,059,000	569,200	489,700
17	268,300	167,100	101,200	1,058,000	575,100	483,200
18	272,100	167,300	104,800	1,012,000	546,300	465,200
19	264,000	162,900	101,100	1,105,000	…	…
20	265,400	165,900	99,500	1,098,000	…	…
21	266,200	167,100	99,100	853,300	…	…
22	265,700	167,300	98,400	732,100	…	…
23	271,700	170,600	101,100	917,800	…	…
24	269,500	168,300	101,300	1,030,000	…	…
25	269,500	166,600	102,900	994,600	…	…
26	272,700	168,700	104,000	1,022,000	…	…
27	274,400	171,300	103,100	1,181,000	…	…
28	275,900	173,200	102,600	961,000	…	…
29	273,700	171,600	102,100	1,092,000	…	…
30	272,900	171,300	101,600	939,600	…	…

(2)　小麦

年　産	作　付　面　積			10 a 当 た り 収 量			収　穫　量			作況指数
	計	田	畑	平　均	田	畑	計	田	畑	（対平年比）
	(1)	(2)	(3)	(4)	(5)	(6)	(7)	(8)	(9)	(10)
	ha	ha	ha	kg	kg	kg	t	t	t	
明治11年産	343,900	…	…	71	…	…	244,800	…	…	…
12	366,400	…	…	72	…	…	263,700	…	…	…
13	356,900	…	…	87	…	…	310,500	…	…	…
14	357,700	…	…	78	…	…	279,700	…	…	…
15	369,900	…	…	90	…	…	331,900	…	…	…
16	385,700	…	…	88	…	…	340,300	…	…	…
17	388,200	…	…	94	…	…	363,900	…	…	…
18	394,700	…	…	84	…	…	330,400	…	…	…
19	399,900	…	…	110	…	…	439,900	…	…	…
20	387,200	…	…	108	…	…	416,300	…	…	…
21	401,600	…	…	106	…	…	424,900	…	…	…
22	433,400	109,200	324,200	102	108	100	441,800	118,000	323,800	…
23	454,800	114,300	340,500	74	73	74	336,700	84,000	252,700	…
24	423,400	108,300	315,000	115	130	109	485,400	140,900	344,500	…
25	431,600	109,500	322,100	98	121	90	421,400	133,000	288,400	…
26	433,900	108,600	325,300	104	125	97	451,000	136,000	314,900	…
27	438,900	119,000	319,900	124	142	117	543,700	168,600	375,100	…
28	444,100	120,600	323,600	123	138	117	544,600	166,300	378,400	…
29	439,600	119,800	319,900	111	122	107	487,200	145,900	341,300	…
30	454,400	133,200	321,200	115	122	112	521,600	162,000	359,600	…
31	461,700	128,800	333,000	124	141	117	572,400	181,900	390,500	…
32	461,500	127,600	333,900	123	135	118	566,800	171,900	394,900	…
33	464,800	134,700	330,100	125	141	119	582,500	189,500	393,000	…
34	483,300	141,600	341,700	124	144	116	598,900	204,200	394,700	…
35	480,200	158,400	321,800	113	120	109	541,300	190,200	351,100	…
36	466,000	142,400	323,600	55	39	62	256,700	55,300	201,400	…
37	454,800	136,600	318,200	116	129	111	528,200	176,300	351,900	…
38	449,700	139,400	310,300	110	128	101	493,000	178,600	314,300	…
39	439,500	140,500	299,000	123	136	117	542,300	191,400	351,000	…
40	440,300	143,900	296,500	138	152	132	609,500	219,400	390,200	…
41	445,800	147,000	298,900	135	152	127	604,000	223,900	380,100	…
42	447,600	149,400	298,200	137	154	129	614,100	229,500	384,600	…
43	471,500	165,800	305,700	134	145	128	629,900	240,100	389,800	…
44	495,100	174,800	320,300	139	155	130	685,800	270,100	415,700	…
大正元	492,200	171,800	320,400	144	159	136	708,900	273,400	435,500	…
2	479,400	162,800	316,600	149	168	140	715,400	272,900	442,500	…
3	474,700	166,400	308,300	129	141	123	614,300	234,400	380,000	…
4	496,600	177,100	319,500	144	159	136	716,000	281,300	434,800	…
5	527,600	194,900	332,700	153	169	143	805,800	328,500	477,400	…
6	563,700	218,600	345,100	165	182	154	929,000	398,400	530,700	…
7	562,400	218,900	343,500	157	174	145	880,300	381,600	498,700	…
8	544,000	206,100	337,900	160	164	157	870,600	338,600	532,100	…
9	529,500	196,200	333,300	152	169	142	806,300	331,700	474,600	…
10	511,400	185,000	326,400	149	155	146	764,100	285,900	478,100	…
11	497,200	182,500	314,700	158	170	150	783,800	311,100	472,800	…
12	483,800	182,100	301,700	147	155	142	710,500	283,100	427,400	…
13	465,100	175,600	289,600	155	161	151	721,100	282,900	438,200	…
14	464,900	180,100	284,800	180	197	169	837,900	355,200	482,600	…
昭和元	463,700	184,600	279,100	174	190	163	807,200	351,500	455,700	…
2	469,800	191,500	278,300	176	201	159	829,000	385,200	443,800	…
3	485,900	207,600	278,300	180	201	164	874,500	418,000	456,600	…
4	490,900	214,200	276,600	176	200	158	865,500	428,000	437,500	…
5	487,400	220,300	267,100	172	184	162	838,300	405,400	432,900	…

注： 1　明治23年産から明治29年産、明治33年産、明治34年産及び明治40年産の作付面積は、後年その総数のみ訂正したが、田畑別作付面積が不明であるので、便宜案分をもって総数に符合させた。
　　 2　明治23年産から明治30年産、明治32年産から明治34年産の収穫量は、後年その総数のみ訂正したが、田畑別収穫量が不明であるので、便宜案分をもって総数に符合させた。
　　 3　明治22年産以前及び昭和19年産から昭和48年産までは沖縄県を含まない。
　　 4　作況指数については、平成17年産からは平年収量を算出していないため、10 a 当たり平均収量（原則として直近7か年のうち、最高及び最低を除いた5か年の平均値）に対する当年産の10 a 当たり収量の比率（％）である（以下2の各統計表において同じ。）。
　　 5　平成19年産から小麦の田畑別の収穫量調査は行っていない。

2　麦類（続き）
(2)　小麦（続き）

年　産	作　付　面　積			10 a 当 た り 収 量			収　穫　量			作況指数
	計	田	畑	平　均	田	畑	計	田	畑	（対平年比）
	(1)	(2)	(3)	(4)	(5)	(6)	(7)	(8)	(9)	(10)
	ha	ha	ha	kg	kg	kg	t	t	t	
昭和6年産	497,000	227,700	269,300	176	191	164	876,800	434,000	442,700	…
7	504,500	231,900	272,600	176	191	164	889,300	441,900	447,400	…
8	611,400	288,800	322,500	179	177	181	1,097,000	512,200	584,600	…
9	643,100	306,900	336,300	201	212	192	1,294,000	649,400	644,200	…
10	658,400	307,700	350,700	201	215	188	1,322,000	661,900	659,700	…
11	683,200	317,500	365,700	180	196	165	1,227,000	622,500	604,100	…
12	718,600	342,600	376,000	190	203	179	1,368,000	696,800	671,400	…
13	719,100	347,600	371,500	171	182	160	1,228,000	632,800	595,200	…
14	739,400	361,000	378,400	224	247	202	1,658,000	893,400	764,700	…
15	834,200	419,300	414,900	215	230	199	1,792,000	966,200	826,000	…
16	818,900	398,600	420,300	178	201	156	1,460,000	802,300	657,500	…
17	855,900	390,200	465,700	162	181	145	1,384,000	707,000	677,500	…
18	803,200	365,800	437,300	136	153	122	1,094,000	561,300	532,400	…
19	830,500	379,300	451,200	167	190	147	1,384,000	719,700	664,300	…
20	723,600	339,900	383,700	130	151	112	943,300	513,700	429,600	…
21	632,100	296,700	335,500	97	110	86	615,400	325,700	289,700	…
22	578,100	…	…	133	…	…	766,500	…	…	…
23	743,200	329,000	414,200	162	…	…	1,207,000	…	…	112
24	760,700	332,200	428,500	171	…	…	1,304,000	…	…	121
25	763,500	322,100	441,400	175	…	…	1,338,000	…	…	109
26	735,100	307,000	428,100	203	207	200	1,490,000	634,400	855,500	112
27	720,700	301,900	418,800	213	216	211	1,537,000	653,400	883,900	114
28	686,200	286,900	399,300	200	205	197	1,374,000	587,000	787,100	104
29	671,900	283,200	388,700	226	235	219	1,516,000	665,400	850,400	116
30	663,200	279,400	383,800	221	235	211	1,468,000	656,500	811,200	111
31	657,600	278,100	379,500	209	221	201	1,375,000	613,600	761,600	102
32	617,300	265,200	352,100	215	212	218	1,330,000	561,300	768,700	105
33	598,800	258,200	340,600	214	223	207	1,281,000	575,800	705,200	100
34	601,200	260,500	340,700	236	235	236	1,416,000	611,800	804,200	110
35	602,300	261,600	340,700	254	265	246	1,531,000	692,800	837,800	117
36	648,700	293,000	355,700	275	288	264	1,781,000	842,500	938,700	123
37	642,000	295,500	346,600	254	258	250	1,631,000	763,400	867,800	106
38	583,700	264,300	319,400	123	69	167	715,500	182,500	533,000	49
39	508,200	222,500	285,700	245	233	253	1,244,000	519,500	724,200	98
40	475,900	208,900	266,900	270	281	262	1,287,000	586,700	699,800	107
41	421,200	181,400	239,800	243	238	247	1,024,000	431,600	592,400	94
42	366,600	157,800	208,800	272	259	281	996,900	409,100	587,700	105
43	322,400	138,800	183,600	314	330	302	1,012,000	458,500	554,000	118
44	286,500	126,500	160,000	265	260	268	757,900	328,300	429,500	97
45	229,200	104,300	124,900	207	178	231	473,600	185,200	288,500	75
46	166,300	76,900	89,400	265	273	258	440,300	209,700	230,600	96
47	113,700	54,500	59,200	250	231	267	283,900	125,900	158,100	90
48	74,900	33,100	41,800	270	263	276	202,300	87,000	115,300	94
49	82,800	39,800	43,000	280	291	269	231,700	115,900	115,700	99
50	89,600	41,700	47,900	269	273	265	240,700	114,000	126,700	96
51	89,100	43,100	46,000	250	204	293	222,400	87,800	134,600	88
52	86,000	39,300	46,700	275	255	291	236,400	100,300	136,100	96
53	112,000	59,600	52,400	327	308	350	366,700	183,400	183,200	115
54	149,000	84,700	64,300	363	342	392	541,300	289,400	252,000	127
55	191,100	113,700	77,400	305	278	344	582,800	316,300	266,300	102
56	224,400	136,800	87,600	262	285	225	587,400	390,300	197,100	86
57	227,800	142,000	85,800	326	301	367	741,800	426,800	315,000	107
58	229,400	145,200	84,200	303	334	250	695,300	484,500	210,800	97
59	231,900	147,600	84,400	319	330	301	740,500	486,600	253,900	101
60	234,000	145,400	88,600	374	347	417	874,200	504,900	369,100	117
61	245,500	149,400	96,100	357	344	377	875,700	513,500	362,100	109
62	271,100	163,700	107,400	319	298	350	863,700	487,400	376,400	95
63	282,000	166,000	116,000	362	323	418	1,021,000	536,100	485,200	107

年　産	作　付　面　積			10　a　当　た　り　収　量			収　穫　量			作況指数 (対平年比)
	計	田	畑	平　均	田	畑	計	田	畑	
	(1)	(2)	(3)	(4)	(5)	(6)	(7)	(8)	(9)	(10)
	ha	ha	ha	kg	kg	kg	t	t	t	
平成元年産	283,800	165,700	118,100	347	321	383	984,500	531,900	452,800	101
2	260,400	150,400	109,900	365	328	417	951,500	492,900	458,400	105
3	238,700	135,000	103,700	318	255	400	759,000	344,100	415,000	89
4	214,500	110,800	103,700	354	310	401	758,700	343,300	415,500	96
5	183,600	90,100	93,500	347	327	367	637,800	294,900	343,200	94
6	151,900	62,700	89,300	372	336	396	564,800	210,800	353,900	98
7	151,300	63,700	87,600	293	351	251	443,600	223,500	220,100	77
8	158,500	68,900	89,700	302	338	273	478,100	233,200	244,700	80
9	157,500	69,100	88,400	364	322	397	573,100	222,200	351,000	97
10	162,200	74,400	87,800	351	251	436	569,500	186,500	382,900	94
11	168,800	81,600	87,100	345	348	343	583,100	284,100	298,800	92
12	183,000	92,500	90,600	376	349	403	688,200	322,800	365,400	100
13	196,900	107,000	90,000	355	301	420	699,900	322,600	377,600	95
14	206,900	115,200	91,700	401	330	490	829,000	379,600	449,400	108
15	212,200	119,900	92,300	403	323	508	855,900	387,000	468,900	109
16	212,600	119,800	92,700	405	325	509	860,300	388,800	471,400	109
17	213,500	118,000	95,500	410	348	486	874,700	410,900	463,900	108
18	218,300	119,100	99,200	384	327	452	837,200	388,900	448,400	98
19	209,700	114,000	95,700	434	…	…	910,100	…	…	110
20	208,800	114,700	94,100	422	…	…	881,200	…	…	104
21	208,300	114,600	93,700	324	…	…	674,200	…	…	79
22	206,900	113,700	93,200	276	…	…	571,300	…	…	68
23	211,500	115,800	95,700	353	…	…	746,300	…	…	91
24	209,200	113,200	96,000	410	…	…	857,800	…	…	108
25	210,200	112,300	97,900	386	…	…	811,700	…	…	102
26	212,600	113,600	99,000	401	…	…	852,400	…	…	106
27	213,100	115,100	98,000	471	…	…	1,004,000	…	…	127
28	214,400	117,000	97,400	369	…	…	790,800	…	…	99
29	212,300	115,500	96,800	427	…	…	906,700	…	…	111
30	211,900	115,600	96,300	361	…	…	764,900	…	…	90

2　麦類（続き）

(3)　二条大麦

年　産	作　付　面　積			10 a 当 た り 収 量			収　穫　量			作況指数
	計	田	畑	平　均	田	畑	計	田	畑	（対平年比）
	(1)	(2)	(3)	(4)	(5)	(6)	(7)	(8)	(9)	(10)
	ha	ha	ha	kg	kg	kg	t	t	t	
昭和33年産	63,300	…	…	238	…	…	150,900	…	…	…
34	77,300	33,900	43,400	273	255	287	211,000	86,300	124,600	…
35	82,700	38,500	44,200	279	261	295	230,800	100,600	130,200	…
36	95,800	46,200	49,600	299	287	309	286,100	132,600	153,400	113
37	113,800	55,300	58,500	288	278	298	328,100	153,700	174,400	106
38	124,700	59,900	64,800	162	117	205	202,400	69,900	132,500	56
39	112,100	50,200	61,900	273	239	301	305,900	119,700	186,200	94
40	113,300	45,400	67,900	281	261	295	318,100	118,300	200,000	97
41	110,200	40,800	69,500	297	275	309	327,000	112,400	214,800	102
42	112,000	41,000	70,900	307	269	329	343,400	110,200	233,200	105
43	108,300	38,300	70,000	333	321	339	360,100	122,900	237,200	113
44	107,400	39,200	68,200	296	286	302	318,400	112,100	206,100	98
45	99,300	39,400	59,900	271	263	276	269,400	103,800	165,500	88
46	82,000	37,100	44,900	317	318	317	260,300	118,100	142,200	105
47	68,000	34,500	33,500	265	247	284	180,400	85,300	95,100	88
48	47,500	23,300	24,200	262	242	280	124,300	56,400	67,800	87
49	48,000	25,900	22,100	302	312	290	144,800	80,800	64,000	102
50	49,700	28,800	20,900	276	267	288	137,000	76,800	60,200	93
51	53,200	33,300	19,900	254	241	275	135,200	80,400	54,800	87
52	53,300	35,500	17,800	252	230	298	134,500	81,500	53,000	86
53	69,800	51,300	18,500	342	352	311	238,500	180,800	57,600	116
54	83,500	64,300	19,200	352	358	333	294,100	230,100	63,900	119
55	84,900	67,300	17,600	317	318	312	269,200	214,300	54,900	105
56	83,000	66,800	16,200	318	322	299	263,600	215,100	48,400	104
57	81,900	67,200	14,700	317	315	326	259,400	211,600	47,900	103
58	83,900	69,400	14,500	297	297	299	249,200	205,900	43,400	95
59	81,500	67,200	14,400	362	372	309	294,800	250,100	44,500	116
60	79,600	66,000	13,600	331	332	328	263,800	219,100	44,600	104
61	75,700	62,400	13,300	329	326	344	249,200	203,300	45,800	102
62	76,100	63,500	12,600	312	310	319	237,200	196,900	40,200	95
63	74,200	62,100	12,100	356	357	356	264,500	221,500	43,100	107
平成元	75,500	64,000	11,500	344	348	327	260,000	222,400	37,600	103
2	73,900	63,100	10,700	344	346	333	253,900	218,300	35,600	102
3	68,200	58,400	9,730	303	293	367	206,800	171,100	35,700	88
4	63,000	54,600	8,400	357	355	370	224,900	193,900	31,100	103
5	60,600	52,400	8,200	375	375	380	227,500	196,500	31,200	108
6	55,100	47,300	7,810	362	362	366	199,500	171,100	28,600	103
7	51,300	44,000	7,350	375	381	339	192,400	167,700	24,900	106
8	46,100	39,600	6,510	411	422	347	189,600	167,000	22,600	115
9	43,800	37,600	6,150	337	340	322	147,600	127,800	19,800	92
10	39,200	33,700	5,500	273	263	342	107,200	88,500	18,800	74
11	36,600	31,200	5,330	411	426	328	150,500	133,000	17,500	112
12	36,700	32,000	4,710	419	433	327	153,900	138,600	15,400	113
13	39,500	35,000	4,460	351	352	343	138,600	123,200	15,300	94
14	40,700	36,700	4,030	334	330	365	136,100	121,200	14,700	89
15	39,500	36,000	3,470	312	310	337	123,300	111,700	11,700	84
16	37,200	33,700	3,480	355	355	353	131,900	119,700	12,300	96
17	34,800	31,300	3,520	357	359	335	124,300	112,500	11,800	101
18	34,100	30,600	3,540	347	347	347	118,300	106,100	12,300	95
19	34,500	31,100	3,470	372	…	…	128,200	…	…	106
20	35,400	32,000	3,380	410	…	…	145,100	…	…	119
21	36,000	32,500	3,470	322	…	…	115,800	…	…	91
22	36,600	33,200	3,390	285	…	…	104,300	…	…	81
23	37,600	34,200	3,410	317	…	…	119,100	…	…	91
24	38,300	34,800	3,460	293	…	…	112,400	…	…	86
25	37,500	34,300	3,200	311	…	…	116,600	…	…	94
26	37,600	34,400	3,180	288	…	…	108,200	…	…	89
27	37,900	34,800	3,130	299	…	…	113,300	…	…	96
28	38,200	35,000	3,240	280	…	…	106,800	…	…	92
29	38,300	34,900	3,410	313	…	…	119,700	…	…	106
30	38,300	34,900	3,330	318	…	…	121,700	…	…	106

注 : 1　昭和48年産以前は沖縄県を含まない。
　　 2　平成19年産から二条大麦の田畑別の収穫量調査は行っていない。

(4)　六条大麦

年　産	作　付　面　積			10 a 当 た り 収 量			収　穫　量			作況指数
	計	田	畑	平　均	田	畑	計	田	畑	（対平年比）
	(1)	(2)	(3)	(4)	(5)	(6)	(7)	(8)	(9)	(10)
	ha	ha	ha	kg	kg	kg	t	t	t	
昭和33年産	354,500	…	…	277	…	…	981,400	…	…	…
34	344,600	102,800	241,700	299	285	305	1,030,000	293,500	736,300	…
35	319,300	95,200	224,100	305	289	313	974,800	272,800	702,000	…
36	261,500	75,500	186,000	322	321	322	841,100	242,600	598,500	112
37	223,300	61,100	162,300	311	308	312	695,100	188,100	507,000	106
38	191,900	51,500	140,400	231	172	253	443,200	88,500	354,800	74
39	160,500	39,800	120,800	315	307	318	506,500	122,100	384,400	101
40	131,900	30,800	101,200	305	287	311	402,600	88,300	314,300	96
41	115,200	25,300	89,900	333	335	333	383,900	84,800	299,000	105
42	95,200	20,700	74,500	346	335	349	329,500	69,300	260,200	108
43	81,100	16,800	64,300	345	349	343	279,400	58,600	220,800	106
44	66,400	12,500	53,900	331	327	331	219,500	40,900	178,500	98
45	46,300	6,970	39,300	320	310	322	148,100	21,600	126,500	95
46	30,700	3,640	27,100	338	349	336	103,800	12,700	91,100	100
47	21,300	2,120	19,200	329	349	327	70,000	7,400	62,700	97
48	14,100	1,410	12,700	332	356	330	46,800	5,020	41,900	99
49	12,000	1,260	10,700	308	322	307	36,900	4,060	32,800	93
50	11,100	1,540	9,570	334	353	330	37,100	5,440	31,600	100
51	10,600	1,720	8,830	328	312	334	34,900	5,360	29,500	98
52	9,710	1,840	7,870	336	344	334	32,600	6,340	26,300	100
53	11,100	3,540	7,570	336	336	334	37,300	11,900	25,300	101
54	15,400	8,110	7,320	347	343	351	53,500	27,800	25,700	107
55	19,300	11,800	7,450	325	313	348	62,800	36,900	25,900	100
56	23,300	16,100	7,150	286	266	334	66,700	42,800	23,900	90
57	26,400	19,400	6,940	312	295	362	82,400	57,200	25,100	98
58	26,500	19,500	6,960	343	337	359	90,900	65,800	25,000	107
59	24,100	17,800	6,340	241	233	263	58,200	41,500	16,700	74
60	22,900	17,100	5,820	331	325	345	75,700	55,600	20,100	101
61	22,100	17,000	5,100	295	279	349	65,200	47,500	17,800	89
62	27,000	22,100	4,930	330	325	349	89,200	71,900	17,200	102
63	31,100	26,500	4,640	339	333	366	105,300	88,300	17,000	107
平成元	28,900	24,600	4,230	298	289	352	86,000	71,100	14,900	95
2	24,600	20,900	3,760	282	272	332	69,400	56,900	12,500	89
3	20,800	18,200	2,570	300	296	335	62,500	53,900	8,620	96
4	17,000	14,900	2,120	291	284	337	49,400	42,300	7,140	93
5	13,300	11,500	1,730	328	325	359	43,600	37,400	6,210	104
6	4,000	2,520	1,480	345	338	355	13,800	8,510	5,260	100
7	3,770	2,400	1,370	324	317	334	12,200	7,610	4,580	93
8	6,930	5,490	1,440	374	375	366	25,900	20,600	5,270	113
9	8,650	7,080	1,570	334	326	368	28,900	23,100	5,780	99
10	10,100	8,600	1,540	253	248	277	25,600	21,300	4,270	74
11	10,300	8,860	1,440	338	336	347	34,800	29,800	5,000	100
12	11,400	9,970	1,430	336	334	347	38,300	33,300	4,960	100
13	15,100	13,400	1,670	320	317	353	48,300	42,500	5,900	95
14	17,600	15,700	1,970	348	341	391	61,300	53,600	7,700	102
15	18,200	15,900	2,320	312	308	333	56,800	49,000	7,730	90
16	17,600	15,500	2,160	291	294	261	51,200	45,600	5,640	86
17	15,500	13,400	2,070	303	298	344	47,000	39,900	7,130	95
18	15,300	13,400	1,920	278	285	222	42,500	38,200	4,270	85
19	15,700	13,900	1,850	332	…	…	52,100	…	…	105
20	16,900	15,000	1,860	331	…	…	56,000	…	…	107
21	17,600	15,800	1,820	297	…	…	52,200	…	…	96
22	17,400	15,700	1,780	257	…	…	44,800	…	…	84
23	17,400	15,600	1,790	222	…	…	38,700	…	…	74
24	17,100	15,400	1,690	280	…	…	47,800	…	…	97
25	16,900	15,200	1,700	305	…	…	51,500	…	…	105
26	17,300	15,500	1,710	272	…	…	47,000	…	…	93
27	18,200	16,400	1,820	287	…	…	52,300	…	…	100
28	18,200	16,500	1,790	295	…	…	53,600	…	…	105
29	18,100	16,300	1,760	290	…	…	52,400	…	…	104
30	17,300	15,600	1,710	225	…	…	39,000	…	…	79

注：1　昭和48年産以前は沖縄県を含まない。
　　2　平成19年産から六条大麦の田畑別の収穫量調査は行っていない。

2　麦類（続き）

(5)　はだか麦

年　産	作　付　面　積			10 a 当 た り 収 量			収　穫　量			作況指数（対平年比）
	計	田	畑	平　均	田	畑	計	田	畑	
	(1)	(2)	(3)	(4)	(5)	(6)	(7)	(8)	(9)	(10)
	ha	ha	ha	kg	kg	kg	t	t	t	
明治11年産	421,100	…	…	100	…	…	421,600	…	…	…
12	434,800	…	…	96	…	…	417,900	…	…	…
13	461,900	…	…	124	…	…	571,700	…	…	…
14	466,100	…	…	97	…	…	454,100	…	…	…
15	484,000	…	…	126	…	…	607,700	…	…	…
16	483,700	…	…	106	…	…	510,600	…	…	…
17	492,800	…	…	120	…	…	591,400	…	…	…
18	524,400	…	…	108	…	…	568,900	…	…	…
19	537,700	…	…	136	…	…	732,800	…	…	…
20	570,300	…	…	138	…	…	787,900	…	…	…
21	580,900	…	…	122	…	…	710,500	…	…	…
22	580,900	293,000	287,900	117	117	117	679,700	343,600	336,100	…
23	590,200	301,700	288,500	67	64	70	394,400	193,900	200,500	…
24	633,800	326,400	307,400	141	146	135	892,700	476,400	416,300	…
25	645,000	337,600	307,400	130	136	124	840,900	459,900	381,000	…
26	649,000	329,200	319,800	131	135	128	853,000	443,300	409,700	…
27	656,400	343,900	312,500	155	157	152	1,015,000	540,100	475,000	…
28	666,600	355,200	311,400	146	150	142	973,700	532,200	441,500	…
29	666,700	356,800	309,900	123	124	122	822,400	443,600	378,900	…
30	646,000	343,600	302,500	132	138	127	855,500	472,400	383,100	…
31	675,700	360,700	315,000	151	156	146	1,022,000	561,800	460,300	…
32	675,000	362,400	312,600	135	137	133	914,300	497,700	416,600	…
33	678,100	362,200	316,000	152	153	151	1,031,000	555,400	476,000	…
34	674,900	355,900	319,000	150	154	145	1,012,000	549,600	462,500	…
35	669,800	356,500	313,400	131	133	129	877,600	473,600	404,000	…
36	665,800	352,600	313,100	88	85	90	583,800	301,100	282,700	…
37	684,300	370,700	313,600	139	142	135	951,300	526,500	424,800	…
38	688,700	377,900	310,800	133	137	128	915,000	516,800	398,300	…
39	695,100	381,000	314,000	139	140	137	965,400	535,000	430,400	…
40	689,200	376,600	312,600	152	156	147	1,046,000	585,900	460,500	…
41	682,900	372,900	310,000	154	158	149	1,052,000	589,000	462,500	…
42	684,700	371,000	313,800	157	162	152	1,077,000	599,900	476,600	…
43	670,100	362,500	307,700	139	142	136	932,100	513,900	418,300	…
44	661,700	359,700	301,900	157	163	150	1,041,000	588,100	453,300	…
大正元	674,400	372,100	302,300	163	169	155	1,096,000	627,900	468,200	…
2	714,900	402,500	312,400	178	188	166	1,274,000	755,700	518,100	…
3	721,300	408,100	313,200	139	141	136	1,000,000	575,400	424,600	…
4	709,300	399,400	309,900	162	172	150	1,151,000	686,900	464,400	…
5	679,700	384,600	295,100	162	170	151	1,099,000	652,800	446,000	…
6	636,500	363,700	272,800	179	185	171	1,137,000	671,300	466,100	…
7	632,300	366,700	265,600	171	176	164	1,079,000	644,500	434,600	…
8	641,000	369,400	271,600	165	170	158	1,057,000	627,000	430,400	…
9	671,800	388,900	282,800	171	181	158	1,151,000	705,600	445,600	…
10	660,700	382,300	278,400	148	153	142	978,700	584,300	394,400	…
11	609,800	352,100	257,600	162	172	150	989,500	604,000	385,600	…
12	557,800	320,400	237,300	146	150	140	812,500	480,200	332,400	…
13	539,600	311,100	228,400	148	155	137	796,300	482,700	313,600	…
14	545,200	319,800	225,400	198	211	180	1,079,000	673,200	406,100	…
昭和元	540,000	324,400	215,600	191	202	175	1,032,000	654,200	378,100	…
2	526,300	313,900	212,300	193	202	180	1,015,000	633,100	381,700	…
3	506,700	306,400	200,400	195	206	178	988,700	631,900	356,800	…
4	496,900	304,500	192,400	204	215	187	1,016,000	655,500	360,600	…
5	478,800	298,900	179,900	176	185	163	844,700	551,900	292,900	…

注：1　明治23年産から明治30年産まで及び明治32年産から明治34年産までの作付面積は、後年その総数のみ訂正したが、田畑別作付面積が不明であるので、便宜案分をもって総数に符合させた。
　　2　明治23年産から明治29年産まで及び明治32年産から明治34年産までの収穫量は、後年その総数のみ訂正したが、田畑別収穫量が不明であるので、便宜案分をもって総数に符合させた。
　　3　明治22年産以前及び昭和19年産から昭和48年産までは沖縄県を含まない。
　　4　平成19年産から、はだか麦の田畑別の収穫量調査は行っていない。

年　産	作　付　面　積			10 a 当 た り 収 量			収　穫　量			作況指数
	計	田	畑	平　均	田	畑	計	田	畑	（対平年比）
	(1)	(2)	(3)	(4)	(5)	(6)	(7)	(8)	(9)	(10)
	ha	ha	ha	kg	kg	kg	t	t	t	
昭和6年産	471,400	293,000	178,500	192	202	175	903,500	591,800	311,800	…
7	475,700	294,000	181,700	191	205	169	909,700	603,200	306,500	…
8	434,000	265,400	168,600	171	174	166	742,100	462,900	279,200	…
9	420,900	259,500	161,300	203	212	190	854,800	548,900	305,800	…
10	436,100	270,900	165,200	211	224	189	918,000	605,600	312,500	…
11	435,900	268,800	167,100	186	195	171	810,000	524,000	285,900	…
12	425,900	261,100	164,800	194	206	175	827,000	538,400	288,600	…
13	411,400	252,700	158,700	172	180	160	709,600	455,500	254,100	…
14	406,300	251,800	154,500	230	246	203	933,900	619,900	314,000	…
15	401,600	249,600	152,000	217	231	193	869,500	575,700	293,800	…
16	465,600	297,000	168,600	201	215	177	937,000	637,800	299,200	…
17	504,600	320,300	184,400	182	194	162	919,100	620,600	298,500	…
18	481,200	307,600	173,600	152	162	135	732,700	499,100	233,600	…
19	503,600	326,400	177,300	181	192	161	912,600	628,000	284,600	…
20	477,300	312,300	165,000	151	159	135	720,400	497,200	223,300	…
21	445,500	292,600	152,800	101	108	89	450,800	315,100	135,700	…
22	415,900	…	…	154	…	…	642,200	…	…	…
23	536,000	350,700	185,400	181	…	…	972,700	…	…	111
24	564,900	369,400	195,500	184	…	…	1,041,000	…	…	116
25	591,200	385,100	206,000	180	…	…	1,063,000	…	…	98
26	558,700	340,200	218,500	199	198	201	1,111,000	672,800	438,200	104
27	522,400	314,300	208,000	207	211	200	1,080,000	664,600	415,500	106
28	516,300	311,100	205,200	192	196	186	992,100	610,000	382,100	97
29	567,600	338,000	229,500	233	241	222	1,322,000	813,000	508,600	118
30	562,000	337,700	224,400	224	233	211	1,260,000	785,400	474,400	110
31	556,300	333,400	223,000	217	221	211	1,208,000	736,900	471,300	105
32	516,400	308,600	207,800	200	204	194	1,031,000	628,000	403,400	96
33	496,500	296,400	200,000	188	195	178	934,600	578,400	356,200	88
34	471,200	280,000	191,200	227	229	223	1,067,000	640,600	426,700	107
35	435,900	258,200	177,700	251	258	241	1,095,000	666,900	427,700	116
36	335,000	190,300	144,700	253	262	243	849,100	497,900	351,200	113
37	275,700	151,600	124,100	255	260	249	703,000	394,200	308,800	114
38	248,500	137,800	110,800	46	32	62	113,300	44,700	68,600	18
39	205,700	110,400	95,400	190	211	165	390,400	233,100	157,300	76
40	177,000	96,800	80,200	290	300	277	513,300	290,800	222,400	116
41	162,500	89,800	72,700	242	257	224	394,000	231,200	162,800	94
42	145,100	82,600	62,500	248	261	230	359,400	215,800	143,600	96
43	126,500	73,400	53,100	301	317	279	381,000	232,500	148,400	116
44	109,300	64,400	44,900	251	274	217	274,200	176,500	97,600	95
45	80,200	47,800	32,400	193	188	201	155,000	89,800	65,200	72
46	50,700	28,900	21,800	274	282	261	138,700	81,500	57,000	102
47	31,900	17,700	14,100	233	250	214	74,400	44,200	30,200	86
48	18,400	9,880	8,470	246	266	223	45,200	26,300	18,900	90
49	17,500	9,870	7,610	294	313	269	51,400	30,900	20,500	107
50	17,300	10,600	6,740	271	289	240	46,800	30,600	16,200	99
51	16,500	10,300	6,200	244	254	226	40,200	26,200	14,000	88
52	14,800	9,520	5,280	261	275	239	38,700	26,200	12,600	93
53	15,200	10,300	4,860	330	345	300	50,200	35,500	14,600	116
54	16,700	12,100	4,580	352	374	295	58,800	45,200	13,500	123
55	18,000	13,800	4,230	296	301	277	53,300	41,600	11,700	101
56	16,100	12,600	3,520	327	339	287	52,700	42,700	10,100	109
57	14,700	11,500	3,110	326	339	283	47,900	39,000	8,810	107
58	13,500	10,900	2,560	291	303	246	39,300	33,000	6,300	94
59	11,100	9,040	2,080	383	403	291	42,500	36,400	6,050	122
60	10,400	8,690	1,740	366	383	277	38,100	33,300	4,820	114
61	9,550	8,140	1,410	314	321	274	30,000	26,100	3,870	95
62	8,370	7,340	1,030	317	324	263	26,500	23,800	2,710	94
63	8,580	7,760	821	340	348	270	29,200	27,000	2,220	100

2 麦類（続き）

(5) はだか麦（続き）

年　産	作　付　面　積			10 a 当 た り 収 量			収　穫　量			作況指数 (対平年比)
	計	田	畑	平　均	田	畑	計	田	畑	
	(1)	(2)	(3)	(4)	(5)	(6)	(7)	(8)	(9)	(10)
	ha	ha	ha	kg	kg	kg	t	t	t	
平成元年産	8,570	7,930	644	296	300	253	25,400	23,800	1,630	85
2	7,590	7,130	460	298	300	261	22,600	21,400	1,200	85
3	6,080	5,710	376	225	228	199	13,700	13,000	750	65
4	4,280	4,020	257	269	271	243	11,500	10,900	625	78
5	3,280	3,070	206	375	381	280	12,300	11,700	576	112
6	3,230	3,070	160	356	358	291	11,500	11,000	466	106
7	3,800	3,630	164	358	364	285	13,600	13,200	467	107
8	4,040	3,900	144	438	441	326	17,700	17,200	469	130
9	5,000	4,780	217	332	339	198	16,600	16,200	430	98
10	5,420	5,160	259	199	203	141	10,800	10,500	366	58
11	5,100	4,850	249	392	398	260	20,000	19,300	648	114
12	5,400	5,170	239	409	412	328	22,100	21,300	784	117
13	5,940	5,660	282	328	330	299	19,500	18,700	842	92
14	6,190	5,910	273	325	328	258	20,100	19,400	703	91
15	5,900	5,660	233	312	314	232	18,400	17,800	541	88
16	5,060	4,880	176	306	309	220	15,500	15,100	387	87
17	4,540	4,420	121	267	267	265	12,100	11,800	321	80
18	4,420	4,290	121	303	305	229	13,400	13,100	277	90
19	4,020	3,920	99	356	…	…	14,300	…	…	113
20	4,350	4,240	106	370	…	…	16,100	…	…	119
21	4,350	4,260	93	257	…	…	11,200	…	…	82
22	4,720	4,640	81	250	…	…	11,800	…	…	81
23	5,130	4,950	178	267	…	…	13,700	…	…	91
24	4,970	4,840	130	245	…	…	12,200	…	…	84
25	5,010	4,880	135	293	…	…	14,700	…	…	102
26	5,250	5,100	149	276	…	…	14,500	…	…	97
27	5,200	5,060	141	217	…	…	11,300	…	…	80
28	4,990	4,820	169	200	…	…	10,000	…	…	78
29	4,970	4,800	175	256	…	…	12,700	…	…	102
30	5,420	5,200	212	258	…	…	14,000	…	…	102

2　麦類（続き）
〔参考〕　大麦

年　産	作　付　面　積			10 a 当 た り 収 量			収　穫　量		
	計	田	畑	平　均	田	畑	計	田	畑
	(1)	(2)	(3)	(4)	(5)	(6)	(7)	(8)	(9)
	ha	ha	ha	kg	kg	kg	t	t	t
大正元年産	593,100	151,300	441,800	180	165	185	1,065,000	248,900	815,900
2	618,900	162,300	456,600	187	168	194	1,157,000	272,800	884,600
3	611,200	168,200	443,000	170	154	176	1,038,000	259,400	779,100
4	590,900	152,900	438,000	189	170	195	1,115,000	259,700	855,400
5	564,600	146,500	418,100	184	167	189	1,037,000	245,100	791,500
6	532,300	139,800	392,400	187	165	195	997,100	230,700	766,500
7	525,600	138,200	387,500	173	154	180	910,100	212,600	697,500
8	529,800	139,200	390,700	202	174	212	1,070,000	241,800	827,800
9	536,800	142,800	394,100	168	162	170	901,500	231,800	669,700
10	524,500	138,300	386,200	187	166	195	981,800	229,700	752,100
11	501,400	128,200	373,200	190	176	195	953,900	225,100	728,800
12	473,800	118,900	354,900	174	155	181	826,000	184,800	641,200
13	455,300	113,800	341,500	193	170	200	878,200	193,500	684,700
14	453,000	115,100	337,900	212	195	218	960,200	224,200	735,900
昭和元	443,800	115,600	328,300	210	193	216	931,900	222,700	709,200
2	422,000	108,600	313,400	195	183	199	823,200	198,700	624,500
3	400,400	104,400	296,000	207	189	213	827,100	197,500	629,600
4	391,200	104,000	287,200	198	191	200	773,900	198,800	575,200
5	377,200	104,200	273,000	204	188	211	771,200	196,100	575,100
6	377,200	105,600	271,600	213	192	221	802,400	203,300	599,100
7	376,900	106,100	270,800	219	196	227	823,700	207,700	615,900
8	344,400	97,600	246,900	218	187	231	752,200	182,600	569,600
9	329,000	93,400	235,600	225	199	235	739,100	185,900	553,200
10	339,100	97,000	242,100	234	209	244	792,600	202,500	590,100
11	337,900	98,700	239,300	205	186	212	691,100	183,300	507,900
12	327,400	96,000	231,500	228	207	238	748,100	198,200	549,900
13	354,600	111,100	243,500	194	178	201	687,900	197,400	490,500
14	351,000	110,900	240,000	241	223	249	844,300	246,900	597,400
15	337,900	106,200	231,700	242	215	255	817,700	228,000	589,800
16	354,800	116,500	238,200	199	195	201	706,800	227,000	479,800
17	392,300	134,500	257,800	187	171	195	733,600	230,600	503,000
18	379,600	131,300	248,200	151	137	158	572,700	180,300	392,300
19	423,900	160,400	263,500	184	173	191	781,000	277,300	503,700
20	400,700	151,400	249,400	134	127	137	535,300	192,600	342,700
21	368,200	124,300	243,900	113	109	115	417,200	135,600	281,600
22	339,500	…	…	152	…	…	514,600	…	…
23	448,200	134,500	313,700	189	…	…	845,000	…	…
24	440,000	126,900	313,200	217	…	…	954,400	…	…
25	429,200	119,400	309,800	209	…	…	896,800	…	…
26	420,200	116,500	303,600	252	229	261	1,058,000	266,300	791,400
27	407,400	111,700	295,700	265	242	273	1,078,000	270,300	807,700
28	404,600	113,200	291,400	272	241	283	1,099,000	273,000	825,700
29	446,500	132,600	313,900	282	274	286	1,261,000	363,300	897,400
30	433,500	134,400	299,100	265	262	266	1,148,000	352,100	795,600
31	425,100	131,400	293,600	266	251	273	1,132,000	330,200	802,200
32	413,900	124,300	289,700	273	256	280	1,129,000	318,500	810,300

2 麦類（続き）

(6) えん麦

年　産	作 付 面 積	10 a 当たり収量	収 穫 量	年　産	作 付 面 積	10 a 当たり収量	収 穫 量
	(1)	(2)	(3)		(1)	(2)	(3)
	ha	kg	t		ha	kg	t
昭和元年産	108,900	144	156,200	昭和51年産	9,860	218	21,500
2	122,400	147	179,600	52	8,230	220	18,100
3	115,200	145	167,200	53	10,600	186	19,700
4	117,100	137	160,300	54	6,570	…	…
5	120,100	152	182,300	55	6,480	…	…
6	118,100	136	160,800	56	4,880	1) 156	1) 7,610
7	127,000	87	111,100	57	4,410	1) 216	1) 7,560
8	127,200	126	160,600	58	4,190	1) 228	1) 7,350
9	119,400	167	199,800	59	3,710	209	7,750
10	121,300	127	153,500	60	3,130	1) 234	1) 5,570
11	124,500	135	168,400	61	3,210	1) 221	1) 5,780
12	121,600	126	152,700	62	2,990	202	6,030
13	136,200	151	205,200	63	2,510	1) 216	1) 4,600
14	122,800	125	153,400				
15	120,400	128	154,500	平成元	2,420	1) 223	1) 4,610
				2	2,110	222	4,690
16	138,200	127	175,600	3	1,800	1) 220	1) 3,250
17	144,300	118	170,800	4	1) 1,350	1) 215	1) 2,240
18	134,500	72	96,800	5	1) 1,160	1) 226	1) 1,990
19	118,000	99	116,300				
20	109,000	84	91,900	6	1,150	223	2,570
				7	1) 1,090	…	…
21	81,600	70	57,400	8	1) 1,220	…	…
22	75,400	75	56,600	9	1,380	…	…
23	79,300	114	90,200	10	1) 1,440	…	…
24	84,100	113	95,000				
25	86,800	154	134,000	11	1) 1,210	…	…
				12	844	…	…
26	78,600	177	138,800	13	1) 938	…	…
27	82,700	165	136,700	14	1) 1,090	…	…
28	88,400	165	145,500	15	996	…	…
29	90,300	181	163,300				
30	96,300	172	165,900	16	423	…	…
				17	300	…	…
31	89,000	180	160,500	18	227	…	…
32	94,000	200	188,000	19	211	…	…
33	89,800	218	195,800	20	180	…	…
34	78,100	222	173,400				
35	79,100	203	160,800	21	139	…	…
				22	150	…	…
36	81,800	205	167,900	23	143	…	…
37	83,800	180	150,400	24	136	…	…
38	75,300	208	156,300	25	149	…	…
39	68,600	177	121,400				
40	62,100	220	136,700	26	182	…	…
				27	158	…	…
41	54,400	188	102,300	28	146	…	…
42	45,600	221	100,800	29	…	…	…
43	41,400	224	92,700	30	…	…	…
44	33,700	198	66,700				
45	27,400	224	61,400				
46	29,900	201	60,000				
47	25,100	227	57,100				
48	20,600	199	41,000				
49	16,800	221	37,100				
50	13,300	212	28,200				

注 : 1　昭和48年産以前は沖縄県を含まない。
　　 2　平成7年産以降は、収穫量調査を廃止した。
　　 3　えん麦の作付面積調査は、平成29年産から廃止した。
　　 1)については、主産県調査の合計値である。

3　豆類・そば

(1)　豆類

ア　大豆

年　産	作付面積 (1)	10a当たり収量 (2)	収穫量 (3)	作況指数(対平年比) (4)	年　産	作付面積 (1)	10a当たり収量 (2)	収穫量 (3)	作況指数(対平年比) (4)
	ha	kg	t			ha	kg	t	
明治11年産	411,200	51	211,700	…	昭和26年産	422,000	112	474,400	…
12	438,000	67	294,100		27	409,900	127	521,500	…
13	420,200	72	301,300		28	421,400	102	429,400	88
14	424,000	66	280,600		29	429,900	87	376,000	74
15	429,300	71	303,300		30	385,200	132	507,100	112
16	437,000	66	287,300		31	383,400	119	455,500	99
17	439,100	69	302,700		32	363,700	126	458,500	104
18	…	…	…		33	346,500	113	391,200	92
19	…	…	…		34	338,600	126	426,200	102
20	462,400	91	419,700		35	306,900	136	417,600	109
21	…	…	…	…	36	286,700	135	386,900	105
22	…	…	…		37	265,500	127	335,800	98
23	…	…	…		38	233,400	136	317,900	104
24	…	…			39	216,600	111	239,800	83
25	439,800	91	401,300	…	40	184,100	125	229,700	94
26	…	…	…		41	168,800	118	199,200	89
27	432,200	88	379,700		42	141,300	135	190,400	103
28	427,700	95	408,100		43	122,400	137	167,500	104
29	437,100	89	386,900		44	102,600	132	135,700	100
30	432,000	93	400,000		45	95,500	132	126,000	100
31	478,000	84	401,000		46	100,500	122	122,400	92
32	451,800	97	440,000		47	89,100	142	126,500	108
33	453,900	101	459,500		48	88,400	134	118,200	101
34	470,000	112	525,000		49	92,800	143	132,800	106
35	462,300	88	404,700		50	86,900	145	125,600	105
36	461,200	102	470,600		51	82,900	132	109,500	95
37	443,100	108	478,600		52	79,300	140	110,800	103
38	454,900	92	420,800		53	127,000	150	189,900	111
39	457,100	99	453,700		54	130,300	147	191,700	107
40	468,000	101	473,100		55	142,200	122	173,900	88
41	491,700	102	502,200		56	148,800	142	211,700	104
42	475,800	102	485,900		57	147,100	154	226,300	113
43	474,200	92	438,200		58	143,400	151	217,200	109
44	485,300	98	476,400		59	134,300	177	238,000	123
大正元	471,700	96	453,000		60	133,500	171	228,300	112
2	471,100	82	386,100		61	138,400	177	245,200	111
3	460,700	103	472,700		62	162,700	177	287,200	107
4	466,900	105	491,200		63	162,400	171	276,900	99
5	462,300	105	483,700		平成元	151,600	179	271,700	102
6	430,600	108	465,000		2	145,900	151	220,400	85
7	428,600	104	445,200		3	140,800	140	197,300	77
8	425,900	119	507,100		4	109,900	171	188,100	96
9	472,000	117	550,900		5	87,400	115	100,600	66
10	469,600	114	534,200		6	60,900	162	98,800	95
11	442,800	107	473,200		7	68,600	173	119,000	100
12	422,200	105	443,000		8	81,800	181	148,100	105
13	405,300	103	418,200		9	83,200	174	144,600	99
14	393,800	118	465,500		10	109,100	145	158,000	81
昭和元	387,700	100	386,800		11	108,200	173	187,200	97
2	379,000	111	421,000		12	122,500	192	235,000	108
3	369,900	104	384,000		13	143,900	189	271,400	104
4	344,000	100	342,500		14	149,900	180	270,200	101
5	346,700	113	391,400		15	151,900	153	232,200	85
6	350,300	91	320,500		16	136,800	119	163,200	68
7	341,700	91	311,200		17	134,000	168	225,000	99
8	323,700	112	362,200		18	142,100	161	229,200	91
9	336,400	83	279,100		19	138,300	164	226,700	97
10	332,600	88	291,700		20	147,100	178	261,700	109
11	326,700	104	339,800		21	145,400	158	229,900	96
12	328,800	112	366,700		22	137,700	162	222,500	100
13	326,900	107	348,400		23	136,700	160	218,800	96
14	321,700	110	354,400		24	131,100	180	235,900	105
15	324,800	98	319,900		25	128,800	155	199,900	91
16	298,200	79	235,100		26	131,600	176	231,800	104
17	308,600	97	300,700		27	142,000	171	243,100	99
18	301,500	103	309,600		28	150,000	159	238,000	92
19	286,500	93	267,300		29	150,200	168	253,000	101
20	257,000	66	170,400		**30**	**146,600**	**144**	**211,300**	**86**
21	224,600	90	202,000						
22	223,100	78	173,500						
23	229,700	93	214,000						
24	254,100	85	216,900						
25	413,100	108	446,900						

注：　1　明治23年産から明治29年産まで、明治33年産、明治34年産及び明治40年産の作付面積は、後年その総数のみ訂正したが田畑別作付面積が不明であるので便宜案分をもって総数に符合させた。

　　2　明治23年産から明治30年産まで、明治32年産から明治34年産までの収穫量は、後年その総数のみ訂正したが田畑別収穫量が不明であるので便宜案分をもって総数に符合させた。

　　3　昭和元年産から昭和15年産は、未成熟のまま採取したものを成熟した時の数量に見積もりこれを含めて計上した。ただし、それ以前は不詳である。

　　4　明治29年産以前及び昭和19年産から昭和48年産までは沖縄県を含まない。

　　5　作況指数については、平成14年産からは平年収量を算出していないため、10a当たり平均収量（原則として直近7か年のうち、最高及び最低を除いた5か年の平均値）に対する当年産の10a当たり収量の比率である（以下3の各統計表において同じ。）。

3 豆類・そば（続き）

(1) 豆類（続き）

イ 小豆

年　産	作付面積	10a当たり収量	収穫量	作況指数（対平年比）	年　産	作付面積	10a当たり収量	収穫量	作況指数（対平年比）
	(1)	(2)	(3)	(4)		(1)	(2)	(3)	(4)
	ha	kg	t			ha	kg	t	
明治11年産	…	…	…	…	昭和26年産	102,500	91	93,600	…
12	…	…	…	…	27	118,900	110	130,700	…
13	…	…	…	…	28	117,800	78	92,200	…
14	…	…	…	…	29	124,900	65	81,700	…
15	…	…	…	…	30	135,300	111	150,000	…
16	44,200	68	29,900	…	31	150,100	72	107,600	…
17	63,800	72	46,300	…	32	141,000	99	139,800	…
18	…	…	…	…	33	142,100	104	147,500	101
19	…	…	…	…	34	144,300	109	156,600	104
20	…	…	…	…	35	138,700	122	169,700	114
21	…	…	…	…	36	145,300	127	184,900	115
22	…	…	…	…	37	140,200	100	140,100	88
23	…	…	…	…	38	121,700	114	138,500	102
24	…	…	…	…	39	125,000	68	84,500	58
25	…	…	…	…	40	108,400	100	107,900	88
26	…	…	…	…	41	122,400	76	92,800	64
27	100,600	80	80,700	…	42	112,600	128	143,600	109
28	104,800	85	88,700	…	43	101,000	113	114,300	97
29	103,100	81	83,000	…	44	91,700	104	95,500	88
30	108,400	82	89,100	…	45	90,000	121	109,000	102
31	118,300	80	94,300	…	46	99,600	78	77,700	66
32	119,700	99	118,500	…	47	108,100	144	155,300	116
33	121,800	102	124,800	…	48	101,800	142	144,100	111
34	128,100	104	133,100	…	49	93,500	138	129,400	105
35	128,200	80	102,100	…	50	76,300	116	88,400	89
36	127,400	104	132,200	…	51	62,400	97	60,400	77
37	125,000	84	105,100	…	52	65,600	133	87,100	108
38	124,700	93	115,800	…	53	60,600	158	95,700	127
39	129,400	100	129,100	…	54	62,400	141	87,900	108
40	134,700	99	133,300	…	55	55,900	100	56,000	77
41	138,800	91	126,000	…	56	52,600	98	51,500	77
42	134,100	97	130,000	…	57	62,700	150	94,200	112
43	139,900	99	139,100	…	58	69,800	87	60,700	63
44	139,900	98	137,600	…	59	66,300	163	108,400	119
大正元	135,600	101	136,400	…	60	61,200	158	97,000	115
2	139,800	62	86,600	…	61	57,000	155	88,200	114
3	128,900	102	131,400	…	62	64,100	147	94,000	106
4	129,800	107	138,500	…	63	66,400	146	96,700	102
5	131,400	97	127,700	…	平成元	66,700	159	106,200	106
6	122,200	103	125,500	…	2	66,300	178	117,900	116
7	118,800	98	116,800	…	3	56,200	159	89,200	103
8	125,000	101	126,400	…	4	50,800	135	68,600	86
9	136,700	113	153,800	…	5	52,600	87	45,500	54
10	150,600	118	177,300	…	6	52,500	171	90,000	103
11	142,500	97	137,800	…	7	51,200	183	93,800	111
12	134,900	95	128,000	…	8	48,700	160	78,100	95
13	129,300	100	129,600	…	9	49,000	147	72,100	86
14	128,500	119	152,800	…	10	46,700	166	77,600	98
昭和元	121,400	80	97,300	…	11	45,400	178	80,600	103
2	114,200	111	126,300	…	12	43,600	202	88,200	115
3	116,000	91	105,500	…	13	45,700	155	70,800	84
4	109,600	100	109,500	…	14	42,000	157	65,900	86
5	111,400	116	129,100	…	15	42,000	140	58,800	86
6	176,300	51	90,000	…	16	42,600	212	90,500	132
7	119,100	67	80,100	…	17	38,300	206	78,900	114
8	114,000	120	136,600	…	18	32,200	198	63,900	111
9	119,500	75	89,900	…	19	32,700	201	65,600	109
10	108,900	70	76,800	…	20	32,100	216	69,300	118
11	100,300	99	99,600	…	21	31,700	167	52,800	85
12	103,400	116	120,000	…	22	30,700	179	54,900	90
13	102,100	95	97,400	…	23	30,600	196	60,000	nc
14	96,600	105	101,000	…	24	30,700	222	68,200	nc
15	100,400	89	89,200	…	25	32,300	211	68,000	nc
16	88,700	68	60,700	…	26	32,000	240	76,800	nc
17	82,600	91	75,100	…	27	27,300	233	63,700	nc
18	88,800	95	84,700	…	28	21,300	138	29,500	nc
19	68,600	89	61,200	…	29	22,700	235	53,400	113
20	49,800	66	32,800	…	**30**	**23,700**	**178**	**42,100**	**81**
21	44,600	84	37,600	…					
22	42,000	74	31,000	…					
23	45,600	86	39,200	…					
24	50,400	76	38,500	…					
25	85,000	94	80,100	…					

注：明治29年産及び昭和19年産から昭和48年産までは沖縄県を含まない。

ウ　いんげん

年　産	作付面積	10 a 当たり収量	収穫量	作況指数（対平年比）	年　産	作付面積	10 a 当たり収量	収穫量	作況指数（対平年比）
	(1)	(2)	(3)	(4)		(1)	(2)	(3)	(4)
	ha	kg	t			ha	kg	t	
昭和元年産	63,500	93	58,900	…	昭和51年産	46,600	179	83,400	107
2	61,700	117	71,900	…	52	43,700	194	84,800	114
3	64,200	103	65,900	…	53	26,800	193	51,600	114
4	82,500	112	92,700	…	54	21,200	193	40,900	112
5	97,000	131	127,300	…	55	23,400	143	33,400	79
6	82,700	72	59,400	…	56	26,400	139	36,700	76
7	81,100	46	37,200	…	57	30,300	191	57,900	104
8	92,300	124	114,200	…	58	28,600	114	32,700	62
9	82,400	87	71,900	…	59	29,800	201	60,000	109
10	82,800	62	51,400	…	60	23,600	185	43,700	101
11	87,700	80	69,900	…	61	20,600	193	39,700	106
12	90,600	136	122,700	…	62	20,700	182	37,700	99
13	87,300	104	90,700	…	63	20,100	174	34,900	95
14	95,500	106	101,000	…	平成元	23,800	151	36,000	81
15	97,500	86	83,600	…	2	22,700	143	32,400	76
16	63,700	59	37,300		3	20,200	216	43,600	115
17	54,100	119	64,100		4	17,600	192	33,800	100
18	41,400	95	39,300		5	17,200	152	26,200	79
19	21,800	105	22,900		6	19,500	96	18,700	50
20	16,300	90	14,700		7	19,600	226	44,300	118
21	18,000	102	18,400	…	8	18,900	173	32,700	90
22	17,900	81	14,500	…	9	16,300	200	32,600	104
23	24,500	93	22,700	…	10	13,300	186	24,800	97
24	22,800	96	21,800	…	11	12,400	173	21,400	91
25	35,900	135	48,400	…	12	12,900	119	15,300	63
26	42,900	115	49,300	…	13	13,300	179	23,800	95
27	55,800	134	75,100	…	14	14,700	231	34,000	127
28	68,100	95	65,000	…	15	12,800	180	23,000	99
29	85,700	85	73,100	…	16	11,800	231	27,300	126
30	96,700	146	141,000	…	17	11,200	229	25,700	121
31	85,300	91	77,400	…	18	10,000	191	19,100	96
32	94,600	116	109,800	…	19	10,400	211	21,900	104
33	105,200	141	148,900	108	20	10,900	225	24,500	107
34	102,200	146	148,800	109	21	11,200	142	15,900	65
35	89,300	159	142,200	119	22	11,600	190	22,000	90
36	78,400	166	129,800	121	23	10,200	97	9,870	nc
37	84,700	119	100,700	84	24	9,650	187	18,000	nc
38	95,400	142	135,200	99	25	9,120	168	15,300	nc
39	87,900	89	78,600	60	26	9,260	221	20,500	nc
40	92,200	146	134,400	99	27	10,200	250	25,500	nc
41	91,700	88	80,900	59	28	8,560	66	5,650	nc
42	79,700	150	119,800	101	29	7,150	236	16,900	136
43	68,400	153	104,800	103	**30**	**7,350**	**133**	**9,760**	**73**
44	63,800	156	99,600	105					
45	73,600	168	123,700	113					
46	62,300	143	89,100	94					
47	53,200	182	96,800	117					
48	44,500	175	77,900	109					
49	42,900	167	71,600	101					
50	44,100	152	67,200	91					

注：1　昭和元年産から昭和15年産には未成熟のまま採取したものを成熟した時の数量に見積もりこれを含めて計上した。ただし、それ以前は不詳である。
　　2　昭和19年産から昭和48年産までは沖縄県を含まない。

3　豆類・そば（続き）

(1)　豆類（続き）

エ　らっかせい

年　産	作付面積 (1)	10 a 当たり収量 (2)	収穫量 (3)	作況指数 (対平年比) (4)	年　産	作付面積 (1)	10 a 当たり収量 (2)	収穫量 (3)	作況指数 (対平年比) (4)
	ha	kg	t			ha	kg	t	
明治38年産	5,410	206	11,200	…	昭和41年産	64,900	214	138,800	94
39	5,730	251	14,400	…	42	61,500	221	135,900	100
40	6,010	186	11,200	…	43	59,100	207	122,400	93
41	5,950	177	10,500	…	44	59,500	211	125,600	97
42	6,540	170	11,100	…	45	60,100	207	124,200	95
43	7,040	150	10,500	…	46	57,300	193	110,800	88
44	7,750	166	12,900	…	47	52,000	221	115,000	105
					48	47,900	203	97,200	95
大正元	9,960	165	16,400	…	49	46,100	196	90,500	91
2	9,120	198	18,100	…	50	40,500	174	70,500	82
3	9,450	192	18,200	…					
4	10,000	169	16,900	…	51	37,800	173	65,400	83
5	12,200	165	20,100	…	52	35,000	197	68,900	99
					53	34,700	179	62,100	91
6	13,300	144	19,100	…	54	33,700	199	66,900	103
7	12,500	187	23,300	…	55	33,200	165	54,800	87
8	11,800	159	18,700	…					
9	11,300	150	16,900	…	56	31,700	193	61,100	104
10	11,000	129	14,200	…	57	30,200	154	46,600	83
					58	29,700	166	49,400	89
11	10,200	163	16,500	…	59	28,700	179	51,300	97
12	9,340	181	16,900	…	60	26,800	188	50,500	102
13	9,440	177	16,700	…					
14	8,320	171	14,200	…	61	24,300	192	46,600	103
					62	22,700	203	46,100	110
昭和元	6,670	191	12,700	…	63	20,700	154	31,800	83
2	6,020	187	11,200	…					
3	5,830	186	10,800	…	平成元	19,000	196	37,300	105
4	5,810	177	10,300	…	2	18,400	218	40,100	112
5	5,670	187	10,600	…	3	17,100	175	30,000	90
					4	16,200	191	30,900	98
6	6,160	183	11,200	…	5	15,400	153	23,500	77
7	6,320	184	11,600						
8	7,060	203	14,300	…	6	14,400	242	34,900	117
9	7,510	151	11,400	…	7	13,800	189	26,100	88
10	7,510	163	12,300	…	8	13,100	226	29,600	102
					9	12,400	245	30,400	110
11	7,780	176	13,700	…	10	11,800	210	24,800	95
12	8,150	140	11,400	…					
13	7,960	165	13,100	…	11	11,300	234	26,400	105
14	8,190	191	15,600	…	12	10,800	247	26,700	108
15	9,300	202	18,700	…	13	10,300	224	23,100	96
					14	9,950	241	24,000	106
16	12,000	150	18,000	…	15	9,530	231	22,000	99
17	11,000	170	18,700						
18	…	…	…	…	16	9,110	234	21,300	100
19	…	…	…	…	17	8,990	238	21,400	103
20	…	…	…	…	18	8,600	233	20,000	99
					19	8,310	226	18,800	96
21	5,200	125	6,480	…	20	8,070	240	19,400	103
22	5,280	86	4,570	…					
23	7,150	129	9,220	…	21	7,870	258	20,300	109
24	7,610	119	9,030	…	22	7,720	210	16,200	88
25	19,200	136	26,300	…	23	7,440	273	20,300	nc
					24	7,180	241	17,300	nc
26	23,100	124	28,500	…	25	6,970	232	16,200	nc
27	25,000	133	33,200	…					
28	24,900	108	26,800	…	26	6,840	235	16,100	nc
29	26,900	146	39,300	…	27	6,700	184	12,300	nc
30	25,900	181	46,800	…	28	6,550	237	15,500	nc
					29	6,420	240	15,400	104
31	31,800	156	49,600	…	**30**	**6,370**	**245**	**15,600**	**103**
32	39,600	181	71,800	…					
33	43,900	190	83,300	116					
34	42,900	219	94,000	134					
35	54,800	230	126,200	117					
36	65,600	216	141,800	100					
37	64,200	222	142,500	102					
38	61,400	234	144,000	99					
39	62,800	208	130,600	89					
40	66,500	205	136,600	90					

注：1　収穫量はさや付きである。
　　2　昭和19年産から昭和48年産までは沖縄県を含まない。

(2)　そば

年　産	作　付　面　積	10 a 当たり収量	収　穫　量	年　産	作　付　面　積	10 a 当たり収量	収　穫　量
	(1)	(2)	(3)		(1)	(2)	(3)
	ha	kg	t		ha	kg	t
明治11年産	146,000	44	64,300	昭和26年産	63,700	71	45,500
12	154,600	53	82,400	27	57,000	92	52,300
13	155,000	51	78,600	28	52,400	79	41,700
14	157,600	50	78,500	29	50,600	55	28,000
15	157,000	49	77,700	30	48,000	82	39,300
16	158,200	51	81,200	31	48,700	80	39,100
17	152,500	48	73,500	32	47,800	84	40,400
18	…	…	…	33	47,900	90	43,000
19	…	…	…	34	46,700	96	44,900
20	157,100	80	125,700	35	47,300	110	52,200
21	…	…	…	36	43,500	98	42,800
22	…	…	…	37	39,500	94	37,200
23	…	…	…	38	37,500	108	40,500
24	…	…	…	39	34,700	78	27,100
25	160,500	81	130,100	40	31,300	96	30,100
26	…	…	…	41	28,100	99	27,700
27	170,900	79	135,300	42	25,100	110	27,500
28	174,500	77	134,100	43	23,800	93	22,100
29	169,800	72	122,700	44	20,500	107	21,900
30	172,700	65	111,400	45	18,500	93	17,200
31	178,500	75	134,200	46	…	…	…
32	174,700	64	112,400	47	…	…	…
33	167,600	86	144,600	48	26,500	…	…
34	164,600	82	134,300	49	23,300	122	28,400
35	164,400	65	106,800	50	18,300	…	…
36	165,600	80	131,900	51	14,700	…	…
37	166,300	80	132,300	52	16,600	122	20,200
38	163,100	77	125,900	53	25,100	…	…
39	159,700	85	135,300	54	22,500	…	…
40	165,300	84	139,300	55	24,200	67	16,100
41	164,200	85	138,800	56	23,100	…	…
42	155,900	92	143,300	57	23,700	…	…
43	155,300	95	147,600	58	21,100	82	17,200
44	149,800	91	136,800	59	19,200	…	…
大正元	145,400	77	112,100	60	18,700	…	…
2	150,200	78	117,100	61	19,600	94	18,400
3	160,200	96	154,000	62	23,600	…	…
4	152,900	92	141,300	63	25,700	…	…
5	147,600	89	131,800	平成元	25,900	79	20,500
6	141,600	74	105,200	2	27,800	…	…
7	135,200	71	95,900	3	28,100	…	…
8	135,600	94	127,500	4	24,200	90	21,700
9	136,800	99	135,900	5	22,600	…	…
10	130,400	98	128,400	6	20,200	…	…
11	126,500	99	125,300	7	22,600	93	21,100
12	119,000	98	116,700	8	26 500	…	…
13	116,000	87	100,700	9	27,700	…	…
14	113,700	102	116,200	10	34,400	52	17,900
昭和元	107,500	85	91,900	11	37,100	…	…
2	105,400	99	103,900	12	37,400	…	…
3	100,400	92	92,000	13	(39,900) 41,800	(65)	(26,000)
4	89,100	92	82,100	14	(39,300) 41,400	(65)	(25,400)
5	96,300	109	105,100	15	(41,200) 43,500	(65)	(26,800)
6	105,100	87	91,300	16	(41,300) 43,500	(49)	(20,400)
7	103,100	80	82,300	17	(42,600) 44,700	(73)	(31,200)
8	100,500	102	102,800	18	(42,800) 44,800	(77)	(33,000)
9	102,900	73	75,400	19	(38,400) 46,100	(68)	(26,300)
10	96,200	71	68,300	20	(39,800) 47,300	(58)	(23,200)
11	95,200	88	83,700	21	(37,800) 45,400	(40)	(15,300)
12	89,600	100	89,500	22	47,700	62	29,700
13	84,000	93	78,100	23	56,400	57	32,000
14	80,900	92	74,800	24	61,000	73	44,600
15	83,300	87	72,600	25	61,400	54	33,400
16	84,500	82	69,100	26	59,900	52	31,100
17	83,800	82	69,000	27	58,200	60	34,800
18	87,700	72	63,300	28	60,600	48	28,800
19	73,900	72	53,100	29	62,900	55	34,400
20	69,900	48	33,800	**30**	**63,900**	**45**	**29,000**
21	68,700	71	49,100				
22	63,400	56	35,600				
23	62,800	73	45,600				
24	60,700	64	39,000				
25	68,000	76	52,000				

注：1　明治29年産以前及び昭和19年産から昭和48年産までは沖縄県を含まない。
　　2　（　）内は収量調査の調査対象県の合計値である。
　　3　収量調査は、平成13年産から主産県を調査対象県として実施しており、平成13年産から平成18年産における主産県は、作付面積が500ha以上の都道府県、事業（強い農業づくり交付金）実施県及び作付面積の増加が著しい府県である（27都道府県）。
　　　平成19年産からは主産県の範囲を変更し、前年産の作付面積が全国の作付面積のおおむね80％を占めるまでの都道府県及び事業実施県とした（11都道府県）。
　　　平成22年産からは全国調査である。

4　かんしょ

年 産	作 付 面 積 (1)	10a当たり収量 (2)	収 穫 量 (3)
	ha	kg	t
明治11年産	148,200	559	828,600
12	158,200	631	998,200
13	159,100	618	983,300
14	159,500	660	1,053,000
15	166,600	694	1,157,000
16	167,900	653	1,096,000
17	176,000	790	1,391,000
18	...	...	...
19	...	...	...
20	219,700	958	2,105,000
21	...	...	...
22	...	...	...
23	...	...	...
24	...	...	...
25	241,200	884	2,131,000
26	...	...	...
27	237,000	785	1,860,000
28	338,000	790	2,669,000
29	253,500	1,070	2,722,000
30	257,000	966	2,484,000
31	265,000	1,010	2,689,000
32	265,800	933	2,480,000
33	269,200	1,050	2,839,000
34	266,800	1,000	2,669,000
35	274,700	972	2,670,000
36	281,000	1,000	2,817,000
37	277,500	893	2,477,000
38	245,300	996	2,444,000
39	284,700	1,050	2,995,000
40	291,300	1,190	3,473,000
41	301,900	1,200	3,614,000
42	292,500	1,160	3,403,000
43	290,800	1,070	3,123,000
44	291,400	1,290	3,772,000
大正元	296,800	1,240	3,677,000
2	304,800	1,280	3,890,000
3	302,500	1,220	3,679,000
4	304,800	1,300	3,959,000
5	307,000	1,330	4,095,000
6	307,900	1,220	3,751,000
7	311,400	1,320	4,119,000
8	317,600	1,410	4,465,000
9	316,200	1,400	4,437,000
10	300,200	1,310	3,940,000
11	296,500	1,300	3,867,000
12	292,700	1,310	3,823,000
13	286,400	1,250	3,585,000
14	283,400	1,320	3,733,000
昭和元	274,400	1,210	3,322,000
2	270,700	1,220	3,296,000
3	268,000	1,270	3,413,000
4	250,300	1,200	3,005,000
5	259,500	1,310	3,402,000
6	262,200	1,290	3,382,000
7	265,800	1,310	3,471,000
8	269,400	1,370	3,699,000
9	266,000	1,140	3,037,000
10	275,600	1,300	3,583,000
11	282,500	1,330	3,748,000
12	286,400	1,350	3,863,000
13	279,500	1,350	3,782,000
14	275,500	1,270	3,499,000
15	273,200	1,290	3,534,000
16	308,300	1,300	4,017,000
17	320,700	1,180	3,771,000
18	325,400	1,390	4,540,000
19	307,100	1,290	3,951,000
20	400,200	974	3,897,000
21	372,600	1,480	5,515,000
22	377,800	1,170	4,415,000
23	427,600	1,420	6,067,000
24	440,800	1,340	5,912,000
25	398,000	1,580	6,290,000

年 産	作 付 面 積 (1)	10a当たり収量 (2)	収 穫 量 (3)
	ha	kg	t
昭和26年産	376,200	1,470	5,534,000
27	377,300	1,640	6,205,000
28	362,100	1,490	5,391,000
29	354,600	1,470	5,226,000
30	376,400	1,910	7,180,000
31	386,200	1,830	7,073,000
32	364,500	1,710	6,228,000
33	359,500	1,770	6,370,000
34	366,200	1,910	6,981,000
35	329,800	1,900	6,277,000
36	326,500	1,940	6,333,000
37	322,900	1,930	6,217,000
38	313,100	2,130	6,662,000
39	296,700	1,980	5,875,000
40	256,900	1,930	4,955,000
41	243,300	1,980	4,810,000
42	214,400	1,880	4,031,000
43	185,900	1,930	3,594,000
44	153,600	1,860	2,855,000
45	128,700	1,990	2,564,000
46	107,000	1,910	2,041,000
47	91,700	2,170	1,987,000
48	73,600	2,110	1,550,000
49	67,500	2,130	1,435,000
50	68,700	2,060	1,418,000
51	65,600	1,950	1,279,000
52	64,400	2,220	1,431,000
53	65,000	2,110	1,371,000
54	63,900	2,130	1,360,000
55	64,800	2,030	1,317,000
56	65,000	2,240	1,458,000
57	65,700	2,110	1,384,000
58	64,800	2,130	1,379,000
59	64,600	2,170	1,400,000
60	66,000	2,310	1,527,000
61	65,000	2,320	1,507,000
62	64,000	2,220	1,423,000
63	62,900	2,110	1,326,000
平成元	61,900	2,310	1,431,000
2	60,600	2,310	1,402,000
3	58,600	2,060	1,205,000
4	55,100	2,350	1,295,000
5	53,000	1,950	1,033,000
6	51,300	2,460	1,264,000
7	49,400	2,390	1,181,000
8	47,500	2,330	1,109,000
9	46,500	2,430	1,130,000
10	45,600	2,500	1,139,000
11	44,500	2,270	1,008,000
12	43,400	2,470	1,073,000
13	42,300	2,510	1,063,000
14	40,500	2,540	1,030,000
15	39,700	2,370	941,100
16	40,300	2,500	1,009,000
17	40,800	2,580	1,053,000
18	40,800	2,420	988,900
19	40,700	2,380	968,400
20	40,700	2,480	1,011,000
21	40,500	2,530	1,026,000
22	39,700	2,180	863,600
23	38,900	2,280	885,900
24	38,800	2,260	875,900
25	38,600	2,440	942,300
26	38,000	2,330	886,500
27	36,600	2,220	814,200
28	36,000	2,390	860,700
29	35,600	2,270	807,100
30	35,700	2,230	796,500

注：明治29年産以前及び昭和19年産から昭和48年産までは沖縄県を含まない。

5　飼料作物

(1)　牧草　　　(2)　青刈りとうもろこし　　(3)　ソルゴー　　(4)　青刈りえん麦

年　産	(1) 牧草 作付(栽培)面積 (1)	収穫量 (2)	(2) 青刈りとうもろこし 作付面積 (1)	収穫量 (2)	(3) ソルゴー 作付面積 (1)	収穫量 (2)	(4) 青刈りえん麦 作付面積 (1)	収穫量 (2)
	ha	t	ha	t	ha	t	ha	t
昭和11年産 (1)	…	…	…	…	…	…	…	…
12 (2)	…	…	…	…	…	…	…	…
13 (3)	…	…	13,800	370,800	…	…	1,740	24,10●
14 (4)	…	…	15,000	418,700	…	…	1,990	27,60●
15 (5)	…	…	17,700	424,000	…	…	2,060	29,400
16 (6)	…	…	15,900	348,000	…	…	3,030	32,700
17 (7)	…	…	17,200	428,000	…	…	3,760	41,900
18 (8)	…	…	…	…	…	…	…	…
19 (9)	…	…	…	…	…	…	…	…
20 (10)	…	…	…	…	…	…	…	…
21 (11)	…	…	…	…	…	…	…	…
22 (12)	…	…	…	…	…	…	…	…
23 (13)	…	…	…	…	…	…	…	…
24 (14)	…	…	…	…	…	…	…	…
25 (15)	…	…	…	…	…	…	…	…
26 (16)	…	…	10,500	489,200	…	…	2,090	28,200
27 (17)	…	…	32,300	1,059,000	…	…	2,450	35,100
28 (18)	…	…	29,300	928,100	…	…	3,500	45,60●
29 (19)	…	…	33,700	828,700	…	…	4,460	56,80●
30 (20)	…	…	38,500	1,368,000	…	…	7,090	95,60●
31 (21)	…	…	39,700	1,086,000	…	…	4,580	114,100
32 (22)	…	…	43,800	1,441,000	…	…	7,320	155,90●
33 (23)	…	…	48,000	1,706,000	…	…	10,900	245,500
34 (24)	…	…	50,100	1,742,000	…	…	13,400	238,80●
35 (25)	153,200	2,982,000	52,600	1,862,000	…	…	15,100	290,40●
36 (26)	183,400	4,061,000	57,400	2,107,000	…	…	18,900	381,70●
37 (27)	214,900	4,693,000	63,100	2,190,000	…	…	23,500	528,200
38 (28)	248,700	5,995,000	65,800	2,507,000	…	…	26,400	462,500
39 (29)	275,500	6,764,000	68,300	2,557,000	…	…	30,500	699,80●
40 (30)	302,700	8,262,000	68,300	2,764,000	…	…	30,500	701,600
41 (31)	324,100	8,844,000	69,200	2,679,000	…	…	31,100	743,400
42 (32)	356,100	11,281,000	68,900	3,060,000	…	…	29,800	731,70●
43 (33)	398,200	13,193,000	70,300	3,241,000	…	…	31,000	812,30●
44 (34)	435,000	14,816,000	71,900	3,228,000	…	…	31,400	826,000
45 (35)	483,700	17,506,000	76,800	3,483,000	…	…	29,900	782,40●
46 (36)	557,100	18,560,000	79,000	3,440,000	…	…	27,600	721,10●
47 (37)	600,800	22,646,000	77,600	3,762,000	…	…	22,600	650,60●
48 (38)	643,400	23,161,000	77,400	3,675,000	15,600	…	20,600	596,10●
49 (39)	672,200	25,438,000	76,500	3,809,000	17,600	1,133,000	19,200	604,90●
50 (40)	691,200	25,368,000	79,700	3,908,000	18,800	1,314,000	16,300	502,000
51 (41)	704,400	25,167,000	82,500	3,873,000	19,300	1,334,000	15,500	481,100
52 (42)	722,700	27,530,000	88,100	4,538,000	21,300	1,530,000	15,000	472,30●
53 (43)	758,400	28,776,000	100,600	5,274,000	27,200	1 947 000	15,200	486,10●
54 (44)	773,700	29,007,000	107,200	5,663,000	30,000	2,144,000	15,100	498,80●
55 (45)	787,900	28,463,000	112,400	5,400,000	33,700	2,150,000	15,900	473,30●
56 (46)	797,700	29,531,000	116,200	5,330,000	36,900	2,534,000	16,100	482,600
57 (47)	808,400	31,706,000	122,200	6,071,000	37,500	2,496,000	16,100	515,30●
58 (48)	814,800	30,873,000	123,000	5,446,000	37,300	2,547,000	15,800	481,90●
59 (49)	818,900	30,289,000	120,300	6,285,000	36,200	2,492,000	15,700	489,50●
60 (50)	814,800	31,600,000	121,800	6,306,000	35,500	2,385,000	15,100	495,80●
61 (51)	814,600	32,733,000	123,900	6,493,000	36,100	2,469,000	15,200	506,50●
62 (52)	828,100	32,497,000	127,200	6,617,000	37,200	2,377,000	14,900	499,00●
63 (53)	834,300	31,722,000	125,200	6,201,000	36,900	2,426,000	14,900	471,00●

注：1　昭和30年産以前の作付面積は収穫面積である。
　　2　牧草、青刈りえん麦及び青刈りらい麦の昭和45年産以前の作付面積には肥料用を含む。
　　3　青刈りその他麦の昭和45年産以前の作付面積及び昭和44年産以前の収穫量には肥料用を含む。
　　4　昭和19年産から昭和48年産までは沖縄県を含まない。

(5) 家畜用ビート　(6) 飼料用かぶ　(7) れんげ　(8) 青刈りらい麦　(9) 青刈りその他麦

作付面積 (1) ha	収穫量 (2) t	作付面積 (1) ha	収穫量 (2) t	作付面積 (1) ha	収穫量 (2) t	作付面積 (1) ha	収穫量 (2) t	作付面積 (1) ha	収穫量 (2) t	
...	...	...	...	...	...	...	...	...	...	(1)
...	...	...	...	...	...	...	...	...	...	(2)
...	...	...	...	23,400	358,800	...	...	...	...	(3)
...	...	...	...	27,500	432,800	...	...	...	...	(4)
...	...	...	...	31,200	449,800	...	...	...	...	(5)
...	...	...	...	28,400	400,100	...	...	...	...	(6)
...	...	...	...	30,900	417,600	...	...	...	...	(7)
...	...	...	...	28,300	387,600	...	...	...	...	(8)
...	...	...	...	25,500	341,100	...	...	...	...	(9)
...	...	...	...	26,100	259,900	...	...	...	...	(10)
...	...	...	...	23,300	297,300	...	...	...	...	(11)
...	...	...	...	24,100	320,700	...	...	...	...	(12)
...	...	...	...	25,400	328,600	...	...	...	...	(13)
...	...	...	...	28,300	428,900	...	...	...	...	(14)
...	...	...	...	32,000	492,500	...	...	...	...	(15)
...	...	...	...	33,500	563,800	...	...	...	...	(16)
...	...	...	...	57,200	985,900	...	...	...	...	(17)
...	...	...	...	55,000	991,600	...	...	...	...	(18)
...	...	...	...	56,500	990,700	...	...	...	...	(19)
...	...	...	...	54,800	994,300	...	...	...	...	(20)
...	...	...	...	48,700	922,500	...	...	...	...	(21)
...	...	...	...	49,200	981,400	...	...	...	...	(22)
...	...	...	...	63,300	1,209,000	...	...	...	...	(23)
...	...	...	...	69,300	1,317,000	5,230	96,700	3,690	55,200	(24)
3,250	82,000	6,770	155,400	108,400	1,746,000	6,710	133,800	3,530	63,200	(25)
3,220	84,300	8,600	228,300	107,100	1,839,000	8,130	172,600	3,570	69,800	(26)
3,340	86,200	10,400	273,500	111,600	2,050,000	10,100	229,900	3,610	74,300	(27)
3,800	108,100	11,800	340,200	97,700	1,264,000	10,700	240,600	4,170	71,500	(28)
3,880	114,100	12,200	360,800	89,400	1,822,000	11,400	171,600	3,970	78,700	(29)
4,100	135,000	13,600	444,000	85,000	1,790,000	11,000	240,900	3,070	56,500	(30)
4,380	136,300	13,800	446,600	81,200	1,805,000	11,200	272,200	2,820	56,000	(31)
4,550	169,800	14,400	500,900	71,100	1,565,000	10,800	258,600	2,700	47,900	(32)
4,520	175,200	14,400	526,600	67,400	1,492,000	10,800	257,600	2,230	40,700	(33)
4,460	167,000	15,300	591,800	61,100	1,375,000	10,600	253,500	1,730	33,800	(34)
4,520	183,200	14,800	590,800	52,500	1,216,000	9,520	201,200	1,270	21,500	(35)
4,350	174,300	14,000	546,000	44,800	1,039,000	7,310	195,400	1,140	22,900	(36)
4,200	186,000	13,700	585,700	31,400	779,400	6,340	174,900	935	...	(37)
3,720	159,100	12,500	542,400	24,900	614,400	5,230	149,500	596	...	(38)
3,450	147,800	11,800	520,000	20,500	...	4,850	...	489	...	(39)
2,990	127,300	11,100	492,200	15,800	...	4,370	...	458	...	(40)
2,520	112,300	10,800	471,600	13,600	...	4,100	...	631	...	(41)
2,290	107,500	11,000	502,100	11,200	...	4,030	...	757	...	(42)
2,250	108,300	11,200	516,100	11,200	...	4,010	...	739	...	(43)
2,070	100,000	11,100	532,300	10,100	...	3,850	...	983	...	(44)
1,840	86,700	10,900	508,800	8,090	...	3,760	...	1,040	...	(45)
1,670	74,300	10,300	492,700	7,130	...	3,530	...	1,190	...	(46)
1,480	75,600	10,200	499,700	6,240	...	3,410	...	1,460	...	(47)
1,240	57,200	10,100	480,500	5,640	...	3,360	...	1,730	...	(48)
1,080	50,500	9,380	446,300	5,080	...	3,580	...	1,870	...	(49)
962	47,700	8,960	447,400	4,540	...	3,410	...	1,960	...	(50)
835	42,700	8,220	422,800	4,370	...	3,350	...	1,830	...	(51)
625	32,600	7,200	369,700	3,700	...	3,070	...	1,910	...	(52)
504	25,700	5,990	289,800	3,320	...	2,890	...	1,590	...	(53)

5　飼料作物（続き）

(1)　牧草　　　　　(2)　青刈りとうもろこし　(3)　ソルゴー　　(4)　青刈りえん麦

年　　産	作付（栽培）面積 (1)	収穫量 (2)	作付面積 (1)	収穫量 (2)	作付面積 (1)	収穫量 (2)	作　付　面　積 (1)		収穫量 (2)
	ha	t	ha	t	ha	t	ha		ha
平成元年産 (1)	835,100	32,389,000	125,600	6,495,000	36,500	2,353,000	13,900		474,000
2 (2)	837,600	34,060,000	125,900	6,845,000	36,300	2,323,000	13,200		477,000
3 (3)	842,200	32,962,000	124,300	6,078,000	35,800	2,072,000	12,800		432,800
4 (4)	840,300	33,316,000	121,800	6,446,000	34,000	2,290,000	…	(8,800)	(315,400
5 (5)	837,500	30,970,000	118,300	4,903,000	32,400	1,671,000	…	(8,400)	(304,400
6 (6)	830,400	32,080,000	110,600	5,984,000	29,300	1,863,000	11,100		407,200
7 (7)	827,400	32,744,000	106,800	5,701,000	28,100	1,844,000	…	(7,580)	(273,300
8 (8)	826,200	31,472,000	104,600	5,368,000	26,900	1,732,000	…	(7,140)	(256,100
9 (9)	820,900	31,782,000	103,000	5,487,000	26,300	1,692,000	9,220		335,200
10 (10)	825,000	31,636,000	101,100	5,184,000	26,800	1,706,000	…	(6,860)	(245,600
11 (11)	820,100	31,154,000	99,000	4,795,000	25,800	1,500,000	…	(6,610)	(249,200
12 (12)	809,100	31,945,000	95,900	5,287,000	24,800	1,625,000	8,060	(6,580)	(249,600
13 (13)	804,600	30,545,000	93,100	5,114,000	24,200	1,599,000	…	(6,570)	(248,300
14 (14)	801,200	30,305,000	91,300	4,867,000	23,100	1,501,000	…	(6,050)	(229,100
15 (15)	798,000	28,700,000	90,100	4,563,000	21,600	1,312,000	8,200	(6,310)	(229,900
16 (16)	788,300	30,723,000	87,400	4,659,000	20,800	1,194,000	7,700	(6,460)	(239,700
17 (17)	782,400	29,682,000	85,300	4,640,000	20,100	1,275,000	7,400	(5,880)	(221,000
18 (18)	777,000	29,128,000	84,400	4,290,000	19,100	1,124,000	6,950	(5,510)	(194,700
19 (19)	773,300	28,805,000	86,100	4,541,000	19,000	1,155,000	7,060		.
20 (20)	769,000	28,805,000	90,800	4,933,000	18,800	1,150,000	7,730		
21 (21)	764,100	27,726,000	92,300	4,645,000	18,700	1,092,000	7,540		
22 (22)	759,100	27,580,000	92,200	4,643,000	17,900	1,001,000	7,380		
23 (23)	755,100	26,783,000	92,200	4,713,000	17,600	939,200	7,070		
24 (24)	750,800	(24,243,000)	92,000	4,826,000	17,000	890,700	7,520		
25 (25)	745,500	(23,454,000)	92,500	4,787,000	16,500	877,000	7,620		
26 (26)	739,600	25,193,000	91,900	4,825,000	15,900	787,900	7,400		
27 (27)	737,600	26,092,000	92,400	4,823,000	15,200	728,600	7,370		
28 (28)	735,200	24,689,000	93,400	4,255,000	14,800	655,300	7,830		
29 (29)	728,300	25,497,000	94,800	4,782,000	14,400	665,000	…		
30 (30)	726,000	24,621,000	94,600	4,488,000	14,000	618,000			

注：1　牧草の平成24年産及び平成25年産の収穫量は、放射性物質調査の結果により給与自粛措置が行われた地域があったことから、全国値の推計を行っていない
　　2　飼料作物の青刈りえん麦、れんげ、青刈りらい麦及び青刈りその他麦の作付面積については、平成29年産から調査を廃止した。
　　3　（　）内の数値は収穫量調査の調査対象県の合計値である。
　　4　［　］内の数値は、面積調査の調査対象県の合計値である。

(5) 家畜用ビート　(6) 飼料用かぶ　(7) れんげ　(8) 青刈りらい麦　(9) 青刈りその他麦

作付面積	収穫量	作付面積	収穫量	作付面積	収穫量	作付面積	収穫量	作付面積	収穫量	
(1)	(2)	(1)	(2)	(1)	(2)	(1)	(2)	(1)	(2)	
ha	t	ha	t	ha	t	ha	t	ha	t	
415	21,700	5,220	266,500	2,870	…	2,750	…	1,430	…	(1)
325	17,200	4,360	221,700	2,320	…	2,680	…	1,320	…	(2)
304	16,100	3,760	184,300	2,010	…	2,400	…	1,260	…	(3)
177	…	3,350	…	[1,620]	…	[2,030]	…	[950]	…	(4)
126	…	2,620	…	[1,240]	…	[1,710]	…	[759]	…	(5)
73	…	2,200	…	993	…	1,750	…	836	…	(6)
45	…	1,840	…	[909]	…	[1,420]	…	[595]	…	(7)
53	…	1,540	…	[704]	…	[1,360]	…	[638]	…	(8)
33	…	1,300	…	503	…	1,370	…	677	…	(9)
21	…	1,130	…	[418]	…	[1,210]	…	[589]	…	(10)
14	…	997	…	[334]	…	[1,220]	…	[579]	…	(11)
9	…	862	…	225	…	1,240	…	540	…	(12)
8	…	793	…	[187]	…	[1,080]	…	[536]	…	(13)
…	…	678	…	[158]	…	[1,030]	…	[572]	…	(14)
…	…	557	…	122	…	1,090	…	555	…	(15)
…	…	463	…	103	…	1,070	…	594	…	(16)
…	…	389	…	78	…	1,010	…	631	…	(17)
…	…	339	…	58	…	970	…	652	…	(18)
…	…	…	…	46	…	933	…	641	…	(19)
…	…	…	…	32	…	965	…	711	…	(20)
…	…	…	…	35	…	938	…	780	…	(21)
…	…	…	…	19	…	918	…	704	…	(22)
…	…	…	…	41	…	903	…	719	…	(23)
…	…	…	…	59	…	889	…	686	…	(24)
…	…	…	…	60	…	877	…	917	…	(25)
…	…	…	…	53	…	845	…	925	…	(26)
…	…	…	…	49	…	807	…	977	…	(27)
…	…	…	…	48	…	876	…	977	…	(28)
…	…	…	…	…	…	…	…	…	…	(29)
…	…	…	…	…	…	…	…	…	…	(30)

6　工芸農作物

(1)　茶
ア　栽培農家数　　イ　栽培面積　　　　　　ウ　荒茶生産量

単位：戸　　　　　　　　　　　　　　　　　　　　単位：ha

年産	茶栽培農家数	茶　栽　培　面　積			荒　　茶　　生　産				
		計	専用茶園	兼用茶園	計	おおい茶			普通せん茶
						玉露	かぶせ茶	てん茶	
	(1)	(1)	(2)	(3)	(1)	(2)	(3)	(4)	(5)
昭和元年産 (1)	…	44,100	28,900	15,300	35,225.2	264.6	…	…	28,154.4
2 (2)	…	42,900	28,800	14,100	36,966.9	252.7	…	…	29,092.5
3 (3)	…	42,800	29,400	13,400	39,087.3	267.1	…	…	31,063.2
4 (4)	…	42,500	29,200	13,200	39,392.5	242.0	…	…	31,153.1
5 (5)	…	37,800	26,300	11,500	38,646.9	273.9		…	30,934.5
6 (6)	…	37,800	26,700	11,100	38,305.4	268.4	…	…	30,812.0
7 (7)	…	38,000	27,000	11,000	40,410.0	267.6	…	…	32,451.2
8 (8)	…	38,200	27,300	10,900	43,487.2	286.6	…	…	34,746.7
9 (9)	…	38,600	27,700	10,900	44,204.0	295.2	…	…	34,547.5
10 (10)	…	39,000	28,200	10,800	45,630.6	328.4	…	…	35,519.9
11 (11)	…	39,400	28,700	10,700	47,943.5	299.2	…	…	35,209.2
12 (12)	…	39,800	29,200	10,600	53,912.6	310.9	…	…	38,394.3
13 (13)	…	39,800	29,400	10,400	54,717.0	278.2	…	…	39,993.1
14 (14)	…	40,000	29,700	10,400	57,469.6	291.0	…	…	41,712.6
15 (15)	…	40,700	30,100	10,600	58,232.4	276.7	…	…	41,140.3
16 (16)	…	38,900	25,400	13,500	61,907.0	299.0	…	137.7	44,564.8
17 (17)	…	36,100	25,600	10,600	61,028.0	331.6	…	278.8	48,910.1
18 (18)	…	34,200	24,400	9,810	56,470.4	368.4	…	222.9	43,979.8
19 (19)	…	31,300	22,200	9,090	47,074.4	358.4	…	289.5	34,705.0
20 (20)	…	26,500	17,900	8,600	23,650.8	406.1	…	331.7	15,936.2
21 (21)	…	24,400	15,300	9,020	21,418.3	354.5	…	173.7	14,286.5
22 (22)	…	24,600	-	-	22,142.4	1,069.7	…	131.1	14,212.7
23 (23)	…	25,500	17,100	8,350	26,022.4	309.7	…	127.5	17,837.0
24 (24)	…	26,600	18,200	8,470	32,582.1	286.4	…	88.0	22,646.8
25 (25)	…	27,400	18,800	8,670	41,725.6	224.1	…	206.1	29,425.5
26 (26)	…	28,300	19,200	9,000	44,010.2	159.4	112.8	45.7	30,850.4
27 (27)	…	30,000	21,400	8,560	57,151.7	180.7	116.6	195.8	40,592.3
28 (28)	…	33,200	24,300	8,940	56,462.7	179.6	194.2	198.3	37,934.2
29 (29)	…	35,200	26,300	8,890	67,830.1	154.7	163.1	227.3	40,012.5
30 (30)	…	38,600	29,700	8,940	72,854.2	242.6	136.8	265.9	43,696.5
31 (31)	…	42,300	31,700	10,600	70,747.1	213.6	119.3	187.5	51,606.4
32 (32)	…	44,800	32,500	12,300	72,383.2	234.6	171.2	264.8	51,008.7
33 (33)	…	46,800	32,900	13,900	74,588.4	248.1	237.8	266.7	53,556.3
34 (34)	1,397,000	47,400	33,800	13,700	79,478.9	331.6	314.0	323.7	60,858.7
35 (35)	1,376,000	48,500	34,500	14,000	77,566.3	310.6	290.0	299.8	60,283.0
36 (36)	1,346,000	48,800	34,900	13,900	81,392.0	340.2	390.3	347.3	61,939.1
37 (37)	1,337,000	49,100	35,100	14,000	77,456.9	326.9	332.0	271.4	60,304.0
38 (38)	1,319,000	48,900	35,000	13,900	81,099.8	277.2	285.6	325.2	65,130.5
39 (39)	1,297,000	48,700	35,000	13,700	83,280.1	352.9	485.3	374.6	66,294.9
40 (40)	1,269,000	48,500	34,900	13,500	77,430.6	394.8	338.0	315.7	61,188.9
41 (41)	1,234,000	48,400	34,300	14,100	83,150.0	426.4	414.6	369.5	65,357.0
42 (42)	1,203,000	48,500	35,000	13,500	83,143.6	427.0	432.8	349.9	67,157.4
43 (43)	…	48,900	35,800	13,000	84,971.5	351.6	436.3	352.3	67,827.4
44 (44)	1,069,000	49,700	37,500	12,200	89,604.3	422.0	522.6	382.4	69,479.0
45 (45)	1,026,000	51,600	39,900	11,800	91,198.2	409.0	526.2	351.3	71,906.1
46 (46)	990,000	53,900	42,600	11,300	92,911.4	427.0	442.0	311.2	74,038.3
47 (47)	917,900	55,500	44,700	10,800	94,999.5	477.3	590.9	337.8	75,298.4
48 (48)	917,200	57,300	46,700	10,500	101,181.3	522.8	1,045.4	343.3	79,620.3
49 (49)	890,800	58,400	48,200	10,200	95,237.7	514.9	1,378.0	344.7	76,403.6
50 (50)	870,200	59,200	49,200	9,940	105,449	551	1,963	351	83,268
51 (51)	843,700	59,600	50,100	9,510	100,098	520	1,242	330	76,741
52 (52)	807,200	59,700	51,000	8,790	102,301	494	1,450	353	80,587
53 (53)	787,600	60,000	51,700	8,410	104,738	574	1,850	454	82,855
54 (54)	773,400	60,700	52,600	8,020	98,000	495	2,060	425	75,600
55 (55)	749,900	61,000	53,500	7,490	102,300	553	2,320	415	81,400
56 (56)	718,400	61,000	53,800	7,150	102,300	515	2,510	404	79,900
57 (57)	687,300	61,000	54,100	6,920	98,500	549	2,440	432	78,200
58 (58)	665,500	61,000	54,400	6,620	102,700	483	2,890	476	81,200
59 (59)	641,300	60,800	54,500	6,300	92,500	377	2,510	481	72,300
60 (60)	614,200	60,600	54,800	5,860	95,500	420	2,950	552	74,700
61 (61)	582,500	60,200	54,600	5,570	93,600	384	2,830	580	73,600
62 (62)	553,900	59,900	54,600	5,280	96,300	390	3,130	667	76,400
63 (63)	528,000	59,600	54,700	4,940	89,800	380	3,060	731	71,700

注：1　昭和30年産から奄美大島を含む。昭和19年産から昭和48年産までは沖縄県を含まない。
2　昭和15年産以前の普通せん茶には玉緑茶を、その他にはてん茶を含む。
3　昭和51年産からかぶせ茶は、一番茶のみと調査基準を改正した。
4　昭和25年産以前のかぶせ茶は普通せん茶又は玉露の一部として扱われていたが、昭和26年産からこれを区別して調査した。
5　荒茶工場数の昭和15年産までは、その間において製茶に従事した戸数であり、昭和16年産以降は、その年に製茶した工場数である。
　また、昭和30年産以降は機械製茶工場のみ調査した数値である。
6　栽培面積は、平成13年産までは8月1日現在において調査したものである。

エ　荒茶工場数

単位：t　　　　　　　　　　　　　　　　　　　　　　単位：工場

産	量			荒 茶 工 場 数				
玉 緑 茶	番 茶	そ の 他	紅 茶	計	機 械 製 茶	半機械製茶	手 も み 製 茶	
(6)	(7)	(8)	(9)	(1)	(2)	(3)	(4)	
...	7,466.4	317.4	22.4	1,147,548	...	...	...	(1)
...	7,364.6	240.5	16.6	1,146,894	...	...	...	(2)
...	7,550.8	185.4	20.8	1,153,767	...	...	...	(3)
...	7,795.7	191.6	10.1	1,136,971	...	...	...	(4)
...	7,211.6	205.3	11.6	1,120,240	...	...	...	(5)
...	7,029.1	183.8	12.1	1,126,318	...	...	...	(6)
...	7,487.8	177.2	26.2	1,132,089	...	...	...	(7)
...	8,222.6	181.1	50.2	1,136,426	...	...	...	(8)
...	8,095.1	215.1	1,051.1	1,137,584	...	...	...	(9)
...	8,286.9	238.2	1,257.2	1,111,095	...	...	...	(10)
...	9,239.3	211.9	2,983.9	1,129,324	...	...	...	(11)
...	10,171.9	400.9	4,634.6	1,124,406	...	...	...	(12)
...	10,582.3	961.8	2,901.6	1,109,715	...	...	...	(13)
...	11,354.4	2,182.7	1,928.9	1,093,691	...	...	...	(14)
...	11,943.5	1,947.4	2,924.5	1,074,149	...	...	...	(15)
3,672.2	10,126.8	792.3	2,314.2	851,690	10,023	4,820	836,856	(16)
1,230.2	9,496.0	658.6	212.7	786,174	10,055	3,855	772,264	(17)
1,792.0	9,323.1	661.1	123.1	749,592	10,094	2,697	736,801	(18)
1,288.4	8,239.7	2,074.0	119.4	709,620	8,724	2,965	697,931	(19)
716.5	5,168.9	969.0	121.5	710,491	6,895	4,643	698,953	(20)
1,057.3	5,226.8	233.3	86.2	587,863	8,111	1,856	577,896	(21)
822.2	5,430.7	335.0	141.0	547,177	9,220	1,749	536,208	(22)
1,615.5	5,529.9	329.4	273.3	563,739	8,568	1,530	553,641	(23)
1,110.4	8,121.6	243.4	85.5	862,900	9,442	5,399	848,552	(24)
2,065.3	8,983.4	91.8	729.4	960,781	9,419	4,904	946,458	(25)
3,215.9	8,511.8	56.6	1,057.6	1,011,288	10,255	1,161	999,872	(26)
7,978.7	7,649.1	67.2	371.3	976,128	11,140	1,807	963,181	(27)
7,662.9	8,801.7	31.9	1,459.9	952,024	12,231	1,728	938,065	(28)
10,548.5	9,469.0	44.6	7,210.4	932,580	12,590	1,728	918,262	(29)
10,508.4	9,427.0	51.8	8,525.2	13,991	13,991	...	...	(30)
8,069.9	9,871.8	22.5	656.1	...	...	...	...	(31)
7,262.1	9,463.7	6.7	3,971.4	14,677	14,677	...	...	(32)
9,558.5	8,190.2	3.0	2,527.8	15,161	15,161	...	...	(33)
8,628.0	8,156.4	2.1	864.4	15,593	15,593	...	...	(34)
6,737.4	7,984.1	0.8	1,660.6	16,162	16,162	...	...	(35)
8,143.0	8,306.3	–	1,925.8	16,320	16,320	...	...	(36)
7,012.8	8,322.9	3.0	883.9	16,328	16,328	...	...	(37)
5,291.9	9,095.4	4.0	690.0	16,239	16,239	...	...	(38)
4,768.6	10,168.1	1.7	834.0	16,216	16,216	...	...	(39)
4,155.1	9,480.8	–	1,557.3	16,181	16,181	...	...	(40)
4,341.0	10,907.2	–	1,334.3	16,283	16,283	...	...	(41)
4,190.5	11,441.7	–	1,144.3	16,109	16,109	...	...	(42)
4,011.3	11,456.7	–	535.9	15,786	15,786	...	...	(43)
4,350.3	14,175.3	–	272.7	15,311	15,311	...	...	(44)
4,152.1	13,509.7	–	253.8	15,139	15,139	...	...	(45)
3,907.1	13,762.8	–	23.0	14,922	14,922	...	...	(46)
4,236.6	14,042.7	–	15.8	14,671	14,671	...	...	(47)
4,889.8	14,755.5	–	4.2	14,494	14,494	...	...	(48)
4,474.7	12,117.4	–	4.4	14,400	14,400	...	...	(49)
5,022	14,201	–	3	14,300	14,300	...	...	(50)
4,783	13,481	–	1	...	...	...	...	(51)
4,989	14,400	–	26	...	...	...	...	(52)
5,171	13,827	–	2	13,649	13,649	...	...	(53)
5,440	14,100	1	1	...	...	...	...	(54)
5,470	12,100	1	5	...	...	...	...	(55)
5,480	13,500	0	4	13,600	13,600	...	...	(56)
5,290	11,600	0	3	...	...	...	...	(57)
5,830	11,700	–	1	...	...	...	...	(58)
5,490	11,300	–	1	13,200	13,200	...	...	(59)
5,420	11,500	–	1	...	...	...	...	(60)
5,220	11,000	1	1	...	...	...	...	(61)
5,310	10,400	28	1	12,300	12,300	...	...	(62)
5,180	8,780	24	1	...	...	...	...	(63)

6　工芸農作物　（続き）

(1)　茶（続き）
ア　栽培農家数　　イ　栽培面積　　　　　　　ウ　荒茶生産量

単位：戸　　　　　　　　　　　　単位：ha

年　産	茶栽培農家数(1)	茶栽培面積 計(1)	専用茶園(2)	兼用茶園(3)	荒茶生計(1)	おおい茶 玉露(2)	かぶせ茶(3)	てん茶(4)	普通せん茶(5)
平成元年産 (1)	502,600	59,000	54,400	4,530	90,500	339	2,510	796	71,800
2 (2)	466,800	58,500	54,200	4,260	89,900	357	3,180	896	72,700
3 (3)	433,700	57,600	53,700	3,950	87,800	384	3,100	811	69,400
4 (4)	410,300	56,700	53,000	3,700	92,100	346	3,290	837	71,800
5 (5)	381,500	55,700	52,200	3,490	92,100	326	3,250	820	72,200
6 (6)	(199,400)	54,500	51,300	3,270	(81,800)	(317)	(3,380)	(739)	(64,600)
7 (7)	(185,800)	53,700	50,700	3,060	(80,400)	(305)	(3,080)	(820)	(63,900)
8 (8)	307,300	52,700	49,900	2,720	88,600	299	3,400	955	66,600
9 (9)	(157,300)	51,800	49,300	2,520	(87,100)	(254)	(4,090)	(1,100)	(66,600)
10 (10)	(148,500)	51,200	48,900	2,320	(78,700)	(261)	(4,120)	(988)	(61,300)
11 (11)	238,600	50,700	48,600	…	88,500	236	3,920	925	65,800
12 (12)	(117,200)	50,400	48,500	…	(84,700)	(207)	(3,820)	(1,010)	(63,500)
13 (13)	(102,400)	50,100	48,200	…	(84,500)	(208)	(3,540)	(1,120)	(62,500)
14 (14)	…	49,700	48,000	…	84,200	196	3,630	1,350	63,200
15 (15)	…	49,500	47,800	…	91,900	208	3,910	1,420	67,100
16 (16)	…	49,100	47,600	…	100,700	213	3,740	1,490	70,800
17 (17)	…	48,700	47,200	…	100,000	227	4,040	1,630	70,200
18 (18)	…	48,500	47,100	…	91,800	222	3,650	1,650	64,900
19 (19)	…	48,200	46,900	…	94,100	277	3,920	1,660	65,400
20 (20)	…	48,000	46,700	…	95,500	412	4,220	1,780	65,300
21 (21)	…	47,300	46,100	…	86,000	…	1) 5,970	…	58,600
22 (22)	…	46,800	…	…	85,000	…	1) 5,840	…	54,400
23 (23)	…	46,200	…	…	(82,100)	…	1) (5,840)	…	(53,400)
24 (24)	…	45,900	…	…	(85,900)	…	1) (6,420)	…	(54,900)
25 (25)	…	45,400	…	…	84,800	…	1) 5,990	…	53,800
26 (26)	…	44,800	…	…	83,600	…	1) 6,260	…	52,400
27 (27)	…	44,000	…	…	79,500	…	1) 7,000	…	47,700
28 (28)	…	43,100	…	…	80,200	…	1) 6,980	…	47,300
29 (29)	…	42,400	…	…	82,000	…	…	…	…
30 (30)	…	41,500	…	…	86,300	…	…	…	…

注：1　（　）内の数値は主産県の合計値である。
　　2　全国の荒茶生産量（年間計）については、従来、主産県調査結果を基に推計していたが、平成23年産及び平成24年産は原子力災害対策特別措置法に基づき、主産県以外の都道府県においても出荷制限が行われたことから推計を行わなかったため、主産県の合計値を掲載した。
　　3　栽培面積は、平成13年産までは8月1日現在、平成14年産からは7月15日現在において調査したものである。
　　4　平成19年産から「その他」には「紅茶」を含む。
　　5　平成29年産から茶種別荒茶生産量の調査は廃止した。
　　1)は、近年増加している20日前後の直接被覆による栽培方法の取扱いが明確化するまでの間、暫定的に玉露、かぶせ茶及びてん茶を一括しておおい茶として表章した。

エ　荒茶工場数

単位：t　　　　　　　　　　　　　　　　　　　　単位：工場

産　　　　　　量				荒　　茶　　工　　場　　数				
玉　緑　茶	番　　茶	そ　の　他	紅　　茶	計	機 械 製 茶	半機械製茶	手 も み 製 茶	
(6)	(7)	(8)	(9)	(1)	(2)	(3)	(4)	
5,000	10,000	31	1	…	…	…	…	(1)
4,780	8,020	26	3	11,700	11,700	…	…	(2)
4,640	9,500	29	3	…	…	…	…	(3)
4,610	11,200	75	0	…	…	…	…	(4)
4,510	11,100	44	3	…	…	…	…	(5)
(3,850)	(8,290)	(571)	(-)	…	…	…	…	(6)
(3,840)	(8,020)	(544)	(4)	…	…	…	…	(7)
4,060	12,500	909	9	…	…	…	…	(8)
(4,250)	(9,710)	(1,140)	(11)	…	…	…	…	(9)
(3,700)	(7,720)	(735)	(9)	…	…	…	…	(10)
3,870	12,600	1,230	12	…	…	…	…	(11)
(3,810)	(11,400)	(983)	(9)	…	…	…	…	(12)
(3,690)	(12,300)	(1,260)	(9)	…	…	…	…	(13)
3,660	11,000	1,140	15	…	…	…	…	(14)
3,490	14,500	1,220	23	…	…	…	…	(15)
3,930	19,300	1,350	20	…	…	…	…	(16)
3,720	18,200	1,830	16	…	…	…	…	(17)
3,410	16,400	1,650	15	…	…	…	…	(18)
3,200	17,600	1,990	…	…	…	…	…	(19)
2,930	19,100	1,780	…	…	…	…	…	(20)
2,560	17,600	1,320	…	…	…	…	…	(21)
2,310	21,000	1,460	…	…	…	…	…	(22)
(2,200)	(18,700)	(1,890)	…	…	…	…	…	(23)
(2,320)	(20,300)	(2,050)	…	…	…	…	…	(24)
2,270	21,000	1,860	…	…	…	…	…	(25)
2,060	20,800	2,070	…	…	…	…	…	(26)
1,790	20,300	2,680	…	…	…	…	…	(27)
1,760	21,800	2,320	…	…	…	…	…	(28)
…	…	…	…	…	…	…	…	(29)
…	…	…	…	…	…	…	…	(30)

6　工芸農作物（続き）

(2)　なたね　　　　　　　　　　　　(3)　てんさい　　　　　(4)　さとうきび

年　産		作付面積 （子実用）	10a当たり 収　量	収穫量	作付面積	10a当たり 収　量	収穫量	収穫面積	10a当たり 収　量	収穫量
		(1)	(2)	(3)	(1)	(2)	(3)	(1)	(2)	(3)
		ha	kg	t	ha	kg	t	ha	kg	t
昭和元年産	(1)	72,400	96	69,700	7,400	1,960	145,200	26,600	3,300	878,000
2	(2)	71,600	100	71,600	9,900	1,870	185,000	26,500	3,760	997,100
3	(3)	70,000	102	71,500	10,300	2,030	208,900	27,300	3,530	963,400
4	(4)	70,600	106	74,600	8,700	2,250	195,800	25,800	3,300	851,300
5	(5)	74,700	104	77,800	9,100	2,090	190,400	24,600	3,500	860,300
6	(6)	73,900	104	77,200	9,700	1,830	177,500	24,900	4,270	1,063,000
7	(7)	81,600	112	91,500	8,600	1,990	170,800	23,900	4,530	1,083,000
8	(8)	80,800	109	87,900	10,100	1,850	187,000	22,800	4,280	975,600
9	(9)	90,600	119	108,100	10,000	2,420	241,700	22,700	4,590	1,043,000
10	(10)	98,700	123	121,400	12,700	1,800	228,900	22,400	5,010	1,123,000
11	(11)	106,400	114	121,200	18,900	1,700	321,400	21,100	4,820	1,016,000
12	(12)	111,000	119	132,300	17,800	1,660	295,300	20,000	5,350	1,069,000
13	(13)	110,500	105	116,500	17,800	1,940	345,300	20,000	6,560	1,312,000
14	(14)	95,400	126	120,300	16,500	1,300	214,500	20,200	5,140	1,038,000
15	(15)	89,400	122	108,800	14,500	1,320	190,900	19,800	3,950	782,500
16	(16)	87,600	121	105,900	16,500	1,520	251,000	21,500	3,260	700,600
17	(17)	78,700	106	83,500	16,300	1,540	251,500	…	…	…
18	(18)	62,000	85	53,000	14,100	916	129,100	…	…	…
19	(19)	38,800	84	32,500	15,600	702	109,500	…	…	…
20	(20)	35,300	57	20,000	14,800	587	86,900	…	…	…
21	(21)	14,800	47	6,930	12,800	696	89,100	…	…	…
22	(22)	24,500	56	13,600	17,300	719	124,400	…	…	…
23	(23)	35,200	77	27,200	12,000	553	66,300	…	…	…
24	(24)	46,600	83	38,800	11,400	1,170	133,800	…	…	108,100
25	(25)	118,400	101	119,200	14,100	1,240	174,800	…	…	105,300
26	(26)	146,000	122	178,500	13,300	1,610	214,500	…	…	98,200
27	(27)	221,700	127	282,300	12,700	1,890	240,100	…	…	63,700
28	(28)	244,800	118	288,900	13,800	1,930	266,000	…	…	68,600
29	(29)	174,500	126	219,700	14,400	2,080	299,000	…	…	61,600
30	(30)	207,700	130	269,500	16,800	2,230	374,500	6,900	3,400	234,600
31	(31)	252,000	127	320,200	20,700	2,240	463,100	7,050	3,180	224,100
32	(32)	258,600	111	286,200	28,700	2,340	672,800	7,020	3,250	228,300
33	(33)	225,200	118	266,900	35,800	2,540	910,500	6,760	2,900	196,300
34	(34)	188,200	139	261,900	39,900	2,500	999,100	6,810	3,580	244,000
35	(35)	191,400	138	263,600	47,700	2,250	1,074,000	7,850	4,750	372,800
36	(36)	194,900	140	273,500	48,200	2,360	1,136,000	8,150	5,550	452,100
37	(37)	173,100	143	246,800	52,100	2,420	1,261,000	9,560	4,910	469,200
38	(38)	140,700	77	108,900	49,800	2,410	1,200,000	9,470	6,780	641,900
39	(39)	119,600	113	134,600	49,200	2,450	1,203,000	11,700	7,110	832,200
40	(40)	85,400	147	125,500	60,400	3,000	1,813,000	13,100	6,030	789,500
41	(41)	66,500	142	94,600	61,100	2,680	1,639,000	13,100	6,520	853,800
42	(42)	54,400	146	79,400	59,800	3,320	1,984,000	13,000	6,690	869,700
43	(43)	39,500	173	68,400	54,900	3,840	2,110,000	13,000	5,840	759,200
44	(44)	29,600	162	48,000	58,900	3,540	2,083,000	13,000	6,270	815,100
45	(45)	19,200	157	30,100	54,100	4,310	2,332,000	12,200	5,580	680,800
46	(46)	13,700	166	22,800	54,300	4,050	2,197,000	10,700	5,990	640,900
47	(47)	10,800	150	16,200	57,800	4,780	2,760,000	10,400	6,200	644,800
48	(48)	7,810	163	12,700	61,800	4,780	2,951,000	9,940	6,690	664,600
49	(49)	5,280	172	9,100	47,500	3,950	1,878,000	30,000	6,080	1,823,000
50	(50)	4,410	165	7,270	48,100	3,660	1,759,000	30,600	6,450	1,973,000
51	(51)	3,740	166	6,210	42,400	5,120	2,169,000	31,900	6,210	1,981,000
52	(52)	3,140	165	5,190	49,300	4,730	2,333,000	32,600	7,140	2,328,000
53	(53)	2,690	177	4,760	57,800	4,990	2,884,000	34,100	7,460	2,544,000
54	(54)	2,600	175	4,540	58,900	5,680	3,344,000	35,200	6,570	2,311,000
55	(55)	2,420	171	4,140	65,000	5,460	3,550,000	33,800	6,200	2,095,000
56	(56)	2,310	162	3,740	74,000	4,530	3,355,000	35,000	6,390	2,237,000
57	(57)	2,090	180	3,760	69,700	5,890	4,108,000	33,900	6,650	2,256,000
58	(58)	1,980	163	3,220	73,000	4,630	3,377,000	35,200	7,180	2,526,000
59	(59)	1,710	158	2,700	75,200	5,370	4,040,000	35,100	7,270	2,553,000
60	(60)	1,570	174	2,730	72,500	5,410	3,921,000	35,700	7,390	2,638,000
61	(61)	1,330	168	2,230	72,100	5,360	3,862,000	34,800	6,440	2,240,000
62	(62)	1,150	171	1,970	71,500	5,350	3,827,000	34,900	6,800	2,374,000
63	(63)	1,030	169	1,740	71,900	5,360	3,849,000	34,000	6,650	2,261,000

注：1　さとうきびの昭和24年産から昭和30年産には奄美群島を含まない。
　　2　さとうきびの昭和24年産から昭和29年産までの収穫面積については，調査を行わなかったため「…」とした。
　　3　昭和19年産から昭和48年産までは沖縄県を含まない。

(5)　こんにゃくいも　　　　　　　　　(6)　い

栽 培 面 積	収 穫 面 積	10 a 当 た り 収 量	収 穫 量	作 付 面 積	10 a 当 た り 収 量	収 穫 量	
(1)	(2)	(3)	(4)	(1)	(2)	(3)	
ha	ha	kg	t	ha	kg	t	
7,150	…	…	55,000	4,580	934	42,800	(1)
7,200	…	…	54,000	4,350	952	41,400	(2)
7,570	…	…	56,100	4,720	979	46,200	(3)
7,710	…	…	53,200	5,320	1,020	54,400	(4)
7,790	…	…	52,800	5,270	983	51,800	(5)
8,080	…	…	56,600	4,610	974	44,900	(6)
8,260	…	…	57,400	5,340	978	52,200	(7)
8,560	…	…	59,000	6,200	939	58,200	(8)
8,590	…	…	55,100	7,210	1,030	74,400	(9)
8,650	…	…	55,500	6,910	1,040	71,500	(10)
8,910	…	…	55,100	5,950	946	56,300	(11)
9,200	…	…	57,400	6,030	1,070	64,700	(12)
9,290	…	…	57,900	6,070	1,010	61,300	(13)
10,100	…	…	59,000	6,420	1,130	72,700	(14)
10,200	…	…	65,300	7,390	1,080	79,500	(15)
11,900	9,770	702	68,600	5,060	1,010	51,200	(16)
11,900	9,190	656	60,300	4,480	1,100	49,200	(17)
10,400	7,360	769	56,600	4,350	805	35,000	(18)
8,190	5,980	592	35,400	2,410	763	18,400	(19)
5,510	3,770	594	22,400	986	763	7,520	(20)
3,230	2,320	496	11,500	454	650	2,950	(21)
2,510	1,800	572	10,300	792	585	4,630	(22)
2,500	1,790	724	12,900	1,930	731	14,100	(23)
2,370	1,630	687	11,200	3,400	753	25,600	(24)
2,430	1,790	793	14,200	4,080	870	35,500	(25)
2,940	2,210	1,110	24,500	7,290	908	66,200	(26)
3,630	2,880	1,060	30,400	10,600	980	103,900	(27)
5,000	3,500	994	34,800	8,310	812	67,500	(28)
6,220	3,690	1,020	37,600	7,590	939	71,300	(29)
9,550	4,630	1,140	52,800	6,080	982	59,700	(30)
11,300	5,210	1,150	59,800	6,840	985	67,400	(31)
13,000	6,330	1,260	79,600	8,730	1,060	92,600	(32)
14,400	7,110	1,190	84,900	10,600	1,060	112,500	(33)
15,400	7,860	1,030	81,000	7,610	1,070	81,300	(34)
14,400	7,170	1,290	92,300	7,540	1,050	79,000	(35)
15,000	7,480	1,330	99,200	8,130	1,070	86,700	(36)
14,900	7,540	1,360	102,700	9,010	1,070	96,000	(37)
13,800	7,100	1,330	94,100	10,400	876	91,100	(38)
14,300	7,470	1,340	100,300	12,300	1,150	141,100	(39)
15,300	7,940	1,300	103,100	9,280	1,060	98,600	(40)
16,100	8,270	1,490	123,000	8,860	1,130	99,900	(41)
17,600	8,920	1,470	131,300	9,020	1,180	106,000	(42)
17,300	8,860	1,470	129,800	10,300	1,170	120,800	(43)
16,900	8,760	1,440	125,900	10,300	1,160	119,400	(44)
16,800	8,670	1,320	114,200	9,540	1,040	99,100	(45)
16,100	8,430	1,250	105,000	11,100	1,040	114,900	(46)
15,600	8,170	1,230	100,500	11,800	1,110	130,500	(47)
15,800	8,330	1,210	101,000	10,400	1,020	105,700	(48)
15,800	8,240	1,180	97,600	10,700	1,140	122,200	(49)
15,800	8,110	1,300	105,300	8,610	1,060	91,000	(50)
15,400	8,100	1,310	106,500	8,350	1,030	86,100	(51)
14,800	7,780	1,310	102,100	9,510	1,020	96,600	(52)
14,200	7,280	1,290	93,900	9,620	1,140	109,600	(53)
13,700	6,870	1,460	100,400	9,720	1,150	111,800	(54)
13,400	6,840	1,340	91,600	9,370	1,010	94,200	(55)
12,600	6,550	1,360	88,900	8,470	1,060	90,200	(56)
11,800	6,170	1,090	67,000	7,530	1,150	86,300	(57)
11,300	5,940	1,160	69,100	7,820	1,040	81,700	(58)
11,000	5,610	1,340	74,900	7,510	1,160	87,000	(59)
11,800	6,200	1,590	98,300	7,420	1,090	80,700	(60)
12,200	6,370	1,700	108,200	7,430	1,090	81,200	(61)
12,100	6,420	1,830	117,400	7,770	1,070	83,300	(62)
11,300	5,860	1,620	95,200	8,360	1,010	84,400	(63)

6 工芸農作物（続き）

(2) なたね　　　　　　　　　(3) てんさい　　　　　(4) さとうきび

年　産		作 付 面 積（子実用）	10 a 当 たり 収　　量	収 穫 量	作 付 面 積	10 a 当 たり 収　　量	収 穫 量	収 穫 面 積	10 a 当 たり 収　　量	収 穫 量
		(1)	(2)	(3)	(1)	(2)	(3)	(1)	(2)	(3)
		ha	kg	t	ha	kg	t	ha	kg	t
平成元年産	(1)	1,040	174	1,810	71,900	5,100	3,664,000	33,600	7,990	2,684,000
2	(2)	925	179	1,660	72,000	5,550	3,994,000	32,800	6,050	1,983,000
3	(3)	915	177	1,620	71,900	5,720	4,115,000	30,100	6,290	1,894,000
4	(4)	827	193	1,600	70,600	5,070	3,581,000	27,700	6,420	1,779,000
5	(5)	753	171	1,290	70,100	4,830	3,388,000	25,900	6,330	1,640,000
6	(6)	(491)	(232)	(1,140)	69,800	5,520	3,853,000	24,800	6,460	1,602,000
7	(7)	(409)	(238)	(974)	70,000	5,450	3,813,000	24,100	6,730	1,622,000
8	(8)	593	185	1,100	69,700	4,730	3,295,000	23,800	5,390	1,284,000
9	(9)	(373)	(243)	(907)	68,500	5,380	3,685,000	22,500	6,420	1,445,000
10	(10)	(433)	(247)	(1,070)	70,200	5,930	4,164,000	22,400	7,440	1,666,000
11	(11)	607	129	783	70,000	5,410	3,787,000	22,800	6,890	1,571,000
12	(12)	(319)	(204)	(650)	69,200	5,310	3,673,000	23,100	6,040	1,395,000
13	(13)	(301)	(217)	(652)	66,000	5,750	3,796,000	22,800	6,570	1,499,000
14	(14)	…	…	…	66,600	6,150	4,098,000	23,800	5,580	1,328,000
15	(15)				67,900	6,130	4,161,000	23,900	5,810	1,389,000
16	(16)	…	…	…	68,000	6,850	4,656,000	23,200	5,120	1,187,000
17	(17)	…	…	…	67,500	6,220	4,201,000	21,300	5,700	1,214,000
18	(18)	…	…	…	67,400	5,820	3,923,000	21,700	6,040	1,310,000
19	(19)	…	…	…	66,600	6,450	4,297,000	22,100	6,790	1,500,000
20	(20)	…	…	…	66,000	6,440	4,248,000	22,200	7,200	1,598,000
21	(21)	…	…	…	64,500	5,660	3,649,000	23,000	6,590	1,515,000
22	(22)	1,690	93	1,570	62,600	4,940	3,090,000	23,200	6,330	1,469,000
23	(23)	1,700	115	1,950	60,500	5,860	3,547,000	22,600	4,420	1,000,000
24	(24)	1,610	116	1,870	59,300	6,340	3,758,000	23,000	4,820	1,108,000
25	(25)	1,590	111	1,770	58,200	5,900	3,435,000	21,900	5,440	1,191,000
26	(26)	1,470	121	1,780	57,400	6,210	3,567,000	22,900	5,060	1,159,000
27	(27)	1,630	194	3,160	58,800	6,680	3,925,000	23,400	5,380	1,260,000
28	(28)	1,980	184	3,650	59,700	5,340	3,189,000	22,900	6,870	1,574,000
29	(29)	1,980	185	3,670	58,200	6,700	3,901,000	23,700	5,470	1,297,000
30	(30)	1,920	163	3,120	57,300	6,300	3,611,000	22,600	5,290	1,196,000

注： 1　なたねについては、平成14年産から平成21年産までは調査を実施していない。
　　 2　（　）内の数値は主産県の合計値である。

(5)　こんにゃくいも　　　　　　　　　(6)　い

栽 培 面 積	収 穫 面 積	10 a 当 た り 収　　　　量	収 穫 量	作 付 面 積	10 a 当 た り 収　　　　量	収 穫 量	
(1)	(2)	(3)	(4)	(1)	(2)	(3)	
ha	ha	kg	t	ha	kg	t	
10,800	5,570	1,540	85,600	8,580	1,120	96,000	(1)
10,700	5,630	1,580	88,700	8,500	1,060	90,300	(2)
10,400	5,630	2,180	122,500	7,070	925	65,400	(3)
9,370	5,140	2,030	104,400	6,790	1,160	78,500	(4)
8,910	4,770	1,830	87,100	6,520	1,030	67,100	(5)
8,790	4,730	1,920	90,800	6,090	1,090	66,300	(6)
(6,280)	(3,440)	(1,990)	(68,600)	(5,610)	(1,150)	(64,500)	(7)
(5,950)	(3,380)	(2,430)	(82,100)	(5,210)	(1,120)	(58,400)	(8)
7,160	3,950	2,500	98,700	(5,020)	(1,150)	(57,700)	(9)
(5,620)	(3,250)	(2,640)	(85,700)	(4,420)	(1,060)	(47,000)	(10)
(5,190)	(2,790)	(2,060)	(57,400)	(3,490)	(1,040)	(36,300)	(11)
6,060	3,260	2,230	72,600	(2,730)	(1,080)	(29,400)	(12)
(4,710)	(2,660)	(2,630)	(69,900)	(1,870)	(1,140)	(21,300)	(13)
(4,590)	(2,560)	(2,550)	(65,200)	(1,810)	(1,140)	(20,700)	(14)
5,350	2,870	2,200	63,100	(1,870)	(1,100)	(20,500)	(15)
(4,260)	(2,400)	(2,800)	(67,100)	(1,800)	(1,150)	(20,700)	(16)
(4,160)	(2,380)	(2,820)	(67,000)	(1,700)	(1,280)	(21,800)	(17)
4,720	2,670	2,580	68,900	(1,370)	(1,120)	(15,300)	(18)
(3,780)	(2,290)	(2,680)	(61,400)	(1,110)	(1,370)	(15,200)	(19)
(3,720)	(2,090)	(2,660)	(55,500)	(1,070)	(1,280)	(13,700)	(20)
4,310	2,450	2,730	66,900	(1,000)	(1,430)	(14,300)	(21)
(3,690)	(2,150)	(3,000)	(64,600)	(899)	(1,280)	(11,500)	(22)
(3,660)	(2,010)	(2,880)	(57,800)	(838)	(1,150)	(9,640)	(23)
4,070	2,240	2,990	67,000	(854)	(1,240)	(10,600)	(24)
(3,570)	(2,000)	(3,110)	(62,200)	(818)	(1,440)	(11,800)	(25)
(3,490)	(1,930)	(2,910)	(56,100)	(739)	(1,370)	(10,100)	(26)
3,910	2,220	2,760	61,300	(701)	(1,110)	(7,800)	(27)
(3,470)	(2,060)	(3,460)	(71,300)	(643)	(1,300)	(8,340)	(28)
3,860	2,330	2,780	64,700	(578)	(1,480)	(8,530)	(29)
3,700	**2,160**	**2,590**	**55,900**	(541)	(1,390)	(7,500)	(30)

注：こんにゃくいもについては、平成11年産以降の主産県調査においては福島県を含まない。

全国農業地域別・都道府県別累年統計表（平成26年産～平成30年産）
1　米

(1)　水陸稲の収穫量及び作況指数
ア　水陸稲計

全国農業地域・都道府県		平成 26 年産		27		28
		作 付 面 積（子実用）	収 穫 量（子実用）	作 付 面 積（子実用）	収 穫 量（子実用）	作 付 面 積（子実用）
		(1)	(2)	(3)	(4)	(5)
		ha	t	ha	t	ha
全　　　　　国	(1)	1,575,000	8,439,000	1,506,000	7,989,000	1,479,000
（全国農業地域）						
北　海　道	(2)	111,000	640,500	107,800	602,600	105,000
都　府　県	(3)	1,464,000	7,799,000	1,398,000	7,386,000	1,374,000
東　　北	(4)	402,500	2,354,000	381,300	2,209,000	375,900
北　　陸	(5)	212,500	1,139,000	207,800	1,104,000	205,600
関　東・東　山	(6)	294,200	1,598,000	276,300	1,450,000	271,500
東　　海	(7)	99,700	495,100	95,200	470,200	93,400
近　　畿	(8)	108,000	537,100	105,800	537,200	104,500
中　　国	(9)	112,600	556,900	108,100	543,900	106,000
四　　国	(10)	55,300	256,200	52,100	242,800	50,900
九　　州	(11)	178,200	858,800	170,700	826,800	165,700
沖　　縄	(12)	860	2,240	788	2,320	785
（都道府県）						
北　海　道	(13)	111,000	640,500	107,800	602,600	105,000
青　　森	(14)	48,600	296,500	43,500	268,000	42,600
岩　　手	(15)	55,000	309,100	51,400	287,800	50,300
宮　　城	(16)	71,100	397,400	66,700	364,800	66,600
秋　　田	(17)	91,700	546,500	88,700	522,400	87,200
山　　形	(18)	67,900	423,000	65,300	400,900	65,000
福　　島	(19)	68,200	381,900	65,600	365,400	64,200
茨　　城	(20)	75,600	412,000	71,100	356,900	70,000
栃　　木	(21)	64,300	344,700	58,600	310,300	57,600
群　　馬	(22)	17,300	86,500	15,800	77,300	15,400
埼　　玉	(23)	34,400	172,300	32,200	154,600	31,700
千　　葉	(24)	60,200	336,000	57,000	307,300	55,800
東　　京	(25)	162	666	157	634	152
神　奈　川	(26)	3,150	15,700	3,140	15,200	3,120
新　　潟	(27)	120,100	656,900	117,500	619,200	116,800
富　　山	(28)	39,500	213,700	38,600	215,800	38,100
石　　川	(29)	26,600	135,100	26,100	136,200	25,600
福　　井	(30)	26,200	133,600	25,600	132,600	25,100
山　　梨	(31)	5,090	27,800	5,030	27,100	4,990
長　　野	(32)	33,900	202,400	33,200	200,500	32,700
岐　　阜	(33)	24,100	116,200	22,500	108,200	22,200
静　　岡	(34)	16,800	86,400	16,300	82,000	16,000
愛　　知	(35)	29,300	147,700	28,100	141,300	27,700
三　　重	(36)	29,500	144,800	28,300	138,700	27,600
滋　　賀	(37)	33,000	165,700	32,200	166,800	31,900
京　　都	(38)	15,200	77,100	15,000	76,500	14,800
大　　阪	(39)	5,550	27,500	5,440	26,900	5,310
兵　　庫	(40)	37,900	184,600	37,300	186,900	37,000
奈　　良	(41)	9,060	46,600	8,870	45,700	8,710
和　歌　山	(42)	7,230	35,600	6,900	34,400	6,720
鳥　　取	(43)	13,600	67,700	12,900	66,000	12,700
島　　根	(44)	18,600	93,600	17,900	90,000	17,700
岡　　山	(45)	32,600	160,700	31,000	156,600	30,400
広　　島	(46)	25,600	127,200	24,700	125,200	24,100
山　　口	(47)	22,300	107,700	21,600	106,100	21,000
徳　　島	(48)	13,200	59,700	11,900	54,400	11,700
香　　川	(49)	14,400	67,400	13,600	63,900	13,200
愛　　媛	(50)	15,000	73,500	14,600	71,200	14,200
高　　知	(51)	12,700	55,600	12,000	53,300	11,800
福　　岡	(52)	37,500	179,300	36,500	175,200	36,000
佐　　賀	(53)	25,600	122,900	25,300	129,800	24,800
長　　崎	(54)	13,200	61,100	12,500	59,900	12,000
熊　　本	(55)	37,500	187,500	35,600	178,000	33,800
大　　分	(56)	22,900	112,000	21,900	104,700	21,300
宮　　崎	(57)	18,600	90,400	17,300	80,300	16,800
鹿　児　島	(58)	22,900	105,600	21,600	98,900	21,000
沖　　縄	(59)	860	2,240	788	2,320	785

注：1　陸稲については、平成30年産から、調査の範囲を全国から主産県に変更し、作付面積調査にあっては３年、収穫量調査にあっては６年ごとに全国調査を実施することとした。平成30年産の陸稲については、主産県調査年であり、全国調査を行った平成29年の調査結果に基づき、全国値を推計している。
　　　2　平成30年産の水陸稲計の全国値については、水稲の全国値と全国調査を行った平成29年の調査結果に基づいて推計した陸稲の全国値の合計である。

	29			30		
収　穫　量 （　子　実　用　）	作　付　面　積 （　子　実　用　）	収　穫　量 （　子　実　用　）	作　付　面　積 （　子　実　用　）	収　穫　量 （　子　実　用　）	
(6)	(7)	(8)	(9)	(10)	
t	ha	t	ha	t	
8,044,000	1,466,000	7,824,000	1,470,000	7,782,000	(1)
578,600	103,900	581,800	…	…	(2)
7,466,000	1,362,000	7,242,000	…	…	(3)
2,165,000	374,800	2,115,000	…	…	(4)
1,165,000	204,100	1,079,000	…	…	(5)
1,467,000	269,300	1,433,000	…	…	(6)
480,300	92,400	460,100	…	…	(7)
538,700	103,200	526,600	…	…	(8)
557,300	104,300	552,400	…	…	(9)
250,500	49,900	242,400	…	…	(10)
839,700	163,100	831,900	…	…	(11)
2,300	727	2,190	…	…	(12)
578,600	103,900	581,800	…	…	(13)
257,300	43,400	258,700	…	…	(14)
271,600	49,800	265,400	…	…	(15)
369,000	66,300	354,700	…	…	(16)
515,400	86,900	498,800	…	…	(17)
395,200	64,500	385,700	…	…	(18)
356,300	64,000	351,400	…	…	(19)
362,500	68,700	358,900	68,900	359,700	(20)
316,900	57,800	294,200	58,700	322,200	(21)
77,800	15,500	77,300	…	…	(22)
156,600	31,600	156,100	…	…	(23)
305,900	55,200	299,700	…	…	(24)
629	143	583	…	…	(25)
15,400	3,100	15,700	…	…	(26)
678,600	116,300	611,700	…	…	(27)
215,600	37,600	205,300	…	…	(28)
136,700	25,300	131,300	…	…	(29)
134,300	24,900	130,700	…	…	(30)
27,300	4,960	27,200	…	…	(31)
204,000	32,300	203,200	…	…	(32)
107,900	21,900	106,900	…	…	(33)
84,000	15,700	80,900	…	…	(34)
144,300	27,500	140,800	…	…	(35)
144,100	27,400	131,500	…	…	(36)
170,300	31,700	163,900	…	…	(37)
76,400	14,700	75,000	…	…	(38)
26,800	5,150	26,100	…	…	(39)
185,400	36,600	183,400	…	…	(40)
45,700	8,610	44,900	…	…	(41)
34,100	6,560	33,300	…	…	(42)
66,300	12,600	65,500	…	…	(43)
93,500	17,500	90,800	…	…	(44)
162,000	30,100	163,700	…	…	(45)
128,000	23,700	126,600	…	…	(46)
107,500	20,300	105,800	…	…	(47)
57,300	11,500	55,200	…	…	(48)
67,100	12,800	62,000	…	…	(49)
72,100	13,900	70,600	…	…	(50)
54,000	11,600	54,600	…	…	(51)
180,400	35,700	181,700	…	…	(52)
129,200	24,600	130,600	…	…	(53)
59,500	11,600	57,400	…	…	(54)
178,100	33,300	175,500	…	…	(55)
107,400	21,000	106,300	…	…	(56)
83,700	16,300	81,300	…	…	(57)
101,400	20,400	99,100	…	…	(58)
2,300	727	2,190	…	…	(59)

1　米（続き）
(1)　水陸稲の収穫量及び作況指数（続き）
イ　水稲

全国農業地域 都道府県	平成26年産 作付面積(子実用) (1) ha	10a当たり収量 (2) kg	収穫量(子実用) (3) t	作況指数 (4)	参考 主食用作付面積 (5) ha	参考 収穫量(主食用) (6) t	27 作付面積(子実用) (7) ha	10a当たり収量 (8) kg	収穫量(子実用) (9) t	(参考)農家等使用ふるい目幅ベース 10a当たり収量 (10) kg	作況指数 (11)	参考 主食用作付面積 (12) ha	参考 収穫量(主食用) (13) t	28 作付面積(子実用) (14) ha	10a当たり収量 (15) kg	収穫量(子実用) (16) t	(参考)農家等ふるい目 10a当たり収量 (17) kg
全　国 (1)	1,573,000	536	8,435,000	101	1,474,000	7,882,000	1,505,000	531	7,986,000	515	100	1,406,000	7,442,000	1,478,000	544	8,042,000	531
北海道 (2)	111,000	577	640,500	107	103,500	597,200	107,800	559	602,600	543	104	100,100	559,600	105,000	551	578,600	536
都府県 (3)	1,462,000	533	7,795,000	101	1,371,000	7,284,000	1,397,000	528	7,383,000	513	99	1,306,000	6,882,000	1,373,000	544	7,464,000	531
東　北 (4)	402,500	585	2,354,000	105	361,100	2,109,000	381,300	579	2,209,000	561	103	339,500	1,964,000	375,900	576	2,165,000	563
北　陸 (5)	212,500	536	1,139,000	100	190,000	1,019,000	207,800	531	1,104,000	513	99	184,100	977,800	205,600	567	1,165,000	553
関東・東山 (6)	292,800	544	1,594,000	102	279,800	1,524,000	275,100	526	1,447,000	513	98	264,200	1,390,000	270,500	542	1,465,000	530
東　海 (7)	99,700	497	495,100	99	97,500	483,600	95,200	494	470,200	484	98	93,100	459,800	93,400	514	480,300	505
近　畿 (8)	108,000	497	537,100	98	104,500	519,900	105,800	508	537,200	495	98	101,900	517,700	104,500	516	538,700	505
中　国 (9)	112,600	495	556,900	96	108,700	536,600	108,100	503	543,900	491	97	104,200	523,400	106,000	526	557,300	516
四　国 (10)	55,300	463	256,200	96	54,500	253,000	52,100	466	242,800	461	96	51,700	241,000	50,900	492	250,500	488
九　州 (11)	178,200	482	858,800	96	173,700	837,300	170,700	484	826,800	467	96	166,300	806,100	165,700	507	839,700	489
沖　縄 (12)	860	261	2,240	84	860	2,240	788	294	2,320	291	95	788	2,320	785	293	2,300	289
北海道 (13)	111,000	577	640,500	107	103,500	597,200	107,800	559	602,600	543	104	100,100	559,600	105,000	551	578,600	536
青　森 (14)	48,600	610	296,500	104	42,200	257,400	43,500	616	268,000	597	105	37,300	229,800	42,600	604	257,300	590
岩　手 (15)	55,000	562	309,100	105	51,200	287,700	51,400	560	287,800	545	105	48,100	269,400	50,300	540	271,600	530
宮　城 (16)	71,100	559	397,400	105	67,900	379,600	66,700	547	364,800	531	103	63,700	348,400	66,600	554	369,000	542
秋　田 (17)	91,700	596	546,500	104	76,000	453,000	88,700	589	522,400	572	103	71,200	419,400	87,200	591	515,400	577
山　形 (18)	67,900	623	423,000	105	61,100	380,700	65,300	614	400,900	594	103	57,700	354,400	65,000	608	395,200	597
福　島 (19)	68,200	560	381,900	104	62,600	350,600	65,600	557	365,400	531	101	61,500	342,600	64,200	555	356,300	538
茨　城 (20)	74,700	548	409,400	105	72,300	396,200	70,300	505	355,000	496	96	68,400	345,400	69,300	521	361,100	509
栃　木 (21)	63,900	538	343,800	100	58,300	313,700	58,300	531	309,600	518	98	54,100	287,300	57,400	551	316,300	541
群　馬 (22)	17,300	500	86,500	101	15,900	79,500	15,800	489	77,300	468	98	14,400	70,400	15,400	505	77,800	489
埼　玉 (23)	34,400	501	172,300	102	33,900	169,800	32,200	480	154,600	461	97	31,700	152,200	31,700	494	156,600	481
千　葉 (24)	60,200	558	335,900	104	58,300	325,300	57,000	539	307,200	529	101	55,200	297,500	55,700	549	305,800	538
東　京 (25)	159	416	661	101	159	661	156	405	632	392	98	156	632	151	415	627	406
神奈川 (26)	3,140	500	15,700	101	3,140	15,700	3,130	485	15,200	457	96	3,130	15,200	3,120	495	15,400	484
新　潟 (27)	120,100	547	656,900	101	105,300	576,000	117,500	527	619,200	509	97	102,400	539,600	116,800	581	678,600	565
富　山 (28)	39,500	541	213,700	101	35,700	193,100	38,600	559	215,800	542	103	34,200	191,200	38,100	566	215,600	555
石　川 (29)	26,600	508	135,100	98	24,300	123,400	26,100	522	136,200	509	101	23,600	123,200	25,600	534	136,700	525
福　井 (30)	26,200	510	133,600	98	24,700	126,000	25,600	518	132,600	495	99	23,900	123,800	25,100	535	134,300	518
山　梨 (31)	5,090	547	27,800	100	5,040	27,600	5,030	539	27,100	522	98	4,980	26,800	4,990	547	27,300	537
長　野 (32)	33,900	597	202,400	96	32,800	195,800	33,200	604	200,500	590	97	32,200	194,500	32,700	624	204,000	615
岐　阜 (33)	24,100	482	116,200	99	23,500	113,300	22,500	481	108,200	471	99	22,100	106,300	22,200	486	107,900	476
静　岡 (34)	16,800	514	86,400	99	16,600	85,300	16,300	503	82,000	493	96	16,100	81,000	16,000	525	84,000	519
愛　知 (35)	29,300	504	147,700	99	28,400	143,100	28,100	503	141,300	495	98	27,200	136,800	27,700	521	144,300	512
三　重 (36)	29,500	491	144,800	98	28,900	141,900	28,300	490	138,700	479	98	27,700	135,700	27,600	522	144,100	511
滋　賀 (37)	33,000	502	165,700	97	31,300	157,100	32,200	518	166,800	504	100	30,600	158,500	31,900	534	170,300	525
京　都 (38)	15,200	507	77,100	99	14,900	75,500	15,000	510	76,500	500	100	14,400	73,400	14,800	516	76,400	507
大　阪 (39)	5,550	495	27,500	100	5,540	27,400	5,440	495	26,900	477	100	5,440	26,900	5,310	505	26,800	491
兵　庫 (40)	37,900	487	184,600	97	36,500	177,800	37,300	501	186,900	488	99	35,700	178,900	37,000	501	185,400	490
奈　良 (41)	9,060	514	46,600	100	9,040	46,500	8,870	515	45,700	501	100	8,850	45,600	8,710	525	45,700	512
和歌山 (42)	7,230	492	35,600	99	7,230	35,600	6,900	499	34,400	488	101	6,900	34,400	6,720	507	34,100	496
鳥　取 (43)	13,600	498	67,700	97	13,000	64,700	12,900	512	66,000	501	99	12,400	63,500	12,700	522	66,300	515
島　根 (44)	18,600	503	93,600	99	18,200	91,500	17,900	503	90,000	492	98	17,500	88,000	17,700	528	93,500	521
岡　山 (45)	32,600	493	160,700	94	31,100	153,300	31,000	505	156,600	493	96	29,600	149,500	30,400	533	162,000	522
広　島 (46)	25,600	497	127,200	95	24,800	123,300	24,700	507	125,200	495	96	24,000	121,700	24,100	531	128,000	523
山　口 (47)	22,300	483	107,700	96	21,500	103,800	21,600	491	106,100	478	97	20,500	100,700	21,000	512	107,500	502
徳　島 (48)	13,200	452	59,700	95	12,800	57,900	11,900	457	54,400	453	97	11,700	53,500	11,700	490	57,300	487
早期栽培 (49)	5,200	448	23,300	97	…	…	4,580	450	20,600	447	97	…	…	4,470	480	21,500	478
普通栽培 (50)	8,020	454	36,400	95	…	…	7,340	461	33,800	456	96	…	…	7,180	497	35,700	494
香　川 (51)	14,400	468	67,400	94	14,200	66,500	13,600	470	63,900	465	94	13,500	63,500	13,200	508	67,100	504
愛　媛 (52)	15,000	490	73,500	98	14,900	73,000	14,600	488	71,200	482	98	14,600	71,200	14,200	508	72,100	501
高　知 (53)	12,700	438	55,600	95	12,700	55,600	12,000	444	53,300	440	96	11,900	52,800	11,800	458	54,000	456
早期栽培 (54)	7,400	470	34,800	98	…	…	6,750	462	31,200	459	96	…	…	6,580	481	31,600	479
普通栽培 (55)	5,330	393	20,900	91	…	…	5,290	420	22,200	415	97	…	…	5,180	428	22,200	425
福　岡 (56)	37,500	478	179,300	96	36,900	176,400	36,500	480	175,200	459	95	35,900	172,300	36,000	501	180,400	481
佐　賀 (57)	25,600	480	122,900	92	25,300	121,400	25,300	513	129,800	496	99	25,000	128,300	24,800	521	129,200	504
長　崎 (58)	13,200	463	61,100	97	13,200	61,100	12,500	479	59,900	460	100	12,500	59,900	12,000	496	59,500	481
熊　本 (59)	35,900	489	187,500	97	36,100	180,500	35,600	500	178,000	484	97	34,300	171,500	33,800	527	178,100	508
大　分 (60)	22,900	489	112,000	97	22,700	111,000	21,900	478	104,700	457	95	21,700	103,700	21,300	504	107,400	481
宮　崎 (61)	18,600	486	90,400	98	17,400	84,600	17,300	464	80,300	448	93	16,100	74,700	16,800	498	83,700	485
早期栽培 (62)	7,820	488	38,200	102	…	…	7,090	411	29,100	399	85	…	…	6,730	461	31,000	454
普通栽培 (63)	10,800	485	52,400	95	…	…	10,200	501	51,100	482	98	…	…	10,000	523	52,300	505
鹿児島 (64)	22,900	461	105,600	95	22,200	102,300	21,600	458	98,900	445	92	20,900	95,700	21,000	483	101,400	467
早期栽培 (65)	5,320	455	24,200	103	…	…	4,910	396	19,400	383	88	…	…	4,610	429	19,800	416
普通栽培 (66)	17,600	463	81,500	94	…	…	16,700	476	79,500	463	96	…	…	16,400	498	81,700	481
沖　縄 (67)	860	261	2,240	84	860	2,240	788	294	2,320	291	95	788	2,320	785	293	2,300	289
第一期稲 (68)	586	325	1,900	88	…	…	556	342	1,900	341	92	…	…	560	351	1,970	348
第二期稲 (69)	274	125	343	69	…	…	232	180	418	171	99	…	…	225	148	333	143

考）使用幅ベース 作況指数	参考 主食用作付面積	収穫量（主食用）	29 作付面積（子実用）	10a当たり収量	収穫量（子実用）	（参考）農家等使用ふるい目幅ベース 10a当たり収量	作況指数	参考 主食用作付面積	収穫量（主食用）	30 作付面積（子実用）	10a当たり収量	収穫量（子実用）	（参考）農家等使用ふるい目幅ベース 10a当たり収量	作況指数	参考 主食用作付面積	収穫量（主食用）	
(18)	(19)	(20)	(21)	(22)	(23)	(24)	(25)	(26)	(27)	(28)	(29)	(30)	(31)	(32)	(33)	(34)	
	ha	t	ha	kg	t	kg		ha	t	ha	kg	t	kg		ha	t	
103	1,381,000	7,496,000	1,465,000	534	7,822,000	517	100	1,370,000	7,306,000	1,470,000	529	7,780,000	511	98	1,386,000	7,327,000	(1)
102	99,000	545,500	103,900	560	581,800	546	103	98,600	552,200	104,000	495	514,800	480	90	98,900	489,600	(2)
103	1,282,000	6,951,000	1,361,000	532	7,240,000	515	99	1,272,000	6,754,000	1,366,000	532	7,265,000	514	99	1,287,000	6,837,000	(3)
103	333,700	1,917,000	374,800	564	2,115,000	543	99	334,300	1,882,000	379,100	564	2,137,000	540	99	345,500	1,947,000	(4)
107	182,100	1,031,000	204,100	529	1,079,000	509	98	180,100	952,100	205,600	533	1,096,000	508	98	184,800	985,300	(5)
101	259,900	1,407,000	268,500	533	1,431,000	518	99	257,400	1,372,000	270,300	539	1,457,000	524	100	259,300	1,398,000	(6)
102	91,400	469,500	92,400	498	460,100	487	99	90,500	450,000	93,400	495	462,400	484	99	91,000	450,600	(7)
102	100,500	519,000	103,200	510	526,600	498	100	99,400	507,000	103,100	502	517,500	489	98	99,500	498,700	(8)
102	102,200	537,900	104,300	530	552,400	518	103	101,200	536,100	103,700	519	537,800	509	101	101,100	524,200	(9)
102	50,500	248,700	49,900	486	242,400	481	101	49,500	241,000	49,300	473	233,400	468	98	49,000	232,000	(10)
101	161,300	817,500	163,100	510	831,900	490	101	158,700	811,400	160,400	512	821,300	494	102	156,100	800,000	(11)
95	785	2,300	727	301	2,190	297	97	727	2,190	716	307	2,200	304	99	716	2,200	(12)
102	99,000	545,500	103,900	560	581,800	546	103	98,600	552,200	104,000	495	514,800	480	90	98,900	489,600	(13)
104	36,800	222,300	43,400	596	258,700	576	101	38,000	226,500	44,200	596	263,400	577	101	39,600	236,000	(14)
102	47,100	254,300	49,800	533	265,400	511	98	47,000	250,500	50,300	543	273,100	526	101	48,800	265,000	(15)
105	63,600	352,300	66,300	535	354,700	512	99	63,500	339,700	67,400	551	371,400	527	101	64,500	355,400	(16)
104	69,300	409,600	86,900	574	498,800	550	99	69,500	398,800	87,700	560	491,000	533	96	75,000	420,000	(17)
103	56,800	345,300	64,500	598	385,700	578	100	56,400	337,300	64,500	580	374,100	556	96	56,400	327,100	(18)
102	60,100	333,600	64,000	549	351,400	529	100	59,900	328,900	64,900	561	364,100	535	101	61,200	343,300	(19)
99	67,200	350,100	68,100	525	357,500	510	99	66,400	348,600	68,400	524	358,400	508	99	66,800	350,000	(20)
102	53,600	295,300	57,600	510	293,800	492	93	53,600	273,400	58,500	550	321,800	537	102	54,700	300,900	(21)
102	14,100	71,200	15,500	499	77,300	483	101	13,900	69,400	15,600	506	78,900	489	102	13,700	69,300	(22)
101	31,200	154,100	31,600	494	156,100	478	101	30,700	151,700	31,900	487	155,400	471	99	30,800	150,000	(23)
102	53,900	295,900	55,200	543	299,700	529	100	53,300	289,400	55,600	542	301,400	525	99	53,900	292,100	(24)
101	151	627	141	411	580	400	99	141	580	133	417	555	410	101	133	555	(25)
101	3,110	15,400	3,090	509	15,700	488	102	3,090	15,700	3,080	492	15,200	470	98	3,080	15,200	(26)
108	101,500	589,700	116,300	526	611,700	505	96	100,300	527,600	118,200	531	627,600	500	95	104,700	556,000	(27)
106	33,800	191,300	37,600	546	205,300	528	100	33,300	181,800	37,300	552	205,900	535	102	33,300	183,800	(28)
104	23,200	123,900	25,300	519	131,300	504	99	23,200	120,400	25,100	519	130,300	507	100	23,200	120,400	(29)
104	23,600	126,300	24,900	525	130,700	503	101	23,300	122,300	25,000	530	132,500	503	101	23,600	125,100	(30)
101	4,940	27,000	4,960	549	27,200	531	100	4,880	26,800	4,900	542	26,600	526	99	4,820	26,100	(31)
101	31,700	197,800	32,300	629	203,200	616	101	31,300	196,900	32,200	618	199,000	607	100	31,300	193,400	(32)
100	21,700	105,500	21,900	488	106,900	479	100	21,500	104,900	22,500	478	107,600	465	97	21,500	102,800	(33)
101	15,800	83,000	15,700	515	80,900	506	99	15,600	80,300	15,800	506	79,900	496	97	15,700	79,400	(34)
103	26,900	140,100	27,500	512	140,800	503	101	26,600	136,200	27,600	499	137,700	489	98	26,700	133,200	(35)
105	27,000	140,900	27,400	480	131,500	466	95	26,800	128,600	27,500	499	137,200	489	100	27,100	135,200	(36)
104	30,200	161,300	31,700	517	163,900	504	100	30,000	155,100	31,700	512	162,300	501	99	30,100	154,100	(37)
101	14,300	73,800	14,700	510	75,000	501	100	14,100	71,900	14,500	502	72,800	491	98	13,900	69,800	(38)
102	5,310	26,800	5,150	506	26,100	490	102	5,150	26,100	5,010	494	24,700	475	99	5,000	24,700	(39)
100	35,400	177,400	36,600	501	183,400	489	100	35,100	175,900	37,000	492	182,000	479	98	35,500	174,700	(40)
102	8,680	45,600	8,610	521	44,900	508	102	8,580	44,700	8,580	514	44,100	499	100	8,530	43,800	(41)
102	6,720	34,100	6,560	507	33,300	496	102	6,560	33,300	6,430	492	31,600	479	99	6,430	31,600	(42)
102	12,500	65,300	12,600	520	65,500	510	101	12,400	64,500	12,800	498	63,700	488	97	12,700	63,200	(43)
104	17,300	91,300	17,500	519	90,800	509	102	17,200	89,300	17,500	524	91,700	515	103	17,200	90,100	(44)
101	29,200	155,600	30,100	544	163,700	531	103	29,100	158,300	30,200	517	156,100	504	99	29,400	152,000	(45)
102	23,400	124,300	23,700	534	126,600	524	102	23,100	123,400	23,400	525	122,900	517	101	22,900	120,200	(46)
102	19,800	101,400	20,300	521	105,800	508	103	19,300	100,600	19,800	522	103,400	513	104	18,900	98,700	(47)
104	11,500	56,400	11,500	480	55,200	476	101	11,300	54,200	11,400	470	53,600	466	99	11,200	52,600	(48)
104	…	…	4,450	481	21,400	477	104	…	…	4,400	466	20,500	463	101	…	…	(49)
104	…	…	7,080	479	33,900	475	100	…	…	7,000	474	33,200	470	99	…	…	(50)
102	13,200	67,100	12,800	484	62,000	480	98	12,800	62,000	12,500	479	59,900	470	96	12,500	59,900	(51)
102	14,200	72,100	13,900	508	70,600	503	102	13,900	70,600	13,900	498	69,200	492	100	13,900	69,200	(52)
100	11,600	53,100	11,600	471	54,600	467	100	11,500	54,200	11,500	441	50,700	437	96	11,400	50,300	(53)
101	…	…	6,500	498	32,400	495	104	…	…	6,470	465	30,100	462	97	…	…	(54)
100	…	…	5,060	435	22,000	431	101	…	…	5,000	411	20,600	407	96	…	…	(55)
100	35,400	177,400	35,700	509	181,700	488	102	35,100	178,700	35,300	518	182,900	497	104	34,900	180,800	(56)
100	24,600	128,200	24,600	531	130,600	511	102	24,400	129,600	24,300	532	129,300	514	102	24,000	127,700	(57)
104	12,000	59,500	11,600	495	57,400	469	101	11,600	57,400	11,500	499	57,400	483	104	11,400	56,900	(58)
102	32,500	171,300	33,300	527	175,500	508	102	32,200	169,700	33,300	529	176,200	510	103	32,300	170,900	(59)
100	21,100	106,300	21,000	506	106,300	483	101	20,900	105,800	20,700	501	103,700	478	100	20,600	103,200	(60)
100	15,500	77,200	16,300	499	81,300	485	101	15,000	74,900	16,100	493	79,400	480	100	14,700	72,500	(61)
97	…	…	6,440	494	31,900	486	103	…	…	6,410	476	30,500	469	100	…	…	(62)
103	…	…	9,870	503	49,600	485	99	…	…	9,670	505	48,800	487	99	…	…	(63)
100	20,200	97,600	20,400	486	99,100	468	100	19,600	95,300	19,200	481	92,400	468	100	18,300	88,000	(64)
96	…	…	4,460	472	21,100	464	107	…	…	4,340	450	19,500	439	101	…	…	(65)
100	…	…	16,000	490	78,400	468	98	…	…	14,800	490	72,500	477	100	…	…	(66)
95	785	2,300	727	301	2,190	297	97	727	2,190	716	307	2,200	304	99	716	2,200	(67)
95	…	…	537	354	1,900	350	96	…	…	527	364	1,920	362	101	…	…	(68)
89	…	…	190	151	287	147	92	…	…	189	149	282	144	90	…	…	(69)

1　米（続き）

（1）　水陸稲の収穫量及び作況指数（続き）
ウ　陸稲

全国農業地域 都道府県	平成 26 年産				27				作付面積（子実用）
	作付面積（子実用）	10a当たり収量	収穫量（子実用）	（参考）10a当たり平均収量対比	作付面積（子実用）	10a当たり収量	収穫量（子実用）	（参考）10a当たり平均収量対比	
	(1)	(2)	(3)	(4)	(5)	(6)	(7)	(8)	(9)
	ha	kg	t	%	ha	kg	t	%	ha
全　国　(1)	1,410	257	3,630	107	1,160	233	2,700	97	944
（全国農業地域）									
北 海 道 (2)	-	-	-	nc	-	-	-	nc	-
都 府 県 (3)	1,410	257	3,630	107	1,160	233	2,700	97	944
東 　 北 (4)	x	233	x	105	x	200	x	92	5
北 　 陸 (5)	3	230	7	99	3	190	6	82	2
関東・東山 (6)	1,400	256	3,590	107	1,150	232	2,670	97	932
東 　 海 (7)	x	206	x	103	x	100	x	50	1
近 　 畿 (8)	-	-	-	nc	-	-	-	nc	-
中 　 国 (9)	-	-	-	nc	-	-	-	nc	-
四 　 国 (10)	-	-	-	nc	-	-	-	nc	-
九 　 州 (11)	x	260	x	118	x	225	x	100	4
沖 　 縄 (12)	-	-	-	nc	-	-	-	nc	-
（都道府県）									
北 海 道 (13)	-	-	-	nc	-	-	-	nc	-
青 　 森 (14)	5	246	12	97	3	221	7	87	2
岩 　 手 (15)	1	185	2	96	1	181	1	95	x
宮 　 城 (16)	-	-	-	-	-	-	-	-	-
秋 　 田 (17)	0	203	1	102	0	151	0	76	x
山 　 形 (18)	x	x	x	x	x	x	x	x	-
福 　 島 (19)	3	185	6	111	2	175	4	102	2
茨 　 城 (20)	956	267	2,550	109	784	236	1,850	97	652
栃 　 木 (21)	361	249	899	105	303	234	709	98	232
群 　 馬 (22)	13	162	21	99	11	163	18	99	7
埼 　 玉 (23)	12	147	18	94	8	120	10	81	4
千 　 葉 (24)	39	206	80	114	36	177	64	96	31
東 　 京 (25)	3	161	5	130	1	155	2	114	1
神 奈 川 (26)	11	113	12	67	7	214	15	133	5
新 　 潟 (27)	3	230	7	96	3	190	6	82	2
富 　 山 (28)	-	-	-	nc	-	-	-	nc	-
石 　 川 (29)	-	-	-	nc	-	-	-	nc	-
福 　 井 (30)	-	-	-	nc	-	-	-	nc	-
山 　 梨 (31)	-	-	-	nc	-	-	-	nc	-
長 　 野 (32)	-	-	-	nc	-	-	-	nc	-
岐 　 阜 (33)	-	-	-	-	-	-	-	-	-
静 　 岡 (34)	1	211	2	97	1	180	1	83	1
愛 　 知 (35)	-	-	-	nc	-	-	-	nc	-
三 　 重 (36)	x	x	x	x	x	x	x	x	-
滋 　 賀 (37)	-	-	-	nc	-	-	-	nc	-
京 　 都 (38)	-	-	-	nc	-	-	-	nc	-
大 　 阪 (39)	-	-	-	nc	-	-	-	nc	-
兵 　 庫 (40)	-	-	-	nc	-	-	-	nc	-
奈 　 良 (41)	-	-	-	nc	-	-	-	nc	-
和 歌 山 (42)	-	-	-	nc	-	-	-	nc	-
鳥 　 取 (43)	-	-	-	nc	-	-	-	nc	-
島 　 根 (44)	-	-	-	nc	-	-	-	nc	-
岡 　 山 (45)	-	-	-	nc	-	-	-	nc	-
広 　 島 (46)	-	-	-	nc	-	-	-	nc	-
山 　 口 (47)	-	-	-	nc	-	-	-	nc	-
徳 　 島 (48)	-	-	-	-	-	-	-	-	-
香 　 川 (49)	-	-	-	nc	-	-	-	nc	-
愛 　 媛 (50)	-	-	-	nc	-	-	-	nc	-
高 　 知 (51)	-	-	-	nc	-	-	-	nc	-
福 　 岡 (52)	-	-	-	nc	-	-	-	nc	-
佐 　 賀 (53)	-	-	-	nc	-	-	-	nc	-
長 　 崎 (54)	x	x	x	x	x	x	x	x	-
熊 　 本 (55)	0	147	1	99	0	143	1	99	0
大 　 分 (56)	0	196	1	101	0	170	1	89	-
宮 　 崎 (57)	1	201	3	95	1	192	2	91	1
鹿 児 島 (58)	4	176	7	78	3	125	4	56	3
沖 　 縄 (59)	-	-	-	nc	-	-	-	nc	-

注：　陸稲については、平成30年産から、調査の範囲を全国から主産県に変更し、作付面積調査にあっては３年、収穫量調査にあっては６年ごとに全国調査を実施することとした。平成30年産の陸稲については、主産県調査年であり、全国調査を行った平成29年の調査結果に基づき、全国値を推計している。

28			29				30				
10a当たり収量	収穫量（子実用）	（参考）10a当たり平均収量対比	作付面積（子実用）	10a当たり収量	収穫量（子実用）	（参考）10a当たり平均収量対比	作付面積（子実用）	10a当たり収量	収穫量（子実用）	（参考）10a当たり平均収量対比	
(10)	(11)	(12)	(13)	(14)	(15)	(16)	(17)	(18)	(19)	(20)	
kg	t	%	ha	kg	t	%	ha	kg	t	%	
218	2,060	94	813	236	1,920	106	750	232	1,740	100	(1)
-	-	nc	0	x	x	x	…	…	…	…	(2)
218	2,060	94	813	236	1,920	107	…	…	…	…	(3)
180	9	90	2	146	4	73	…	…	…	…	(4)
230	5	105	2	235	4	109	…	…	…	…	(5)
219	2,040	95	805	237	1,910	107	…	…	…	…	(6)
100	1	50	1	220	1	110	…	…	…	…	(7)
-	-	nc	-	-	-	nc	…	…	…	…	(8)
-	-	nc	-	-	-	nc	…	…	…	…	(9)
-	-	nc	-	-	-	nc	…	…	…	…	(10)
125	5	63	3	167	5	84	…	…	…	…	(11)
-	-	nc	-	-	-	nc	…	…	…	…	(12)
-	-	nc	0	x	x	x	…	…	…	…	(13)
198	4	79	0	142	1	58	…	…	…	…	(14)
x	x	x	0	183	1	97	…	…	…	…	(15)
-	-	-	-	-	-	-	…	…	…	…	(16)
x	x	x	-	-	-	-	…	…	…	…	(17)
-	-	-	-	-	-	-	…	…	…	…	(18)
175	4	101	2	124	2	71	…	…	…	…	(19)
212	1,380	91	580	244	1,420	109	528	246	1,300	105	(20)
239	554	103	191	228	435	100	183	206	377	88	(21)
157	11	97	3	160	5	101	…	…	…	…	(22)
139	5	103	2	130	2	100	…	…	…	…	(23)
246	76	134	22	153	34	83	…	…	…	…	(24)
160	2	119	2	160	3	119	…	…	…	…	(25)
207	10	119	5	185	9	107	…	…	…	…	(26)
230	5	105	2	235	4	109	…	…	…	…	(27)
-	-	nc	-	-	-	nc	…	…	…	…	(28)
-	-	nc	-	-	-	nc	…	…	…	…	(29)
-	-	nc	-	-	-	nc	…	…	…	…	(30)
-	-	nc	-	-	-	nc	…	…	…	…	(31)
-	-	nc	-	-	-	nc	…	…	…	…	(32)
-	-	-	-	-	-	nc	…	…	…	…	(33)
217	1	103	1	220	1	105	…	…	…	…	(34)
-	-	-	-	-	-	-	…	…	…	…	(35)
-	-	-	-	-	-	-	…	…	…	…	(36)
-	-	nc	-	-	-	nc	…	…	…	…	(37)
-	-	-	-	-	-	-	…	…	…	…	(38)
-	-	nc	-	-	-	nc	…	…	…	…	(39)
-	-	nc	-	-	-	nc	…	…	…	…	(40)
-	-	nc	-	-	-	nc	…	…	…	…	(41)
-	-	nc	-	-	-	nc	…	…	…	…	(42)
-	-	nc	-	-	-	nc	…	…	…	…	(43)
-	-	nc	-	-	-	nc	…	…	…	…	(44)
-	-	nc	-	-	-	nc	…	…	…	…	(45)
-	-	nc	-	-	-	nc	…	…	…	…	(46)
-	-	nc	-	-	-	nc	…	…	…	…	(47)
-	-	-	-	-	-	-	…	…	…	…	(48)
-	-	nc	-	-	-	nc	…	…	…	…	(49)
-	-	nc	-	-	-	nc	…	…	…	…	(50)
-	-	nc	-	-	-	nc	…	…	…	…	(51)
-	-	nc	-	-	-	nc	…	…	…	…	(52)
-	-	nc	-	-	-	nc	…	…	…	…	(53)
-	-	-	-	-	-	-	…	…	…	…	(54)
139	0	99	0	135	0	95	…	…	…	…	(55)
-	-	-	-	-	-	-	…	…	…	…	(56)
113	1	56	1	174	1	87	…	…	…	…	(57)
143	4	67	2	181	4	93	…	…	…	…	(58)
-	-	nc	-	-	-	nc	…	…	…	…	(59)

1　米（続き）
（2）　水稲の10a当たり平年収量

単位：kg

全国農業地域・都道府県	平成26年産	27	農家等使用ふるい目幅ベース	28	農家等使用ふるい目幅ベース	29	農家等使用ふるい目幅ベース	30	農家等使用ふるい目幅ベース
	(1)	(2)	(3)	(4)	(5)	(6)	(7)	(8)	(9)
全　国	530	531	517	531	517	532	518	532	519
（全国農業地域）									
北　海　道	537	539	522	541	524	546	530	548	532
都　府　県	530	530	516	530	516	531	518	531	518
東　北	559	560	543	560	544	561	546	562	546
北　陸	534	534	518	535	519	536	521	537	521
関　東・東　山	535	535	524	536	525	536	525	536	525
東　海	503	503	493	503	493	503	494	503	494
近　畿	509	509	497	508	496	508	496	509	497
中　国	517	517	506	517	506	516	505	517	506
四　国	484	484	479	484	479	483	478	482	477
九　州	502	502	485	501	484	501	484	500	484
沖　縄	309	309	305	309	305	309	305	309	306
（都道府県）									
北　海　道	537	539	522	541	524	546	530	548	532
青　森	584	584	566	586	569	589	573	590	573
岩　手	533	533	518	534	519	535	522	536	522
宮　城	530	530	516	531	517	533	519	534	520
秋　田	573	573	553	573	554	573	556	573	554
山　形	594	595	578	595	578	595	580	596	580
福　島	537	542	526	542	526	543	527	544	528
茨　城	522	524	515	524	516	524	515	524	515
栃　木	540	540	528	540	528	540	529	540	528
群　馬	494	494	479	495	479	495	479	495	479
埼　玉	490	490	476	490	475	490	475	490	476
千　葉	535	535	525	535	525	538	528	540	530
東　京	411	411	402	411	401	414	404	414	404
神　奈　川	493	493	478	493	478	493	478	494	479
新　潟	540	540	523	541	524	543	527	543	527
富　山	537	537	524	539	525	540	527	540	527
石　川	519	519	504	519	504	520	507	520	506
福　井	519	519	500	519	499	519	500	519	500
山　梨	547	547	533	547	532	547	533	547	533
長　野	621	621	609	621	609	619	607	619	607
岐　阜	488	488	478	488	478	488	478	488	478
静　岡	521	521	513	521	513	521	513	521	513
愛　知	507	507	499	507	499	507	499	507	499
三　重	500	500	488	500	488	500	489	500	489
滋　賀	518	518	506	518	506	518	506	518	506
京　都	511	511	501	511	501	511	502	511	501
大　阪	495	495	479	495	480	495	480	495	480
兵　庫	504	504	491	502	489	502	489	502	490
奈　良	513	513	499	513	500	513	500	513	500
和　歌　山	495	495	484	495	484	495	484	495	484
鳥　取	514	514	504	514	504	514	504	514	504
島　根	509	509	500	509	500	509	500	511	502
岡　山	526	526	515	526	515	526	514	526	514
広　島	523	523	513	523	512	523	513	523	513
山　口	504	504	493	504	492	504	492	504	492
徳　島	474	474	469	474	469	474	469	474	469
早　期　栽　培	463	463	459	463	459	463	459	463	459
普　通　栽　培	480	480	475	480	475	480	475	480	475
香　川	499	499	493	499	493	496	490	496	491
愛　媛	498	498	493	498	493	498	492	498	493
高　知	460	460	456	458	454	458	454	458	454
早　期　栽　培	481	481	478	480	476	480	477	480	475
普　通　栽　培	430	430	426	431	427	431	426	431	425
福　岡	499	499	481	497	479	496	477	496	478
佐　賀	522	519	502	519	503	519	503	519	503
長　崎	478	479	462	479	462	480	463	480	463
熊　本	515	515	499	513	497	513	497	513	497
大　分	503	503	481	502	480	502	480	502	480
宮　崎	497	497	484	496	483	496	482	496	482
早　期　栽　培	480	480	471	479	470	479	470	478	469
普　通　栽　培	511	511	493	508	491	508	490	507	490
鹿　児　島	483	483	470	482	469	482	469	482	469
早　期　栽　培	443	443	435	444	434	444	434	444	435
普　通　栽　培	495	495	481	493	479	493	478	493	479
沖　縄	309	309	305	309	305	309	305	309	306
第　一　期　稲	370	370	369	368	365	366	363	360	358
第　二　期　稲	180	180	172	167	161	166	160	165	160

(3)　水稲の耕種期日（最盛期）一覧表（都道府県別）

ア　は種期　　　　　　　　　　　　　　　　　　　　イ　田植期

単位：月日　　　　　　　　　　　　　　　　　　単位：月日

都道府県	平成26年産	27	28	29	30	30年産対平年差	平成26年産	27	28	29	30	30年産対平年差
	(1)	(2)	(3)	(4)	(5)	(6)	(1)	(2)	(3)	(4)	(5)	(6)
北海道	4.22	4.20	4.21	4.20	4.21	△1	5.26	5.24	5.24	5.24	5.23	△3
青森	4.14	4.14	4.14	4.13	4.14	0	5.20	5.20	5.21	5.20	5.21	0
岩手	4.15	4.15	4.15	4.16	4.16	0	5.17	5.15	5.17	5.17	5.17	0
宮城	4.11	4.11	4.11	4.11	4.12	0	5.11	5.10	5.11	5.11	5.11	0
秋田	4.22	4.21	4.20	4.21	4.22	0	5.22	5.21	5.21	5.22	5.23	1
山形	4.19	4.20	4.20	4.20	4.20	0	5.18	5.18	5.18	5.18	5.19	0
福島	4.17	4.17	4.18	4.18	4.18	0	5.17	5.16	5.16	5.17	5.17	0
茨城	4.10	4.9	4.9	4.9	4.9	△1	5.6	5.6	5.6	5.5	5.5	△1
栃木	4.15	4.15	4.14	4.14	4.14	△1	5.6	5.6	5.6	5.6	5.6	△1
群馬	5.13	5.13	5.12	5.12	5.12	△1	6.16	6.12	6.13	6.14	6.13	△1
埼玉	4.23	4.23	4.23	4.23	4.23	0	5.23	5.22	5.21	5.22	5.21	△1
千葉	3.30	3.29	3.30	3.30	3.29	△1	4.28	4.27	4.27	4.29	4.27	△1
東京	5.11	5.10	5.9	5.10	5.9	△2	6.8	6.13	6.13	6.11	6.10	△3
神奈川	5.9	5.10	5.9	5.9	5.8	△2	6.1	6.1	6.1	6.2	6.2	0
新潟	4.14	4.15	4.14	4.14	4.13	△2	5.10	5.10	5.9	5.10	5.10	△1
富山	4.18	4.18	4.20	4.20	4.21	2	5.11	5.10	5.12	5.12	5.12	0
石川	4.6	4.6	4.6	4.6	4.6	0	5.5	5.4	5.4	5.5	5.4	△1
福井	4.23	4.23	4.23	4.23	4.24	1	5.16	5.15	5.16	5.14	5.15	△1
山梨	4.28	4.28	4.28	4.28	4.28	0	5.30	5.28	5.27	5.28	5.28	△1
長野	4.21	4.21	4.20	4.20	4.20	△1	5.23	5.22	5.22	5.22	5.22	△1
岐阜	5.2	5.2	5.3	5.3	5.2	△1	5.27	5.27	5.27	5.28	5.28	0
静岡	4.26	4.25	4.25	4.24	4.23	△2	5.21	5.19	5.18	5.19	5.19	△1
愛知	4.29	4.29	4.29	4.29	4.29	0	5.24	5.23	5.23	5.23	5.23	△1
三重	4.7	4.7	4.6	4.7	4.7	0	5.1	5.1	4.30	5.1	4.30	△2
滋賀	4.14	4.15	4.15	4.16	4.15	0	5.9	5.9	5.9	5.9	5.8	△2
京都	4.24	4.23	4.24	4.24	4.24	0	5.24	5.22	5.23	5.21	5.22	△1
大阪	5.10	5.10	5.10	5.10	5.10	0	6.7	6.7	6.8	6.8	6.8	0
兵庫	5.5	5.5	5.4	5.4	5.4	△1	6.4	6.4	6.3	6.3	6.3	△1
奈良	5.3	5.3	5.3	5.3	5.3	0	6.8	6.8	6.8	6.8	6.8	0
和歌山	5.11	5.11	5.11	5.11	5.10	△1	6.4	6.4	6.3	6.4	6.3	△1
鳥取	4.28	4.28	4.28	4.27	4.27	△1	5.25	5.25	5.25	5.24	5.26	1
島根	4.21	4.20	4.21	4.21	4.21	0	5.14	5.13	5.13	5.15	5.16	2
岡山	5.10	5.10	5.10	5.11	5.11	0	6.7	6.7	6.8	6.7	6.7	△1
広島	4.23	4.23	4.24	4.24	4.24	0	5.18	5.18	5.18	5.18	5.18	0
山口	5.4	5.4	5.5	5.5	5.4	△1	5.31	5.31	6.2	6.2	6.1	0
徳島												
早期栽培	3.19	3.19	3.18	3.18	3.18	△1	4.18	4.17	4.16	4.16	4.16	△1
普通栽培	4.27	4.26	4.26	4.27	4.26	△1	5.22	5.23	5.22	5.23	5.23	0
香川	5.19	5.20	5.20	5.21	5.21	1	6.14	6.14	6.14	6.15	6.15	0
愛媛	5.6	5.6	5.6	5.6	5.6	0	6.2	6.1	6.2	6.1	6.1	△1
高知												
早期栽培	3.13	3.13	3.12	3.12	3.12	△1	4.10	4.11	4.11	4.13	4.11	△1
普通栽培	4.29	4.30	4.30	5.1	5.1	1	5.28	5.25	5.25	5.27	5.27	0
福岡	5.21	5.21	5.21	5.21	5.21	0	6.17	6.17	6.16	6.17	6.16	△1
佐賀	5.21	5.22	5.21	5.21	5.22	1	6.20	6.19	6.19	6.19	6.19	△1
長崎	5.18	5.18	5.17	5.19	5.18	△1	6.15	6.14	6.13	6.16	6.13	△2
熊本	5.13	5.13	5.16	5.14	5.14	0	6.14	6.14	6.17	6.14	6.14	△1
大分	5.13	5.13	5.13	5.13	5.13	0	6.13	6.13	6.13	6.14	6.12	△1
宮崎												
早期栽培	2.21	2.21	2.21	2.20	2.20	△1	3.27	3.27	3.26	3.26	3.25	△2
普通栽培	5.17	5.16	5.16	5.17	5.17	0	6.16	6.15	6.14	6.15	6.15	0
鹿児島												
早期栽培	3.7	3.7	3.7	3.7	3.7	0	4.4	4.4	4.4	4.4	4.3	△1
普通栽培	5.28	5.28	5.29	5.29	5.29	0	6.21	6.21	6.20	6.22	6.20	△1
沖縄												
第一期稲	2.11	2.10	2.8	2.15	2.8	△2	3.6	3.1	3.5	3.12	3.8	2
第二期稲	7.23	7.30	8.2	7.22	7.23	△4	8.13	8.9	8.18	8.18	8.13	△1

注：「対平年差」の「△」は、平年（過去5か年の平均値）より早いことを示している（以下（3）において同じ。）。

1　米（続き）
（3）　水稲の耕種期日（最盛期）一覧表（都道府県別）（続き）

ウ　出穂期　　　　　　　　　　　　　　　　　　　　エ　刈取期

単位：月日　　　　　　　　　　　　　　　　　　単位：月日

都　道　府　県	平成26年産 (1)	27 (2)	28 (3)	29 (4)	30 (5)	30年産対平年差 (6)	平成26年産 (1)	27 (2)	28 (3)	29 (4)	30 (5)	30年産対平年差 (6)
北 海 道	7.26	8. 2	8. 2	7.31	8. 2	2	9.25	9.30	9.28	10. 2	10. 4	6
青　　森	8. 3	8. 3	8. 5	8. 6	8. 5	0	9.30	10. 2	10. 2	10. 8	10. 7	4
岩　　手	8. 3	8. 2	8. 6	8. 6	8. 3	△ 2	9.30	10. 3	10. 5	10.10	10. 7	3
宮　　城	8. 2	7.29	8. 2	8. 1	7.31	△ 2	9.27	9.29	10. 4	10. 5	10. 3	2
秋　　田	8. 2	8. 2	8. 4	8. 6	8. 3	△ 1	9.29	10. 1	10. 1	10. 8	10. 3	1
山　　形	8. 4	8. 3	8. 6	8. 7	8. 3	△ 3	9.30	10. 1	10. 2	10. 6	10. 4	2
福　　島	8. 8	8. 7	8. 9	8. 9	8. 5	△ 4	10. 8	10. 8	10.11	10.12	10. 9	0
茨　　城	7.29	7.27	7.30	7.27	7.26	△ 3	9.14	9.15	9.14	9.13	9.11	△ 3
栃　　木	8. 1	7.29	7.31	7.28	7.26	△ 5	9.20	9.21	9.25	9.22	9.21	△ 1
群　　馬	8.21	8.18	8.19	8.19	8.16	△ 4	10.18	10.20	10.20	10.23	10.20	1
埼　　玉	8.11	8.10	8.10	8. 8	8. 7	△ 3	9.24	9.28	9.27	9.24	9.24	△ 2
千　　葉	7.22	7.20	7.23	7.22	7.20	△ 3	9. 3	9. 5	9. 3	9. 3	8.31	△ 3
東　　京	8.14	8.14	8.15	8.13	8. 9	△ 5	10. 4	10. 4	10. 6	10. 6	10. 4	△ 1
神 奈 川	8.10	8.10	8.13	8.11	8. 9	△ 3	10. 4	9.30	10. 4	10. 1	10. 3	1
新　　潟	8. 6	8. 5	8. 4	8. 6	8. 5	△ 2	9.21	9.22	9.17	9.21	9.22	1
富　　山	8. 2	8. 2	7.31	8. 2	7.30	△ 3	9.15	9.16	9.11	9.14	9.19	5
石　　川	7.30	7.29	7.27	7.29	7.27	△ 2	9.13	9.15	9. 8	9.12	9. 9	△ 3
福　　井	8. 1	8. 1	8. 1	7.30	7.27	△ 5	9.12	9.13	9.10	9. 9	9. 9	△ 2
山　　梨	8.10	8. 8	8. 7	8. 9	8. 6	△ 3	9.30	10. 2	10. 6	9.29	10. 4	3
長　　野	8. 6	8. 7	8. 6	8. 5	8. 3	△ 4	10. 1	10. 1	10. 2	9.29	9.30	0
岐　　阜	8.20	8.20	8.18	8.20	8.18	△ 2	10. 3	10. 4	10. 3	10. 4	10. 3	△ 1
静　　岡	8. 9	8. 7	8. 6	8. 5	8. 5	△ 3	9.21	9.21	9.19	9.19	9.22	2
愛　　知	8.18	8.18	8.17	8.17	8.16	△ 2	10. 4	10. 5	10. 5	10. 5	10. 5	0
三　　重	7.26	7.23	7.21	7.23	7.20	△ 3	9. 5	9. 7	8.30	9. 2	8.31	△ 3
滋　　賀	8. 2	8. 2	7.30	7.29	7.28	△ 4	9.17	9.18	9.11	9.13	9.12	△ 3
京　　都	8. 5	8. 4	8. 2	8. 1	7.31	△ 3	9.24	9.25	9.21	9.23	9.28	5
大　　阪	8.25	8.25	8.22	8.23	8.22	△ 2	10.11	10.14	10.14	10.11	10.13	0
兵　　庫	8.13	8.13	8.12	8. 9	8. 8	△ 4	9.29	10. 1	9.29	10. 1	10. 1	1
奈　　良	8.24	8.26	8.24	8.23	8.23	△ 1	10.12	10.15	10.15	10.14	10.15	1
和 歌 山	8. 7	8. 7	8. 6	8. 7	8. 5	△ 2	9.19	9.18	9.18	9.18	9.18	△ 1
鳥　　取	8. 6	8. 7	8. 5	8. 2	8. 5	0	9.23	9.28	9.24	9.22	9.27	3
島　　根	8. 3	8. 3	7.28	7.27	7.26	△ 5	9.21	9.22	9.18	9.18	9.19	3
岡　　山	8.20	8.24	8.18	8.18	8.18	△ 2	10. 8	10.11	10. 6	10. 9	10.11	3
広　　島	8. 9	8. 9	8. 8	8. 5	8. 4	△ 4	9.27	9.30	9.27	9.24	9.26	0
山　　口	8.11	8.12	8. 8	8. 7	8. 7	△ 3	9.26	9.27	9.25	9.24	9.23	△ 2
徳　　島												
早 期 栽 培	7.17	7.14	7.13	7.13	7.13	△ 2	8.30	8.22	8.20	8.20	8.20	△ 3
普 通 栽 培	7.31	8. 1	7.30	7.30	7.30	△ 1	9.14	9.12	9. 7	9. 9	9. 9	△ 2
香　　川	8.22	8.24	8.20	8.19	8.20	△ 1	10. 2	10. 3	9.30	10. 1	10. 3	1
愛　　媛	8.15	8.15	8.11	8.12	8.12	△ 1	9.25	9.27	9.21	9.22	9.24	0
高　　知												
早 期 栽 培	7. 6	7. 1	6.30	7. 1	7. 1	△ 3	8.19	8. 9	8. 7	8. 8	8. 5	△ 6
普 通 栽 培	8.21	8.19	8.18	8.17	8.18	△ 1	10. 7	10. 8	10.10	10. 7	10.11	4
福　　岡	8.24	8.25	8.22	8.21	8.21	△ 2	10. 5	10. 6	10. 4	10. 3	10. 3	△ 1
佐　　賀	9. 1	8.29	8.26	8.26	8.27	△ 1	10.13	10.14	10.11	10.10	10.10	△ 2
長　　崎	8.30	8.29	8.24	8.24	8.25	△ 2	10.15	10.14	10.12	10.13	10.12	△ 1
熊　　本	8.24	8.26	8.21	8.21	8.20	△ 3	10.10	10.11	10. 8	10.10	10.10	1
大　　分	8.29	8.29	8.23	8.23	8.24	△ 2	10.17	10.20	10.19	10.20	10.18	0
宮　　崎												
早 期 栽 培	6.29	6.23	6.21	6.28	6.22	△ 4	8. 5	8. 2	7.29	8. 1	7.28	△ 4
普 通 栽 培	8.26	8.28	8.23	8.24	8.24	△ 1	10.17	10.17	10.15	10.12	10.14	△ 1
鹿 児 島												
早 期 栽 培	7. 1	6.27	6.22	6.29	6.22	△ 5	8.11	8. 6	8. 2	8. 6	8. 1	△ 5
普 通 栽 培	8.27	8.30	8.22	8.24	8.25	△ 1	10.18	10.19	10.14	10.20	10.17	0
沖　　縄												
第 一 期 稲	5.24	5.19	5.23	5.25	5.21	△ 2	6.29	6.20	6.23	6.29	6.20	△ 5
第 二 期 稲	10. 8	9.30	9.28	10. 6	10. 5	1	11. 5	11. 9	11. 7	11.12	11. 9	0

(4) 水稲の収量構成要素（水稲作況標本筆調査成績）

ア　1㎡当たり株数
単位：株

イ　1株当たり有効穂数
単位：本

全国農業地域・都道府県	平成26年産	27	28	29	30	平成26年産	27	28	29	30
	(1)	(2)	(3)	(4)	(5)	(1)	(2)	(3)	(4)	(5)
全国	17.6	17.4	17.4	17.3	17.3	23.5	23.6	22.9	23.6	22.9
（全国農業地域）										
北海道	22.4	22.1	22.2	22.0	22.2	27.2	25.3	25.4	24.5	22.5
都府県	17.3	17.1	17.1	17.0	16.9	23.1	23.3	22.6	23.5	23.0
東北	18.6	18.4	18.3	18.3	18.2	24.7	25.4	23.6	23.9	23.1
北陸	17.4	17.4	17.4	17.3	17.5	22.2	22.8	22.4	22.1	21.1
関東・東山	16.9	16.9	16.8	16.6	16.5	22.5	22.8	22.1	23.4	23.5
東海	16.8	16.7	16.7	16.5	16.3	22.7	22.2	21.7	23.2	22.7
近畿	16.6	16.2	16.2	16.2	15.9	21.8	22.2	21.5	22.5	22.1
中国	16.1	16.1	16.1	16.0	15.8	22.4	22.4	21.1	23.4	22.3
四国	15.5	15.3	15.5	15.2	15.2	23.9	23.9	23.4	24.8	24.1
九州	16.6	16.3	16.2	16.2	16.1	22.5	22.1	23.8	24.7	24.8
沖縄	…	…	…	…	…	…	…	…	…	…
（都道府県）										
北海道	22.4	22.1	22.2	22.0	22.2	27.2	25.3	25.4	24.5	22.5
青森	19.8	19.6	19.5	19.5	19.4	22.5	23.1	21.9	21.6	20.9
岩手	18.0	17.6	17.6	17.5	17.3	25.7	26.6	24.2	25.1	23.8
宮城	17.6	17.4	17.2	17.1	16.9	25.7	26.6	25.5	26.9	26.2
秋田	19.3	19.2	19.1	19.0	18.8	23.8	24.6	22.4	22.5	21.4
山形	19.5	19.4	19.4	19.3	19.3	26.4	27.0	24.2	24.5	24.0
福島	17.4	17.3	17.2	17.1	17.3	23.9	24.3	23.0	23.7	22.9
茨城	16.3	16.5	16.3	16.1	15.8	23.6	23.5	22.5	24.3	24.7
栃木	17.3	17.3	17.5	17.1	17.0	20.1	21.0	20.5	21.6	22.0
群馬	17.5	16.9	17.0	17.0	16.5	21.0	22.0	21.3	21.5	23.0
埼玉	16.9	16.6	16.5	16.4	16.2	22.1	22.5	21.9	23.4	24.0
千葉	16.3	16.1	16.1	16.0	16.0	23.7	24.0	23.1	24.6	24.9
東京	…	…	…	…	…	…	…	…	…	…
神奈川	17.2	17.1	17.5	17.0	17.0	20.0	20.0	18.8	21.2	19.7
新潟	16.9	16.8	16.8	16.7	16.9	23.0	23.7	23.2	22.4	21.2
富山	18.7	19.1	19.2	19.1	19.2	19.5	20.2	20.0	20.1	19.3
石川	17.6	17.2	17.5	17.4	17.9	22.0	22.9	22.2	22.4	21.9
福井	17.8	17.6	17.6	17.6	17.7	22.7	23.1	22.8	23.4	22.8
山梨	17.6	17.3	17.2	17.0	16.5	23.6	23.1	22.7	23.9	22.8
長野	18.1	18.3	18.0	18.1	18.0	23.9	23.6	22.9	23.1	22.6
岐阜	16.4	16.1	16.1	15.9	15.7	22.3	22.4	22.0	22.9	22.7
静岡	17.5	17.7	17.6	17.4	17.2	22.0	20.8	20.7	22.2	20.8
愛知	17.4	17.1	17.0	16.9	16.8	22.2	22.2	21.6	23.0	22.6
三重	16.3	16.2	16.2	16.1	15.8	23.8	23.0	22.3	24.0	23.9
滋賀	16.9	16.4	16.6	16.5	16.0	22.9	23.5	22.6	23.5	23.3
京都	16.7	16.2	16.4	16.5	16.4	21.3	21.5	20.2	21.4	20.3
大阪	16.8	16.2	15.9	15.8	15.1	21.8	22.3	22.5	23.5	23.8
兵庫	16.3	16.0	15.8	16.0	15.8	20.8	21.4	20.8	21.5	21.3
奈良	16.1	16.2	15.8	15.4	15.7	23.0	22.1	22.4	24.2	23.1
和歌山	16.4	16.4	16.2	16.0	16.0	22.6	21.7	22.4	23.6	22.6
鳥取	16.6	16.4	16.2	16.3	16.3	22.5	22.6	21.1	23.4	21.1
島根	16.7	16.6	16.8	16.2	16.3	21.3	21.3	20.2	22.7	20.6
岡山	15.5	15.7	15.4	15.5	15.2	22.6	22.4	21.5	23.6	23.4
広島	16.0	15.7	16.0	15.9	15.5	23.7	23.7	21.4	24.0	22.8
山口	16.5	16.5	16.4	16.3	16.4	21.4	22.0	21.0	23.1	22.3
徳島	16.0	15.8	15.9	16.0	15.6	23.9	23.7	23.0	24.6	23.7
香川	16.0	15.9	16.5	15.8	15.6	23.6	24.1	23.2	23.7	23.9
愛媛	15.2	14.9	15.0	14.7	15.0	23.8	23.6	23.7	24.6	24.8
高知	14.6	14.7	14.5	14.5	14.5	24.9	23.9	23.7	26.3	24.0
福岡	16.5	16.2	16.2	16.2	16.3	21.9	21.6	22.8	24.0	24.4
佐賀	17.1	17.1	16.9	16.8	16.6	22.4	22.6	24.1	25.3	26.4
長崎	16.6	16.4	16.6	16.4	16.0	21.6	21.5	23.7	24.3	25.1
熊本	15.9	15.5	15.3	15.2	15.2	24.0	23.2	25.6	27.1	26.6
大分	15.7	15.5	15.3	15.2	14.8	22.7	22.5	24.0	24.2	25.4
宮崎	17.0	16.6	16.6	16.4	16.4	23.5	22.8	23.4	24.9	24.0
鹿児島	17.8	17.5	17.4	17.5	17.6	21.2	20.1	22.0	22.6	21.6
沖縄	…	…	…	…	…	…	…	…	…	…

注：1　徳島県、高知県、宮崎県及び鹿児島県については作期別（早期栽培・普通期栽培）の平均値である。
　　2　東京都及び沖縄県については、水稲作況標本筆を設置していないことから「…」で示した。
　　3　千もみ当たり収量、玄米千粒重及び10a当たり玄米重は、1.70mmのふるい目で選別された玄米の重量である。

1　米（続き）

（4）　水稲の収量構成要素（水稲作況標本筆調査成績）（続き）

ウ　1㎡当たり有効穂数　　　　　　　　　　　　　　　　エ　1穂当たりもみ数

単位：本　　　　　　　　　　　　　　　　　　　　　　　　　単位：粒

全国農業地域・都道府県	ウ 1㎡当たり有効穂数					エ 1穂当たりもみ数				
	平成26年産	27	28	29	30	平成26年産	27	28	29	30
	(1)	(2)	(3)	(4)	(5)	(1)	(2)	(3)	(4)	(5)
全　　国	414	410	399	409	396	73.7	72.7	75.4	73.6	75.5
（全国農業地域）										
北　海　道	610	559	563	538	500	59.3	59.7	60.2	63.2	61.6
都　府　県	399	399	387	399	388	75.4	74.2	77.0	74.7	76.8
東　　北	459	468	431	438	421	71.2	66.9	71.5	71.9	72.9
北　　陸	386	396	390	382	370	77.5	74.2	76.7	73.8	78.1
関東・東山	380	385	371	388	388	80.5	79.7	82.5	78.4	79.9
東　　海	382	371	362	382	370	73.6	74.7	77.3	72.8	76.2
近　　畿	362	360	349	364	352	78.7	79.4	81.9	78.3	80.1
中　　国	361	361	339	374	352	77.6	76.7	81.7	75.9	80.4
四　　国	371	365	362	377	366	73.0	75.6	77.9	74.0	76.2
九　　州	374	360	385	400	400	74.9	78.9	77.4	75.0	76.8
沖　　縄	…	…	…	…	…	…	…	…	…	…
（都道府県）										
北　海　道	610	559	563	538	500	59.3	59.7	60.2	63.2	61.6
青　　森	446	452	427	421	405	80.7	74.1	77.3	83.8	84.9
岩　　手	463	468	426	440	412	67.4	62.0	66.0	66.1	69.2
宮　　城	453	463	439	460	443	67.5	65.0	67.9	66.1	67.5
秋　　田	460	473	428	427	403	72.6	66.6	74.3	75.2	74.2
山　　形	514	524	470	473	464	66.1	62.6	67.9	67.4	68.3
福　　島	415	420	395	405	396	76.1	73.6	75.9	75.8	77.8
茨　　城	385	388	367	391	390	82.1	80.4	82.6	77.0	79.2
栃　　木	347	364	359	369	374	84.7	83.8	86.9	81.0	82.4
群　　馬	367	372	362	366	379	78.7	80.1	82.3	82.0	80.5
埼　　玉	374	374	362	384	389	78.1	77.3	81.2	75.3	74.3
千　　葉	386	386	372	394	398	78.5	79.0	82.5	77.7	80.2
東　　京	…	…	…	…	…	…	…	…	…	…
神　奈　川	344	342	329	360	335	81.4	80.4	82.7	82.8	80.3
新　　潟	388	398	389	374	358	79.1	74.4	78.4	74.6	80.7
富　　山	365	386	384	384	371	78.4	75.9	77.1	74.2	77.4
石　　川	388	394	389	389	392	73.7	73.4	74.3	73.5	74.5
福　　井	404	406	402	412	403	72.3	71.9	71.6	69.9	72.7
山　　梨	415	399	391	407	376	72.8	75.4	76.5	75.2	79.0
長　　野	432	431	413	419	406	77.5	76.1	78.5	79.2	80.3
岐　　阜	365	361	354	364	356	73.4	73.1	75.1	73.6	75.0
静　　岡	385	369	364	387	358	73.2	75.1	76.4	73.9	77.7
愛　　知	387	379	367	388	380	73.4	74.7	78.2	73.5	76.1
三　　重	388	373	362	387	377	74.0	75.3	79.0	71.3	76.9
滋　　賀	387	385	375	387	373	79.6	79.0	81.6	78.0	79.6
京　　都	355	348	331	353	333	79.2	81.0	84.9	79.0	82.6
大　　阪	366	362	358	372	360	79.0	79.6	81.8	79.3	80.0
兵　　庫	339	343	329	344	337	78.2	79.0	80.5	77.6	79.5
奈　　良	370	358	354	372	362	78.4	83.0	85.0	80.9	80.9
和　歌　山	370	356	363	378	361	77.8	78.7	79.3	76.2	78.9
鳥　　取	374	371	342	382	344	73.0	72.8	76.6	72.8	77.6
島　　根	356	354	339	368	335	80.3	78.2	81.1	76.4	85.1
岡　　山	350	352	331	366	356	80.0	79.0	84.3	78.7	80.6
広　　島	379	372	342	381	353	75.7	75.5	83.3	74.5	79.9
山　　口	353	363	344	376	366	76.8	76.0	80.5	75.8	78.7
徳　　島	383	375	366	394	370	74.2	74.1	80.1	72.6	75.9
香　　川	377	383	383	375	373	72.9	74.4	76.5	73.3	75.9
愛　　媛	361	352	355	361	372	76.7	78.7	80.6	78.7	79.3
高　　知	363	351	343	381	348	68.0	75.2	73.8	70.6	73.0
福　　岡	361	350	369	389	398	77.0	80.6	80.2	76.6	78.9
佐　　賀	383	386	407	425	438	73.9	76.7	76.9	75.1	73.7
長　　崎	359	353	394	399	402	74.4	78.8	77.7	73.9	75.6
熊　　本	382	359	392	412	405	75.1	81.1	77.0	73.8	78.3
大　　分	357	348	367	368	376	81.2	82.5	80.4	81.5	80.9
宮　　崎	400	378	389	409	393	70.0	72.8	73.3	69.4	73.5
鹿　児　島	378	351	382	395	380	70.9	75.8	75.1	72.4	72.6
沖　　縄	…	…	…	…	…	…	…	…	…	…

オ　1㎡当たり全もみ数　　　　　　　　カ　千もみ当たり収量

単位：百粒　／　単位：g

全国農業地域・都道府県	オ 1㎡当たり全もみ数（単位：百粒）					カ 千もみ当たり収量（単位：g）				
	平成26年産	27	28	29	30	平成26年産	27	28	29	30
	(1)	(2)	(3)	(4)	(5)	(1)	(2)	(3)	(4)	(5)
全　国	305	298	301	301	299	18.0	18.2	18.5	18.1	18.1
（全国農業地域）										
北　海　道	362	334	339	340	308	16.4	17.3	16.8	17.1	16.7
都　府　県	301	296	298	298	298	18.1	18.2	18.7	18.3	18.2
東　　　北	327	313	308	315	307	18.3	18.9	19.1	18.3	18.7
北　　　陸	299	294	299	282	289	18.3	18.5	19.4	19.2	18.9
関東・東山	306	307	306	304	310	18.1	17.7	18.1	17.9	17.7
東　　　海	281	277	280	278	282	18.0	18.2	18.7	18.3	18.0
近　　　畿	285	286	286	285	282	17.8	18.1	18.4	18.2	18.1
中　　　国	280	277	277	284	283	18.0	18.5	19.4	19.1	18.8
四　　　国	271	276	282	279	279	17.5	17.3	17.9	17.8	17.4
九　　　州	280	284	298	300	307	17.6	17.4	17.4	17.4	17.0
沖　　　縄	…	…	…	…	…	…	…	…	…	…
（都道府県）										
北　海　道	362	334	339	340	308	16.4	17.3	16.8	17.1	16.7
青　　　森	360	335	330	353	344	17.3	18.7	18.6	17.3	17.7
岩　　　手	312	290	281	291	285	18.4	19.7	19.6	18.7	19.4
宮　　　城	306	301	298	304	299	18.6	18.6	19.0	18.0	18.8
秋　　　田	334	315	318	321	299	18.2	19.1	19.0	18.3	19.1
山　　　形	340	328	319	319	317	18.7	19.1	19.5	19.2	18.7
福　　　島	316	309	300	307	308	18.1	18.4	18.9	18.3	18.6
茨　　　城	316	312	303	301	309	17.7	17.1	17.6	17.8	17.3
栃　　　木	294	305	312	299	308	18.6	17.9	18.1	17.4	18.2
群　　　馬	289	298	298	300	305	17.6	16.8	17.2	17.0	17.0
埼　　　玉	292	289	294	289	289	17.5	16.9	17.1	17.4	17.1
千　　　葉	303	305	307	306	319	18.7	18.0	18.3	18.1	17.3
東　　　京	…	…	…	…	…	…	…	…	…	…
神　奈　川	280	275	272	298	269	18.1	17.9	18.5	17.3	18.6
新　　　潟	307	296	305	279	289	18.2	18.3	19.5	19.3	18.8
富　　　山	286	293	296	285	287	19.3	19.6	19.6	19.6	19.7
石　　　川	286	289	289	286	292	18.1	18.4	18.9	18.5	18.2
福　　　井	292	292	288	288	293	17.8	18.1	18.9	18.6	18.5
山　　　梨	302	301	299	306	297	18.3	18.1	18.5	18.2	18.5
長　　　野	335	328	324	332	326	18.2	18.8	19.6	19.3	19.3
岐　　　阜	268	264	266	268	267	18.4	18.6	18.6	18.6	18.3
静　　　岡	282	277	278	286	278	18.6	18.6	19.4	18.5	18.6
愛　　　知	284	283	287	285	289	18.1	18.1	18.5	18.3	17.7
三　　　重	287	281	286	276	290	17.4	17.8	18.6	17.7	17.7
滋　　　賀	308	304	306	302	297	16.6	17.4	17.8	17.5	17.6
京　　　都	281	282	281	279	275	18.3	18.4	18.6	18.6	18.5
大　　　阪	289	288	293	295	288	17.4	17.4	17.5	17.4	17.4
兵　　　庫	265	271	265	267	268	18.8	18.8	19.3	19.3	18.7
奈　　　良	290	297	301	301	293	18.0	17.6	17.7	17.6	17.8
和　歌　山	288	280	288	288	285	17.3	18.0	18.0	17.8	17.5
鳥　　　取	273	270	262	278	267	18.5	19.3	20.2	19.1	19.0
島　　　根	286	277	275	281	285	18.0	18.5	19.6	18.9	19.0
岡　　　山	280	278	279	288	287	17.9	18.5	19.4	19.3	18.5
広　　　島	287	281	285	284	282	17.9	18.5	19.2	19.2	19.3
山　　　口	271	276	277	285	288	18.2	18.1	18.9	18.8	18.5
徳　　　島	284	278	293	286	281	16.3	16.7	17.0	17.1	17.0
香　　　川	275	285	293	275	283	17.5	16.9	17.7	18.0	17.3
愛　　　媛	277	277	286	284	295	18.0	18.0	18.1	18.2	17.4
高　　　知	247	264	253	269	254	18.5	17.5	18.7	17.9	17.9
福　　　岡	278	282	296	298	314	17.5	17.4	17.4	17.5	16.8
佐　　　賀	283	296	313	319	323	17.6	17.7	17.0	17.0	16.8
長　　　崎	267	278	306	295	304	17.7	17.6	17.0	17.1	16.9
熊　　　本	287	291	302	304	317	17.8	17.5	17.8	17.6	17.0
大　　　分	290	287	295	300	304	17.1	16.9	17.4	17.3	16.7
宮　　　崎	280	275	285	284	289	17.6	17.1	17.8	17.9	17.3
鹿　児　島	268	266	287	286	276	17.6	17.8	17.3	17.5	17.9
沖　　　縄	…	…	…	…	…	…	…	…	…	…

1　米（続き）

（4）　水稲の収量構成要素（水稲作況標本筆調査成績）（続き）

キ　粗玄米粒数歩合　　　　　　　　　　　　　　ク　玄米粒数歩合

単位：％　　　　　　　　　　　　　　　　　　　　　　　　　　　　単位：％

全国農業地域・都道府県	平成26年産	27	28	29	30	平成26年産	27	28	29	30
	(1)	(2)	(3)	(4)	(5)	(1)	(2)	(3)	(4)	(5)
全　　国	87.9	88.3	88.7	87.0	88.3	94.4	95.4	96.6	95.0	95.5
（全国農業地域）										
北　海　道	80.4	82.3	80.5	80.0	80.2	93.5	96.7	96.3	96.7	96.0
都　府　県	88.4	88.9	89.6	87.9	88.9	94.7	94.7	96.3	94.7	95.5
東　北	88.4	89.5	89.9	87.0	89.6	95.2	95.7	97.5	95.3	96.4
北　陸	88.6	89.1	91.6	91.1	91.0	95.5	95.8	97.1	94.9	95.8
関東・東山	90.2	89.9	88.9	88.2	89.7	94.6	94.9	95.6	94.0	94.6
東　海	86.5	86.3	87.9	86.0	85.8	94.7	96.7	96.7	95.4	95.9
近　畿	87.0	87.8	88.5	87.4	86.9	94.0	94.4	95.7	94.8	95.1
中　国	86.4	89.9	91.0	88.4	89.4	94.6	94.4	96.8	96.4	96.4
四　国	89.3	87.7	88.3	88.2	86.7	93.8	93.8	95.2	94.3	94.2
九　州	87.9	86.6	87.6	87.0	85.7	93.1	93.1	94.6	93.9	93.5
沖　縄	…	…	…	…	…	…	…	…	…	…
（都道府県）										
北　海　道	80.4	82.3	80.5	80.0	80.2	93.5	96.7	96.3	96.7	96.0
青　森	83.1	88.1	87.9	79.9	83.4	93.6	93.6	96.6	95.7	96.5
岩　手	89.7	91.7	91.1	89.7	91.2	94.3	95.9	98.4	95.0	96.9
宮　城	90.8	88.4	90.3	86.2	90.6	95.7	96.2	97.8	95.4	95.9
秋　田	86.8	89.8	89.0	86.3	91.0	95.5	96.8	97.5	95.3	96.3
山　形	91.2	92.1	91.8	90.9	90.9	95.5	95.7	98.0	95.2	95.8
福　島	88.6	88.0	89.7	87.6	89.3	94.3	94.1	97.0	95.2	96.0
茨　城	88.6	88.5	87.8	87.0	89.0	95.4	96.4	96.2	94.7	94.5
栃　木	93.2	92.1	89.7	88.3	94.2	94.5	94.7	95.7	91.7	94.8
群　馬	87.9	87.9	86.6	83.3	85.6	92.5	87.8	92.2	94.4	93.5
埼　玉	89.4	90.0	87.4	88.9	88.2	93.5	92.3	94.6	93.4	94.1
千　葉	89.8	89.2	87.3	87.9	87.1	97.1	97.4	95.5	94.8	94.2
東　京	…	…	…	…	…	…	…	…	…	…
神　奈　川	91.8	93.1	87.9	89.3	93.3	92.6	91.8	95.4	91.7	92.8
新　潟	88.9	88.2	93.4	92.5	91.0	95.2	95.8	97.2	94.6	95.8
富　山	91.6	92.5	90.2	91.6	93.0	96.2	97.0	97.8	95.4	96.3
石　川	85.3	88.2	85.8	86.4	86.0	96.3	96.9	98.4	96.4	96.4
福　井	88.4	89.0	89.6	89.2	91.1	94.6	94.2	96.1	93.8	95.5
山　梨	93.0	93.0	90.3	91.8	90.9	93.2	91.8	96.3	93.6	94.8
長　野	90.1	91.2	92.9	91.9	90.5	93.7	94.6	97.0	95.4	96.6
岐　阜	85.1	84.8	85.0	84.7	85.0	95.2	96.0	96.5	96.0	95.6
静　岡	87.6	88.4	89.6	86.0	88.1	95.1	95.9	97.6	96.3	95.9
愛　知	85.9	85.5	87.1	85.3	84.1	95.9	96.7	96.4	96.3	95.9
三　重	87.8	87.2	89.5	87.0	86.9	93.3	96.7	96.5	94.2	96.0
滋　賀	84.7	85.5	85.6	84.4	83.5	92.0	94.6	96.2	94.1	97.2
京　都	89.0	89.7	88.3	88.2	89.5	94.4	94.1	95.2	95.5	95.1
大　阪	88.2	89.2	87.7	87.8	88.5	92.9	92.6	94.6	94.6	92.5
兵　庫	89.4	90.0	92.5	90.3	89.6	94.5	93.9	95.5	95.4	94.2
奈　良	85.2	85.9	86.0	87.0	86.3	96.8	95.7	95.8	93.5	94.5
和　歌　山	84.4	85.7	86.1	85.8	86.0	93.8	95.8	95.2	94.7	92.2
鳥　取	87.5	89.6	90.8	88.1	88.8	94.6	95.0	97.5	95.9	96.6
島　根	85.3	90.6	91.3	87.5	90.5	95.5	95.2	97.2	96.7	96.9
岡　山	85.7	89.2	92.1	89.6	88.5	93.8	94.4	96.1	95.3	94.9
広　島	85.7	89.7	89.5	87.7	90.4	95.1	94.8	98.0	97.6	97.3
山　口	88.9	90.2	90.6	88.8	88.2	94.2	94.0	96.0	95.7	96.9
徳　島	83.8	83.8	81.6	85.0	83.6	93.3	95.7	97.5	95.1	96.2
香　川	91.6	89.1	91.8	90.5	88.7	91.3	90.6	92.2	91.6	90.4
愛　媛	91.3	89.5	89.5	88.7	87.5	93.7	94.4	95.3	94.8	94.2
高　知	90.3	86.7	89.7	88.8	87.0	96.4	95.6	96.9	95.8	96.8
福　岡	87.8	86.9	87.2	86.9	85.7	91.8	91.0	94.2	93.1	92.9
佐　賀	88.7	88.5	85.6	85.0	82.7	92.0	92.0	92.9	92.3	92.5
長　崎	88.8	86.3	84.3	87.5	84.2	94.5	94.2	94.6	93.8	94.1
熊　本	88.2	86.6	90.4	87.8	86.8	93.7	93.7	94.9	94.4	93.8
大　分	86.9	85.4	88.1	87.0	85.9	92.5	92.7	94.6	93.1	92.7
宮　崎	88.2	87.6	88.1	89.8	86.2	94.7	94.2	96.0	95.3	94.4
鹿　児　島	85.4	86.8	86.1	87.4	87.3	94.8	94.8	95.5	94.4	95.4
沖　縄	…	…	…	…	…	…	…	…	…	…

ケ　玄米千粒重　／　コ　10a当たり粗玄米重

単位：g（ケ）　単位：kg（コ）

全国農業地域・都道府県	平成26年産 (1)	27 (2)	28 (3)	29 (4)	30 (5)	平成26年産 (1)	27 (2)	28 (3)	29 (4)	30 (5)
全　国	21.7	21.6	21.6	21.9	21.5	564	556	567	562	555
（全国農業地域）										
北　海　道	21.9	21.7	21.6	22.1	21.6	614	588	578	589	524
都　府　県	21.6	21.6	21.6	21.9	21.5	560	553	567	559	558
東　北	21.7	22.1	21.8	22.1	21.7	613	605	595	591	588
北　陸	21.7	21.7	21.8	22.2	21.6	561	558	589	555	558
関東・東山	21.3	20.7	21.3	21.6	20.9	571	558	567	563	566
東　海	22.0	21.8	22.0	22.3	21.9	521	513	533	520	520
近　畿	21.8	21.8	21.7	22.0	21.9	526	534	538	535	525
中　国	22.1	21.8	22.0	22.4	21.8	520	528	547	554	544
四　国	20.9	21.0	21.3	21.4	21.3	494	496	519	513	501
九　州	21.5	21.6	21.0	21.3	21.2	514	516	536	543	542
沖　縄	…	…	…	…	…	…	…	…	…	…
（都道府県）										
北　海　道	21.9	21.7	21.6	22.1	21.6	614	588	578	589	524
青　森	22.2	22.7	22.0	22.6	22.0	641	644	626	623	619
岩　手	21.7	22.4	21.8	21.9	21.9	591	584	555	557	562
宮　城	21.4	21.8	21.5	21.8	21.6	584	571	573	560	576
秋　田	21.9	21.9	21.8	22.3	21.8	622	611	610	603	584
山　形	21.5	21.7	21.6	22.1	21.4	650	642	628	627	606
福　島	21.6	22.2	21.7	21.9	21.7	589	587	577	576	586
茨　城	20.9	20.1	20.8	21.6	20.6	575	546	545	553	553
栃　木	21.2	20.5	21.0	21.5	20.4	563	562	576	547	578
群　馬	21.7	21.8	21.6	21.7	21.2	533	539	539	527	537
埼　玉	20.9	20.4	20.7	21.0	20.6	530	514	521	524	513
千　葉	21.5	20.7	22.0	21.7	21.1	576	556	576	568	570
東　京	…	…	…	…	…	…	…	…	…	…
神　奈　川	21.3	20.9	22.0	21.1	21.4	529	518	514	541	520
新　潟	21.5	21.7	21.5	22.1	21.5	573	555	606	553	556
富　山	21.9	21.8	22.2	22.5	22.0	564	583	586	573	576
石　川	22.0	21.5	22.3	22.2	21.9	528	542	551	540	539
福　井	21.3	21.6	22.0	22.2	21.3	535	549	556	555	556
山　梨	21.1	21.2	21.3	21.1	21.4	573	567	564	575	565
長　野	21.6	21.7	21.8	22.1	22.1	632	633	648	658	641
岐　阜	22.7	22.8	22.8	22.8	22.5	504	499	505	509	501
静　岡	22.3	22.0	22.1	22.3	22.0	539	528	546	540	528
愛　知	22.0	21.9	22.0	22.3	22.0	525	522	539	531	524
三　重	21.3	21.1	21.6	21.6	21.2	520	508	543	505	526
滋　賀	21.3	21.5	21.6	22.0	21.7	537	545	553	543	531
京　都	21.8	21.8	22.2	22.0	21.8	529	534	538	530	520
大　阪	21.3	21.1	21.1	20.9	21.2	524	527	529	530	524
兵　庫	22.2	22.3	21.8	22.4	22.1	515	529	524	528	518
奈　良	21.8	21.4	21.5	21.6	21.8	534	538	549	547	542
和　歌　山	21.8	22.0	21.9	21.9	22.1	515	517	530	529	523
鳥　取	22.4	22.7	22.8	22.6	22.1	521	536	537	543	517
島　根	22.1	21.5	22.1	22.3	21.6	529	527	547	540	550
岡　山	22.2	21.9	21.9	22.6	22.0	516	528	553	569	547
広　島	22.0	21.8	21.9	22.5	22.0	528	535	554	554	552
山　口	21.7	21.4	21.7	22.1	21.6	508	518	535	549	542
徳　島	20.8	20.8	21.4	21.1	21.2	480	476	506	499	488
香　川	20.9	20.9	21.0	21.7	21.5	507	514	549	522	516
愛　媛	21.0	21.3	21.2	21.6	21.1	517	515	532	532	531
高　知	21.3	21.1	21.5	21.0	21.2	467	473	484	492	463
福　岡	21.7	22.0	21.2	21.7	21.1	511	517	532	544	551
佐　賀	21.6	21.7	21.4	21.7	21.9	522	548	555	568	566
長　崎	21.1	21.6	21.3	20.8	21.4	489	506	537	524	532
熊　本	21.6	21.6	20.7	21.3	20.9	531	530	552	555	559
大　分	21.3	21.4	20.9	21.4	21.0	520	509	532	541	530
宮　崎	21.1	20.7	21.2	20.9	21.3	510	488	520	525	516
鹿　児　島	21.8	21.6	21.0	21.2	21.4	489	487	510	517	504
沖　縄	…	…	…	…	…	…	…	…	…	…

1　米（続き）

（4）　水稲の収量構成要素（水稲作況標本筆調査成績）（続き）

サ　玄米重歩合　　　　　　　　　　　　　　　　　　　　シ　10ａ当たり玄米重

単位：%　　　　　　　　　　　　　　　　　　　　　　　　　　　単位：kg

全国農業地域・都道府県	平成26年産	27	28	29	30	平成26年産	27	28	29	30
	(1)	(2)	(3)	(4)	(5)	(1)	(2)	(3)	(4)	(5)
全　　国	97.2	97.3	98.1	97.2	97.5	548	541	556	546	541
（全国農業地域）										
北　海　道	96.9	98.3	98.3	98.5	97.9	595	578	568	580	513
都　府　県	97.1	97.3	98.1	97.3	97.3	544	538	556	544	543
東　　北	97.4	97.9	98.8	97.6	97.8	597	592	588	577	575
北　　陸	97.7	97.7	98.5	97.5	97.7	548	545	580	541	545
関 東・東 山	97.2	97.1	97.5	96.6	97.2	555	542	553	544	550
東　　海	97.1	98.2	98.3	97.7	97.7	506	504	524	508	508
近　　畿	96.4	96.8	97.6	97.2	97.1	507	517	525	520	510
中　　国	97.1	97.2	98.4	97.8	98.0	505	513	538	542	533
四　　国	96.2	96.2	97.1	96.7	96.8	475	477	504	496	485
九　　州	95.9	95.9	96.8	96.1	96.3	493	495	519	522	522
沖　　縄	…	…	…	…	…	…	…	…	…	…
（都道府県）										
北　海　道	96.9	98.3	98.3	98.5	97.9	595	578	568	580	513
青　　森	97.0	97.4	98.2	97.9	98.4	622	627	615	610	609
岩　　手	97.0	97.9	99.1	97.5	98.2	573	572	550	543	552
宮　　城	97.6	97.9	98.8	97.5	97.6	570	559	566	546	562
秋　　田	97.7	98.4	98.9	97.7	97.8	608	601	603	589	571
山　　形	97.8	97.8	98.9	97.4	97.7	636	628	621	611	592
福　　島	96.9	96.8	98.3	97.4	97.6	571	568	567	561	572
茨　　城	97.2	97.8	97.8	96.9	96.9	559	534	533	536	536
栃　　木	97.3	97.2	97.9	95.2	97.2	548	546	564	521	562
群　　馬	95.7	92.9	95.4	97.0	96.5	510	501	514	511	518
埼　　玉	96.4	95.1	96.7	96.0	96.5	511	489	504	503	495
千　　葉	98.6	98.7	97.6	97.4	96.8	568	549	562	553	552
東　　京	…	…	…	…	…	…	…	…	…	…
神　奈　川	95.8	94.8	97.7	95.4	96.0	507	491	502	516	499
新　　潟	97.6	97.7	98.3	97.5	97.5	559	542	596	539	542
富　　山	98.0	98.3	98.8	97.7	98.1	553	573	579	560	565
石　　川	97.9	98.2	98.9	98.0	98.3	517	532	545	529	530
福　　井	97.2	96.4	98.0	96.6	97.5	520	529	545	536	542
山　　梨	96.5	96.1	98.0	96.7	97.2	553	545	553	556	549
長　　野	96.5	97.2	98.1	97.6	98.1	610	615	636	642	629
岐　　阜	97.6	98.2	98.2	97.8	97.4	492	490	496	498	488
静　　岡	97.2	97.7	98.5	98.0	98.1	524	516	538	529	518
愛　　知	97.9	98.1	98.5	98.3	97.7	514	512	531	522	512
三　　重	96.2	98.2	98.2	96.8	97.7	500	499	533	489	514
滋　　賀	95.3	96.9	98.4	97.1	98.3	512	528	544	527	522
京　　都	97.4	97.0	97.4	97.7	97.9	515	518	524	518	509
大　　阪	96.2	95.3	96.8	96.8	95.6	504	502	512	513	501
兵　　庫	96.7	96.4	97.5	97.5	96.5	498	510	511	515	500
奈　　良	97.8	97.2	97.1	96.9	96.3	522	523	533	530	522
和　歌　山	96.7	97.7	97.7	97.0	95.6	498	505	518	513	500
鳥　　取	97.1	97.2	98.7	97.8	98.1	506	521	530	531	507
島　　根	97.5	97.3	98.5	98.1	98.4	516	513	539	530	541
岡　　山	96.9	97.2	98.0	97.5	97.1	500	513	542	555	531
広　　島	97.3	97.4	98.7	98.6	98.7	514	521	547	546	545
山　　口	96.9	96.5	97.9	97.4	98.2	492	500	524	535	532
徳　　島	96.3	97.5	98.4	97.8	98.0	462	464	498	488	478
香　　川	94.7	93.6	94.7	94.6	94.8	480	481	520	494	489
愛　　媛	96.3	96.7	97.2	97.0	96.4	498	498	517	516	512
高　　知	97.9	97.5	97.9	97.8	98.1	457	461	474	481	454
福　　岡	95.3	95.0	96.8	96.0	95.8	487	491	515	522	528
佐　　賀	95.4	95.6	96.0	95.6	95.8	498	524	533	543	542
長　　崎	96.7	96.4	96.6	96.2	96.8	473	488	519	504	515
熊　　本	96.4	96.2	97.1	96.6	96.4	512	510	536	536	539
大　　分	95.6	95.5	96.6	95.9	96.0	497	486	514	519	509
宮　　崎	96.9	96.5	96.5	97.0	97.1	494	471	507	509	501
鹿　児　島	96.7	97.3	97.3	96.7	97.8	473	474	496	500	493
沖　　縄	…	…	…	…	…	…	…	…	…	…

(5) 水稲の田植機利用面積（都道府県別）（平成28年産〜平成30年産）

全　国 都道府県	平　成　28　年　産				29				30			
	利用面積	面　積　割　合			利用面積	面　積　割　合			利用面積	面　積　割　合		
			稚　苗	中・成苗			稚　苗	中・成苗			稚　苗	中・成苗
	(1)	(2)	(3)	(4)	(5)	(6)	(7)	(8)	(9)	(10)	(11)	(12)
	ha	%	%	%	ha	%	%	%	ha	%	%	%
全　　　　国	1,579,000	98	62	36	1,566,000	98	62	36	1,557,000	98	62	36
（都道府県）												
北　海　道	106,300	98	1	97	104,900	98	1	97	104,300	98	1	97
青　　　森	49,400	97	0	97	48,900	97	0	97	48,800	97	0	97
岩　　　手	55,400	98	36	62	54,800	98	36	62	54,600	98	36	62
宮　　　城	72,400	97	57	40	72,100	97	57	40	71,800	96	56	40
秋　　　田	90,300	99	28	71	89,600	98	28	71	89,600	99	27	72
山　　　形	67,300	97	58	38	66,600	96	65	31	66,500	96	65	31
福　　　島	69,300	98	57	41	69,300	98	56	41	69,400	97	55	42
茨　　　城	77,400	99	96	3	76,800	100	99	1	76,600	100	99	1
栃　　　木	69,400	100	95	5	69,200	100	94	5	69,000	100	94	5
群　　　馬	17,800	100	8	92	17,500	100	8	92	17,300	100	8	92
埼　　　玉	34,600	100	41	59	33,900	100	41	59	33,500	100	40	59
千　　　葉	61,400	100	84	16	61,100	100	84	16	60,700	100	84	16
東　　　京	137	91	69	22	127	90	68	22	124	93	68	26
神　奈　川	3,110	99	94	5	3,090	99	85	14	3,070	99	85	14
新　　　潟	118,900	98	93	5	118,600	98	93	5	119,300	98	94	4
富　　　山	35,800	91	91	0	35,500	91	91	0	35,400	91	91	0
石　　　川	25,300	96	95	1	25,000	96	95	1	24,600	95	94	1
福　　　井	22,800	87	78	8	22,900	87	79	8	22,700	86	78	8
山　　　梨	4,950	99	8	91	4,920	99	8	91	4,880	99	7	91
長　　　野	33,000	99	35	64	32,600	99	35	64	32,400	99	35	64
岐　　　阜	24,700	98	91	7	24,700	98	91	7	24,500	98	91	7
静　　　岡	17,400	100	99	1	17,200	100	98	1	17,000	99	98	1
愛　　　知	27,300	92	81	11	26,700	91	80	11	26,400	90	79	11
三　　　重	29,500	100	99	0	29,300	99	99	0	29,200	99	99	1
滋　　　賀	32,300	98	52	46	32,300	98	52	46	31,800	97	51	46
京　　　都	15,000	99	64	35	14,800	99	58	41	14,600	99	58	41
大　　　阪	5,310	100	95	5	5,150	100	95	5	5,010	100	95	5
兵　　　庫	37,400	98	60	38	37,100	98	59	39	37,400	98	59	39
奈　　　良	8,790	99	0	99	8,690	100	0	100	8,620	100	0	100
和　歌　山	6,700	100	90	10	6,540	100	90	10	6,410	100	89	11
鳥　　　取	14,200	100	70	30	14,000	100	71	29	13,900	100	78	21
島　　　根	19,300	99	81	18	18,900	99	79	19	18,700	99	79	19
岡　　　山	30,000	92	61	31	29,600	92	60	32	29,400	92	60	32
広　　　島	25,100	100	92	8	24,700	100	92	8	24,300	99	92	7
山　　　口	21,900	99	98	2	21,400	99	98	2	20,900	99	98	2
徳　　　島	12,700	100	65	34	12,500	100	65	35	12,100	100	65	34
香　　　川	13,600	100	90	10	13,200	100	88	12	12,700	100	87	13
愛　　　媛	14,700	100	91	8	14,400	100	92	8	14,300	100	92	8
高　　　知	12,900	100	55	45	12,800	100	55	45	12,600	100	55	45
福　　　岡	39,200	100	77	23	39,100	100	77	23	38,700	99	74	25
佐　　　賀	26,300	100	78	22	26,400	100	78	22	26,300	100	78	22
長　　　崎	13,200	100	89	11	12,900	100	89	11	12,800	100	90	10
熊　　　本	42,300	100	15	85	42,400	100	15	85	42,300	100	14	85
大　　　分	25,200	100	66	34	24,900	100	65	35	24,500	100	64	35
宮　　　崎	23,200	98	74	24	23,100	98	74	24	22,800	98	74	25
鹿　児　島	25,200	100	99	1	24,900	100	99	1	23,600	100	99	1
沖　　　縄	748	95	54	42	711	98	69	29	701	98	70	28

注：1　面積割合、稚苗及び中・成苗の面積割合は当該年の作付面積（青刈り面積を含む。）に対する比率である。
　　2　利用面積は、情報収集によるものである。

1　米（続き）

(6)　水稲の刈取機利用面積（都道府県別）（平成28年産～平成30年産）

全　国 都 道 府 県	平　成　28　年　産				29				30			
	刈取面積	面　積　割　合			刈取面積	面　積　割　合			刈取面積	面　積　割　合		
			コンバイン	バインダー			コンバイン	バインダー			コンバイン	バインダー
	(1)	(2)	(3)	(4)	(5)	(6)	(7)	(8)	(9)	(10)	(11)	(12)
	ha	%	%	%	ha	%	%	%	ha	%	%	%
全　　　　国	1,478,000	100	96	4	1,464,000	100	96	4	1,469,000	100	96	4
（都道府県）												
北　海　道	105,000	100	100	0	103,900	100	100	0	104,000	100	100	0
青　　　森	42,600	100	93	7	43,400	100	93	7	44,200	100	93	7
岩　　　手	50,200	100	86	14	49,800	100	87	13	50,300	100	86	14
宮　　　城	66,600	100	98	2	66,300	100	98	2	67,400	100	98	2
秋　　　田	87,200	100	99	1	86,900	100	99	1	87,700	100	99	1
山　　　形	65,000	100	98	2	64,500	100	98	2	64,500	100	98	2
福　　　島	64,200	100	94	6	64,000	100	94	6	64,900	100	95	5
茨　　　城	69,300	100	98	1	68,100	100	99	1	68,400	100	99	1
栃　　　木	57,400	100	100	0	57,600	100	100	0	58,500	100	100	0
群　　　馬	15,400	100	91	9	15,400	100	91	9	15,500	100	92	8
埼　　　玉	31,700	100	99	1	31,600	100	99	1	31,800	100	99	1
千　　　葉	55,700	100	99	1	55,100	100	99	1	55,600	100	99	1
東　　　京	148	98	81	17	138	98	82	16	130	98	82	16
神　奈　川	3,090	99	81	19	3,070	99	82	17	3,060	99	83	16
新　　　潟	116,700	100	99	1	116,200	100	99	1	118,100	100	99	1
富　　　山	38,100	100	100	0	37,600	100	100	0	37,300	100	100	0
石　　　川	25,500	100	98	2	25,300	100	98	2	25,100	100	98	2
福　　　井	25,100	100	100	0	24,900	100	100	0	25,000	100	100	0
山　　　梨	4,950	99	62	37	4,910	99	62	37	4,890	100	64	35
長　　　野	32,700	100	77	23	32,300	100	78	22	32,200	100	79	21
岐　　　阜	22,100	100	95	5	21,900	100	95	5	22,500	100	95	5
静　　　岡	16,000	100	93	7	15,700	100	94	6	15,800	100	94	6
愛　　　知	27,700	100	96	4	27,400	100	96	4	27,600	100	96	4
三　　　重	27,600	100	100	0	27,300	100	100	0	27,500	100	100	0
滋　　　賀	31,900	100	100	0	31,700	100	100	0	31,700	100	100	0
京　　　都	14,800	100	94	6	14,700	100	94	6	14,500	100	93	7
大　　　阪	5,310	100	87	13	5,150	100	87	13	5,000	100	87	13
兵　　　庫	37,000	100	99	1	36,600	100	99	1	37,000	100	99	1
奈　　　良	8,680	100	93	7	8,570	100	93	7	8,550	100	93	7
和　歌　山	6,680	99	79	20	6,520	99	79	20	6,380	99	80	20
鳥　　　取	12,700	100	93	7	12,600	100	93	7	12,800	100	94	6
島　　　根	17,700	100	93	7	17,500	100	93	7	17,400	100	92	8
岡　　　山	30,400	100	96	4	30,100	100	96	4	30,200	100	97	3
広　　　島	24,100	100	98	2	23,700	100	98	2	23,400	100	98	2
山　　　口	21,000	100	97	3	20,300	100	97	3	19,800	100	97	3
徳　　　島	11,700	100	98	2	11,500	100	99	1	11,400	100	98	2
香　　　川	13,200	100	100	0	12,800	100	100	0	12,500	100	100	0
愛　　　媛	14,200	100	91	9	13,900	100	90	10	13,900	100	91	9
高　　　知	11,700	100	93	7	11,500	100	93	7	11,500	100	96	4
福　　　岡	36,000	100	99	1	35,700	100	99	1	35,300	100	99	1
佐　　　賀	24,800	100	99	1	24,600	100	99	0	24,300	100	99	0
長　　　崎	12,000	100	62	38	11,600	100	67	33	11,500	100	71	29
熊　　　本	33,800	100	93	7	33,300	100	93	7	33,300	100	94	6
大　　　分	21,300	100	92	8	21,000	100	92	8	20,700	100	93	7
宮　　　崎	16,800	100	87	13	16,300	100	87	13	16,100	100	87	13
鹿　児　島	21,000	100	65	35	20,400	100	67	33	19,200	100	68	32
沖　　　縄	764	97	94	3	718	99	95	4	702	98	95	3

注：1　面積割合、コンバイン及びバインダーの面積割合は、当該年の子実用作付面積に対する比率である。
　　2　刈取面積は、情報収集によるものである。

2　麦類

(1)　麦類の収穫量
ア　4麦計（平成21年産～平成30年産）

全国農業地域　都道府県	平成 21 年産		22		23		24		25	
	作付面積	収穫量	作付面積	収穫量	作付面積	収穫量	作付面積	収穫量	作付面積	収穫量
	(1)	(2)	(3)	(4)	(5)	(6)	(7)	(8)	(9)	(10)
	ha	t	ha	t	ha	t	ha	t	ha	t
全　　　　　国　(1)	266,200	853,300	265,700	732,100	271,700	917,800	269,500	1,030,000	269,500	994,600
（全国農業地域）										
北　海　道　(2)	118,400	407,300	118,400	355,000	121,200	505,800	121,200	592,800	123,800	537,000
都　府　県　(3)	147,800	445,800	147,300	377,100	150,400	411,900	148,400	437,400	145,700	457,600
東　　　北　(4)	9,760	23,600	9,790	18,600	9,510	16,300	8,490	16,600	8,260	18,400
北　　　陸　(5)	9,620	30,200	9,710	25,500	9,690	19,800	9,940	30,800	9,860	29,300
関　東・東　山　(6)	41,000	133,900	40,100	116,300	40,200	124,000	39,900	126,500	38,800	144,400
東　　　海　(7)	15,100	39,300	15,000	31,600	15,600	42,100	15,400	45,900	15,400	51,000
近　　　畿　(8)	10,200	25,900	10,200	20,900	10,500	22,800	10,200	26,700	9,980	25,800
中　　　国　(9)	4,230	12,700	4,280	11,700	4,630	13,900	4,690	12,800	4,760	14,400
四　　　国　(10)	4,050	9,990	4,280	11,100	4,480	13,900	4,390	12,000	4,320	14,600
九　　　州　(11)	53,700	170,300	53,900	141,500	55,800	159,000	55,400	165,900	54,300	159,600
沖　　　縄　(12)	10	15	8	12	x	x	11	16	16	36
（都道府県）										
北　海　道　(13)	118,400	407,300	118,400	355,000	121,200	505,800	121,200	592,800	123,800	537,000
青　　　森　(14)	2,220	4,770	2,230	2,720	1,900	2,450	1,610	2,210	1,410	2,980
岩　　　手　(15)	3,810	8,640	3,830	6,460	3,970	6,880	3,910	6,280	3,930	7,430
宮　　　城　(16)	2,640	7,720	2,670	7,630	2,630	5,830	2,160	6,650	2,150	6,820
秋　　　田　(17)	439	1,310	460	827	416	512	405	756	391	425
山　　　形　(18)	138	211	120	184	130	235	138	246	115	204
福　　　島　(19)	516	955	482	732	466	436	270	481	263	491
茨　　　城　(20)	8,500	19,100	8,170	17,000	8,290	18,100	8,130	18,400	8,030	25,500
栃　　　木　(21)	14,200	49,400	14,200	46,300	14,300	47,300	14,100	42,600	13,500	51,500
群　　　馬　(22)	7,900	32,100	7,660	25,900	7,640	29,200	7,810	32,600	7,830	32,900
埼　　　玉　(23)	7,150	21,600	6,800	18,100	6,650	18,800	6,390	20,900	6,030	24,400
千　　　葉　(24)	731	1,560	687	1,370	724	1,680	739	1,620	738	2,040
東　　　京　(25)	26	79	21	65	25	79	28	86	26	70
神　奈　川　(26)	41	109	36	92	42	107	43	112	x	x
新　　　潟　(27)	390	872	391	342	254	278	246	508	250	524
富　　　山　(28)	3,000	10,100	3,040	7,910	3,010	7,080	3,250	11,200	3,180	9,860
石　　　川　(29)	1,370	3,710	1,410	3,500	1,440	3,180	1,370	4,210	1,310	3,360
福　　　井　(30)	4,860	15,500	4,880	13,700	4,980	9,250	5,080	14,900	5,120	15,600
山　　　梨　(31)	64	237	53	177	76	246	81	267	94	264
長　　　野　(32)	2,390	9,670	2,410	7,310	2,520	8,460	2,570	9,930	2,560	7,630
岐　　　阜　(33)	3,000	8,760	3,090	6,950	3,200	7,800	3,240	9,950	3,280	9,850
静　　　岡　(34)	820	1,190	811	907	795	1,380	794	1,430	746	1,660
愛　　　知　(35)	5,490	15,300	5,250	12,600	5,340	18,200	5,320	20,000	5,350	22,300
三　　　重　(36)	5,800	14,000	5,890	11,100	6,270	14,700	6,050	14,500	5,990	17,200
滋　　　賀　(37)	7,410	19,400	7,380	16,200	7,610	16,900	7,340	21,200	7,190	20,200
京　　　都　(38)	305	422	281	306	298	406	x	x	x	x
大　　　阪　(39)	x	x	0	1	x	x	x	x	x	x
兵　　　庫　(40)	2,380	5,910	2,420	4,190	2,480	5,230	2,450	4,890	2,420	5,080
奈　　　良　(41)	124	205	x	x	x	x	x	x	x	x
和　歌　山　(42)	1	3	4	7	5	7	5	5	5	6
鳥　　　取　(43)	116	344	108	186	123	230	x	x	115	309
島　　　根　(44)	662	1,650	667	1,500	668	1,410	x	x	622	1,590
岡　　　山　(45)	2,330	8,120	2,340	7,800	2,500	9,440	2,460	8,040	2,500	9,070
広　　　島　(46)	167	315	174	260	233	331	245	454	x	x
山　　　口　(47)	963	2,290	990	1,930	1,100	2,520	1,190	2,230	1,280	2,890
徳　　　島　(48)	99	207	102	194	122	339	129	337	131	347
香　　　川　(49)	2,210	4,930	2,380	6,110	2,500	8,120	2,440	6,820	2,410	9,080
愛　　　媛　(50)	1,730	4,830	1,790	4,830	1,850	5,460	1,810	4,820	1,770	5,100
高　　　知　(51)	6	18	5	13	9	24	x	x	12	28
福　　　岡　(52)	20,200	67,700	20,400	59,900	21,000	59,300	21,000	67,000	21,100	67,600
佐　　　賀　(53)	21,200	71,500	21,000	55,200	21,200	64,700	21,100	66,900	20,500	56,400
長　　　崎　(54)	1,710	4,380	1,750	4,460	1,880	5,370	1,810	4,250	1,800	4,210
熊　　　本　(55)	6,200	15,500	6,320	12,400	6,670	18,500	6,560	18,000	6,190	18,500
大　　　分　(56)	4,150	10,500	4,200	9,050	4,760	10,500	4,590	9,220	4,520	12,300
宮　　　崎　(57)	143	416	123	234	130	270	116	220	114	287
鹿　児　島　(58)	135	288	141	274	173	401	x	x	x	x
沖　　　縄　(59)	10	15	8	12	x	x	11	16	16	36

26 作付面積	26 収穫量	27 作付面積	27 収穫量	28 作付面積	28 収穫量	29 作付面積	29 収穫量	30 作付面積	30 収穫量	
(11) ha	(12) t	(13) ha	(14) t	(15) ha	(16) t	(17) ha	(18) t	(19) ha	(20) t	
272,700	1,022,000	274,400	1,181,000	275,900	961,000	273,700	1,092,000	272,900	939,600	(1)
125,200	557,300	124,200	737,600	124,600	531,100	123,400	613,500	123,100	476,800	(2)
147,500	464,900	150,100	443,600	151,300	429,900	150,400	478,200	149,800	462,800	(3)
8,270	15,400	8,240	19,500	8,120	21,800	8,230	21,400	7,870	16,100	(4)
10,000	30,400	10,400	29,300	10,600	32,400	10,500	29,800	9,790	18,300	(5)
38,500	116,700	38,400	143,600	38,400	134,500	38,700	143,400	38,500	130,500	(6)
15,900	58,000	16,500	49,200	16,700	51,500	16,600	58,400	16,300	54,500	(7)
10,200	29,900	10,600	24,700	10,600	24,200	10,500	25,700	10,400	26,200	(8)
5,050	15,400	5,410	13,200	5,600	13,000	5,700	17,500	5,830	16,200	(9)
4,320	12,900	4,580	11,900	4,590	11,100	4,700	14,700	4,840	14,200	(10)
55,200	186,100	56,000	152,300	56,600	141,300	55,400	167,200	56,300	186,800	(11)
23	49	13	23	27	32	x	x	x	x	(12)
125,200	557,300	124,200	737,600	124,600	531,100	123,400	613,500	123,100	476,800	(13)
1,280	2,340	1,170	2,930	1,120	2,980	1,030	2,210	x	x	(14)
3,930	6,530	3,990	7,530	3,970	8,680	4,110	8,370	3,920	6,590	(15)
2,310	5,390	2,330	7,550	2,230	8,570	2,270	9,140	2,280	7,110	(16)
382	621	x	x	x	x	369	778	317	494	(17)
x	x	x	x	x	x	x	x	x	x	(18)
260	372	x	x	x	x	x	x	354	706	(19)
7,990	21,400	8,090	24,800	7,900	22,000	8,020	23,800	7,920	21,400	(20)
13,200	31,600	13,000	50,800	13,000	47,100	13,000	50,200	12,900	43,700	(21)
7,720	29,400	7,590	30,800	7,640	30,500	7,670	31,800	7,760	29,800	(22)
6,000	22,400	5,960	25,000	6,100	22,800	6,190	24,900	6,170	22,900	(23)
755	2,590	x	x	830	2,280	815	2,650	x	x	(24)
23	54	x	x	x	x	x	x	x	x	(25)
x	x	x	x	37	98	x	x	35	99	(26)
246	550	x	x	x	x	304	703	246	515	(27)
3,230	10,300	3,380	10,200	3,490	11,500	3,460	9,700	3,330	7,270	(28)
1,250	3,270	1,340	3,750	1,370	4,460	1,450	4,770	1,420	3,090	(29)
5,290	16,300	5,450	14,900	5,430	15,800	5,300	14,600	4,800	7,460	(30)
x	x	x	x	113	300	114	307	123	313	(31)
2,650	8,920	2,740	9,250	2,820	9,400	2,790	9,600	2,750	9,540	(32)
3,360	10,700	3,430	9,090	3,460	9,260	3,470	10,400	3,420	9,650	(33)
743	1,900	786	928	791	1,480	752	1,510	768	1,760	(34)
5,510	23,600	5,660	21,500	5,630	24,000	5,620	26,600	5,500	23,100	(35)
6,310	21,800	6,670	17,700	6,820	16,800	6,750	19,900	6,590	20,000	(36)
7,400	23,600	7,750	19,400	7,830	19,200	7,760	19,400	7,680	21,800	(37)
x	x	x	x	x	x	x	x	x	x	(38)
x	x	x	x	x	x	x	x	x	x	(39)
2,440	5,540	2,460	4,680	2,400	4,370	2,410	5,720	2,330	3,870	(40)
x	x	x	x	x	x	110	269	111	219	(41)
x	x	x	x	x	x	x	x	x	x	(42)
115	257	131	331	150	393	x	x	163	408	(43)
x	x	641	1,500	636	1,330	628	1,850	617	1,320	(44)
2,650	9,630	2,790	7,360	2,800	7,730	2,860	10,400	2,870	9,100	(45)
x	x	x	x	x	x	x	x	x	x	(46)
1,430	3,500	1,610	3,540	1,760	3,130	1,810	4,270	1,900	4,910	(47)
132	354	132	323	145	232	x	x	x	x	(48)
2,390	7,120	2,540	7,270	2,500	6,750	2,550	8,920	2,670	8,290	(49)
1,800	5,420	1,900	4,290	1,940	4,110	1,990	5,380	2,030	5,590	(50)
x	x	x	x	x	x	13	26	13	24	(51)
21,400	77,600	21,700	62,400	21,700	59,100	21,200	66,900	21,400	75,500	(52)
20,400	68,600	20,500	58,100	20,800	51,800	20,600	63,900	20,800	72,000	(53)
1,830	5,040	1,860	4,680	1,890	4,070	1,840	4,690	1,920	5,690	(54)
6,490	21,200	6,710	18,000	6,950	17,000	6,740	19,300	6,870	20,000	(55)
4,750	12,800	4,760	8,550	4,900	8,800	4,660	11,600	4,850	12,900	(56)
156	460	172	239	180	245	166	411	185	317	(57)
x	x	199	300	210	238	x	x	x	x	(58)
23	49	13	23	27	32	x	x	x	x	(59)

2　麦類（続き）

(1)　麦類の収穫量（続き）

イ　小麦

全 国 農 業 地 域 都　道　府　県	平 成 26 年 産				27				
	作付面積	10 a 当たり 収　　量	収 穫 量	（参考） 10 a 当たり 平均収量 対　比	作付面積	10 a 当たり 収　　量	収 穫 量	（参考） 10 a 当たり 平均収量 対　比	作付面積
	(1)	(2)	(3)	(4)	(5)	(6)	(7)	(8)	(9)
	ha	kg	t	%	ha	kg	t	%	ha
全　　　　　国 (1)	212,600	401	852,400	106	213,100	471	1,004,000	127	214,400
（全国農業地域）									
北　海　道 (2)	123,400	447	551,400	103	122,600	596	731,000	141	122,900
都　府　県 (3)	89,200	337	301,000	110	90,500	302	273,200	100	91,500
東　　北 (4)	7,130	187	13,300	92	7,040	232	16,300	115	6,940
北　　陸 (5)	256	175	447	101	182	190	346	112	313
関 東 ・ 東 山 (6)	21,000	365	76,600	112	20,800	383	79,600	115	21,000
東　　海 (7)	15,300	367	56,200	126	15,900	301	47,800	102	16,000
近　　畿 (8)	8,990	293	26,300	115	9,430	232	21,900	92	9,350
中　　国 (9)	1,830	283	5,170	106	2,020	252	5,100	95	2,210
四　　国 (10)	1,680	318	5,350	100	1,860	295	5,480	96	1,920
九　　州 (11)	33,000	357	117,700	107	33,300	290	96,700	91	33,800
沖　　縄 (12)	23	215	49	128	13	177	23	100	27
（都道府県）									
北　海　道 (13)	123,400	447	551,400	103	122,600	596	731,000	141	122,900
青　　森 (14)	1,280	183	2,340	106	1,170	250	2,930	146	1,120
岩　　手 (15)	3,860	165	6,370	93	3,900	187	7,290	105	3,860
宮　　城 (16)	1,270	275	3,490	85	1,240	376	4,660	117	1,180
秋　　田 (17)	378	161	609	82	385	192	739	108	387
山　　形 (18)	84	160	134	89	91	235	214	131	87
福　　島 (19)	258	142	366	82	251	197	494	119	301
茨　　城 (20)	4,700	327	15,400	134	4,670	329	15,400	129	4,580
栃　　木 (21)	2,450	342	8,380	100	2,330	402	9,370	118	2,380
群　　馬 (22)	5,750	410	23,600	100	5,580	421	23,500	102	5,580
埼　　玉 (23)	5,080	378	19,200	124	5,060	418	21,200	130	5,200
千　　葉 (24)	706	350	2,470	151	748	326	2,440	137	779
東　　京 (25)	22	237	52	75	16	251	40	83	16
神　奈　川 (26)	36	278	100	102	37	286	106	106	36
新　　潟 (27)	23	183	42	99	27	174	47	98	44
富　　山 (28)	26	222	58	109	33	263	87	126	59
石　　川 (29)	115	102	117	69	86	138	119	97	71
福　　井 (30)	92	250	230	130	36	258	93	137	139
山　　梨 (31)	72	252	181	76	70	245	172	77	68
長　　野 (32)	2,170	332	7,200	92	2,250	328	7,380	94	2,320
岐　　阜 (33)	3,140	327	10,300	108	3,200	275	8,800	92	3,210
静　　岡 (34)	727	259	1,880	135	771	117	902	60	776
愛　　知 (35)	5,420	428	23,200	127	5,580	380	21,200	108	5,550
三　　重 (36)	6,020	345	20,800	135	6,340	267	16,900	104	6,500
滋　　賀 (37)	6,790	315	21,400	118	7,190	248	17,800	93	7,220
京　　都 (38)	140	145	203	113	151	104	157	84	153
大　　阪 (39)	x	160	x	107	x	113	x	75	x
兵　　庫 (40)	1,940	227	4,400	103	1,980	188	3,720	89	1,860
奈　　良 (41)	109	250	273	124	110	200	220	100	108
和　歌　山 (42)	5	120	6	75	3	126	4	85	3
鳥　　取 (43)	22	186	41	106	26	269	70	158	40
島　　根 (44)	104	135	140	82	101	145	146	102	95
岡　　山 (45)	548	356	1,950	106	629	280	1,760	83	664
広　　島 (46)	179	223	399	114	166	176	292	91	172
山　　口 (47)	972	272	2,640	108	1,100	257	2,830	104	1,230
徳　　島 (48)	66	292	193	103	60	296	178	108	64
香　　川 (49)	1,450	317	4,600	100	1,620	297	4,810	96	1,670
愛　　媛 (50)	159	343	545	108	170	282	479	93	188
高　　知 (51)	7	233	16	115	5	172	9	86	6
福　　岡 (52)	15,200	379	57,600	107	15,200	307	46,700	90	15,300
佐　　賀 (53)	9,690	355	34,400	103	9,850	303	29,800	94	9,760
長　　崎 (54)	636	280	1,780	98	663	243	1,610	93	633
熊　　本 (55)	4,820	337	16,200	110	4,900	278	13,600	94	5,080
大　　分 (56)	2,520	290	7,310	112	2,560	187	4,790	74	2,810
宮　　崎 (57)	97	293	284	124	95	102	97	43	117
鹿　児　島 (58)	49	181	89	89	42	128	54	67	40
沖　　縄 (59)	23	215	49	128	13	177	23	100	27

	28			29				30				
10 a 当たり収量	収穫量	(参考)10 a 当たり平均収量対比	作付面積	10 a 当たり収量	収穫量	(参考)10 a 当たり平均収量対比	作付面積	10 a 当たり収量	収穫量	(参考)10 a 当たり平均収量対比		
(10)	(11)	(12)	(13)	(14)	(15)	(16)	(17)	(18)	(19)	(20)		
kg	t	%	ha	kg	t	%	ha	kg	t	%		
369	790,800	99	212,300	427	906,700	111	211,900	361	764,900	90	(1)
427	524,300	100	121,600	500	607,600	113	121,400	388	471,100	84	(2)
291	266,500	99	90,700	330	299,100	111	90,500	325	293,800	105	(3)
264	18,300	132	7,040	246	17,300	121	6,570	192	12,600	90	(4)
261	816	143	376	234	879	126	403	170	685	84	(5)
359	75,400	106	21,100	381	80,400	110	20,900	355	74,200	98	(6)
313	50,000	107	15,900	356	56,600	117	15,500	341	52,800	107	(7)
228	21,300	93	9,270	242	22,400	102	9,040	257	23,200	104	(8)
212	4,680	83	2,290	298	6,830	121	2,410	282	6,800	108	(9)
280	5,370	96	2,050	359	7,360	120	2,170	317	6,880	100	(10)
268	90,700	88	32,700	328	107,300	112	33,400	349	116,600	115	(11)
119	32	65	23	122	28	67	29	155	45	89	(12)
427	524,300	100	121,600	500	607,600	113	121,400	388	471,100	84	(13)
266	2,980	152	1,030	215	2,210	118	907	106	961	53	(14)
219	8,450	124	4,020	203	8,160	115	3,830	167	6,400	91	(15)
446	5,260	138	1,200	437	5,240	130	1,100	356	3,920	100	(16)
169	654	100	367	211	774	129	314	157	493	94	(17)
284	247	158	91	233	212	119	72	236	170	113	(18)
224	674	136	336	203	682	119	348	200	696	110	(19)
304	13,900	111	4,780	321	15,300	111	4,610	293	13,500	95	(20)
358	8,520	105	2,280	396	9,030	115	2,250	350	7,880	98	(21)
424	23,700	103	5,570	436	24,300	105	5,680	406	23,100	96	(22)
369	19,200	111	5,250	403	21,200	116	5,220	370	19,300	99	(23)
277	2,160	109	769	325	2,500	121	801	311	2,490	108	(24)
289	46	99	21	275	58	96	20	255	51	91	(25)
267	96	99	33	294	97	110	34	285	97	105	(26)
277	122	155	60	242	145	128	67	210	141	104	(27)
227	134	100	72	192	138	86	44	193	85	85	(28)
315	224	225	84	237	199	165	84	188	158	117	(29)
242	336	129	160	248	397	130	208	145	301	67	(30)
309	210	102	70	311	218	104	77	290	223	99	(31)
324	7,520	97	2,290	337	7,720	105	2,210	341	7,540	103	(32)
275	8,830	95	3,190	312	9,950	109	3,160	292	9,230	98	(33)
188	1,460	111	742	201	1,490	114	758	229	1,740	118	(34)
427	23,700	119	5,530	473	26,200	122	5,390	423	22,800	104	(35)
246	16,000	98	6,430	296	19,000	117	6,230	305	19,000	115	(36)
241	17,400	93	7,150	246	17,600	96	6,990	285	19,900	110	(37)
126	193	109	154	132	203	115	147	141	207	118	(38)
94	x	67	x	95	x	73	1	157	1	134	(39)
185	3,440	93	1,850	234	4,330	123	1,790	162	2,900	81	(40)
232	250	121	109	246	268	121	110	198	218	92	(41)
115	3	85	2	134	3	108	2	131	2	107	(42)
220	88	112	47	355	167	170	61	257	157	112	(43)
128	122	92	104	196	204	146	104	146	152	104	(44)
262	1,740	82	715	379	2,710	125	747	311	2,320	97	(45)
169	291	92	162	202	328	112	156	168	262	88	(46)
198	2,440	81	1,260	271	3,420	116	1,340	292	3,910	118	(47)
236	151	86	66	300	198	108	56	230	129	80	(48)
282	4,710	96	1,780	364	6,480	121	1,890	321	6,060	101	(49)
264	496	90	197	338	666	119	220	311	684	105	(50)
160	10	84	7	164	11	93	6	143	9	80	(51)
288	44,100	89	14,800	337	49,900	108	14,800	371	54,900	116	(52)
272	26,500	87	9,640	359	34,600	121	10,100	365	36,900	117	(53)
213	1,350	84	535	278	1,490	112	608	258	1,570	100	(54)
259	13,200	92	4,880	291	14,200	102	4,970	308	15,300	106	(55)
190	5,340	80	2,690	252	6,780	113	2,750	281	7,730	122	(56)
126	147	58	111	257	285	140	116	120	139	62	(57)
99	40	54	35	164	57	98	35	124	43	77	(58)
119	32	65	23	122	28	67	29	155	45	89	(59)

2　麦類（続き）

(1)　麦類の収穫量（続き）
ウ　二条大麦

全国農業地域 都　道　府　県	平成 26 年産				27				作付面積
	作付面積	10 a 当たり 収　量	収　穫　量	（参考） 10 a 当たり 平均収量 対　比	作付面積	10 a 当たり 収　量	収　穫　量	（参考） 10 a 当たり 平均収量 対　比	作付面積
	(1)	(2)	(3)	(4)	(5)	(6)	(7)	(8)	(9)
	ha	kg	t	%	ha	kg	t	%	ha
全　国　(1)	37,600	288	108,200	89	37,900	299	113,300	96	38,200
（全国農業地域）									
北　海　道　(2)	1,740	338	5,880	106	1,640	397	6,510	125	1,690
都　府　県　(3)	35,800	286	102,400	88	36,300	294	106,800	94	36,500
東　　北　(4)	x	200	x	133	x	400	x	400	4
北　　陸　(5)	9	244	22	156	6	183	11	110	7
関　東・東　山　(6)	12,600	234	29,500	69	12,400	381	47,200	112	12,400
東　　海　(7)	x	160	x	320	9	156	14	108	6
近　　畿　(8)	162	324	525	146	173	235	406	105	158
中　　国　(9)	2,730	340	9,290	96	2,830	257	7,280	75	2,840
四　　国　(10)	x	370	x	104	x	265	x	78	x
九　　州　(11)	20,300	310	62,900	99	20,800	249	51,800	85	21,200
沖　　縄　(12)	-	-	-	nc	-	-	-	nc	-
（都道府県）									
北　海　道　(13)	1,740	338	5,880	106	1,640	397	6,510	125	1,690
青　　森　(14)	-	-	-	nc	-	-	-	nc	-
岩　　手　(15)	x	x	x	x	x	x	x	x	x
宮　　城　(16)	-	-	-	nc	-	-	-	nc	x
秋　　田　(17)	2	173	3	122	1	252	3	170	2
山　　形　(18)	-	-	-	nc	-	-	-	nc	-
福　　島　(19)	x	x	x	nc	x	x	x	nc	x
茨　　城　(20)	1,110	148	1,640	59	1,080	274	2,960	112	1,070
栃　　木　(21)	9,320	224	20,900	65	9,170	391	35,900	114	9,070
群　　馬　(22)	1,470	309	4,540	85	1,480	364	5,390	102	1,530
埼　　玉　(23)	705	341	2,400	95	692	420	2,910	116	685
千　　葉　(24)	x	x	x	x	-	-	-	-	x
東　　京　(25)	x	x	x	x	1	208	2	91	2
神　奈　川　(26)	x	x	x	x	x	x	x	x	x
新　　潟　(27)	-	-	-	-	x	x	x	x	x
富　　山　(28)	x	x	x	x	x	x	x	x	x
石　　川　(29)	x	x	x	x	x	x	x	x	x
福　　井　(30)	-	-	-	nc	-	-	-	nc	-
山　　梨　(31)	x	x	x	nc	x	x	x	nc	x
長　　野　(32)	-	-	-	nc	-	-	-	nc	1
岐　　阜　(33)	-	-	-	nc	-	-	-	nc	-
静　　岡　(34)	6	123	7	141	7	157	11	159	5
愛　　知　(35)	x	x	x	nc	2	150	3	54	1
三　　重　(36)	-	-	-	-	-	-	-	nc	-
滋　　賀　(37)	57	451	257	146	61	331	202	106	59
京　　都　(38)	105	255	268	147	112	182	204	105	99
大　　阪　(39)	-	-	-	nc	-	-	-	nc	-
兵　　庫　(40)	-	-	-	nc	-	-	-	nc	-
奈　　良　(41)	-	-	-	nc	-	-	-	nc	-
和　歌　山　(42)	-	-	-	nc	-	-	-	nc	-
鳥　　取　(43)	86	241	207	81	89	267	238	98	103
島　　根　(44)	471	261	1,230	91	513	253	1,300	92	507
岡　　山　(45)	2,070	367	7,600	97	2,130	261	5,560	71	2,110
広　　島　(46)	x	x	x	nc	x	x	x	nc	x
山　　口　(47)	98	262	257	111	96	191	183	83	119
徳　　島　(48)	17	362	62	101	20	258	52	75	23
香　　川　(49)	-	-	-	nc	-	-	-	nc	-
愛　　媛　(50)	-	-	-	nc	-	-	-	nc	-
高　　知　(51)	x	x	x	x	x	x	x	x	x
福　　岡　(52)	5,770	322	18,600	105	6,070	240	14,600	82	5,990
佐　　賀　(53)	10,500	319	33,500	96	10,500	265	27,800	85	10,800
長　　崎　(54)	1,120	274	3,070	91	1,110	264	2,930	96	1,150
熊　　本　(55)	1,610	298	4,800	109	1,730	248	4,290	95	1,780
大　　分　(56)	1,110	229	2,540	89	1,150	160	1,840	68	1,180
宮　　崎　(57)	52	309	161	135	71	194	138	83	56
鹿　児　島　(58)	127	215	273	95	149	160	238	73	159
沖　　縄　(59)	-	-	-	nc	-	-	-	nc	-

| 28 | | | 29 | | | | 30 | | | | |
| 10a当たり収量 | 収穫量 | (参考)10a当たり平均収量対比 | 作付面積 | 10a当たり収量 | 収穫量 | (参考)10a当たり平均収量対比 | 作付面積 | 10a当たり収量 | 収穫量 | (参考)10a当たり平均収量対比 | |
(10) kg	(11) t	(12) %	(13) ha	(14) kg	(15) t	(16) %	(17) ha	(18) kg	(19) t	(20) %	
280	106,800	92	38,300	313	119,700	106	38,300	318	121,700	106	(1)
398	6,720	125	1,720	337	5,800	102	1,660	334	5,540	98	(2)
274	100,100	90	36,600	311	113,900	106	36,600	317	116,100	106	(3)
200	8	267	x	275	x	367	5	160	8	114	(4)
171	12	120	9	156	14	108	7	86	6	50	(5)
359	44,500	107	12,600	380	47,900	112	12,500	336	42,000	95	(6)
100	6	75	2	123	3	103	3	200	5	168	(7)
247	390	112	154	250	385	109	153	231	353	97	(8)
268	7,600	81	2,820	344	9,700	108	2,740	301	8,240	94	(9)
188	x	58	30	280	84	88	x	226	x	72	(10)
224	47,500	80	21,100	265	55,900	99	21,100	310	65,500	115	(11)
–	–	nc	x	x	x	x	x	x	x	nc	(12)
398	6,720	125	1,720	337	5,800	102	1,660	334	5,540	98	(13)
–	–	nc	–	–	–	nc	–	–	–	nc	(14)
x	x	x	x	x	x	x	x	x	x	x	(15)
x	x	nc	2	318	6	nc	2	320	6	nc	(16)
224	4	151	2	210	4	147	x	x	x	x	(17)
–	–	nc	–	–	–	nc	–	–	–	nc	(18)
x	x	x	x	x	x	x	x	x	x	x	(19)
231	2,470	95	1,110	273	3,030	116	1,240	260	3,220	105	(20)
375	34,000	109	9,160	395	36,200	113	9,020	344	31,000	95	(21)
336	5,140	96	1,570	367	5,760	106	1,580	322	5,090	92	(22)
419	2,870	115	712	402	2,860	106	699	377	2,640	97	(23)
x	x	x	x	x	x	x	x	x	x	x	(24)
192	3	86	2	229	4	99	1	160	2	70	(25)
x	x	x	–	–	–	–	x	x	x	x	(26)
x	x	x	–	–	–	–	–	–	–	–	(27)
x	x	x	x	x	x	x	x	x	x	x	(28)
x	x	x	x	x	x	x	x	x	x	x	(29)
–	–	nc	–	–	–	nc	–	–	–	nc	(30)
–	–	–	–	–	–	–	–	–	–	–	(31)
355	4	nc	2	335	6	nc	2	253	5	nc	(32)
–	–	nc	–	–	–	nc	–	–	–	nc	(33)
80	4	67	2	123	3	103	3	200	5	168	(34)
200	2	82	–	–	–	–	–	–	–	–	(35)
–	–	nc	–	–	–	nc	–	–	–	nc	(36)
348	205	113	58	400	232	125	55	424	233	121	(37)
187	185	111	96	159	153	91	98	122	120	69	(38)
–	–	nc	–	–	–	nc	–	–	–	nc	(39)
–	–	nc	–	–	–	nc	–	–	–	nc	(40)
–	–	nc	–	–	–	nc	–	–	–	nc	(41)
–	–	nc	–	–	–	nc	–	–	–	nc	(42)
288	297	112	97	297	288	116	100	247	247	90	(43)
227	1,150	85	493	325	1,600	126	459	233	1,070	87	(44)
281	5,930	79	2,100	360	7,570	106	2,030	323	6,560	94	(45)
x	x	nc	x	x	x	x	x	x	x	x	(46)
186	221	87	135	180	243	84	150	239	359	113	(47)
178	41	55	25	280	70	88	22	223	49	71	(48)
–	–	nc	–	–	–	nc	x	x	x	x	(49)
–	–	nc	–	–	–	nc	–	–	–	nc	(50)
x	x	x	5	289	14	89	5	238	12	73	(51)
235	14,100	83	5,950	267	15,900	99	6,070	313	19,000	116	(52)
231	24,900	78	10,700	268	28,700	95	10,500	328	34,400	116	(53)
229	2,630	87	1,200	255	3,060	100	1,230	324	3,990	129	(54)
205	3,650	81	1,720	278	4,780	113	1,750	246	4,310	95	(55)
165	1,950	76	1,260	240	3,020	119	1,350	245	3,310	117	(56)
170	95	75	46	257	118	118	55	308	169	133	(57)
114	181	56	152	195	296	101	141	238	336	123	(58)
–	–	nc	x	x	x	x	x	x	x	nc	(59)

2 麦類（続き）
（1） 麦類の収穫量（続き）
エ 六条大麦

全 国 農 業 地 域 都 道 府 県	平成 26 年産				27				作付面積
	作付面積	10a当たり収量	収穫量	（参考）10a当たり平均収量対比	作付面積	10a当たり収量	収穫量	（参考）10a当たり平均収量対比	
	(1)	(2)	(3)	(4)	(5)	(6)	(7)	(8)	(9)
	ha	kg	t	%	ha	kg	t	%	ha
全 国 (1)	17,300	272	47,000	93	18,200	287	52,300	100	18,200
（全国農業地域）									
北 海 道 (2)	-	-	-	nc	-	-	-	nc	-
都 府 県 (3)	17,300	272	47,000	93	18,200	287	52,300	100	18,200
東 北 (4)	1,140	185	2,110	72	1,200	263	3,160	107	1,180
北 陸 (5)	9,740	308	30,000	101	10,200	283	28,900	94	10,300
関 東・東 山 (6)	4,860	218	10,600	76	5,140	323	16,600	118	5,080
東 海 (7)	595	304	1,810	116	641	222	1,420	85	665
近 畿 (8)	x	280	x	96	x	236	x	85	945
中 国 (9)	85	216	184	113	x	167	x	90	x
四 国 (10)	-	-	-	nc	-	-	-	nc	-
九 州 (11)	13	308	40	133	x	307	x	86	x
沖 縄 (12)	-	-	-	nc	-	-	-	nc	-
（都道府県）									
北 海 道 (13)	-	-	-	nc	-	-	-	nc	-
青 森 (14)	-	-	-	nc	-	-	-	nc	-
岩 手 (15)	63	251	158	115	90	264	238	117	106
宮 城 (16)	1,040	183	1,900	70	1,090	265	2,890	107	1,050
秋 田 (17)	2	415	9	185	x	x	x	x	x
山 形 (18)	25	145	36	101	21	110	23	80	22
福 島 (19)	x	241	x	82	2	356	9	127	2
茨 城 (20)	2,170	201	4,360	94	2,340	273	6,390	133	2,240
栃 木 (21)	1,460	160	2,340	50	1,510	363	5,480	121	1,540
群 馬 (22)	498	259	1,290	70	523	360	1,880	99	532
埼 玉 (23)	174	403	701	102	170	455	774	111	176
千 葉 (24)	46	254	117	117	46	291	134	134	46
東 京 (25)	-	-	-	-	-	-	-	-	-
神 奈 川 (26)	2	222	4	100	1	375	4	173	x
新 潟 (27)	223	228	508	125	236	158	373	81	240
富 山 (28)	3,190	320	10,200	101	3,340	302	10,100	97	3,430
石 川 (29)	1,130	279	3,150	99	1,250	290	3,620	105	1,300
福 井 (30)	5,190	310	16,100	100	5,420	273	14,800	90	5,290
山 梨 (31)	35	214	75	62	53	174	92	53	45
長 野 (32)	480	358	1,720	90	495	378	1,870	99	506
岐 阜 (33)	214	193	413	110	230	126	290	72	250
静 岡 (34)	10	160	16	107	8	183	15	131	10
愛 知 (35)	80	446	357	137	76	371	282	114	78
三 重 (36)	291	352	1,020	114	327	254	831	82	327
滋 賀 (37)	357	341	1,220	116	407	271	1,100	91	455
京 都 (38)	x	106	x	88	x	99	x	90	x
大 阪 (39)	-	-	-	nc	-	-	-	nc	x
兵 庫 (40)	467	234	1,090	81	440	205	902	79	489
奈 良 (41)	x	x	x	x	x	x	x	x	x
和 歌 山 (42)	x	x	x	x	x	x	x	nc	x
鳥 取 (43)	7	129	9	65	16	146	23	86	7
島 根 (44)	x	x	x	x	11	182	20	147	11
岡 山 (45)	x	190	x	112	x	200	x	127	x
広 島 (46)	66	242	160	122	77	170	131	87	77
山 口 (47)	-	-	-	nc	-	-	-	nc	-
徳 島 (48)	-	-	-	nc	-	-	-	nc	-
香 川 (49)	-	-	-	nc	-	-	-	nc	-
愛 媛 (50)	-	-	-	nc	-	-	-	nc	-
高 知 (51)	-	-	-	nc	-	-	-	nc	-
福 岡 (52)	-	-	-	nc	-	-	-	nc	-
佐 賀 (53)	-	-	-	nc	-	-	-	nc	-
長 崎 (54)	-	-	-	nc	-	-	-	nc	-
熊 本 (55)	x	x	x	nc	x	x	x	nc	x
大 分 (56)	8	325	26	87	11	309	34	88	14
宮 崎 (57)	-	-	-	nc	-	-	-	nc	-
鹿 児 島 (58)	x	x	x	nc	-	-	-	nc	-
沖 縄 (59)	-	-	-	nc	-	-	-	nc	-

28			29				30				
10a当たり収量	収穫量	(参考)10a当たり平均収量対比	作付面積	10a当たり収量	収穫量	(参考)10a当たり平均収量対比	作付面積	10a当たり収量	収穫量	(参考)10a当たり平均収量対比	
(10)	(11)	(12)	(13)	(14)	(15)	(16)	(17)	(18)	(19)	(20)	
kg	t	%	ha	kg	t	%	ha	kg	t	%	
295	53,600	105	18,100	290	52,400	104	17,300	225	39,000	79	(1)
–	–	nc	x	x	x	x	x	x	x	x	(2)
295	53,600	105	18,100	290	52,400	104	17,300	225	39,000	79	(3)
303	3,580	128	1,180	349	4,120	143	1,280	266	3,400	102	(4)
308	31,700	106	10,100	286	28,900	98	9,380	188	17,600	64	(5)
287	14,600	104	4,950	299	14,800	108	4,810	287	13,800	100	(6)
226	1,500	92	681	247	1,680	103	693	237	1,640	94	(7)
220	2,080	85	1,030	271	2,790	108	1,070	221	2,360	84	(8)
149	x	86	91	190	173	112	x	171	x	93	(9)
–	–	nc	x	x	x	nc	x	x	x	nc	(10)
200	x	59	12	392	47	118	3	387	13	129	(11)
–	–	nc	–	–	–	nc	–	–	–	nc	(12)
–	–	nc	x	x	x	x	x	x	x	x	(13)
–	–	nc	–	–	–	nc	x	x	x	x	(14)
216	229	91	93	220	205	94	84	230	193	97	(15)
315	3,310	132	1,060	367	3,890	148	1,170	272	3,180	103	(16)
x	x	x	x	x	x	x	x	x	x	x	(17)
123	27	97	23	83	19	70	19	59	11	50	(18)
335	7	120	2	254	5	89	4	211	8	71	(19)
251	5,620	120	2,090	254	5,310	115	1,940	225	4,370	97	(20)
296	4,560	99	1,560	315	4,910	108	1,560	308	4,800	104	(21)
310	1,650	88	527	328	1,730	97	491	325	1,600	96	(22)
374	658	93	182	382	695	95	198	415	822	103	(23)
233	107	106	43	334	144	150	37	376	139	156	(24)
–	–	nc	–	–	–	nc	–	–	–	nc	(25)
x	x	x	x	x	x	x	x	x	x	x	(26)
229	550	127	244	229	558	126	179	209	374	101	(27)
332	11,400	108	3,390	282	9,560	92	3,280	219	7,180	71	(28)
325	4,230	119	1,360	335	4,560	118	1,330	220	2,930	74	(29)
293	15,500	100	5,140	276	14,200	96	4,590	156	7,160	54	(30)
200	90	67	44	203	89	75	46	196	90	80	(31)
371	1,880	100	496	377	1,870	104	538	370	1,990	101	(32)
173	433	106	277	161	446	96	260	163	424	98	(33)
110	11	79	8	158	13	118	7	176	13	123	(34)
374	292	113	85	458	389	132	96	304	292	79	(35)
234	765	80	311	268	833	97	330	276	911	98	(36)
265	1,210	91	533	284	1,510	99	585	251	1,470	87	(37)
104	x	98	x	107	x	104	x	x	x	x	(38)
x	x	x	–	–	–	nc	x	x	x	nc	(39)
178	870	76	497	258	1,280	120	483	183	884	79	(40)
x	x	x	x	x	x	x	x	x	x	x	(41)
x	x	nc	x	x	x	x	x	x	x	x	(42)
114	8	71	1	200	2	131	x	x	x	x	(43)
91	10	73	x	x	x	x	10	170	17	139	(44)
160	x	90	x	120	x	67	x	119	x	66	(45)
161	124	88	80	203	162	115	83	171	142	90	(46)
–	–	nc	–	–	–	nc	–	–	–	nc	(47)
–	–	nc	x	x	x	x	x	x	x	nc	(48)
–	–	nc	–	–	–	nc	–	–	–	nc	(49)
–	–	nc	–	–	–	nc	–	–	–	nc	(50)
–	–	nc	–	–	–	nc	–	–	–	nc	(51)
		nc	–	–	–	nc	–	–	–	nc	(52)
		nc	–	–	–	nc	–	–	–	nc	(53)
		nc	–	–	–	nc	–	–	–	nc	(54)
x	x	x	x	x	x	x	–	–	–	–	(55)
170	24	49	6	426	26	123	x	x	x	x	(56)
–	–	nc	–	–	–	nc	–	–	–	nc	(57)
–	–	–	x	x	x	x	x	x	x	x	(58)
–	–	nc	–	–	–	nc	–	–	–	nc	(59)

2　麦類（続き）
(1)　麦類の収穫量（続き）
####　オ　はだか麦

全国農業地域 都道府県	平成 26 年産 作付面積	10 a 当たり収量	収穫量	（参考）10 a 当たり平均収量対比	27 作付面積	10 a 当たり収量	収穫量	（参考）10 a 当たり平均収量対比	作付面積
	(1)	(2)	(3)	(4)	(5)	(6)	(7)	(8)	(9)
	ha	kg	t	%	ha	kg	t	%	ha
全　　国 (1)	5,250	276	14,500	97	5,200	217	11,300	80	4,990
（全国農業地域）									
北　海　道 (2)	8	316	25	nc	12	367	44	nc	19
都　府　県 (3)	5,240	277	14,500	98	5,180	218	11,300	81	4,970
東　　北 (4)	x	x	x	x	x	x	x	nc	x
北　　陸 (5)	-	-	-	nc	-	-	-	nc	-
関東・東山 (6)	56	255	143	85	50	342	171	116	55
東　　海 (7)	2	300	6	150	2	350	7	175	2
近　　畿 (8)	x	336	x	128	x	272	x	114	x
中　　国 (9)	414	176	727	87	454	133	603	73	464
四　　国 (10)	2,620	286	7,490	92	2,700	236	6,360	81	2,640
九　　州 (11)	1,920	279	5,360	103	1,850	202	3,740	78	1,670
沖　　縄 (12)	-	-	-	nc	-	-	-	nc	-
（都道府県）									
北　海　道 (13)	8	316	25	nc	12	367	44	nc	19
青　　森 (14)	-	-	-	nc	-	-	-	nc	-
岩　　手 (15)	-	-	-	nc	-	-	-	nc	-
宮　　城 (16)	-	-	-	nc	-	-	-	nc	-
秋　　田 (17)	-	-	-	nc	-	-	-	nc	-
山　　形 (18)	x	x	x	x	x	x	x	nc	x
福　　島 (19)	-	-	-	nc	-	-	-	nc	-
茨　　城 (20)	7	214	15	120	x	x	x	x	10
栃　　木 (21)	4	83	3	31	4	205	8	93	x
群　　馬 (22)	-	-	-	nc	-	-	-	nc	-
埼　　玉 (23)	43	284	122	87	39	369	144	115	39
千　　葉 (24)	x	x	x	x	x	x	x	x	x
東　　京 (25)	x	x	x	x	x	x	x	x	x
神　奈　川 (26)	x	x	x	x	x	x	x	nc	x
新　　潟 (27)	-	-	-	nc	-	-	-	nc	-
富　　山 (28)	-	-	-	nc	-	-	-	nc	-
石　　川 (29)	-	-	-	nc	-	-	-	nc	-
福　　井 (30)	-	-	-	nc	-	-	-	nc	-
山　　梨 (31)	-	-	-	nc	-	-	-	nc	-
長　　野 (32)	-	-	-	nc	-	-	-	nc	-
岐　　阜 (33)	x	x	x	x	-	-	-	nc	-
静　　岡 (34)	-	-	-	nc	-	-	-	nc	-
愛　　知 (35)	x	x	x	x	x	x	x	x	x
三　　重 (36)	x	172	x	122	x	x	x	x	x
滋　　賀 (37)	197	359	707	128	97	321	311	115	98
京　　都 (38)	-	-	-	-	-	-	-	-	-
大　　阪 (39)	x	x	x	nc	x	x	x	x	-
兵　　庫 (40)	28	173	48	120	39	152	59	114	47
奈　　良 (41)	x	190	x	118	x	134	x	82	x
和　歌　山 (42)	-	-	-	nc	-	-	-	nc	-
鳥　　取 (43)	-	-	-	nc	-	-	-	nc	-
島　　根 (44)	20	240	48	107	16	219	35	93	23
岡　　山 (45)	30	250	75	91	24	167	40	64	28
広　　島 (46)	3	167	5	78	3	163	5	85	7
山　　口 (47)	361	166	599	85	411	127	523	72	406
徳　　島 (48)	49	203	99	105	52	178	93	95	58
香　　川 (49)	935	269	2,520	85	918	268	2,460	88	831
愛　　媛 (50)	1,640	297	4,870	96	1,730	220	3,810	76	1,750
高　　知 (51)	0	155	0	96	0	153	0	96	0
福　　岡 (52)	459	298	1,370	94	445	248	1,100	83	375
佐　　賀 (53)	193	360	695	117	189	261	493	88	184
長　　崎 (54)	81	228	185	110	88	155	136	81	106
熊　　本 (55)	59	239	141	114	73	148	108	77	86
大　　分 (56)	1,110	265	2,940	104	1,040	182	1,890	74	899
宮　　崎 (57)	7	203	15	91	6	68	4	31	7
鹿　児　島 (58)	7	183	13	131	8	95	8	65	11
沖　　縄 (59)	-	-	-	nc	-	-	-	nc	-

28			29				30				
10a当たり収量	収穫量	(参考)10a当たり平均収量対比	作付面積	10a当たり収量	収穫量	(参考)10a当たり平均収量対比	作付面積	10a当たり収量	収穫量	(参考)10a当たり平均収量対比	
(10)	(11)	(12)	(13)	(14)	(15)	(16)	(17)	(18)	(19)	(20)	
kg	t	%	ha	kg	t	%	ha	kg	t	%	
200	10,000	78	4,970	256	12,700	102	5,420	258	14,000	102	(1)
349	66	105	35	371	130	110	64	172	110	50	(2)
200	9,940	79	4,940	253	12,500	101	5,350	260	13,900	103	(3)
x	x	nc	1	23	0	nc	10	120	12	nc	(4)
–	–	nc	x	x	x	nc	x	225	x	nc	(5)
284	156	100	96	345	331	136	x	266	x	nc	(6)
150	3	75	14	271	38	181	44	320	141	190	(7)
299	x	128	x	206	x	120	x	230	x	106	(8)
124	577	73	502	157	788	98	x	170	x	105	(9)
216	5,690	78	2,620	277	7,260	103	2,640	274	7,230	101	(10)
184	3,080	77	1,630	243	3,960	105	1,750	271	4,740	115	(11)
–	–	nc	–	–	–	nc	–	–	–	nc	(12)
349	66	105	35	371	130	110	64	172	110	50	(13)
–	–	nc	–	–	–	nc	–	–	–	nc	(14)
–	–	nc	–	–	–	nc	–	–	–	nc	(15)
–	–	nc	–	–	–	nc	x	x	x	x	(16)
–	–	nc	–	–	–	nc	–	–	–	nc	(17)
x	x	nc	x	x	x	x	x	x	x	x	(18)
–	–	nc	x	x	x	x	x	x	x	nc	(19)
410	41	209	40	440	176	203	125	252	315	97	(20)
x	x	x	10	240	24	117	21	267	56	126	(21)
–	–	nc	–	–	–	nc	3	200	6	nc	(22)
259	101	81	44	291	128	98	51	300	153	98	(23)
x	x	x	x	x	x	x	16	281	45	141	(24)
x	x	x	x	x	x	x	x	x	x	x	(25)
x	x	nc	–	–	–	–	x	x	x	x	(26)
–	–	nc	–	–	–	nc	–	–	–	nc	(27)
–	–	nc	x	x	x	x	x	x	x	nc	(28)
–	–	nc	–	–	–	nc	–	–	–	nc	(29)
–	–	nc	–	–	–	nc	–	–	–	nc	(30)
–	–	nc	–	–	–	nc	–	–	–	nc	(31)
–	–	nc	–	–	–	nc	–	–	–	nc	(32)
–	–	nc	–	–	–	nc	–	–	–	nc	(33)
–	–	nc	–	–	–	nc	–	–	–	nc	(34)
x	x	x	5	260	13	138	13	208	27	102	(35)
x	x	x	9	278	25	201	31	368	114	241	(36)
378	370	134	19	277	53	91	47	355	167	115	(37)
–	–	–	–	–	–	–	–	–	–	nc	(38)
–	–	–	–	–	–	–	–	–	–	–	(39)
134	63	104	58	183	106	143	63	137	86	93	(40)
138	x	89	x	153	x	97	x	153	x	95	(41)
–	–	nc	–	–	–	nc	0	145	0	nc	(42)
–	–	nc	x	x	x	x	x	x	x	nc	(43)
204	47	89	x	x	x	x	44	182	80	86	(44)
196	55	78	46	243	112	102	89	242	215	103	(45)
114	8	68	25	112	28	76	45	109	49	80	(46)
115	467	72	409	149	609	99	404	159	642	110	(47)
69	40	38	51	206	105	125	60	137	82	72	(48)
245	2,040	87	770	317	2,440	112	774	288	2,230	100	(49)
206	3,610	74	1,790	263	4,710	99	1,810	271	4,910	102	(50)
140	0	90	1	132	1	86	2	167	3	111	(51)
249	934	86	447	239	1,070	85	504	314	1,580	116	(52)
226	416	81	219	281	615	104	225	324	729	119	(53)
80	85	45	102	136	139	84	77	173	133	114	(54)
158	136	91	134	207	277	117	157	229	360	122	(55)
166	1,490	74	705	258	1,820	121	748	253	1,890	113	(56)
47	3	26	9	94	8	63	14	66	9	49	(57)
151	17	113	16	176	28	127	21	164	34	110	(58)
–	–	nc	–	–	–	nc	–	–	–	nc	(59)

2　麦類（続き）

(2)　麦類の10a当たり平均収量

ア　小麦 ／ イ　二条大麦

単位：kg

全国農業地域・都道府県	小麦 平成26年産	27	28	29	30	二条大麦 平成26年産	27	28	29	30
	(1)	(2)	(3)	(4)	(5)	(1)	(2)	(3)	(4)	(5)
全　国	379	371	371	384	399	325	313	305	295	301
（全国農業地域）										
北　海　道	432	423	428	444	460	319	318	318	331	340
都　府　県	305	301	295	296	309	326	312	304	294	299
東　北	203	202	200	203	213	150	100	75	75	…
北　陸	173	169	183	186	203	156	167	143	144	171
関東・東山	327	333	338	345	363	340	339	336	339	…
東　海	292	296	293	303	319	50	144	133	119	119
近　畿	255	253	244	238	246	222	223	220	230	238
中　国	266	264	256	246	261	356	342	330	318	320
四　国	317	306	293	298	316	355	339	323	317	315
九　州	335	320	305	294	304	314	294	281	268	269
沖　縄	168	177	183	182	175	…	…	…	…	…
（都道府県）										
北　海　道	432	423	428	444	460	319	318	318	331	340
青　森	173	171	175	182	199	…	…	…	…	…
岩　手	177	178	176	176	183	x	x	316	282	292
宮　城	324	322	324	335	355	…	…	…	…	…
秋　田	197	177	169	164	167	142	148	148	143	167
山　形	180	180	180	195	208	-	-	-	-	-
福　島	173	165	165	170	181			229	210	173
茨　城	244	256	274	289	308	252	245	242	236	248
栃　木	342	341	341	343	357	344	344	344	349	362
群　馬	408	412	412	415	425	362	358	351	345	349
埼　玉	304	322	333	348	374	360	363	363	378	390
千　葉	232	238	255	268	289	153	175	175	153	175
東　京	317	304	291	287	279	248	228	224	231	229
神　奈　川	272	271	271	268	272	308	315	346	313	298
新　潟	185	178	179	189	201	192	191	129	79	66
富　山	204	209	226	222	227	159	172	147	138	131
石　川	147	142	140	144	161	135	104	136	156	176
福　井	192	188	188	191	215	-	-	-	-	-
山　梨	330	319	304	299	294	…	…	221	221	221
長　野	360	348	334	322	332	-	-	-	…	…
岐　阜	302	300	290	285	297	-	-	-	-	-
静　岡	192	196	169	177	194	87	99	119	119	119
愛　知	338	353	358	388	406	…	277	245	240	240
三　重	255	256	252	253	266	157	…	…	…	…
滋　賀	268	268	259	255	260	308	312	308	321	349
京　都	128	124	116	115	120	174	174	168	175	176
大　阪	150	150	140	130	117	…	…	…	…	…
兵　庫	221	211	200	191	200	…	…	-	-	-
奈　良	201	201	191	204	215	-	-	-	-	-
和　歌　山	159	148	135	124	123					
鳥　取	175	170	196	209	229	297	272	258	255	273
島　根	164	142	139	134	140	288	275	266	258	268
岡　山	337	336	320	302	321	380	366	355	341	342
広　島	196	193	184	181	190	…	…	…	96	117
山　口	253	247	244	234	248	237	230	215	215	212
徳　島	284	273	273	277	289	357	342	321	317	314
香　川	318	309	293	301	319	-	-	-	-	…
愛　媛	319	304	292	284	295	…	…	…	…	…
高　知	202	201	191	177	178	322	329	330	323	328
福　岡	355	340	325	313	320	307	293	283	270	269
佐　賀	343	323	312	296	313	333	310	296	282	282
長　崎	287	261	253	248	258	302	275	264	256	251
熊　本	305	295	283	284	290	273	262	252	245	260
大　分	258	252	237	224	230	257	237	218	202	209
宮　崎	236	239	217	183	195	229	233	226	217	231
鹿　児　島	204	191	182	168	161	227	220	205	194	194
沖　縄	168	177	183	182	175	…	…	…	…	…

ウ　六条大麦　　　　　　　　　エ　はだか麦

単位：kg　　／　　単位：kg

全国農業地域・都道府県	平成26年産 (1)	27 (2)	28 (3)	29 (4)	30 (5)	平成26年産 (1)	27 (2)	28 (3)	29 (4)	30 (5)
全　国	294	286	281	278	285	284	270	255	251	252
（全国農業地域）										
北　海　道	-	-	-	-	...	...	...	332	336	344
都　府　県	294	286	281	278	285	284	270	254	251	252
東　北	256	245	236	244	...	-	...	...	...	...
北　陸	306	301	291	292	294	-	-	-	...	...
関東・東山	288	274	276	277	287	300	294	285	253	...
東　海	261	262	245	239	251	200	200	200	150	168
近　畿	291	279	260	251	264	263	238	233	171	216
中　国	191	185	174	170	183	203	183	169	161	162
四　国	-	-	-	...	...	310	293	278	269	272
九　州	231	355	341	333	300	271	258	239	232	235
沖　縄										
（都道府県）										
北　海　道	-	-	-	-	...	...	...	332	336	344
青　森	...	...	...	-	-	-	-	-	-	-
岩　手	219	225	237	234	236	-	-	-	-	-
宮　城	263	248	238	248	265	-	-	-	-	-
秋　田	224	236	200	191	201	-	-	-	-	-
山　形	143	138	127	119	118	-	...	...	43	32
福　島	293	280	280	286	297	-	-	-	-	...
茨　城	214	206	209	221	233	179	190	196	217	259
栃　木	323	300	300	293	296	267	221	227	205	212
群　馬	371	363	353	339	339	-	-	-	-	-
埼　玉	395	409	404	403	403	327	321	320	298	305
千　葉	217	217	219	223	241	125	133	162	193	199
東　京	271	252	...	...	...	344	281	244	210	188
神　奈　川	223	217	217	239	274	-	...	...	192	192
新　潟	183	195	181	182	206	-	-	-	-	-
富　山	316	312	307	305	309	-	-	-	-	...
石　川	282	277	274	283	297	-	-	-	-	-
福　井	310	302	293	289	288	-	-	-	-	-
山　梨	347	329	297	269	246	-	-	-	-	-
長　野	396	380	371	364	366	-	-	-	-	-
岐　阜	175	174	163	167	166	-	...	...	...	...
静　岡	149	140	140	134	143	-	-	-	-	-
愛　知	326	326	330	348	384	211	210	211	189	204
三　重	309	311	291	275	282	141	137	142	138	153
滋　賀	295	297	290	286	290	280	280	283	305	308
京　都	121	110	106	103	103	126	135	119	92	...
大　阪	-	-	-	...	...	...	239	199	199	199
兵　庫	289	261	234	215	231	144	133	129	128	147
奈　良	147	143	120	93	96	161	164	155	157	161
和　歌　山	-	...	...	139	132	-	-	-	-	-
鳥　取	198	170	161	153	153	-	-	-	-	...
島　根	144	124	124	119	122	225	236	230	223	212
岡　山	169	158	178	180	180	275	261	250	238	236
広　島	198	196	182	176	190	215	192	168	148	137
山　口	-	-	-	-	-	196	176	160	150	144
徳　島	-	-	-	-	...	194	188	181	165	190
香　川	-	-	-	-	-	317	305	283	283	289
愛　媛	-	-	-	-	-	308	290	278	267	266
高　知	-	-	-	-	-	162	160	156	153	150
福　岡	-	-	-	-	-	317	298	291	280	270
佐　賀	-	-	-	-	-	307	298	278	271	273
長　崎	-	-	-	-	-	207	192	177	162	152
熊　本	...	...	311	314	323	209	192	174	177	188
大　分	372	353	349	345	359	255	245	225	213	223
宮　崎	-	-	-	-	-	222	216	181	150	134
鹿　児　島	...	256	256	256	242	140	147	134	139	149
沖　縄	-	-	-	-	-	-	-	-	-	-

2　麦類（続き）

(3)　小麦の秋まき、春まき別収穫量（北海道）

区　分	平 成 26 年 産			27			28		
	作付面積	10a当たり収量	収 穫 量	作付面積	10a当たり収量	収 穫 量	作付面積	10a当たり収量	収 穫 量
	(1)	(2)	(3)	(4)	(5)	(6)	(7)	(8)	(9)
	ha	kg	t	ha	kg	t	ha	kg	t
北　海　道	123,400	447	551,400	122,600	596	731,000	122,900	427	524,300
秋　ま　き	107,500	464	498,800	107,300	634	680,000	107,100	443	474,900
春　ま　き	15,900	331	52,600	15,300	333	51,000	15,800	313	49,400

区　分	29			30		
	作付面積	10a当たり収量	収 穫 量	作付面積	10a当たり収量	収 穫 量
	(10)	(11)	(12)	(13)	(14)	(15)
	ha	kg	t	ha	kg	t
北　海　道	121,600	500	607,600	121,400	388	471,100
秋　ま　き	104,200	531	553,300	103,500	421	435,700
春　ま　き	17,400	312	54,300	17,900	198	35,400

3 豆類

(1) 大豆

全国農業地域・都道府県		平成 26 年産				27				28	
		作付面積	10a当たり収量	収穫量	(参考)10a当たり平均収量対比	作付面積	10a当たり収量	収穫量	(参考)10a当たり平均収量対比	作付面積	10a当たり収量
		(1)	(2)	(3)	(4)	(5)	(6)	(7)	(8)	(9)	(10)
		ha	kg	t	%	ha	kg	t	%	ha	kg
全　国	(1)	131,600	176	231,800	104	142,000	171	243,100	99	150,000	159
（全国農業地域）											
北　海　道	(2)	28,600	257	73,600	110	33,900	253	85,900	107	40,200	210
都　府　県	(3)	103,000	154	158,200	101	108,100	145	157,200	95	109,900	140
東　北	(4)	32,100	155	49,800	114	34,600	158	54,600	113	35,900	151
北　陸	(5)	12,600	168	21,200	114	13,300	201	26,700	130	13,400	167
関東・東山	(6)	10,300	152	15,700	101	10,600	136	14,400	89	10,700	136
東　海	(7)	11,800	125	14,700	94	12,200	100	12,200	79	12,200	112
近　畿	(8)	9,350	144	13,500	106	9,840	133	13,100	96	9,840	135
中　国	(9)	4,830	135	6,500	105	5,000	106	5,290	82	4,890	101
四　国	(10)	593	111	660	83	599	88	525	67	588	99
九　州	(11)	21,500	168	36,100	84	21,900	139	30,400	71	22,200	135
沖　縄	(12)	1	38	1	152	1	74	1	264	1	34
（都道府県）											
北　海　道	(13)	28,600	257	73,600	110	33,900	253	85,900	107	40,200	210
青　森	(14)	4,040	133	5,370	97	4,500	162	7,290	120	4,810	153
岩　手	(15)	4,020	136	5,470	120	4,260	153	6,520	129	4,550	147
宮　城	(16)	10,000	193	19,300	124	11,100	161	17,900	98	11,300	151
秋　田	(17)	7,300	132	9,640	104	7,900	166	13,100	134	8,480	150
山　形	(18)	4,980	155	7,720	122	5,140	147	7,560	111	5,150	159
福　島	(19)	1,710	132	2,250	99	1,720	128	2,200	96	1,660	129
茨　城	(20)	3,920	138	5,410	97	3,760	113	4,250	80	3,730	108
栃　木	(21)	2,320	183	4,250	105	2,670	166	4,430	95	2,680	166
群　馬	(22)	322	138	444	88	323	109	352	73	301	125
埼　玉	(23)	629	125	786	99	665	91	605	77	705	99
千　葉	(24)	802	135	1,080	108	835	107	893	84	876	103
東　京	(25)	3	127	4	104	4	132	5	108	4	124
神　奈　川	(26)	39	164	64	98	40	177	71	105	39	162
新　潟	(27)	5,170	171	8,840	111	5,260	193	10,200	121	5,150	194
富　山	(28)	4,490	170	7,630	111	4,720	211	9,960	133	4,810	128
石　川	(29)	1,500	154	2,310	117	1,580	187	2,950	135	1,680	147
福　井	(30)	1,440	169	2,430	126	1,710	210	3,590	143	1,800	208
山　梨	(31)	224	129	289	111	223	117	261	100	220	149
長　野	(32)	2,050	165	3,380	102	2,120	167	3,540	104	2,170	172
岐　阜	(33)	2,930	117	3,430	80	2,940	103	3,030	74	2,950	104
静　岡	(34)	345	92	317	84	319	59	188	56	284	107
愛　知	(35)	4,250	169	7,180	121	4,470	124	5,540	89	4,510	134
三　重	(36)	4,260	88	3,750	74	4,490	77	3,460	72	4,470	95
滋　賀	(37)	6,060	156	9,450	105	6,540	148	9,680	97	6,680	150
京　都	(38)	373	122	455	123	359	130	467	121	324	117
大　阪	(39)	15	133	20	104	15	110	17	85	16	112
兵　庫	(40)	2,700	123	3,320	112	2,730	98	2,680	90	2,630	101
奈　良	(41)	173	148	256	102	166	130	216	90	158	120
和　歌　山	(42)	33	130	43	114	30	105	32	91	29	96
鳥　取	(43)	706	159	1,120	108	714	147	1,050	98	715	132
島　根	(44)	969	136	1,320	101	953	104	991	78	873	121
岡　山	(45)	1,730	137	2,370	111	1,840	106	1,950	83	1,820	79
広　島	(46)	660	101	667	78	657	90	591	73	605	101
山　口	(47)	764	133	1,020	113	839	84	705	70	882	103
徳　島	(48)	68	66	45	69	65	72	47	80	52	51
香　川	(49)	104	93	97	82	102	99	101	91	83	84
愛　媛	(50)	322	142	457	92	328	104	341	67	364	119
高　知	(51)	99	62	61	57	104	35	36	36	89	60
福　岡	(52)	8,100	176	14,300	89	8,430	138	11,600	70	8,430	138
佐　賀	(53)	8,670	176	15,300	77	8,530	161	13,700	72	8,370	146
長　崎	(54)	464	107	496	70	466	79	368	57	438	93
熊　本	(55)	2,050	181	3,710	104	2,090	124	2,590	70	2,680	143
大　分	(56)	1,630	104	1,690	91	1,770	94	1,660	82	1,720	88
宮　崎	(57)	266	119	317	83	254	97	246	71	261	71
鹿　児　島	(58)	276	109	301	77	341	73	249	55	355	84
沖　縄	(59)	1	38	1	152	1	74	1	264	1	34

		29				30				
収穫量	（参考）10a当たり平均収量対比	作付面積	10a当たり収量	収穫量	（参考）10a当たり平均収量対比	作付面積	10a当たり収量	収穫量	（参考）10a当たり平均収量対比	
(11)	(12)	(13)	(14)	(15)	(16)	(17)	(18)	(19)	(20)	
t	%	ha	kg	t	%	ha	kg	t	%	
238,000	92	150,200	168	253,000	101	146,600	144	211,300	86	(1)
84,400	88	41,000	245	100,500	103	40,100	205	82,300	85	(2)
153,600	94	109,200	140	152,500	96	106,600	121	129,000	84	(3)
54,200	107	36,300	129	47,000	91	35,400	132	46,600	92	(4)
22,400	106	13,500	169	22,800	106	13,000	144	18,700	87	(5)
14,600	93	10,500	143	15,000	101	10,000	137	13,700	95	(6)
13,700	96	12,100	117	14,200	98	12,000	51	6,080	45	(7)
13,300	99	9,880	128	12,600	94	9,700	66	6,410	49	(8)
4,960	82	4,740	120	5,680	102	4,530	96	4,330	80	(9)
583	78	557	101	561	85	531	101	537	91	(10)
30,000	73	21,700	160	34,700	91	21,400	152	32,600	92	(11)
0	106	0	53	0	166	0	42	0	124	(12)
84,400	88	41,000	245	100,500	103	40,100	205	82,300	85	(13)
7,360	113	4,940	127	6,270	89	5,010	107	5,360	77	(14)
6,680	121	4,640	116	5,380	92	4,590	136	6,240	106	(15)
17,100	90	11,200	139	15,600	84	10,700	150	16,100	91	(16)
12,700	121	8,720	120	10,500	94	8,470	122	10,300	94	(17)
8,190	120	5,130	145	7,440	106	5,090	128	6,520	90	(18)
2,140	98	1,590	113	1,800	88	1,570	133	2,090	103	(19)
4,030	81	3,640	130	4,730	104	3,470	110	3,820	85	(20)
4,450	98	2,560	161	4,120	97	2,370	168	3,980	100	(21)
376	89	316	112	354	85	303	127	385	98	(22)
698	93	679	137	930	134	667	96	640	88	(23)
902	84	900	112	1,010	96	885	106	938	89	(24)
5	102	8	118	9	97	10	107	11	88	(25)
63	95	42	143	60	85	41	132	54	80	(26)
9,990	121	5,160	179	9,240	107	4,750	168	7,980	97	(27)
6,160	79	4,780	170	8,130	109	4,710	135	6,360	83	(28)
2,470	104	1,730	150	2,600	105	1,660	130	2,160	87	(29)
3,740	137	1,820	153	2,780	92	1,850	120	2,220	71	(30)
328	131	218	124	270	109	220	119	262	101	(31)
3,730	107	2,140	163	3,490	99	2,070	172	3,560	104	(32)
3,070	84	2,910	117	3,400	94	2,870	50	1,440	43	(33)
304	107	255	115	293	114	260	69	179	66	(34)
6,040	99	4,530	142	6,430	101	4,440	62	2,750	45	(35)
4,250	99	4,420	93	4,110	98	4,390	39	1,710	43	(36)
10,000	99	6,700	139	9,310	93	6,690	66	4,420	45	(37)
379	106	304	118	359	105	311	83	258	71	(38)
18	88	16	119	19	96	15	73	11	59	(39)
2,660	97	2,680	101	2,710	101	2,500	64	1,600	63	(40)
190	85	150	119	179	86	148	70	104	52	(41)
28	86	29	97	28	90	29	72	21	69	(42)
944	90	713	127	906	89	701	103	722	73	(43)
1,060	98	823	136	1,120	109	805	110	886	87	(44)
1,440	65	1,730	115	1,990	103	1,630	85	1,390	73	(45)
611	89	566	104	589	97	499	90	449	84	(46)
908	91	906	118	1,070	110	896	98	881	89	(47)
27	62	42	45	19	61	39	43	17	64	(48)
70	81	72	97	70	100	61	59	36	63	(49)
433	80	354	119	421	86	346	128	443	99	(50)
53	67	89	57	51	74	85	48	41	71	(51)
11,600	74	8,410	161	13,500	91	8,280	156	12,900	92	(52)
12,200	69	8,150	185	15,100	95	8,000	170	13,600	91	(53)
407	74	449	117	525	103	468	90	421	81	(54)
3,830	81	2,440	141	3,440	83	2,430	149	3,620	93	(55)
1,510	81	1,700	93	1,580	87	1,630	87	1,420	86	(56)
185	53	233	112	261	96	250	109	273	103	(57)
298	65	328	99	325	83	364	107	389	98	(58)
0	106	0	53	0	166	0	42	0	124	(59)

3　豆類（続き）

（2）小豆

全国農業地域 都 道 府 県	平 成 26 年 産				27				28	
	作付面積	10a当たり 収　　量	収 穫 量	（参考） 10a当たり 平均収量 対　比	作付面積	10a当たり 収　　量	収 穫 量	（参考） 10a当たり 平均収量 対　比	作付面積	10a当たり 収　量
	(1)	(2)	(3)	(4)	(5)	(6)	(7)	(8)	(9)	(10)
	ha	kg	t	%	ha	kg	t	%	ha	kg
全　国 (1)	32,000	240	76,800	nc	27,300	233	63,700	nc	21,300	138
（全国農業地域）										
北 海 道 (2)	26,300	274	72,100	116	21,900	272	59,500	113	16,200	167
都 府 県 (3)	5,700	…	…	nc	5,410	78	4,210	nc	5,060	…
東　　北 (4)	1,390	…	…	nc	1,250	82	1,030	nc	1,070	…
北　　陸 (5)	369	…	…	nc	356	72	258	nc	340	…
関 東・東 山 (6)	1,110	…	…	nc	1,070	85	910	nc	x	…
東　　海 (7)	136	…	…	nc	129	69	89	nc	124	…
近　　畿 (8)	1,300	…	…	nc	1,270	80	1,020	nc	1,270	…
中　　国 (9)	845	…	…	nc	814	69	565	nc	785	…
四　　国 (10)	111	…	…	nc	106	62	66	nc	98	…
九　　州 (11)	438	…	…	nc	416	66	273	nc	379	…
沖　　縄 (12)	－		－	nc	－		－	nc	－	
（都道府県）										
北 海 道 (13)	26,300	274	72,100	116	21,900	272	59,500	113	16,200	167
青　　森 (14)	240	…	…	nc	203	84	171	84	175	…
岩　　手 (15)	425	…	…	nc	397	88	349	124	339	…
宮　　城 (16)	122	…	…	nc	118	57	67	nc	111	…
秋　　田 (17)	209	…	…	nc	178	97	173	nc	149	…
山　　形 (18)	112	…	…	nc	101	71	72	nc	86	…
福　　島 (19)	283	…	…	nc	254	78	198	95	206	…
茨　　城 (20)	145	…	…	nc	140	101	141	nc	132	…
栃　　木 (21)	199	…	…	nc	188	87	164	nc	173	…
群　　馬 (22)	195	…	…	nc	189	117	221	nc	174	…
埼　　玉 (23)	154	…	…	nc	152	58	88	nc	144	…
千　　葉 (24)	132	…	…	nc	120	77	92	nc	106	…
東　　京 (25)	1	…	…	nc	x	x	x	nc	x	…
神 奈 川 (26)	19	…	…	nc	19	52	10	nc	18	…
新　　潟 (27)	170	…	…	nc	157	76	119	nc	148	…
富　　山 (28)	20	…	…	nc	20	70	14	nc	20	…
石　　川 (29)	142	…	…	nc	144	70	101	nc	138	…
福　　井 (30)	37	…	…	nc	35	68	24	nc	34	…
山　　梨 (31)	50	…	…	nc	49	69	34	nc	46	…
長　　野 (32)	214	…	…	nc	208	77	160	nc	201	…
岐　　阜 (33)	48	…	…	nc	46	76	35	nc	46	…
静　　岡 (34)	19	…	…	nc	16	44	7	nc	14	…
愛　　知 (35)	33	…	…	nc	33	82	27	nc	32	…
三　　重 (36)	36	…	…	nc	34	59	20	nc	32	…
滋　　賀 (37)	48	75	36	99	49	87	43	113	51	69
京　　都 (38)	565	46	260	79	521	80	417	143	493	52
大　　阪 (39)	0	…	…	nc	0	69	0	nc	0	…
兵　　庫 (40)	647	…	…	nc	667	80	534	108	699	…
奈　　良 (41)	34	…	…	nc	31	88	27	nc	29	…
和 歌 山 (42)	2	…	…	nc	2	90	2	nc	2	…
鳥　　取 (43)	124	…	…	nc	123	94	116	nc	116	…
島　　根 (44)	164	…	…	nc	151	60	91	nc	147	…
岡　　山 (45)	349	…	…	nc	352	70	246	nc	352	…
広　　島 (46)	146	…	…	nc	134	59	79	nc	125	…
山　　口 (47)	62	…	…	nc	54	62	33	nc	45	…
徳　　島 (48)	22	…	…	nc	19	60	11	nc	17	…
香　　川 (49)	27	…	…	nc	27	77	21	nc	25	…
愛　　媛 (50)	46	…	…	nc	44	64	28	nc	42	…
高　　知 (51)	16	…	…	nc	16	36	6	nc	14	…
福　　岡 (52)	50	…	…	nc	49	59	29	nc	47	…
佐　　賀 (53)	59	…	…	nc	53	66	35	nc	46	…
長　　崎 (54)	48	…	…	nc	46	59	27	nc	43	…
熊　　本 (55)	151	…	…	nc	146	75	110	nc	132	…
大　　分 (56)	79	…	…	nc	75	48	36	nc	67	…
宮　　崎 (57)	37	…	…	nc	34	72	24	nc	31	…
鹿 児 島 (58)	14	…	…	nc	13	93	12	nc	13	…
沖　　縄 (59)	…		…	nc	－		－	nc	－	

注： 1　主産県調査を実施した年産の全国値については、主産県の調査結果から推計したものである。
　　 2　平成30年産以降、作付面積は3年、収穫量は6年ごとに全国調査を実施し、全国調査以外の年にあっては主産県調査を実施することとしている。

		29				30				
収　穫　量	（参　考）10 a 当たり平均収量対比	作付面積	10 a 当たり収　　量	収　穫　量	（参　考）10 a 当たり平均収量対比	作付面積	10 a 当たり収　　量	収　穫　量	（参　考）10 a 当たり平均収量対比	
(11)	(12)	(13)	(14)	(15)	(16)	(17)	(18)	(19)	(20)	
t	%	ha	kg	t	%	ha	kg	t	%	
29,500	nc	22,700	235	53,400	113	23,700	178	42,100	81	(1)
27,100	69	17,900	278	49,800	115	19,100	205	39,200	80	(2)
…	nc	…	…	…	nc	4,620	63	2,920	nc	(3)
…	nc	…	…	…	nc	898	73	652	nc	(4)
…	nc	…	…	…	nc	328	47	153	nc	(5)
…	nc	…	…	…	nc	906	89	805	nc	(6)
…	nc	…	…	…	nc	115	65	75	nc	(7)
…	nc	…	…	…	nc	1,240	51	633	nc	(8)
…	nc	…	…	…	nc	732	48	349	nc	(9)
…	nc	…	…	…	nc	85	71	60	nc	(10)
…	nc	…	…	…	nc	314	61	193	nc	(11)
…	nc	…	…	…	nc	–	–	–	nc	(12)
27,100	69	17,900	278	49,800	115	19,100	205	39,200	80	(13)
…	nc	…	…	…	nc	150	85	128	nc	(14)
…	nc	…	…	…	nc	271	77	209	nc	(15)
…	nc	…	…	…	nc	104	40	42	nc	(16)
…	nc	…	…	…	nc	119	83	99	nc	(17)
…	nc	…	…	…	nc	75	65	49	nc	(18)
…	nc	…	…	…	nc	179	70	125	89	(19)
…	nc	…	…	…	nc	123	103	127	nc	(20)
…	nc	…	…	…	nc	149	130	194	nc	(21)
…	nc	…	…	…	nc	171	106	181	nc	(22)
…	nc	…	…	…	nc	127	63	80	nc	(23)
…	nc	…	…	…	nc	95	63	60	nc	(24)
…	nc	…	…	…	nc	–	–	–	nc	(25)
…	nc	…	…	…	nc	12	75	9	nc	(26)
…	nc	…	…	…	nc	137	61	84	nc	(27)
…	nc	…	…	…	nc	17	60	10	nc	(28)
…	nc	…	…	…	nc	140	27	38	nc	(29)
…	nc	…	…	…	nc	34	62	21	nc	(30)
…	nc	…	…	…	nc	42	69	29	nc	(31)
…	nc	…	…	…	nc	187	67	125	nc	(32)
…	nc	…	…	…	nc	44	73	32	nc	(33)
…	nc	…	…	…	nc	13	69	9	nc	(34)
…	nc	…	…	…	nc	28	75	21	nc	(35)
…	nc	…	…	…	nc	30	43	13	nc	(36)
35	90	52	60	31	78	53	55	29	73	(37)
256	91	461	52	240	91	453	41	186	71	(38)
…	nc	…	…	…	nc	0	54	0	nc	(39)
…	nc	690	70	483	89	707	56	396	74	(40)
…	nc	…	…	…	nc	27	74	20	nc	(41)
…	nc	…	…	…	nc	2	76	2	nc	(42)
…	nc	…	…	…	nc	116	55	64	nc	(43)
…	nc	…	…	…	nc	144	43	62	nc	(44)
…	nc	…	…	…	nc	326	43	140	nc	(45)
…	nc	…	…	…	nc	110	59	65	nc	(46)
…	nc	…	…	…	nc	36	50	18	nc	(47)
…	nc	…	…	…	nc	16	53	8	nc	(48)
…	nc	…	…	…	nc	21	34	7	nc	(49)
…	nc	…	…	…	nc	39	103	40	nc	(50)
…	nc	…	…	…	nc	9	54	5	nc	(51)
…	nc	…	…	…	nc	40	73	29	nc	(52)
…	nc	…	…	…	nc	40	68	27	nc	(53)
…	nc	…	…	…	nc	36	56	20	nc	(54)
…	nc	…	…	…	nc	110	56	62	nc	(55)
…	nc	…	…	…	nc	60	58	35	nc	(56)
…	nc	…	…	…	nc	24	67	16	nc	(57)
…	nc	…	…	…	nc	4	90	4	nc	(58)
…	nc	…	…	…	nc	–	–	–	nc	(59)

3　豆類（続き）
(3)　いんげん

全国農業地域・都道府県	平成 26 年産				27				28	
	作付面積	10a当たり収量	収穫量	(参考)10a当たり平均収量対比	作付面積	10a当たり収量	収穫量	(参考)10a当たり平均収量対比	作付面積	10a当たり収量
	(1)	(2)	(3)	(4)	(5)	(6)	(7)	(8)	(9)	(10)
	ha	kg	t	%	ha	kg	t	%	ha	kg
全　国　(1)	9,260	221	20,500	nc	10,200	250	25,500	nc	8,560	66
（全国農業地域）										
北　海　道　(2)	8,540	231	19,700	124	9,550	260	24,800	139	7,940	69
都　府　県　(3)	717	…	…	nc	689	103	711	nc	624	…
東　北　(4)	119	…	…	nc	111	116	129	nc	82	…
北　陸　(5)	87	…	…	nc	86	87	75	nc	84	…
関東・東山　(6)	484	…	…	nc	467	104	486	nc	440	…
東　海　(7)	4	…	…	nc	4	100	4	nc	2	…
近　畿　(8)	3	…	…	nc	4	100	4	nc	4	…
中　国　(9)	16	…	…	nc	12	67	8	nc	8	…
四　国　(10)	3	…	…	nc	4	100	4	nc	4	…
九　州　(11)	1	…	…	nc	1	75	1	nc	0	…
沖　縄　(12)	－	…	…	nc	－	－	－	nc	－	…
（都道府県）										
北　海　道　(13)	8,540	231	19,700	124	9,550	260	24,800	139	7,940	69
青　森　(14)	10	…	…	nc	6	95	6	nc	4	…
岩　手　(15)	25	…	…	nc	23	95	22	nc	20	…
宮　城　(16)	1	…	…	nc	1	75	1	nc	1	…
秋　田　(17)	30	…	…	nc	29	97	28	nc	21	…
山　形　(18)	15	…	…	nc	15	88	13	nc	14	…
福　島　(19)	38	…	…	nc	37	160	59	nc	22	…
茨　城　(20)	44	…	…	nc	44	111	49	nc	42	…
栃　木　(21)	8	…	…	nc	6	81	5	nc	5	…
群　馬　(22)	142	…	…	nc	138	127	175	nc	122	…
埼　玉　(23)	－	…	…	nc	－	－	－	nc	－	…
千　葉　(24)	－	…	…	nc	－	－	－	nc	－	…
東　京　(25)	－	…	…	nc	－	－	－	nc	－	…
神　奈　川　(26)	1	…	…	nc	1	67	0	nc	1	…
新　潟　(27)	42	…	…	nc	41	84	34	nc	39	…
富　山　(28)	8	…	…	nc	8	75	6	nc	8	…
石　川　(29)	28	…	…	nc	28	98	27	nc	28	…
福　井　(30)	9	…	…	nc	9	88	8	nc	9	…
山　梨　(31)	62	…	…	nc	59	79	47	nc	57	…
長　野　(32)	227	…	…	nc	219	96	210	nc	213	…
岐　阜　(33)	2	…	…	nc	2	82	2	nc	0	…
静　岡　(34)	－	…	…	nc	－	－	－	nc	－	…
愛　知　(35)	2	…	…	nc	2	90	2	nc	2	…
三　重　(36)	－	…	…	nc	－	－	－	nc	－	…
滋　賀　(37)	0	…	…	nc	0	60	0	nc	0	…
京　都　(38)	3	…	…	nc	3	90	3	nc	3	…
大　阪　(39)	－	…	…	nc	－	－	－	nc	－	…
兵　庫　(40)	0	…	…	nc	1	77	1	nc	1	…
奈　良　(41)	0	…	…	nc	0	88	0	nc	0	…
和　歌　山　(42)	0	…	…	nc	－	－	－	nc	－	…
鳥　取　(43)	3	…	…	nc	3	72	2	nc	3	…
島　根　(44)	1	…	…	nc	2	90	2	nc	1	…
岡　山　(45)	1	…	…	nc	0	79	0	nc	0	…
広　島　(46)	11	…	…	nc	7	57	4	nc	4	…
山　口　(47)	－	…	…	nc	－	－	－	nc	－	…
徳　島　(48)	0	…	…	nc	1	87	1	nc	1	…
香　川　(49)	0	…	…	nc	0	90	0	nc	0	…
愛　媛　(50)	3	…	…	nc	3	99	3	nc	2	…
高　知　(51)	0	…	…	nc	0	65	0	nc	1	…
福　岡　(52)	－	…	…	nc	－	－	－	nc	－	…
佐　賀　(53)	－	…	…	nc	－	－	－	nc	－	…
長　崎　(54)	－	…	…	nc	－	－	－	nc	－	…
熊　本　(55)	－	…	…	nc	－	－	－	nc	－	…
大　分　(56)	1	…	…	nc	1	75	1	nc	0	…
宮　崎　(57)	－	…	…	nc	－	－	－	nc	－	…
鹿　児　島　(58)	－	…	…	nc	－	－	－	nc	－	…
沖　縄　(59)	－	…	…	nc	－	－	－	nc	－	…

注：1　主産県調査を実施した年産の全国値については、主産県の調査結果から推計したものである。
　　2　平成30年産以降、作付面積は３年、収穫量は６年ごとに全国調査を実施し、全国調査以外の年にあっては主産県調査を実施することとしている。

		29				30				
収穫量	（参考）10a当たり平均収量対比	作付面積	10a当たり収量	収穫量	（参考）10a当たり平均収量対比	作付面積	10a当たり収量	収穫量	（参考）10a当たり平均収量対比	
(11)	(12)	(13)	(14)	(15)	(16)	(17)	(18)	(19)	(20)	
t	%	ha	kg	t	%	ha	kg	t	%	
5,650	nc	7,150	236	16,900	136	7,350	133	9,760	73	(1)
5,480	37	6,630	248	16,400	139	6,790	136	9,230	72	(2)
…	nc	…	…	…	nc	556	96	533	nc	(3)
…	nc	…	…	…	nc	68	103	70	nc	(4)
…	nc	…	…	…	nc	80	76	61	nc	(5)
…	nc	…	…	…	nc	391	99	389	nc	(6)
…	nc	…	…	…	nc	2	50	1	nc	(7)
…	nc	…	…	…	nc	4	75	3	nc	(8)
…	nc	…	…	…	nc	8	75	6	nc	(9)
…	nc	…	…	…	nc	3	100	3	nc	(10)
…	nc	…	…	…	nc	-	-	-	nc	(11)
…	nc	…	…	…	nc	-	-	-	nc	(12)
5,480	37	6,630	248	16,400	139	6,790	136	9,230	72	(13)
…	nc	…	…	…	nc	4	99	4	nc	(14)
…	nc	…	…	…	nc	18	87	16	nc	(15)
…	nc	…	…	…	nc	1	76	1	nc	(16)
…	nc	…	…	…	nc	18	81	15	nc	(17)
…	nc	…	…	…	nc	9	78	7	nc	(18)
…	nc	…	…	…	nc	18	148	27	nc	(19)
…	nc	…	…	…	nc	39	103	40	nc	(20)
…	nc	…	…	…	nc	5	80	4	nc	(21)
…	nc	…	…	…	nc	104	119	124	nc	(22)
…	nc	…	…	…	nc	-	-	-	nc	(23)
…	nc	…	…	…	nc	-	-	-	nc	(24)
…	nc	…	…	…	nc	-	-	-	nc	(25)
…	nc	…	…	…	nc	1	96	1	nc	(26)
…	nc	…	…	…	nc	38	71	27	nc	(27)
…	nc	…	…	…	nc	7	75	5	nc	(28)
…	nc	…	…	…	nc	26	92	24	nc	(29)
…	nc	…	…	…	nc	9	56	5	nc	(30)
…	nc	…	…	…	nc	47	91	43	nc	(31)
…	nc	…	…	…	nc	195	91	177	nc	(32)
…	nc	…	…	…	nc	0	79	0	nc	(33)
…	nc	…	…	…	nc	-	-	-	nc	(34)
…	nc	…	…	…	nc	2	68	1	nc	(35)
…	nc	…	…	…	nc	-	-	-	nc	(36)
…	nc	…	…	…	nc	0	80	0	nc	(37)
…	nc	…	…	…	nc	3	68	2	nc	(38)
…	nc	…	…	…	nc	-	-	-	nc	(39)
…	nc	…	…	…	nc	1	58	1	nc	(40)
…	nc	…	…	…	nc	-	-	-	nc	(41)
…	nc	…	…	…	nc	-	-	-	nc	(42)
…	nc	…	…	…	nc	3	70	2	nc	(43)
…	nc	…	…	…	nc	2	93	2	nc	(44)
…	nc	…	…	…	nc	0	58	0	nc	(45)
…	nc	…	…	…	nc	3	65	2	nc	(46)
…	nc	…	…	…	nc	-	-	-	nc	(47)
…	nc	…	…	…	nc	1	88	1	nc	(48)
…	nc	…	…	…	nc	0	90	0	nc	(49)
…	nc	…	…	…	nc	1	108	1	nc	(50)
…	nc	…	…	…	nc	1	80	1	nc	(51)
…	nc	…	…	…	nc	-	-	-	nc	(52)
…	nc	…	…	…	nc	-	-	-	nc	(53)
…	nc	…	…	…	nc	-	-	-	nc	(54)
…	nc	…	…	…	nc	-	-	-	nc	(55)
…	nc	…	…	…	nc	-	-	-	nc	(56)
…	nc	…	…	…	nc	-	-	-	nc	(57)
…	nc	…	…	…	nc	-	-	-	nc	(58)
…	nc	…	…	…	nc	-	-	-	nc	(59)

3 豆類（続き）

(4) らっかせい

全国農業地域 都道府県	平成 26 年産				27				28	
	作付面積	10a当たり収量	収穫量	(参考)10a当たり平均収量対比	作付面積	10a当たり収量	収穫量	(参考)10a当たり平均収量対比	作付面積	10a当たり収量
	(1)	(2)	(3)	(4)	(5)	(6)	(7)	(8)	(9)	(10)
	ha	kg	t	%	ha	kg	t	%	ha	kg
全　　国 (1)	6,840	235	16,100	nc	6,700	184	12,300	nc	6,550	237
（全国農業地域）										
北　海　道 (2)	－	…	…	nc	－	－	－	nc	－	…
都　府　県 (3)	6,840	…	…	nc	6,700	184	12,300	nc	6,550	…
東　　北 (4)	8	…	…	nc	x	x	x	nc	10	…
北　　陸 (5)	30	…	…	nc	28	125	35	nc	28	…
関東・東山 (6)	6,370	…	…	nc	6,270	187	11,700	nc	6,140	…
東　　海 (7)	104	…	…	nc	95	116	110	nc	87	…
近　　畿 (8)	5	…	…	nc	6	100	6	nc	6	…
中　　国 (9)	17	…	…	nc	13	108	14	nc	12	…
四　　国 (10)	17	…	…	nc	16	81	13	nc	16	…
九　　州 (11)	281	…	…	nc	253	133	337	nc	242	…
沖　　縄 (12)	7	…	…	nc	7	153	11	nc	7	…
（都道府県）										
北　海　道 (13)	－	…	…	nc	－	…	…	nc	－	…
青　　森 (14)	x	…	…	nc	x	x	x	nc	x	…
岩　　手 (15)	1	…	…	nc	1	194	2	nc	1	…
宮　　城 (16)	x	…	…	nc	1	166	1	nc	0	…
秋　　田 (17)	0	…	…	nc	0	76	0	nc	0	…
山　　形 (18)	0	…	…	nc	0	100	0	nc	0	…
福　　島 (19)	6	…	…	nc	6	240	14	nc	x	…
茨　　城 (20)	657	285	1,870	93	623	243	1,510	81	587	297
栃　　木 (21)	99	…	…	nc	96	199	191	nc	88	…
群　　馬 (22)	40	…	…	nc	37	135	50	nc	34	…
埼　　玉 (23)	41	…	…	nc	41	109	45	nc	41	…
千　　葉 (24)	5,300	242	12,800	99	5,240	183	9,590	74	5,170	238
東　　京 (25)	3	…	…	nc	3	118	4	nc	3	…
神　奈　川 (26)	175	…	…	nc	174	164	285	nc	161	…
新　　潟 (27)	27	…	…	nc	25	124	31	nc	25	…
富　　山 (28)	0	…	…	nc	0	65	0	nc	0	…
石　　川 (29)	1	…	…	nc	1	143	2	nc	1	…
福　　井 (30)	2	…	…	nc	2	82	2	nc	2	…
山　　梨 (31)	44	…	…	nc	43	121	52	nc	41	…
長　　野 (32)	19	…	…	nc	18	98	18	nc	16	…
岐　　阜 (33)	26	…	…	nc	25	92	23	nc	25	…
静　　岡 (34)	33	…	…	nc	26	93	24	nc	19	…
愛　　知 (35)	16	…	…	nc	16	144	23	nc	16	…
三　　重 (36)	29	…	…	nc	28	143	40	nc	27	…
滋　　賀 (37)	3	…	…	nc	3	147	4	nc	3	…
京　　都 (38)	2	…	…	nc	2	60	1	nc	2	…
大　　阪 (39)	－	…	…	nc	－	－	－	nc	－	…
兵　　庫 (40)	0	…	…	nc	1	100	1	nc	1	…
奈　　良 (41)	0	…	…	nc	0	105	0	nc	0	…
和　歌　山 (42)	0	…	…	nc	0	105	0	nc	0	…
鳥　　取 (43)	4	…	…	nc	4	121	5	nc	4	…
島　　根 (44)	0	…	…	nc	0	110	0	nc	0	…
岡　　山 (45)	5	…	…	nc	5	98	5	nc	4	…
広　　島 (46)	7	…	…	nc	4	100	4	nc	4	…
山　　口 (47)	1	…	…	nc	0	90	0	nc	0	…
徳　　島 (48)	1	…	…	nc	1	84	1	nc	0	…
香　　川 (49)	6	…	…	nc	6	105	6	nc	6	…
愛　　媛 (50)	3	…	…	nc	3	94	3	nc	3	…
高　　知 (51)	7	…	…	nc	6	50	3	nc	7	…
福　　岡 (52)	6	…	…	nc	6	92	6	nc	6	…
佐　　賀 (53)	7	…	…	nc	6	85	5	nc	6	…
長　　崎 (54)	39	…	…	nc	37	132	49	nc	34	…
熊　　本 (55)	24	…	…	nc	24	167	40	nc	21	…
大　　分 (56)	27	…	…	nc	27	100	27	nc	27	…
宮　　崎 (57)	49	…	…	nc	46	175	81	nc	46	…
鹿　児　島 (58)	129	…	…	nc	107	121	129	nc	102	…
沖　　縄 (59)	7	…	…	nc	7	153	11	nc	7	…

注：1　主産県調査を実施した年産の全国値については、主産県の調査結果から推計したものである。
　　2　平成30年産以降、作付面積は３年、収穫量は６年ごとに全国調査を実施し、全国調査以外の年にあっては主産県調査を実施することとしている。

	29					30			
収 穫 量	（参　考）10ａ当たり平均収量対比	作 付 面 積	10ａ当たり収　　　量	収 穫 量	（参　考）10ａ当たり平均収量対比	作 付 面 積	10ａ当たり収　　　量	収 穫 量	（参　考）10ａ当たり平均収量対比
(11)	(12)	(13)	(14)	(15)	(16)	(17)	(18)	(19)	(20)
t	%	ha	kg	t	%	ha	kg	t	%
15,500	nc	6,420	240	15,400	104	6,370	245	15,600	103	(1)
…	nc	…	…	…	nc	3	233	7	nc	(2)
…	nc	…	…	…	nc	6,370	245	15,600	nc	(3)
…	nc	…	…	…	nc	11	219	25	nc	(4)
…	nc	…	…	…	nc	31	94	29	nc	(5)
…	nc	…	…	…	nc	5,980	253	15,100	nc	(6)
…	nc	…	…	…	nc	84	115	97	nc	(7)
…	nc	…	…	…	nc	7	100	7	nc	(8)
…	nc	…	…	…	nc	13	100	13	nc	(9)
…	nc	…	…	…	nc	14	100	14	nc	(10)
…	nc	…	…	…	nc	227	132	300	nc	(11)
…	nc	…	…	…	nc	8	141	11	nc	(12)
…	nc	…	…	…	nc	3	233	7	nc	(13)
…	nc	…	…	…	nc	0	110	0	nc	(14)
…	nc	…	…	…	nc	0	190	1	nc	(15)
…	nc	…	…	…	nc	0	141	0	nc	(16)
…	nc	…	…	…	nc	0	137	0	nc	(17)
…	nc	…	…	…	nc	1	154	2	nc	(18)
…	nc	…	…	…	nc	10	220	22	nc	(19)
1,740	103	561	298	1,670	106	544	281	1,530	97	(20)
…	nc	…	…	…	nc	78	149	116	nc	(21)
…	nc	…	…	…	nc	30	118	35	nc	(22)
…	nc	…	…	…	nc	34	129	44	nc	(23)
12,300	98	5,080	241	12,200	102	5,080	256	13,000	106	(24)
…	nc	…	…	…	nc	3	124	4	nc	(25)
…	nc	…	…	…	nc	159	177	281	nc	(26)
…	nc	…	…	…	nc	25	101	25	nc	(27)
…	nc	…	…	…	nc	3	80	2	nc	(28)
…	nc	…	…	…	nc	1	110	1	nc	(29)
…	nc	…	…	…	nc	2	74	1	nc	(30)
…	nc	…	…	…	nc	39	110	43	nc	(31)
…	nc	…	…	…	nc	13	69	9	nc	(32)
…	nc	…	…	…	nc	25	89	22	nc	(33)
…	nc	…	…	…	nc	18	61	11	nc	(34)
…	nc	…	…	…	nc	16	131	21	nc	(35)
…	nc	…	…	…	nc	25	172	43	nc	(36)
…	nc	…	…	…	nc	3	120	4	nc	(37)
…	nc	…	…	…	nc	2	25	1	nc	(38)
…	nc	…	…	…	nc	-	-	-	nc	(39)
…	nc	…	…	…	nc	1	75	1	nc	(40)
…	nc	…	…	…	nc	1	100	1	nc	(41)
…	nc	…	…	…	nc	0	102	0	nc	(42)
…	nc	…	…	…	nc	4	118	5	nc	(43)
…	nc	…	…	…	nc	0	105	0	nc	(44)
…	nc	…	…	…	nc	4	85	3	nc	(45)
…	nc	…	…	…	nc	4	90	4	nc	(46)
…	nc	…	…	…	nc	1	61	1	nc	(47)
…	nc	…	…	…	nc	0	100	0	nc	(48)
…	nc	…	…	…	nc	6	105	6	nc	(49)
…	nc	…	…	…	nc	3	110	3	nc	(50)
…	nc	…	…	…	nc	5	106	5	nc	(51)
…	nc	…	…	…	nc	5	97	5	nc	(52)
…	nc	…	…	…	nc	4	64	3	nc	(53)
…	nc	…	…	…	nc	33	103	34	nc	(54)
…	nc	…	…	…	nc	19	113	21	nc	(55)
…	nc	…	…	…	nc	25	88	22	nc	(56)
…	nc	…	…	…	nc	37	168	62	nc	(57)
…	nc	…	…	…	nc	104	147	153	nc	(58)
…	nc	…	…	…	nc	8	141	11	nc	(59)

4　そ ば

全国農業地域 都道府県	平成 26 年産				27				28	
	作付面積	10 a 当たり 収　　量	収 穫 量	（参　考） 10 a 当たり 平 均 収 量 対　　比	作付面積	10 a 当たり 収　　量	収 穫 量	（参　考） 10 a 当たり 平 均 収 量 対　　比	作付面積	10 a 当たり 収　　量
	(1)	(2)	(3)	(4)	(5)	(6)	(7)	(8)	(9)	(10)
	ha	kg	t	%	ha	kg	t	%	ha	kg
全　　　　国 (1)	59,900	52	31,100	87	58,200	60	34,800	105	60,600	48
（全国農業地域）										
北　海　道 (2)	21,600	60	13,000	87	20,800	77	16,000	117	21,500	56
都　府　県 (3)	38,300	47	18,100	85	37,400	50	18,800	96	39,000	43
東　　　北 (4)	15,800	45	7,130	102	15,400	38	5,920	86	16,400	37
北　　　陸 (5)	6,140	30	1,820	65	6,080	48	2,940	112	6,160	36
関 東・東 山 (6)	10,400	68	7,110	88	10,100	67	6,810	92	10,500	60
東　　　海 (7)	545	32	176	86	573	32	184	94	547	35
近　　　畿 (8)	951	35	332	76	834	41	343	98	927	45
中　　　国 (9)	1,640	23	374	52	1,650	42	685	111	1,680	23
四　　　国 (10)	165	44	72	77	151	40	61	77	145	37
九　　　州 (11)	2,650	40	1,070	57	2,540	74	1,880	114	2,590	38
沖　　　縄 (12)	42	40	17	103	52	50	26	111	61	41
（都道府県）										
北　海　道 (13)	21,600	60	13,000	87	20,800	77	16,000	117	21,500	56
青　　　森 (14)	1,800	38	684	146	1,540	32	493	110	1,610	19
岩　　　手 (15)	1,610	58	934	109	1,620	60	972	111	1,620	58
宮　　　城 (16)	667	35	233	109	647	25	162	71	706	16
秋　　　田 (17)	3,130	40	1,250	108	3,110	44	1,370	122	3,550	42
山　　　形 (18)	4,880	43	2,100	96	4,900	33	1,620	77	5,100	36
福　　　島 (19)	3,710	52	1,930	96	3,620	36	1,300	67	3,860	36
茨　　　城 (20)	2,950	72	2,120	92	2,870	69	1,980	93	2,980	70
栃　　　木 (21)	2,270	73	1,660	91	2,100	80	1,680	107	2,250	66
群　　　馬 (22)	448	92	412	108	467	95	444	109	485	85
埼　　　玉 (23)	361	55	199	63	351	63	221	76	344	60
千　　　葉 (24)	80	51	41	73	95	51	48	80	118	41
東　　　京 (25)	10	53	5	76	10	47	5	70	10	43
神　奈　川 (26)	12	63	8	88	12	46	6	65	12	16
新　　　潟 (27)	1,540	43	662	93	1,520	42	638	93	1,480	36
富　　　山 (28)	501	40	200	103	547	49	268	123	613	25
石　　　川 (29)	303	16	48	64	288	22	63	96	311	18
福　　　井 (30)	3,800	24	911	49	3,720	53	1,970	120	3,760	40
山　　　梨 (31)	200	53	106	85	188	46	86	77	183	44
長　　　野 (32)	4,060	63	2,560	85	3,970	59	2,340	83	4,130	48
岐　　　阜 (33)	308	31	95	84	324	35	113	103	325	36
静　　　岡 (34)	89	34	30	89	88	23	20	62	80	35
愛　　　知 (35)	38	26	10	124	39	18	7	78	35	28
三　　　重 (36)	110	37	41	90	122	36	44	97	107	35
滋　　　賀 (37)	448	49	220	86	397	55	218	106	457	65
京　　　都 (38)	103	23	24	52	114	43	49	116	122	33
大　　　阪 (39)	1	30	0	75	1	58	0	153	1	29
兵　　　庫 (40)	376	21	79	64	300	23	69	77	318	22
奈　　　良 (41)	22	41	9	82	21	35	7	78	27	31
和　歌　山 (42)	1	29	0	83	1	33	0	89	2	11
鳥　　　取 (43)	324	22	71	65	323	39	126	150	326	23
島　　　根 (44)	628	23	144	58	642	49	315	136	680	21
岡　　　山 (45)	223	33	74	66	224	46	103	110	229	29
広　　　島 (46)	404	17	69	32	399	32	128	70	377	25
山　　　口 (47)	64	25	16	54	63	21	13	51	63	19
徳　　　島 (48)	71	48	34	70	73	56	41	95	69	44
香　　　川 (49)	36	33	12	80	24	21	5	58	26	27
愛　　　媛 (50)	47	48	23	87	43	25	11	49	41	35
高　　　知 (51)	11	28	3	88	11	39	4	122	9	20
福　　　岡 (52)	48	35	17	109	44	26	11	79	57	14
佐　　　賀 (53)	28	39	11	67	24	51	12	94	29	30
長　　　崎 (54)	190	44	84	92	163	51	83	116	168	29
熊　　　本 (55)	492	61	300	94	526	61	321	97	577	46
大　　　分 (56)	304	31	94	72	276	22	61	56	262	27
宮　　　崎 (57)	417	52	217	73	386	91	351	140	351	38
鹿　児　島 (58)	1,170	30	351	36	1,120	93	1,040	122	1,140	39
沖　　　縄 (59)	42	40	17	103	52	50	26	111	61	41

				29					30				
収穫量	（参考）10a当たり平均収量対比	作付面積	10a当たり収量	収穫量	（参考）10a当たり平均収量対比	作付面積	10a当たり収量	収穫量	（参考）10a当たり平均収量対比			
(11)	(12)	(13)	(14)	(15)	(16)	(17)	(18)	(19)	(20)			
t	%	ha	kg	t	%	ha	kg	t	%			
28,800	84	62,900	55	34,400	96	63,900	45	29,000	80	(1)		
12,100	84	22,900	80	18,300	119	24,400	47	11,400	68	(2)		
16,700	83	39,900	40	16,100	78	39,500	45	17,600	94	(3)		
6,080	86	16,800	34	5,740	79	16,500	40	6,560	98	(4)		
2,240	82	6,010	25	1,530	58	5,520	35	1,920	92	(5)		
6,310	83	11,200	60	6,680	83	11,600	62	7,190	87	(6)		
192	103	553	36	200	106	619	26	158	76	(7)		
415	105	921	38	346	88	903	23	209	58	(8)		
390	61	1,690	30	510	86	1,620	32	519	107	(9)		
53	74	142	31	44	67	136	28	38	67	(10)		
980	57	2,610	38	1,000	61	2,560	38	983	70	(11)		
25	89	56	56	31	124	53	62	33	138	(12)		
12,100	84	22,900	80	18,300	119	24,400	47	11,400	68	(13)		
306	61	1,610	30	483	97	1,640	37	607	119	(14)		
940	104	1,760	44	774	79	1,780	60	1,070	113	(15)		
113	50	716	12	86	40	671	22	148	88	(16)		
1,490	111	3,730	29	1,080	73	3,610	35	1,260	88	(17)		
1,840	88	5,100	31	1,580	74	5,040	32	1,610	82	(18)		
1,390	72	3,860	45	1,740	90	3,720	50	1,860	104	(19)		
2,090	95	3,270	54	1,770	73	3,370	60	2,020	81	(20)		
1,490	84	2,490	77	1,920	97	2,700	74	2,000	94	(21)		
412	96	518	88	456	100	558	89	497	102	(22)		
206	77	347	64	222	85	342	51	174	75	(23)		
48	67	183	33	60	56	197	48	95	84	(24)		
4	69	8	54	4	92	7	43	3	80	(25)		
2	23	16	34	5	53	21	48	10	84	(26)		
533	80	1,420	34	483	77	1,330	36	479	88	(27)		
153	60	561	27	151	69	519	37	192	103	(28)		
56	78	323	26	84	118	326	12	39	55	(29)		
1,500	89	3,700	22	814	49	3,350	36	1,210	92	(30)		
81	79	184	55	101	102	188	47	88	92	(31)		
1,980	73	4,190	51	2,140	77	4,250	54	2,300	87	(32)		
117	106	317	30	95	88	368	29	107	83	(33)		
28	103	81	35	28	103	69	22	15	69	(34)		
10	127	36	33	12	143	39	8	3	33	(35)		
37	95	119	55	65	153	143	23	33	64	(36)		
297	123	487	46	224	84	497	25	124	49	(37)		
40	85	123	25	31	66	122	20	24	61	(38)		
0	71	1	36	0	92	1	25	0	64	(39)		
70	76	283	29	82	116	258	21	54	100	(40)		
8	72	25	34	8	83	22	30	7	77	(41)		
0	31	2	51	1	159	3	7	0	22	(42)		
75	79	334	26	87	93	319	32	102	123	(43)		
143	54	698	35	244	100	679	31	210	97	(44)		
66	67	219	29	64	73	204	36	73	106	(45)		
94	60	366	25	92	64	343	32	110	107	(46)		
12	51	68	34	23	100	71	34	24	113	(47)		
30	76	65	41	27	73	64	35	22	69	(48)		
7	79	33	23	8	72	33	22	7	81	(49)		
14	71	36	20	7	43	32	24	8	60	(50)		
2	59	8	19	2	61	7	20	1	74	(51)		
8	44	71	36	26	116	77	51	39	159	(52)		
9	57	27	54	15	113	26	45	12	96	(53)		
49	63	164	46	75	105	162	52	84	121	(54)		
265	74	619	55	343	90	586	58	342	97	(55)		
71	73	269	30	81	86	228	41	93	124	(56)		
133	54	309	30	93	45	287	28	80	51	(57)		
445	49	1,150	32	368	44	1,190	28	333	48	(58)		
25	89	56	56	31	124	53	62	33	138	(59)		

5　かんしょ

全国農業地域 都　道　府　県	平 成 26 年 産				27				28	
	作付面積	10 a 当たり 収　　量	収穫量	(参　考) 10 a 当たり 平均収量 対　　比	作付面積	10 a 当たり 収　　量	収 穫 量	(参　考) 10 a 当たり 平均収量 対　　比	作付面積	10 a 当たり 収　　量
	(1)	(2)	(3)	(4)	(5)	(6)	(7)	(8)	(9)	(10)
	ha	kg	t	%	ha	kg	t	%	ha	kg
全　　　　　国　(1)	38,000	2,330	886,500	nc	36,600	2,220	814,200	nc	36,000	2,390
（全国農業地域）										
北　海　道　(2)	14	2,010	281	nc	16	…	…	nc	19	…
都　府　県　(3)	38,000	2,330	886,200	nc	36,500	…	…	nc	36,000	…
東　　　北　(4)	223	1,390	3,100	nc	209	…	…	nc	207	…
北　　　陸　(5)	696	1,720	12,000	nc	686	…	…	nc	685	…
関 東 ・ 東 山　(6)	12,400	2,450	303,300	nc	12,300	…	…	nc	12,200	…
東　　　海　(7)	1,610	1,520	24,400	nc	1,550	…	…	nc	1,470	…
近　　　畿　(8)	792	1,480	11,700	nc	766	…	…	nc	735	…
中　　　国　(9)	880	1,300	11,400	nc	855	…	…	nc	827	…
四　　　国　(10)	2,020	2,080	42,000	nc	2,000	…	…	nc	1,970	…
九　　　州　(11)	19,100	2,480	473,500	nc	17,900	…	…	nc	17,600	…
沖　　　縄　(12)	263	1,830	4,810	nc	263	…	…	nc	294	…
（都道府県）										
北　海　道　(13)	14	2,010	281	nc	16	…	…	nc	19	…
青　　　森　(14)	1	1,160	12	nc	1	…	…	nc	2	…
岩　　　手　(15)	33	1,200	396	nc	34	…	…	nc	39	…
宮　　　城　(16)	29	1,370	397	nc	28	…	…	nc	38	…
秋　　　田　(17)	52	1,190	619	nc	45	…	…	nc	38	…
山　　　形　(18)	40	1,610	644	nc	36	…	…	nc	34	…
福　　　島　(19)	68	1,510	1,030	nc	65	…	…	nc	56	…
茨　　　城　(20)	6,680	2,590	173,000	98	6,700	2,470	165,500	94	6,720	2,560
栃　　　木　(21)	156	1,500	2,340	nc	153	…	…	nc	144	…
群　　　馬　(22)	271	1,640	4,440	nc	251	…	…	nc	231	…
埼　　　玉　(23)	383	1,450	5,550	nc	383	…	…	nc	375	…
千　　　葉　(24)	4,290	2,530	108,500	100	4,240	2,480	105,200	98	4,190	2,470
東　　　京　(25)	111	1,640	1,820	nc	107	…	…	nc	106	…
神　奈　川　(26)	362	1,560	5,650	nc	359	…	…	nc	355	…
新　　　潟　(27)	255	1,570	4,000	nc	252	…	…	nc	248	…
富　　　山　(28)	100	1,510	1,510	nc	100	…	…	nc	100	…
石　　　川　(29)	224	2,130	4,770	nc	219	…	…	nc	214	…
福　　　井　(30)	117	1,500	1,760	nc	115	…	…	nc	123	…
山　　　梨　(31)	41	1,320	541	nc	39	…	…	nc	37	…
長　　　野　(32)	88	1,640	1,440	nc	87	…	…	nc	83	…
岐　　　阜　(33)	152	1,170	1,780	nc	150	…	…	nc	147	…
静　　　岡　(34)	701	1,700	11,900	99	661	1,620	10,700	98	625	1,760
愛　　　知　(35)	411	1,550	6,370	104	406	…	…	nc	384	…
三　　　重　(36)	350	1,240	4,340	nc	330	…	…	nc	317	…
滋　　　賀　(37)	86	1,570	1,350	nc	88	…	…	nc	90	…
京　　　都　(38)	162	1,580	2,560	nc	156	…	…	nc	143	…
大　　　阪　(39)	135	1,530	2,070	nc	128	…	…	nc	120	…
兵　　　庫　(40)	247	1,260	3,110	nc	236	…	…	nc	231	…
奈　　　良　(41)	93	1,660	1,540	nc	90	…	…	nc	86	…
和　歌　山　(42)	69	1,530	1,060	nc	68	…	…	nc	65	…
鳥　　　取　(43)	175	1,470	2,570	nc	171	…	…	nc	169	…
島　　　根　(44)	110	1,280	1,410	nc	107	…	…	nc	104	…
岡　　　山　(45)	162	1,530	2,480	nc	157	…	…	nc	148	…
広　　　島　(46)	229	1,070	2,450	nc	220	…	…	nc	208	…
山　　　口　(47)	204	1,200	2,450	nc	200	…	…	nc	198	…
徳　　　島　(48)	1,130	2,400	27,100	98	1,130	2,320	26,200	95	1,120	2,550
香　　　川　(49)	225	1,500	3,380	nc	223	…	…	nc	221	…
愛　　　媛　(50)	225	1,350	3,040	nc	225	…	…	nc	223	…
高　　　知　(51)	439	1,930	8,470	nc	419	…	…	nc	402	…
福　　　岡　(52)	153	1,400	2,140	nc	149	…	…	nc	145	…
佐　　　賀　(53)	99	1,880	1,860	nc	95	…	…	nc	89	…
長　　　崎　(54)	411	1,490	6,120	96	355	…	…	nc	339	…
熊　　　本　(55)	1,100	2,270	25,000	100	1,070	2,220	23,800	98	1,020	2,230
大　　　分　(56)	354	2,260	8,000	nc	362	…	…	nc	366	…
宮　　　崎　(57)	3,590	2,620	94,100	102	3,440	2,470	85,000	95	3,590	2,570
鹿　児　島　(58)	13,400	2,510	336,300	95	12,400	2,380	295,100	91	12,000	2,690
沖　　　縄　(59)	263	1,830	4,810	nc	263	…	…	nc	294	…

注：1　主産県調査を実施した年産の全国値については、主産県の調査結果から推計したものである。
　　2　平成29年産以降、作付面積は3年、収穫量は6年ごとに全国調査を実施し、全国調査以外の年にあっては主産県調査を実施することとしている。

収穫量	(参考)10a当たり平均収量対比	作付面積	10a当たり収量	収穫量	(参考)10a当たり平均収量対比	作付面積	10a当たり収量	収穫量	(参考)10a当たり平均収量対比	
				29				30		
(11)	(12)	(13)	(14)	(15)	(16)	(17)	(18)	(19)	(20)	
t	%	ha	kg	t	%	ha	kg	t	%	
860,700	103	35,600	2,270	807,100	99	35,700	2,230	796,500	97	(1)
...	nc	23	1,790	412	nc	...	...	...	nc	(2)
...	nc	35,600	2,270	806,700	nc	...	...	...	nc	(3)
...	nc	195	1,290	2,510	nc	...	...	...	nc	(4)
...	nc	672	1,650	11,100	nc	...	...	...	nc	(5)
...	nc	12,100	2,440	295,400	nc	...	...	...	nc	(6)
...	nc	1,370	1,360	18,600	nc	...	...	...	nc	(7)
...	nc	707	1,470	10,400	nc	...	...	...	nc	(8)
...	nc	788	1,330	10,500	nc	...	...	...	nc	(9)
...	nc	1,910	2,310	44,200	nc	...	...	...	nc	(10)
...	nc	17,500	2,340	410,100	nc	...	...	...	nc	(11)
...	nc	281	1,360	3,820	nc	...	...	...	nc	(12)
...	nc	23	1,790	412	nc	...	...	...	nc	(13)
...	nc	2	1,020	20	nc	...	...	...	nc	(14)
...	nc	40	1,110	444	nc	...	...	...	nc	(15)
...	nc	37	1,350	500	nc	...	...	...	nc	(16)
...	nc	33	1,060	350	nc	...	...	...	nc	(17)
...	nc	29	1,250	363	nc	...	...	...	nc	(18)
...	nc	54	1,550	837	nc	...	...	...	nc	(19)
172,000	98	6,700	2,610	174,900	102	6,780	2,560	173,600	98	(20)
...	nc	143	1,370	1,960	nc	...	...	...	nc	(21)
...	nc	217	1,420	3,080	nc	...	...	...	nc	(22)
...	nc	368	1,540	5,670	nc	...	...	...	nc	(23)
103,500	98	4,130	2,450	101,200	98	4,090	2,440	99,800	98	(24)
...	nc	102	1,490	1,520	nc	...	...	...	nc	(25)
...	nc	349	1,500	5,240	nc	...	...	...	nc	(26)
...	nc	242	1,480	3,580	nc	...	...	...	nc	(27)
...	nc	100	1,340	1,340	nc	...	...	...	nc	(28)
...	nc	213	2,050	4,370	nc	...	...	...	nc	(29)
...	nc	117	1,510	1,770	nc	...	...	...	nc	(30)
...	nc	36	1,240	446	nc	...	...	...	nc	(31)
...	nc	79	1,770	1,400	nc	...	...	...	nc	(32)
...	nc	141	1,040	1,470	nc	...	...	...	nc	(33)
11,000	108	582	1,810	10,500	110	540	1,830	9,880	109	(34)
...	nc	347	1,230	4,270	85	...	...	...	nc	(35)
...	nc	299	781	2,340	nc	...	...	...	nc	(36)
...	nc	86	1,530	1,320	nc	...	...	...	nc	(37)
...	nc	139	1,560	2,170	nc	...	...	...	nc	(38)
...	nc	111	1,480	1,640	nc	...	...	...	nc	(39)
...	nc	228	1,330	3,030	nc	...	...	...	nc	(40)
...	nc	80	1,630	1,300	nc	...	...	...	nc	(41)
...	nc	63	1,540	972	nc	...	...	...	nc	(42)
...	nc	167	1,460	2,440	nc	...	...	...	nc	(43)
...	nc	102	1,400	1,430	nc	...	...	...	nc	(44)
...	nc	144	1,570	2,260	nc	...	...	...	nc	(45)
...	nc	180	1,070	1,930	nc	...	...	...	nc	(46)
...	nc	195	1,270	2,480	nc	...	...	...	nc	(47)
28,600	108	1,100	2,750	30,300	116	1,090	2,570	28,000	106	(48)
...	nc	219	1,510	3,310	nc	...	...	...	nc	(49)
...	nc	219	1,490	3,260	nc	...	...	...	nc	(50)
...	nc	374	1,970	7,370	nc	...	...	...	nc	(51)
...	nc	140	1,450	2,030	nc	...	...	...	nc	(52)
...	nc	85	1,900	1,620	nc	...	...	...	nc	(53)
...	nc	325	1,430	4,650	99	...	...	...	nc	(54)
22,700	99	1,000	2,230	22,300	100	971	2,270	22,000	101	(55)
...	nc	369	2,020	7,450	nc	...	...	...	nc	(56)
92,300	100	3,690	2,440	90,000	96	3,610	2,500	90,300	100	(57)
322,800	107	11,900	2,370	282,000	95	12,100	2,300	278,300	92	(58)
...	nc	281	1,360	3,820	nc	...	...	...	nc	(59)

6 飼料作物

(1) 牧草

全国農業地域 都道府県	平成 26 年産 作付(栽培)面積	10a当たり収量	収穫量	(参考)10a当たり平均収量対比	27 作付(栽培)面積	10a当たり収量	収穫量	(参考)10a当たり平均収量対比	28 作付(栽培)面積	10a当たり収量
	(1)	(2)	(3)	(4)	(5)	(6)	(7)	(8)	(9)	(10)
	ha	kg	t	%	ha	kg	t	%	ha	kg
全　　国 (1)	739,600	3,410	25,193,000	nc	737,600	3,540	26,092,000	nc	735,200	3,360
（全国農業地域）										
北 海 道 (2)	541,500	3,220	17,436,000	97	540,500	3,340	18,053,000	102	538,500	3,120
都 府 県 (3)	198,100	3,920	7,757,000	nc	197,100	…	…	nc	196,700	…
東 北 (4)	88,600	2,460	2,183,000	77	87,700	…	…	nc	86,900	…
北 陸 (5)	3,390	2,720	92,100	89	3,340	…	…	nc	3,260	…
関 東 ・ 東 山 (6)	19,600	4,370	856,300	nc	19,600	…	…	nc	19,500	…
東 海 (7)	5,320	3,210	170,800	83	5,260	…	…	nc	5,160	…
近 畿 (8)	1,400	3,990	55,800	nc	1,390	…	…	nc	1,440	…
中 国 (9)	9,790	3,520	344,800	97	9,910	…	…	nc	9,900	…
四 国 (10)	1,550	4,390	68,100	90	1,530	…	…	nc	1,450	…
九 州 (11)	62,800	5,510	3,463,000	96	62,600	…	…	nc	63,200	…
沖 縄 (12)	5,630	9,290	523,000	81	5,680	10,800	613,400	99	5,730	10,400
（都道府県）										
北 海 道 (13)	541,500	3,220	17,436,000	97	540,500	3,340	18,053,000	102	538,500	3,120
青 森 (14)	19,800	2,810	556,400	92	19,600	2,760	541,000	95	19,400	2,790
岩 手 (15)	37,200	2,320	863,000	72	37,000	2,860	1,058,000	97	36,600	2,880
宮 城 (16)	12,700	2,010	255,300	69	12,700	…	…	nc	12,600	…
秋 田 (17)	6,800	3,070	208,800	101	6,820	…	…	nc	6,730	…
山 形 (18)	5,130	2,850	146,200	93	5,080	…	…	nc	4,840	…
福 島 (19)	6,920	2,220	153,600	52	6,590	…	…	nc	6,790	…
茨 城 (20)	1,680	4,770	80,100	99	1,720	4,820	82,900	101	1,630	4,630
栃 木 (21)	6,870	4,150	285,100	94	6,940	4,180	290,100	97	7,180	4,440
群 馬 (22)	3,230	5,100	164,700	96	3,180	5,440	173,000	104	3,110	5,250
埼 玉 (23)	606	4,470	27,100	81	583	…	…	nc	621	…
千 葉 (24)	1,070	4,520	48,400	97	1,150	3,960	45,500	86	1,120	4,470
東 京 (25)	83	2,760	2,290	nc	82	…	…	nc	81	…
神 奈 川 (26)	184	3,950	7,270	93	180	…	…	nc	116	…
新 潟 (27)	1,570	2,230	35,000	82	1,520	…	…	nc	1,460	…
富 山 (28)	648	3,260	21,100	104	641	…	…	nc	600	…
石 川 (29)	774	3,370	26,100	86	746	…	…	nc	750	…
福 井 (30)	395	2,500	9,880	98	435	…	…	nc	447	…
山 梨 (31)	871	4,300	37,500	96	871	…	…	nc	871	…
長 野 (32)	5,020	4,060	203,800	93	4,920	…	…	nc	4,820	…
岐 阜 (33)	2,740	2,680	73,400	71	2,730	3,120	85,200	85	2,670	3,480
静 岡 (34)	1,470	3,410	50,100	88	1,470	…	…	nc	1,440	…
愛 知 (35)	902	4,650	41,900	105	872	4,600	40,100	104	850	4,530
三 重 (36)	207	2,610	5,400	82	192	…	…	nc	206	…
滋 賀 (37)	147	4,610	6,780	100	170	…	…	nc	163	…
京 都 (38)	149	3,660	5,450	92	156	…	…	nc	160	…
大 阪 (39)	x	4,140	x	nc	x	…	…	nc	2	…
兵 庫 (40)	990	3,980	39,400	75	958	3,850	36,900	78	1,010	3,160
奈 良 (41)	59	3,120	1,840	nc	59	…	…	nc	57	…
和 歌 山 (42)	x	4,440	x	nc	x	…	…	nc	49	…
鳥 取 (43)	2,150	3,290	70,700	96	2,250	3,280	73,800	102	2,290	3,730
島 根 (44)	1,430	2,710	38,800	80	1,430	3,670	52,500	115	1,420	3,320
岡 山 (45)	2,850	4,740	135,100	108	2,880	…	…	nc	2,870	…
広 島 (46)	2,080	3,040	63,200	98	2,080	…	…	nc	2,070	…
山 口 (47)	1,270	2,910	37,000	83	1,280	2,900	37,100	84	1,250	2,490
徳 島 (48)	306	4,310	13,200	79	311	…	…	nc	302	…
香 川 (49)	102	4,860	4,960	85	101	…	…	nc	97	…
愛 媛 (50)	682	4,430	30,200	97	659	…	…	nc	629	…
高 知 (51)	461	4,280	19,700	88	456	…	…	nc	424	…
福 岡 (52)	1,470	4,950	72,800	88	1,440	…	…	nc	1,490	…
佐 賀 (53)	982	3,930	38,600	77	1,040	3,430	35,700	70	1,010	3,540
長 崎 (54)	5,640	4,790	270,200	90	5,610	4,480	251,300	86	5,620	4,670
熊 本 (55)	14,400	4,180	601,900	107	14,300	3,960	566,300	101	14,800	4,040
大 分 (56)	5,090	4,050	206,100	84	5,150	3,970	204,500	86	5,310	4,240
宮 崎 (57)	15,700	6,050	949,900	98	16,100	6,150	990,200	100	16,300	6,190
鹿 児 島 (58)	19,600	6,750	1,323,000	94	19,000	6,700	1,273,000	95	18,700	6,190
沖 縄 (59)	5,630	9,290	523,000	81	5,680	10,800	613,400	99	5,730	10,400

注： 1　主産県調査を実施した年産の全国値については、主産県の調査結果から推計したものである。（以下6の各統計表において同じ。）
　　 2　平成29年産以降、作付面積は3年、収穫量は6年ごとに全国調査を実施し、全国調査以外の年にあっては主産県調査を実施することとしている。（以下6の各統計表において同じ。）

		29					30				
収 穫 量	（参　考）10 a 当 た り 平 均 収 量 対 比	作付（栽培）面　　積	10 a 当 た り 収　　量	収 穫 量	（参　考）10 a 当 た り 平 均 収 量 対 比	作付（栽培）面　　積	10 a 当 た り 収　　量	収 穫 量	（参　考）10 a 当 た り 平 均 収 量 対 比		
(11)	(12)	(13)	(14)	(15)	(16)	(17)	(18)	(19)	(20)		
t	%	ha	kg	t	%	ha	kg	t	%		
24,689,000	nc	728,300	3,500	25,497,000	100	726,000	3,390	24,621,000	97	(1)	
16,801,000	95	535,000	3,340	17,869,000	102	533,600	3,240	17,289,000	99	(2)	
…	nc	193,300	3,950	7,628,000	nc	…	…	…	nc	(3)	
…	nc	85,300	2,620	2,238,000	98	…	…	…	nc	(4)	
…	nc	3,160	2,680	84,600	91	…	…	…	nc	(5)	
…	nc	19,000	4,320	820,100	nc	…	…	…	nc	(6)	
…	nc	4,990	3,440	171,900	95	…	…	…	nc	(7)	
…	nc	1,440	3,570	51,400	nc	…	…	…	nc	(8)	
…	nc	9,830	3,350	329,000	97	…	…	…	nc	(9)	
…	nc	1,420	4,310	61,200	97	…	…	…	nc	(10)	
…	nc	62,400	5,240	3,268,000	95	…	…	…	nc	(11)	
595,900	97	5,750	10,500	603,800	101	5,840	10,600	619,000	102	(12)	
16,801,000	95	535,000	3,340	17,869,000	102	533,600	3,240	17,289,000	99	(13)	
541,300	98	18,900	2,760	521,600	99	18,500	2,770	512,500	100	(14)	
1,054,000	103	36,100	2,750	992,800	103	35,900	2,810	1,009,000	111	(15)	
…	nc	12,300	2,100	258,300	87	…	…	…	nc	(16)	
…	nc	6,680	2,910	194,400	98	…	…	…	nc	(17)	
…	nc	4,630	2,230	103,200	77	…	…	…	nc	(18)	
…	nc	6,660	2,510	167,200	110	…	…	…	nc	(19)	
75,500	99	1,600	4,690	75,000	101	1,550	4,270	66,200	92	(20)	
318,800	106	7,080	4,290	303,700	104	7,090	3,820	270,800	94	(21)	
163,300	102	2,940	5,160	151,700	101	2,930	4,860	142,400	96	(22)	
…	nc	617	2,560	15,800	53	…	…	…	nc	(23)	
50,100	101	1,050	4,080	42,800	93	1,020	4,080	41,600	95	(24)	
…	nc	79	2,780	2,200	nc	…	…	…	nc	(25)	
…	nc	116	4,160	4,830	100	…	…	…	nc	(26)	
…	nc	1,430	2,110	30,200	80	…	…	…	nc	(27)	
…	nc	592	3,350	19,800	109	…	…	…	nc	(28)	
…	nc	719	3,460	24,900	93	…	…	…	nc	(29)	
…	nc	415	2,340	9,710	97	…	…	…	nc	(30)	
…	nc	871	4,030	35,100	96	…	…	…	nc	(31)	
…	nc	4,690	4,030	189,000	94	…	…	…	nc	(32)	
92,900	99	2,650	3,440	91,200	100	…	…	…	nc	(33)	
…	nc	1,400	3,520	49,300	101	…	…	…	nc	(34)	
38,500	102	766	3,510	26,900	79	733	3,320	24,300	74	(35)	
…	nc	180	2,520	4,540	85	…	…	…	nc	(36)	
…	nc	149	4,610	6,870	100	…	…	…	nc	(37)	
…	nc	163	2,450	3,990	75	…	…	…	nc	(38)	
…	nc	x	x	x	nc	…	…	…	nc	(39)	
31,900	68	1,020	3,600	36,700	83	970	3,420	33,200	84	(40)	
…	nc	x	3,060	x	nc	…	…	…	nc	(41)	
…	nc	46	4,390	2,020	nc	…	…	…	nc	(42)	
85,400	119	2,290	3,500	80,200	112	2,310	3,100	71,600	96	(43)	
47,100	104	1,390	3,060	42,500	98	1,400	2,870	40,200	93	(44)	
…	nc	2,830	4,000	113,200	94	…	…	…	nc	(45)	
…	nc	2,050	2,730	56,000	89	…	…	…	nc	(46)	
31,100	75	1,270	2,920	37,100	91	1,250	2,470	30,900	79	(47)	
…	nc	300	4,500	13,500	101	…	…	…	nc	(48)	
…	nc	97	4,650	4,510	99	…	…	…	nc	(49)	
…	nc	607	4,370	26,500	100	…	…	…	nc	(50)	
…	nc	416	4,010	16,700	91	…	…	…	nc	(51)	
…	nc	1,450	4,510	65,400	83	…	…	…	nc	(52)	
35,800	79	939	3,390	31,800	82	910	3,630	33,000	94	(53)	
262,500	93	5,540	4,710	260,900	96	5,560	4,870	270,800	101	(54)	
597,900	103	14,500	4,110	596,000	103	14,400	4,120	593,300	102	(55)	
225,100	97	5,110	4,340	221,800	103	5,070	4,300	218,000	102	(56)	
991,000	100	16,100	6,040	972,300	100	16,000	6,090	974,400	101	(57)	
1,158,000	89	18,800	5,960	1,120,000	87	18,900	4,880	922,300	73	(58)	
595,900	97	5,750	10,500	603,800	101	5,840	10,600	619,000	102	(59)	

6　飼料作物（続き）

(2)　青刈りとうもろこし

全国農業地域・都道府県	平成 26 年産				27				28	
	作付面積	10 a 当たり収量	収穫量	（参考）10 a 当たり平均収量対比	作付面積	10 a 当たり収量	収穫量	（参考）10 a 当たり平均収量対比	作付面積	10 a 当たり収量
	(1)	(2)	(3)	(4)	(5)	(6)	(7)	(8)	(9)	(10)
	ha	kg	t	%	ha	kg	t	%	ha	kg
全　　　国　(1)	91,900	5,250	4,825,000	nc	92,400	5,220	4,823,000	nc	93,400	4,560
（全国農業地域）										
北　海　道　(2)	50,000	5,680	2,840,000	106	51,300	5,610	2,878,000	103	53,000	4,720
都　府　県　(3)	41,900	4,740	1,985,000	nc	41,100	…	…	nc	40,400	…
東　　　北　(4)	11,200	4,390	492,100	97	11,200	…	…	nc	10,900	…
北　　　陸　(5)	282	4,470	12,600	104	272	…	…	nc	267	…
関東・東山　(6)	13,800	5,290	729,600	nc	13,700	…	…	nc	13,700	…
東　　　海　(7)	902	3,910	35,300	91	849	…	…	nc	834	…
近　　　畿　(8)	206	3,620	7,460	nc	211	…	…	nc	x	…
中　　　国　(9)	1,830	4,910	89,800	117	1,810	…	…	nc	1,750	…
四　　　国　(10)	447	4,450	19,900	82	410	…	…	nc	401	…
九　　　州　(11)	13,200	4,530	597,700	88	12,600	…	…	nc	12,300	…
沖　　　縄　(12)	1	6,600	66	121	2	5,850	117	106	1	6,600
（都道府県）										
北　海　道　(13)	50,000	5,680	2,840,000	106	51,300	5,610	2,878,000	103	53,000	4,720
青　　　森　(14)	2,010	4,510	90,700	96	2,000	4,240	84,800	93	1,910	3,590
岩　　　手　(15)	5,250	4,460	234,200	100	5,230	4,320	225,900	97	5,210	4,130
宮　　　城　(16)	1,310	3,610	47,300	82	1,320	…	…	nc	1,180	…
秋　　　田　(17)	379	4,450	16,900	101	393	…	…	nc	397	…
山　　　形　(18)	614	4,660	28,600	102	605	…	…	nc	598	…
福　　　島　(19)	1,650	4,510	74,400	96	1,610	…	…	nc	1,600	…
茨　　　城　(20)	2,450	5,580	136,700	102	2,470	5,380	132,900	99	2,470	4,520
栃　　　木　(21)	4,420	4,790	211,700	88	4,500	5,270	237,200	100	4,650	4,830
群　　　馬　(22)	2,940	5,710	167,900	97	2,910	6,010	174,900	103	2,870	5,630
埼　　　玉　(23)	261	4,160	10,900	73	254	…	…	nc	268	…
千　　　葉　(24)	1,040	5,860	60,900	101	1,010	5,600	56,600	97	998	5,190
東　　　京　(25)	58	6,180	3,580	nc	38	…	…	nc	37	…
神　奈　川　(26)	251	4,600	11,500	97	240	…	…	nc	237	…
新　　　潟　(27)	188	4,380	8,230	102	183	…	…	nc	181	…
富　　　山　(28)	14	5,160	722	120	10	…	…	nc	9	…
石　　　川　(29)	58	5,050	2,930	109	53	…	…	nc	51	…
福　　　井　(30)	22	3,310	728	102	26	…	…	nc	26	…
山　　　梨　(31)	170	5,350	9,100	108	166	…	…	nc	162	…
長　　　野　(32)	2,200	5,330	117,300	99	2,140	…	…	nc	2,070	…
岐　　　阜　(33)	248	3,890	9,650	84	246	3,970	9,770	91	222	4,130
静　　　岡　(34)	370	4,030	14,900	96	336	…	…	nc	353	…
愛　　　知　(35)	186	4,280	7,960	90	187	4,200	7,850	92	189	4,400
三　　　重　(36)	98	2,870	2,810	93	80	…	…	nc	70	…
滋　　　賀　(37)	30	3,890	1,170	102	31	…	…	nc	32	…
京　　　都　(38)	18	3,370	607	95	17	…	…	nc	15	…
大　　　阪　(39)	x	x	x	nc	x	…	…	nc	x	…
兵　　　庫　(40)	153	3,550	5,430	75	158	3,070	4,850	68	151	3,120
奈　　　良　(41)	4	4,790	192	nc	x	…	…	nc	2	…
和　歌　山　(42)	x	x	x	nc	x	…	…	nc	－	…
鳥　　　取　(43)	904	4,770	43,100	119	904	4,340	39,200	104	898	3,690
島　　　根　(44)	74	3,530	2,610	90	71	3,780	2,680	99	68	2,700
岡　　　山　(45)	628	5,900	37,100	119	615	…	…	nc	567	…
広　　　島　(46)	214	3,120	6,680	107	208	…	…	nc	205	…
山　　　口　(47)	13	2,480	322	61	10	2,540	254	64	10	3,070
徳　　　島　(48)	77	5,500	4,240	97	79	…	…	nc	78	…
香　　　川　(49)	25	1,510	378	29	25	…	…	nc	25	…
愛　　　媛　(50)	336	4,490	15,100	83	298	…	…	nc	289	…
高　　　知　(51)	9	2,170	195	48	8	…	…	nc	9	…
福　　　岡　(52)	46	4,520	2,080	94	61	…	…	nc	66	…
佐　　　賀　(53)	12	3,580	430	89	15	3,400	510	85	12	3,310
長　　　崎　(54)	689	4,630	31,900	94	671	4,200	28,200	87	606	4,070
熊　　　本　(55)	3,900	4,250	165,800	90	3,720	4,150	154,400	90	3,690	4,360
大　　　分　(56)	831	4,040	33,600	81	826	3,920	32,400	82	791	4,100
宮　　　崎　(57)	5,340	4,500	240,300	86	5,040	4,640	233,900	92	4,910	4,280
鹿　児　島　(58)	2,390	5,170	123,600	89	2,310	4,950	114,300	88	2,270	4,060
沖　　　縄　(59)	1	6,600	66	121	2	5,850	117	106	1	6,600

	29					30				
収 穫 量	（参　考）10 a 当たり平 均 収 量対　　比	作 付 面 積	10 a 当たり収　　　量	収 穫 量	（参　考）10 a 当たり平 均 収 量対　　比	作 付 面 積	10 a 当たり収　　　量	収 穫 量	（参　考）10 a 当たり平 均 収 量対　　比	
(11)	(12)	(13)	(14)	(15)	(16)	(17)	(18)	(19)	(20)	
t	%	ha	kg	t	%	ha	kg	t	%	
4,255,000	nc	94,800	5,040	4,782,000	98	94,600	4,740	4,488,000	92	(1)
2,502,000	87	55,100	5,450	3,003,000	100	55,500	4,860	2,697,000	88	(2)
…	nc	39,700	4,480	1,779,000	nc	…	…	…	nc	(3)
…	nc	10,800	3,920	423,100	90	…	…	…	nc	(4)
…	nc	246	3,260	8,010	81	…	…	…	nc	(5)
…	nc	13,600	4,840	658,600	nc	…	…	…	nc	(6)
…	nc	829	4,510	37,400	112	…	…	…	nc	(7)
…	nc	176	3,240	5,700	nc	…	…	…	nc	(8)
…	nc	1,720	3,880	66,700	95	…	…	…	nc	(9)
…	nc	396	5,000	19,800	102	…	…	…	nc	(10)
…	nc	12,000	4,660	559,300	99	…	…	…	nc	(11)
66	117	1	7,710	77	125	1	3,590	36	56	(12)
2,502,000	87	55,100	5,450	3,003,000	100	55,500	4,860	2,697,000	88	(13)
68,600	80	1,800	3,790	68,200	88	1,680	4,050	68,000	97	(14)
215,200	94	5,170	3,720	192,300	86	5,130	4,010	205,700	93	(15)
…	nc	1,180	3,890	45,900	91	…	…	…	nc	(16)
…	nc	389	4,100	15,900	96	…	…	…	nc	(17)
…	nc	674	4,220	28,400	95	…	…	…	nc	(18)
…	nc	1,560	4,640	72,400	101	…	…	…	nc	(19)
111,600	83	2,410	4,820	116,200	92	2,460	5,000	123,000	94	(20)
224,600	94	4,680	4,160	194,700	83	4,740	5,010	237,500	102	(21)
161,600	97	2,830	5,400	152,800	94	2,770	5,250	145,400	93	(22)
…	nc	257	4,930	12,700	101	…	…	…	nc	(23)
51,800	91	982	5,630	55,300	99	962	5,380	51,800	95	(24)
…	nc	40	4,620	1,850	nc	…	…	…	nc	(25)
…	nc	237	5,440	12,900	120	…	…	…	nc	(26)
…	nc	174	2,210	3,850	55	…	…	…	nc	(27)
…	nc	8	4,800	384	120	…	…	…	nc	(28)
…	nc	46	7,010	3,220	161	…	…	…	nc	(29)
…	nc	18	3,100	558	105	…	…	…	nc	(30)
…	nc	158	4,460	7,050	90	…	…	…	nc	(31)
…	nc	1,980	5,310	105,100	100	…	…	…	nc	(32)
9,170	98	214	4,100	8,770	99	…	…	…	nc	(33)
…	nc	356	4,580	16,300	111	…	…	…	nc	(34)
8,320	100	181	5,280	9,560	123	178	4,060	7,230	95	(35)
…	nc	78	3,600	2,810	134	…	…	…	nc	(36)
…	nc	11	3,540	389	90	…	…	…	nc	(37)
…	nc	15	2,650	398	95	…	…	…	nc	(38)
…	nc	x	x	x	nc	…	…	…	nc	(39)
4,710	73	146	3,240	4,730	82	149	2,940	4,380	80	(40)
…	nc	x	4,690	x	nc	…	…	…	nc	(41)
…	nc	－	－	－	nc	…	…	…	nc	(42)
33,100	90	905	3,400	30,800	84	869	2,900	25,200	73	(43)
1,840	72	67	3,440	2,300	94	66	3,250	2,150	91	(44)
…	nc	567	5,030	28,500	110	…	…	…	nc	(45)
…	nc	170	2,820	4,790	100	…	…	…	nc	(46)
307	84	8	3,750	300	109	7	3,090	216	91	(47)
…	nc	77	5,000	3,850	100	…	…	…	nc	(48)
…	nc	22	3,640	801	100	…	…	…	nc	(49)
…	nc	289	5,150	14,900	102	…	…	…	nc	(50)
…	nc	8	3,370	270	95	…	…	…	nc	(51)
…	nc	69	4,550	3,140	97	…	…	…	nc	(52)
397	84	9	3,400	306	90	9	3,270	294	89	(53)
24,700	86	554	4,440	24,600	96	524	4,520	23,700	99	(54)
160,900	97	3,600	4,450	160,200	100	3,410	4,490	153,100	101	(55)
32,400	90	746	4,400	32,800	100	729	4,310	31,400	99	(56)
210,100	87	4,910	5,050	248,000	106	4,810	4,810	231,400	101	(57)
92,200	75	2,110	4,280	90,300	83	2,030	4,050	82,200	81	(58)
66	117	1	7,710	77	125	1	3,590	36	56	(59)

6　飼料作物（続き）

(3)　ソルゴー

全国農業地域 都 道 府 県	平成 26 年産				27				28	
	作付面積	10 a 当たり 収　量	収 穫 量	(参考) 10 a 当たり 平均収量 対　比	作付面積	10 a 当たり 収　量	収 穫 量	(参考) 10 a 当たり 平均収量 対　比	作付面積	10 a 当たり 収　量
	(1)	(2)	(3)	(4)	(5)	(6)	(7)	(8)	(9)	(10)
	ha	kg	t	%	ha	kg	t	%	ha	kg
全　　　　国 (1)	15,900	4,960	787,900	nc	15,200	4,790	728,600	nc	14,800	4,430
（全国農業地域）										
北 海 道 (2)	-	-	-	nc	-	-	-	nc	-	
都 府 県 (3)	15,900	4,960	787,900	nc	15,200	…	…	nc	14,800	…
東 　 北 (4)	106	3,220	3,410	79	126	…	…	nc	123	…
北 　 陸 (5)	104	4,380	4,550	90	132	…	…	nc	122	…
関 東・東 山 (6)	1,760	5,110	89,900	nc	1,700	…	…	nc	1,620	…
東 　 海 (7)	730	3,990	29,100	95	676	…	…	nc	649	…
近 　 畿 (8)	1,100	4,180	46,000	nc	936	…	…	nc	939	…
中 　 国 (9)	1,520	3,130	47,600	79	1,500	…	…	nc	1,450	…
四 　 国 (10)	534	4,440	23,700	84	503	…	…	nc	499	…
九 　 州 (11)	10,000	5,420	541,600	89	9,630	…	…	nc	9,330	…
沖 　 縄 (12)	38	5,400	2,050	73	30	4,900	1,470	78	30	4,940
（都道府県）										
北 海 道 (13)	-	-	-	nc	-	-	-	nc	-	-
青 　 森 (14)	-	-	-	nc	-	-	-	nc	-	-
岩 　 手 (15)	8	3,990	319	125	11	3,260	359	97	11	2,970
宮 　 城 (16)	35	1,800	630	55	48	…	…	nc	39	…
秋 　 田 (17)	-	-	-	nc	-	-	-	nc	0	…
山 　 形 (18)	21	3,970	834	103	25	…	…	nc	29	…
福 　 島 (19)	42	3,870	1,630	78	42	…	…	nc	44	…
茨 　 城 (20)	492	5,040	24,800	96	455	4,930	22,400	96	410	4,190
栃 　 木 (21)	306	4,170	12,800	87	307	4,450	13,700	98	307	3,730
群 　 馬 (22)	84	4,760	4,000	86	91	4,560	4,150	86	91	4,350
埼 　 玉 (23)	137	4,340	5,950	79	136	…	…	nc	147	…
千 　 葉 (24)	520	6,210	32,300	90	504	6,120	30,800	92	469	6,100
東 　 京 (25)	16	5,530	885	nc	13	…	…	nc	13	…
神 奈 川 (26)	40	3,710	1,480	61	39	…	…	nc	39	…
新 　 潟 (27)	10	3,590	359	79	11	…	…	nc	10	…
富 　 山 (28)	45	3,720	1,670	104	49	…	…	nc	59	…
石 　 川 (29)	44	5,390	2,370	84	60	…	…	nc	41	…
福 　 井 (30)	5	3,000	150	90	12	…	…	nc	12	…
山 　 梨 (31)	10	5,980	598	103	5	…	…	nc	3	…
長 　 野 (32)	151	4,720	7,130	92	147	…	…	nc	140	…
岐 　 阜 (33)	49	3,300	1,620	79	48	4,190	2,010	110	43	3,750
静 　 岡 (34)	184	4,020	7,400	93	158	…	…	nc	164	…
愛 　 知 (35)	412	4,320	17,800	100	416	4,350	18,100	104	417	3,770
三 　 重 (36)	85	2,700	2,300	75	54	…	…	nc	25	…
滋 　 賀 (37)	49	4,270	2,090	84	41	…	…	nc	48	…
京 　 都 (38)	92	3,370	3,100	89	90	…	…	nc	91	…
大 　 阪 (39)	-	-	-	nc	-	-	-	nc	-	…
兵 　 庫 (40)	943	4,260	40,200	78	794	3,050	24,200	59	789	2,980
奈 　 良 (41)	10	5,100	510	nc	9	…	…	nc	8	…
和 歌 山 (42)	2	3,100	62	nc	2	…	…	nc	3	…
鳥 　 取 (43)	322	2,920	9,400	81	322	3,220	10,400	97	324	2,880
島 　 根 (44)	215	3,060	6,580	80	200	3,230	6,460	89	189	3,000
岡 　 山 (45)	314	4,320	13,600	76	307	…	…	nc	315	…
広 　 島 (46)	222	2,670	5,930	93	206	…	…	nc	202	…
山 　 口 (47)	448	2,690	12,100	75	462	2,720	12,600	79	415	2,590
徳 　 島 (48)	95	5,000	4,750	91	98	…	…	nc	98	…
香 　 川 (49)	105	4,200	4,410	80	113	…	…	nc	110	…
愛 　 媛 (50)	234	4,660	10,900	92	207	…	…	nc	208	…
高 　 知 (51)	100	3,630	3,630	65	85	…	…	nc	83	…
福 　 岡 (52)	146	5,660	8,260	86	138	…	…	nc	167	…
佐 　 賀 (53)	373	3,630	13,500	77	364	3,280	11,900	72	352	3,190
長 　 崎 (54)	2,100	5,090	106,900	92	2,130	4,800	102,200	89	2,160	4,610
熊 　 本 (55)	1,070	5,100	54,600	86	965	4,880	47,100	84	895	5,330
大 　 分 (56)	941	5,020	47,200	85	912	4,890	44,600	88	899	4,900
宮 　 崎 (57)	3,390	5,490	186,100	92	3,280	5,530	181,400	95	3,080	5,190
鹿 児 島 (58)	1,990	6,280	125,000	87	1,840	6,030	111,000	86	1,780	4,780
沖 　 縄 (59)	38	5,400	2,050	73	30	4,900	1,470	78	30	4,940

		29				30				
収穫量	(参考)10a当たり平均収量対比	作付面積	10a当たり収量	収穫量	(参考)10a当たり平均収量対比	作付面積	10a当たり収量	収穫量	(参考)10a当たり平均収量対比	
(11)	(12)	(13)	(14)	(15)	(16)	(17)	(18)	(19)	(20)	
t	%	ha	kg	t	%	ha	kg	t	%	
655,300	nc	14,400	4,620	665,000	90	14,000	4,410	618,000	88	(1)
–	nc	–	–	–	nc	x	x	x	nc	(2)
…	nc	14,400	4,620	665,000	nc	…	…	…	nc	(3)
…	nc	127	3,580	4,550	92	…	…	…	nc	(4)
…	nc	115	4,750	5,460	87	…	…	…	nc	(5)
…	nc	1,560	4,590	71,600	nc	…	…	…	nc	(6)
…	nc	615	3,300	20,300	83	…	…	…	nc	(7)
…	nc	908	2,570	23,300	nc	…	…	…	nc	(8)
…	nc	1,400	3,100	43,400	89	…	…	…	nc	(9)
…	nc	521	4,720	24,600	100	…	…	…	nc	(10)
…	nc	9,130	5,150	470,500	93	…	…	…	nc	(11)
1,480	94	37	3,320	1,230	65	44	3,000	1,320	61	(12)
–	nc	–	–	–	nc	x	x	x	nc	(13)
–	nc	–	–	–	nc	–	–	–	nc	(14)
327	88	6	1,550	93	46	3	3,120	94	93	(15)
…	nc	39	2,240	874	81	…	…	…	nc	(16)
…	nc	–	–	–	nc	…	…	…	nc	(17)
…	nc	27	3,960	1,070	87	…	…	…	·nc	(18)
…	nc	55	4,570	2,510	104	…	…	…	nc	(19)
17,200	83	401	4,600	18,400	96	315	4,530	14,300	93	(20)
11,500	86	299	3,400	10,200	81	291	3,460	10,100	85	(21)
3,960	86	87	4,910	4,270	100	88	4,400	3,870	92	(22)
…	nc	145	3,080	4,470	64	…	…	…	nc	(23)
28,600	94	453	5,800	26,300	91	446	5,910	26,400	95	(24)
…	nc	1	5,400	54	nc	…	…	…	nc	(25)
…	nc	39	3,470	1,350	71	…	…	…	nc	(26)
…	nc	8	3,020	242	80	…	…	…	nc	(27)
…	nc	26	4,000	1,040	90	…	…	…	nc	(28)
…	nc	66	5,640	3,720	84	…	…	…	nc	(29)
…	nc	15	3,060	459	106	…	…	…	nc	(30)
…	nc	2	5,100	102	90	…	…	…	nc	(31)
…	nc	133	4,860	6,460	98	…	…	…	nc	(32)
1,610	99	45	3,690	1,660	99	…	…	…	nc	(33)
…	nc	162	3,300	5,350	83	…	…	…	nc	(34)
15,700	90	389	3,290	12,800	81	390	3,030	11,800	77	(35)
…	nc	19	2,820	536	90	…	…	…	nc	(36)
…	nc	27	4,130	1,120	90	…	…	…	nc	(37)
…	nc	91	2,670	2,430	80	…	…	…	nc	(38)
…	nc	–	–	–	nc	…	…	…	nc	(39)
23,500	62	778	2,470	19,200	57	710	2,250	16,000	58	(40)
…	nc	8	4,950	396	nc	…	…	…	nc	(41)
…	nc	4	3,100	124	nc	…	…	…	nc	(42)
9,330	90	316	2,500	7,900	81	321	2,100	6,740	70	(43)
5,670	85	179	3,070	5,500	92	184	2,940	5,410	92	(44)
…	nc	265	4,430	11,700	89	…	…	…	nc	(45)
…	nc	209	2,840	5,940	100	…	…	…	nc	(46)
10,700	79	435	2,860	12,400	91	435	2,290	9,960	76	(47)
…	nc	98	4,900	4,800	102	…	…	…	nc	(48)
…	nc	100	4,290	4,290	96	…	…	…	nc	(49)
…	nc	242	4,810	11,600	98	…	…	…	nc	(50)
…	nc	81	4,860	3,940	105	…	…	…	nc	(51)
…	nc	150	5,470	8,210	87	…	…	…	nc	(52)
11,200	75	340	3,260	11,100	83	329	3,070	10,100	83	(53)
99,600	87	2,170	4,520	98,100	88	2,140	4,760	101,900	96	(54)
47,700	95	805	5,410	43,600	99	768	5,390	41,400	100	(55)
44,100	92	855	5,280	45,100	102	823	5,180	42,600	101	(56)
159,900	91	3,070	5,550	170,400	99	2,850	5,420	154,500	99	(57)
85,100	71	1,750	5,370	94,000	82	1,840	4,830	88,900	78	(58)
1,480	94	37	3,320	1,230	65	44	3,000	1,320	61	(59)

7　工芸農作物

(1)　茶
ア　茶栽培面積

単位：ha

全 国 農 業 地 域 ・ 都 道 府 県	平成 26 年	27	28	29	30
	(1)	(2)	(3)	(4)	(5)
全　　　　　国	44,800	44,000	43,100	42,400	41,500
（全国農業地域）					
北　海　道	－	－	－	…	…
都　府　県	44,800	44,000	43,100	…	…
東　北	x	x	x	…	…
北　陸	32	31	31	…	…
関 東 ・ 東 山	2,220	2,150	2,110	…	…
東　海	22,700	22,200	21,700	…	…
近　畿	3,110	3,080	3,050	…	…
中　国	491	472	458	…	…
四　国	918	870	831	…	…
九　州	15,400	15,100	14,900	…	…
沖　縄	32	31	30	…	…
（都道府県）					
北　海　道	－	－	－	…	…
青　森	x	x	x	…	…
岩　手	3	3	2	…	…
宮　城	14	14	14	…	…
秋　田	x	x	x	…	…
山　形	x	x	x	…	…
福　島	1	1	1	…	…
茨　城	376	358	353	…	…
栃　木	68	66	66	…	…
群　馬	46	44	36	…	…
埼　玉	899	890	884	871	855
千　葉	215	203	194	…	…
東　京	144	144	144	…	…
神　奈　川	263	259	257	…	…
新　潟	22	22	22	…	…
富　山	3	2	2	…	…
石　川	4	5	5	…	…
福　井	3	2	2	…	…
山　梨	125	113	111	…	…
長　野	82	75	69	…	…
岐　阜	882	806	734	…	…
静　岡	18,100	17,800	17,400	17,100	16,500
愛　知	564	555	542	538	521
三　重	3,110	3,040	3,000	2,950	2,880
滋　賀	623	617	614	…	…
京　都	1,580	1,580	1,580	1,570	1,570
大　阪	－	－	－	…	…
兵　庫	140	127	119	…	…
奈　良	730	726	706	701	…
和　歌　山	33	31	31	…	…
鳥　取	11	10	10	…	…
島　根	198	194	193	…	…
岡　山	128	127	125	…	…
広　島	74	61	50	…	…
山　口	80	80	80	…	…
徳　島	267	254	249	…	…
香　川	75	65	59	…	…
愛　媛	137	132	131	…	…
高　知	439	419	392	…	…
福　岡	1,560	1,560	1,550	1,550	1,540
佐　賀	928	891	866	841	795
長　崎	751	750	750	747	742
熊　本	1,500	1,420	1,350	1,300	1,260
大　分	449	451	446	…	…
宮　崎	1,510	1,450	1,420	1,410	1,390
鹿　児　島	8,670	8,610	8,520	8,430	8,410
沖　縄	32	31	30	…	…

注：1　栽培面積は、7月15日現在において調査したものである。
　　2　主産県調査を実施した年産の栽培面積及び荒茶生産量の全国値については、主産県の調査結果から推計したものである。
　　3　茶の栽培面積については、平成29年産から、調査の範囲を全国から主産県に変更し、6年ごとに全国調査を実施することとした。

イ　生葉収穫量　　　　　　　　　　ウ　荒茶生産量

単位：t　（生葉収穫量）／単位：t（荒茶生産量）

全国農業地域・都道府県	生葉収穫量 平成26年産 (1)	27 (2)	28 (3)	29 (4)	30 (5)	荒茶生産量 平成26年産 (1)	27 (2)	28 (3)	29 (4)	30 (5)
全　国	389,700	…	…	…	…	83,600	79,500	80,200	82,000	86,300
主産県計	…	357,800	364,500	369,800	383,600	…	76,400	77,100	78,800	81,500
（全国農業地域）										
北海道	–	…	…	…	…	–	…	…	…	…
都府県	389,700	…	…	…	…	83,600	…	…	…	…
東北	x	…	…	…	…	x	…	…	…	…
北陸	46	…	…	…	…	x	…	…	…	…
関東・東山	5,050	…	…	…	…	1,120	…	…	…	…
東海	188,200	…	…	…	…	41,400	…	…	…	…
近畿	24,100	…	…	…	…	5,480	…	…	…	…
中国	2,050	…	…	…	…	484	…	…	…	…
四国	2,730	…	…	…	…	604	…	…	…	…
九州	167,300	…	…	…	…	34,400	…	…	…	…
沖縄	152	…	…	…	…	31	…	…	…	…
（都道府県）										
北海道	–	…	…	…	…	–	…	…	…	…
青森	x	…	…	…	…	x	…	…	…	…
岩手	x	…	…	…	…	x	…	…	…	…
宮城	8	…	…	…	…	2	…	…	…	…
秋田	x	…	…	…	…	x	…	…	…	…
山形	x	…	…	…	…	x	…	…	…	…
福島	1	…	…	…	…	0	…	…	…	…
茨城	1,170	…	…	…	…	272	…	…	…	…
栃木	28	…	…	…	…	7	…	…	…	…
群馬	x	…	…	…	…	x	…	…	…	…
埼玉	2,560	2,750	3,060	3,280	4,040	560	598	652	698	898
千葉	130	…	…	…	…	30	…	…	…	…
東京	230	…	…	…	…	53	…	…	…	…
神奈川	629	…	…	…	…	137	…	…	…	…
新潟	37	…	…	…	…	11	…	…	…	…
富山	x	…	…	…	…	x	…	…	…	…
石川	x	…	…	…	…	x	…	…	…	…
福井	4	…	…	…	…	1	…	…	…	…
山梨	194	…	…	…	…	36	…	…	…	…
長野	101	…	…	…	…	22	…	…	…	…
岐阜	2,760	…	…	…	…	625	…	…	…	…
静岡	149,000	144,400	141,500	140,700	150,500	33,100	31,800	30,700	30,800	33,400
愛知	4,460	4,380	4,460	4,250	4,190	908	887	914	880	863
三重	32,000	32,600	30,500	29,000	30,200	6,770	6,830	6,370	6,130	6,240
滋賀	3,130	…	…	…	…	679	…	…	…	…
京都	13,200	14,400	14,400	14,200	13,800	2,920	3,190	3,190	3,160	3,070
大阪	–	…	…	…	…	–	…	…	…	…
兵庫	273	…	…	…	…	59	…	…	…	…
奈良	7,420	7,080	7,130	7,060	…	1,810	1,700	1,720	1,710	…
和歌山	71	…	…	…	…	15	…	…	…	…
鳥取	85	…	…	…	…	22	…	…	…	…
島根	744	…	…	…	…	180	…	…	…	…
岡山	573	…	…	…	…	127	…	…	…	…
広島	69	…	…	…	…	16	…	…	…	…
山口	579	…	…	…	…	139	…	…	…	…
徳島	721	…	…	…	…	152	…	…	…	…
香川	391	…	…	…	…	95	…	…	…	…
愛媛	321	…	…	…	…	68	…	…	…	…
高知	1,300	…	…	…	…	289	…	…	…	…
福岡	10,600	9,410	9,220	9,730	9,600	2,170	1,940	1,870	1,920	1,890
佐賀	6,010	5,510	5,490	5,210	5,660	1,350	1,240	1,240	1,170	1,270
長崎	3,580	3,470	3,880	3,580	3,640	718	709	775	718	733
熊本	6,350	5,590	6,250	6,270	6,120	1,300	1,140	1,280	1,290	1,260
大分	1,990	…	…	…	…	410	…	…	…	…
宮崎	18,500	17,300	17,900	18,000	18,100	3,870	3,620	3,760	3,770	3,800
鹿児島	120,300	110,900	120,700	128,500	137,700	24,600	22,700	24,600	26,600	28,100
沖縄	152	…	…	…	…	31	…	…	…	…

注：平成26年産以降、生葉収穫量及び荒茶生産量は6年ごとに全国調査を実施し、全国調査以外の年にあっては主産県調査を実施することとしている。

7 工芸農作物（続き）

(2) てんさい（北海道）

区　分	平成26年産		27		28		29		30	
	作付面積	収穫量	作付面積	収穫量	作付面積	収穫量	作付面積	収穫量	作付面積	収穫量
	(1) ha	(2) t	(3) ha	(4) t	(5) ha	(6) t	(7) ha	(8) t	(9) ha	(10) t
北　海　道	57,400	3,567,000	58,800	3,925,000	59,700	3,189,000	58,200	3,901,000	57,300	3,611,000

(3) さとうきび

区　分	平成26年産			27			28		
	栽培面積	収穫面積	収穫量	栽培面積	収穫面積	収穫量	栽培面積	収穫面積	収穫量
	(1) ha	(2) ha	(3) t	(4) ha	(5) ha	(6) t	(7) ha	(8) ha	(9) t
全　　　国	30,100	22,900	1,159,000	29,600	23,400	1,260,000	28,800	22,900	1,574,000
鹿 児 島	11,800	10,100	470,500	11,900	10,200	505,000	11,400	10,000	636,500
沖　　縄	18,200	12,700	688,800	177,000	13,200	755,000	17,400	12,900	937,800

区　分	29			30		
	栽培面積	収穫面積	収穫量	栽培面積	収穫面積	収穫量
	(10) ha	(11) ha	(12) t	(13) ha	(14) ha	(15) t
全　　　国	28,500	23,700	1,297,000	27,700	22,600	1,196,000
鹿 児 島	11,100	9,880	528,500	10,900	9,450	452,900
沖　　縄	17,400	13,800	768,900	16,800	13,100	742,800

(4) い（主産県別）

主産県	平成26年産		27		28		29		30	
	作付面積	収穫量	作付面積	収穫量	作付面積	収穫量	作付面積	収穫量	作付面積	収穫量
	(1) ha	(2) t	(3) ha	(4) t	(5) ha	(6) t	(7) ha	(8) t	(9) ha	(10) t
主 産 県 計	739	10,100	701	7,800	643	8,340	578	8,530	541	7,500
福　　岡	14	189	14	165	12	142	10	123	7	83
熊　　本	725	9,930	687	7,630	631	8,200	568	8,410	534	7,420

7 工芸農作物（続き）

(5) こんにゃくいも（全国・主産県別）

全国農業地域・都道府県	平成 26 年産 栽培面積 (1) ha	収穫面積 (2) ha	10a当たり収量 (3) kg	収穫量 (4) t	(参考)10a当たり平均収量対比 (5) %	27 栽培面積 (6) ha	収穫面積 (7) ha	10a当たり収量 (8) kg	収穫量 (9) t	(参考)10a当たり平均収量対比 (10) %	栽培面積 (11) ha	収穫面積 (12) ha
全　　国 (1)	…	…	…	…	nc	3,910	2,220	2,760	61,300	nc	…	…
主産県計 (2)	3,490	1,930	2,910	56,100	100	3,490	2,000	2,920	58,300	98	3,470	2,060
（全国農業地域）												
北　海　道 (3)	…	…	…	…	nc	x	x	x	x	nc	…	…
都　府　県 (4)	…	…	…	…	nc	3,910	2,220	2,760	61,300	nc	…	…
東　　北 (5)	…	…	…	…	nc	37	18	1,680	303	nc	…	…
北　　陸 (6)	…	…	…	…	nc	6	4	675	27	nc	…	…
関東・東山 (7)	…	…	…	…	nc	3,620	2,080	2,890	60,200	nc	…	…
東　　海 (8)	…	…	…	…	nc	26	18	550	99	nc	…	…
近　　畿 (9)	…	…	…	…	nc	27	10	510	51	nc	…	…
中　　国 (10)	…	…	…	…	nc	64	34	1,290	438	nc	…	…
四　　国 (11)	…	…	…	…	nc	40	16	488	78	nc	…	…
九　　州 (12)	…	…	…	…	nc	87	33	339	112	nc	…	…
沖　　縄 (13)	…	…	…	…	nc	-	-	-	-	nc	…	…
（都道府県）												
北　海　道 (14)	…	…	…	…	nc	x	x	x	x	nc	…	…
青　　森 (15)	…	…	…	…	nc	1	1	406	2	nc	…	…
岩　　手 (16)	…	…	…	…	nc	1	1	790	6	nc	…	…
宮　　城 (17)	…	…	…	…	nc	4	2	1,100	22	nc	…	…
秋　　田 (18)	…	…	…	…	nc	-	-	-	-	nc	…	…
山　　形 (19)	…	…	…	…	nc	3	2	1,430	25	nc	…	…
福　　島 (20)	…	…	…	…	nc	28	12	2,070	248	nc	…	…
茨　　城 (21)	…	…	…	…	nc	52	37	2,420	895	nc	…	…
栃　　木 (22)	124	74	2,580	1,910	102	105	68	2,630	1,790	102	99	69
群　　馬 (23)	3,360	1,850	2,930	54,200	100	3,390	1,930	2,930	56,500	98	3,370	1,990
埼　　玉 (24)	…	…	…	…	nc	27	18	2,590	466	nc	…	…
千　　葉 (25)	…	…	…	…	nc	13	9	3,000	270	nc	…	…
東　　京 (26)	…	…	…	…	nc	1	0	958	3	nc	…	…
神　奈　川 (27)	…	…	…	…	nc	6	2	520	10	nc	…	…
新　　潟 (28)	…	…	…	…	nc	6	4	650	26	nc	…	…
富　　山 (29)	…	…	…	…	nc	0	0	940	0	nc	…	…
石　　川 (30)	…	…	…	…	nc	0	0	962	1	nc	…	…
福　　井 (31)	…	…	…	…	nc	0	0	295	0	nc	…	…
山　　梨 (32)	…	…	…	…	nc	13	7	700	49	nc	…	…
長　　野 (33)	…	…	…	…	nc	20	11	2,110	232	nc	…	…
岐　　阜 (34)	…	…	…	…	nc	7	5	840	42	nc	…	…
静　　岡 (35)	…	…	…	…	nc	7	4	487	19	nc	…	…
愛　　知 (36)	…	…	…	…	nc	2	1	910	9	nc	…	…
三　　重 (37)	…	…	…	…	nc	10	8	368	29	nc	…	…
滋　　賀 (38)	…	…	…	…	nc	7	2	450	9	nc	…	…
京　　都 (39)	…	…	…	…	nc	3	1	300	3	nc	…	…
大　　阪 (40)	…	…	…	…	nc	-	-	-	-	nc	…	…
兵　　庫 (41)	…	…	…	…	nc	4	2	471	8	nc	…	…
奈　　良 (42)	…	…	…	…	nc	8	3	682	20	nc	…	…
和　歌　山 (43)	…	…	…	…	nc	5	2	480	11	nc	…	…
鳥　　取 (44)	…	…	…	…	nc	2	2	774	15	nc	…	…
島　　根 (45)	…	…	…	…	nc	23	9	474	43	nc	…	…
岡　　山 (46)	…	…	…	…	nc	3	2	750	15	nc	…	…
広　　島 (47)	…	…	…	…	nc	32	18	1,920	346	nc	…	…
山　　口 (48)	…	…	…	…	nc	4	3	617	19	nc	…	…
徳　　島 (49)	…	…	…	…	nc	16	7	714	50	nc	…	…
香　　川 (50)	…	…	…	…	nc	0	0	370	0	nc	…	…
愛　　媛 (51)	…	…	…	…	nc	6	3	338	10	nc	…	…
高　　知 (52)	…	…	…	…	nc	18	6	300	18	nc	…	…
福　　岡 (53)	…	…	…	…	nc	32	11	436	48	nc	…	…
佐　　賀 (54)	…	…	…	…	nc	1	1	241	2	nc	…	…
長　　崎 (55)	…	…	…	…	nc	1	0	242	1	nc	…	…
熊　　本 (56)	…	…	…	…	nc	14	6	250	15	nc	…	…
大　　分 (57)	…	…	…	…	nc	33	12	310	37	nc	…	…
宮　　崎 (58)	…	…	…	…	nc	4	2	318	6	nc	…	…
鹿　児　島 (59)	…	…	…	…	nc	2	1	315	3	nc	…	…
沖　　縄 (60)	…	…	…	…	nc	-	-	-	-	nc	…	…

注 : 1　主産県調査を実施した年産の全国値については、主産県の調査結果から推計したものである。
　　2　平成30年産以降、作付面積は3年、収穫量は6年ごとに全国調査を実施し、全国調査以外の年にあっては、主産県調査を実施することとしている。

28			29					30					
10 a 当たり収量	収穫量	(参考) 10 a 当たり平均収量対比	栽培面積	収穫面積	10 a 当たり収量	収穫量	(参考) 10 a 当たり平均収量対比	栽培面積	収穫面積	10 a 当たり収量	収穫量	(参考) 10 a 当たり平均収量対比	
(13)	(14)	(15)	(16)	(17)	(18)	(19)	(20)	(21)	(22)	(23)	(24)	(25)	
kg	t	%	ha	ha	kg	t	%	ha	ha	kg	t	%	
…	…	nc	3,860	2,330	2,780	64,700	nc	3,700	2,160	2,590	55,900	91	(1)
3,460	71,300	116	3,440	2,080	2,960	61,500	98	3,370	1,990	2,690	53,600	89	(2)
…	…	nc	…	…	…	…	nc	x	x	x	x	nc	(3)
…	…	nc	…	…	…	…	nc	3,690	2,160	2,590	55,900	nc	(4)
…	…	nc	…	…	…	…	nc	x	x	1,740	x	nc	(5)
…	…	nc	…	…	…	…	nc	5	4	650	26	nc	(6)
…	…	nc	…	…	…	…	nc	3,460	2,050	2,680	54,900	nc	(7)
…	…	nc	…	…	…	…	nc	22	12	517	62	nc	(8)
…	…	nc	…	…	…	…	nc	x	x	382	x	nc	(9)
…	…	nc	…	…	…	…	nc	59	30	1,450	435	nc	(10)
…	…	nc	…	…	…	…	nc	35	15	667	100	nc	(11)
…	…	nc	…	…	…	…	nc	52	16	338	54	nc	(12)
…	…	nc	…	…	…	…	nc	−	−	−	−	nc	(13)
…	…	nc	…	…	…	…	nc	x	x	x	x	nc	(14)
…	…	nc	…	…	…	…	nc	x	x	x	x	nc	(15)
…	…	nc	…	…	…	…	nc	1	0	875	4	nc	(16)
…	…	nc	…	…	…	…	nc	4	2	1,140	23	nc	(17)
…	…	nc	…	…	…	…	nc	−	−	−	−	nc	(18)
…	…	nc	…	…	…	…	nc	4	3	836	23	nc	(19)
…	…	nc	…	…	…	…	nc	22	11	2,070	228	nc	(20)
…	…	nc	…	…	…	…	nc	40	30	2,550	765	nc	(21)
2,610	1,800	102	95	67	2,710	1,820	106	89	62	2,400	1,490	93	(22)
3,490	69,500	117	3,350	2,010	2,970	59,700	97	3,280	1,930	2,700	52,100	89	(23)
…	…	nc	…	…	…	…	nc	12	8	2,060	165	nc	(24)
…	…	nc	…	…	…	…	nc	10	6	2,700	162	nc	(25)
…	…	nc	…	…	…	…	nc	1	0	785	3	nc	(26)
…	…	nc	…	…	…	…	nc	5	2	490	8	nc	(27)
…	…	nc	…	…	…	…	nc	5	4	600	24	nc	(28)
…	…	nc	…	…	…	…	nc	0	0	906	0	nc	(29)
…	…	nc	…	…	…	…	nc	0	0	842	1	nc	(30)
…	…	nc	…	…	…	…	nc	0	0	217	1	nc	(31)
…	…	nc	…	…	…	…	nc	10	5	1,060	53	nc	(32)
…	…	nc	…	…	…	…	nc	18	10	1,300	130	nc	(33)
…	…	nc	…	…	…	…	nc	7	5	811	41	nc	(34)
…	…	nc	…	…	…	…	nc	5	3	255	8	nc	(35)
…	…	nc	…	…	…	…	nc	2	1	698	7	nc	(36)
…	…	nc	…	…	…	…	nc	8	3	212	6	nc	(37)
…	…	nc	…	…	…	…	nc	6	2	250	5	nc	(38)
…	…	nc	…	…	…	…	nc	3	2	143	3	nc	(39)
…	…	nc	…	…	…	…	nc	x	x	x	x	nc	(40)
…	…	nc	…	…	…	…	nc	3	1	214	3	nc	(41)
…	…	nc	…	…	…	…	nc	8	4	614	25	nc	(42)
…	…	nc	…	…	…	…	nc	5	2	300	5	nc	(43)
…	…	nc	…	…	…	…	nc	3	3	767	23	nc	(44)
…	…	nc	…	…	…	…	nc	22	8	390	31	nc	(45)
…	…	nc	…	…	…	…	nc	2	1	720	7	nc	(46)
…	…	nc	…	…	…	…	nc	32	18	2,080	374	nc	(47)
…	…	nc	…	…	…	…	nc	0	0	376	0	nc	(48)
…	…	nc	…	…	…	…	nc	15	8	1,010	81	nc	(49)
…	…	nc	…	…	…	…	nc	0	0	370	0	nc	(50)
…	…	nc	…	…	…	…	nc	5	3	394	12	nc	(51)
…	…	nc	…	…	…	…	nc	15	4	185	7	nc	(52)
…	…	nc	…	…	…	…	nc	16	5	480	24	nc	(53)
…	…	nc	…	…	…	…	nc	1	1	112	1	nc	(54)
…	…	nc	…	…	…	…	nc	1	0	236	1	nc	(55)
…	…	nc	…	…	…	…	nc	13	5	230	12	nc	(56)
…	…	nc	…	…	…	…	nc	18	4	240	10	nc	(57)
…	…	nc	…	…	…	…	nc	2	1	450	5	nc	(58)
…	…	nc	…	…	…	…	nc	1	0	350	1	nc	(59)
…	…	nc	…	…	…	…	nc	−	−	−	−	nc	(60)

7 工芸農作物（続き）

(6) なたね

全 国 農 業 地 域 ・ 都 道 府 県	平 成 26 年 産				27				28	
	作 付 面 積	10 a 当 たり 収　　量	収 穫 量	（参 考） 10 a 当たり 平均収量 対 比	作 付 面 積	10 a 当 たり 収　　量	収 穫 量	（参 考） 10 a 当たり 平均収量 対 比	作 付 面 積	10 a 当 たり 収　　量
	(1)	(2)	(3)	(4)	(5)	(6)	(7)	(8)	(9)	(10)
	ha	kg	t	%	ha	kg	t	%	ha	kg
全　　　　国 (1)	1,470	121	1,780	106	1,630	194	3,160	152	1,980	184
（全国農業地域）										
北　海　道 (2)	404	203	820	111	605	318	1,920	166	884	282
都　府　県 (3)	1,060	90	955	102	1,020	122	1,240	136	1,090	106
東　　　北 (4)	490	110	538	109	500	178	892	170	595	133
北　　　陸 (5)	x	48	x	123	x	32	x	78	x	57
関 東・東 山 (6)	90	67	60	72	82	89	73	105	66	102
東　　　海 (7)	x	72	x	120	86	52	45	87	83	82
近　　　畿 (8)	54	81	44	117	56	79	44	103	x	89
中　　　国 (9)	x	19	x	48	x	31	x	94	x	28
四　　　国 (10)	x	33	x	100	x	50	x	200	3	33
九　　　州 (11)	220	93	204	94	200	77	154	80	207	71
沖　　　縄 (12)	-	-	-	nc	-	-	-	nc	-	
（都道府県）										
北　海　道 (13)	404	203	820	111	605	318	1,920	166	884	282
青　　　森 (14)	246	177	435	114	249	308	767	183	271	236
岩　　　手 (15)	40	63	25	74	24	92	22	112	31	90
宮　　　城 (16)	20	10	2	38	22	55	12	229	47	26
秋　　　田 (17)	88	43	38	96	72	56	40	124	109	47
山　　　形 (18)	29	45	13	118	16	50	8	116	23	57
福　　　島 (19)	67	37	25	103	117	37	43	106	114	41
茨　　　城 (20)	12	10	1	11	13	74	10	112	12	82
栃　　　木 (21)	14	64	9	93	15	87	13	134	12	55
群　　　馬 (22)	10	103	10	98	10	97	10	94	11	91
埼　　　玉 (23)	12	83	10	97	6	155	10	180	4	151
千　　　葉 (24)	9	61	6	76	8	39	3	53	7	48
東　　　京 (25)	x	x	x	x	x	x	x	x	x	x
神　奈　川 (26)	1	80	1	67	x	x	x	x	1	50
新　　　潟 (27)	19	21	4	68	17	19	3	66	14	43
富　　　山 (28)	34	71	24	173	28	47	13	102	27	62
石　　　川 (29)	x	x	x	x	x	x	x	x	x	x
福　　　井 (30)	6	12	1	55	5	9	0	53	x	x
山　　　梨 (31)	4	16	1	73	3	35	1	152	x	x
長　　　野 (32)	27	78	21	65	26	96	25	88	18	167
岐　　　阜 (33)	x	x	x	x	-	-	-	-	-	-
静　　　岡 (34)	5	67	3	268	6	11	1	37	3	15
愛　　　知 (35)	37	100	37	141	40	58	23	79	31	97
三　　　重 (36)	51	53	27	93	40	53	21	102	49	78
滋　　　賀 (37)	24	117	28	130	30	103	31	106	28	124
京　　　都 (38)	x	x	x	x	x	x	x	x	x	x
大　　　阪 (39)	x	x	x	x	x	x	x	x	x	x
兵　　　庫 (40)	25	56	14	106	22	50	11	94	24	50
奈　　　良 (41)	x	40	x	73	3	59	2	107	3	56
和　歌　山 (42)	-	-	-	nc	-	-	-	nc	-	-
鳥　　　取 (43)	14	18	3	58	12	10	1	38	9	27
島　　　根 (44)	17	20	3	44	10	30	3	79	15	40
岡　　　山 (45)	15	16	2	37	12	48	6	155	10	18
広　　　島 (46)	x	x	x	x	x	x	x	x	x	x
山　　　口 (47)	1	101	1	142	1	82	1	104	1	47
徳　　　島 (48)	x	x	x	x	1	27	0	129	x	x
香　　　川 (49)	x	x	x	x	x	x	x	x	x	x
愛　　　媛 (50)	x	x	x	x	x	x	x	x	x	x
高　　　知 (51)	x	x	x	x	x	x	x	x	x	x
福　　　岡 (52)	51	131	67	88	43	123	53	84	43	107
佐　　　賀 (53)	10	60	6	162	12	96	12	229	18	80
長　　　崎 (54)	16	69	11	93	14	50	7	71	13	54
熊　　　本 (55)	74	68	50	87	65	60	39	80	59	59
大　　　分 (56)	14	65	9	171	17	66	11	147	32	40
宮　　　崎 (57)	20	100	20	102	17	74	13	72	10	68
鹿　児　島 (58)	35	117	41	95	32	59	19	49	32	75
沖　　　縄 (59)	-	-	-	nc	-	-	-	nc	-	-

	29						30				
収　穫　量	（参　考）10a当たり平均収量対比	作付面積	10a当たり収　　量	収　穫　量	（参　考）10a当たり平均収量対比	作付面積	10a当たり収　　量	収　穫　量	（参　考）10a当たり平均収量対比	
(11)	(12)	(13)	(14)	(15)	(16)	(17)	(18)	(19)	(20)	
t	%	ha	kg	t	%	ha	kg	t	%	
3,650	133	1,980	185	3,670	143	1,920	163	3,120	113	(1)
2,490	142	939	285	2,680	133	971	246	2,390	105	(2)
1,160	119	1,050	94	992	106	953	76	728	84	(3)
791	132	550	114	629	102	509	99	505	82	(4)
x	133	42	60	25	133	30	27	8	57	(5)
67	116	60	72	43	78	x	70	x	80	(6)
68	139	103	69	71	108	102	29	30	45	(7)
x	114	x	91	x	111	x	54	x	61	(8)
x	85	27	41	11	124	x	65	x	186	(9)
1	100	x	50	x	100	x	x	x	nc	(10)
146	81	204	78	160	95	198	58	114	72	(11)
–	nc	–	–	–	nc	–	–	–	nc	(12)
2,490	142	939	285	2,680	133	971	246	2,390	105	(13)
640	139	270	198	535	108	270	159	429	83	(14)
28	106	33	73	24	85	30	53	16	65	(15)
12	100	44	9	4	35	34	6	2	27	(16)
51	100	82	33	27	70	47	49	23	111	(17)
13	130	15	47	7	104	12	34	4	72	(18)
47	114	106	30	32	81	116	27	31	75	(19)
10	121	12	43	5	61	11	41	5	67	(20)
7	77	10	30	3	44	8	48	4	79	(21)
10	89	11	92	10	93	9	93	8	98	(22)
6	172	5	143	7	142	4	88	4	78	(23)
3	69	x	x	x	x	x	x	x	x	(24)
x	x	x	x	x	x	x	x	x	x	(25)
0	50	1	105	1	115	1	66	0	77	(26)
6	159	13	35	5	117	8	38	3	115	(27)
17	135	25	64	16	131	17	22	4	43	(28)
x	x	x	x	x	x	x	x	x	x	(29)
x	x	x	x	x	x	x	x	x	x	(30)
x	x	x	x	x	x	x	x	x	x	(31)
30	158	17	88	15	77	10	120	12	110	(32)
–	–	–	–	–	–	–	–	–	–	(33)
0	60	2	41	1	178	4	14	1	54	(34)
30	137	38	84	32	111	42	45	19	56	(35)
38	147	63	61	38	105	56	18	10	33	(36)
35	125	35	118	41	116	32	63	20	58	(37)
x	x	x	x	x	x	x	x	x	x	(38)
x	x	x	x	x	x	x	x	x	x	(39)
12	94	20	45	9	87	16	38	6	76	(40)
2	100	2	74	2	132	2	60	1	97	(41)
–	nc	–	–	–	nc	–	–	–	nc	(42)
2	113	4	20	1	80	4	50	2	227	(43)
6	111	12	67	8	181	9	89	8	207	(44)
2	51	10	15	2	47	4	32	1	128	(45)
x	x	–	–	–	–	–	–	–	–	(46)
0	59	1	2	0	3	x	x	x	x	(47)
x	x	x	x	x	x	x	x	x	x	(48)
x	x	x	x	x	x	–	–	–	–	(49)
x	x	x	x	x	x	x	x	x	x	(50)
x	x	–	–	–	–	–	–	–	–	(51)
46	76	34	133	45	99	35	80	28	62	(52)
14	170	15	100	15	189	20	89	18	144	(53)
7	79	12	50	6	77	10	36	4	60	(54)
35	82	54	52	28	74	58	52	30	80	(55)
13	80	45	71	32	148	36	29	10	55	(56)
7	71	9	92	8	102	7	74	5	85	(57)
24	65	35	74	26	69	32	60	19	59	(58)
–	nc	–	–	–	nc	–	–	–	nc	(59)

Ⅴ　関連統計表

1　食料需給表

(1)　平成30年度食料需給表　（概算値）

類　別・品目別	国内生産量(1)	外国貿易		在庫の増減量(4)	国内消費仕向量(5)	国内消費仕向量の内訳				粗	食
		輸入量(2)	輸出量(3)			飼料用(6)	種子用(7)	加工用(8)	減耗量(9)	総数(10)	一人1年当たり(11)
	千t	千t	千t	千t	千t	千t	千t	千t	千t	千t	kg
穀　　　　　類 (1)	9,177	24,704	115	△ 15	33,303 478	14,771 478	79	5,002	327	13,124	103.8
米 (2)	8,208 (a) (427) (b) (28)	787	115	△ 44	8,446 478	432 478	40	314	153	7,507	59.4
小　　　　麦 (3)	765	5,638	0	△ 107	6,510	803	20	269	163	5,255	41.6
大　　　　麦 (4)	161	1,790	0	14	1,937	954	5	926	2	50	0.4
は　だ　か　麦 (5)	14	33	0	5	42	0	1	5	1	35	0.3
と　う　も　ろ　こ　し (6)	0	15,762	0	122	15,640	12,010	3	3,488	4	135	1.1
こ　う　り　ゃ　ん (7)	0	510	0	△ 5	515	515	0	0	0	0	0.0
そ　の　他　の　雑　穀 (8)	29	184	0	0	213	57	10	0	4	142	1.1
い　　も　　類 (9)	3,057	1,159	18	0	4,198	5	156	1,074	90	2,873	22.7
か　ん　し　ょ (10)	797	55	11	0	841	2	12	291	5	531	4.2
ば　れ　い　し　ょ (11)	2,260	1,104	7	0	3,357	3	144	783	85	2,342	18.5
で　ん　ぷ　ん (12)	2,530	139	0	0	2,669	0	0	638	0	2,031	16.1
豆　　　　　類 (13)	280	3,530	0	△ 136	3,946	83	11	2,623	74	1,155	9.1
大　　　　豆 (14)	211	3,236	0	△ 114	3,561	83	8	2,558	65	847	6.7
そ　の　他　の　豆　類 (15)	69	294	0	△ 22	385	0	3	65	9	308	2.4
野　　　　　菜 (16)	11,306	3,310	11	0	14,605	0	0	0	1,530	13,075	103.4
緑　黄　色　野　菜 (17)	2,433	1,664	2	0	4,095	0	0	0	407	3,688	29.2
そ　の　他　の　野　菜 (18)	8,873	1,646	9	0	10,510	0	0	0	1,123	9,387	74.2
果　　　　　実 (19)	2,833	4,661	64	0	7,430	0	0	19	1,251	6,160	48.7
う　ん　し　ゅ　う　み　か　ん (20)	774	0	1	0	773	0	0	0	116	657	5.2
り　　ん　　ご (21)	756	537	41	0	1,252	0	0	0	125	1,127	8.9
そ　の　他　の　果　実 (22)	1,303	4,124	22	0	5,405	0	0	19	1,010	4,376	34.6
肉　　　　　類 (23)	3,366	3,196	18	△ 1	6,545	0	0	0	131	6,414	50.7
牛　　　　肉 (24)	476	886	5	26	1,331	0	0	0	27	1,304	10.3
豚　　　　肉 (25)	1,282	1,345	3	△ 21	2,645	0	0	0	53	2,592	20.5
鶏　　　　肉 (26)	1,600	914	10	△ 8	2,512	0	0	0	50	2,462	19.5
そ　の　他　の　肉 (27)	5	51	0	2	54	0	0	0	1	53	0.4
鯨 (28)	3	0	0	0	3	0	0	0	0	3	0.0
鶏　　　　　卵 (29)	2,628	114	7	0	2,735	0	82	0	53	2,600	20.6
牛　乳　及　び　乳　製　品 (30)	7,282	5,164 468	32	△ 11	12,425 468	30 468	0	0	291	12,104	95.7
農　家　自　家　用 (31)	45	0	0	0	45	30	0	0	0	15	0.1
飲　　用　　向　　け (32)	4,006	0	5	0	4,001	0	0	0	40	3,961	31.3
乳　製　品　向　け (33)	3,231	5,164	27	△ 11	8,379	0	0	0	251	8,128	64.3
魚　介　　　類 (34)	3,923	4,049	808	7	7,157	1,465	0	0	0	5,692	45.0
生　鮮・冷　凍 (35)	1,858	954	722	△ 4	2,094	0	0	0	0	2,094	16.6
塩干、くん製、その他 (36)	1,304	2,005	59	△ 3	3,253	0	0	0	0	3,253	25.7
か　　ん　　詰 (37)	187	163	6	△ 1	345	0	0	0	0	345	2.7
飼　　肥　　料 (38)	574	927	21	15	1,465	1,465	0	0	0	0	0.0
海　　藻　　類 (39)	93	46	2	0	137	0	0	22	0	115	0.9
砂　　糖　　類 (40)										2,305	18.2
油　　脂　　類 (41)	2,026	1 091	14	△ 16	3,119	105	0	475	15	2,524	20.0
植　物　油　脂 (42)	1,697	1 048	13	△ 39	2,771	0	0	342	15	2,414	19.1
動　物　油　脂 (43)	329	43	1	23	348	105	0	133	0	110	0.9
み　　　　そ (44)	480	1	17	△ 1	465	0	0	0	1	464	3.7
し　ょ　う　ゆ (45)	756	2	41	△ 1	718	0	0	0	2	716	5.7
そ　の　他　食　料　計 (46)	2,284	1,809	0	14	4,079	2,968	0	422	28	661	5.2
合　　　　　計 (47)	…	…	…	…	…	…	…	…	…	…	…

資料：農林水産省大臣官房政策課食料安全保障室『食料需給表』

注：1　「国内生産量」は、輸入した原材料により国内で生産された製品を含んでいる。

　　2　「外国貿易」は、財務省「貿易統計」により計上した。ただし、いわゆる加工食品は生鮮換算して計上している。また、全く国内に流通しないもの、全く食料になり得ないものは計上していない。

　　3　「在庫の増減量」は当年度末繰越量と当年度始め持越量との差である。

　　4　「加工用」は食用以外に利用される場合、あるいは栄養分の相当量のロスを生じて他の食品（本表の品目）を生産する場合に計上されている。

　　5　「歩留り」は粗食料を純食料（可食の形態）に換算する際の割合であり、当該品目の全体から通常の食習慣において廃棄される部分を除いた可食部の当該品目の全体に対する重量の割合として求めている。

　　6　「一人当たり供給数量」は、純食料を我が国の平成30年10月1日現在の総人口（126,443千人）で除して得た国民一人当たり平均供給数量である。

国内消費仕向量の内訳（続き）			一人当たり供給					純食料100g中の栄養成分量			
料 一人1日当たり	歩留り	純食料	1年当たり数量	1日当たり 数量	熱量	たんぱく質	脂質	熱量	たんぱく質	脂質	
(12) g	(13) %	(14) 千t	(15) kg	(16) g	(17) kcal	(18) g	(19) g	(20) kcal	(21) g	(22) g	
284.4	84.7	11,111	87.9	240.7	869.7	18.7	3.0	361.2	7.8	1.3	(1)
162.7	90.6	6,801 (6,578)	53.8 (52.0)	147.4 (142.5)	527.6 (510.3)	9.0 (8.7)	1.3 (1.3)	358.0	6.1	0.9	(2)
113.9	78.0	4,099	32.4	88.8	326.0	9.3	1.6	367.0	10.5	1.8	(3)
1.1	46.0	23	0.2	0.5	1.7	0.0	0.0	340.0	6.2	1.3	(4)
0.8	57.0	20	0.2	0.4	1.5	0.0	0.0	340.0	6.2	1.3	(5)
2.9	55.4	75	0.6	1.6	5.8	0.1	0.0	354.6	8.1	2.1	(6)
0.0	75.0	0	0.0	0.0	0.0	0.0	0.0	364.0	9.5	2.6	(7)
3.1	65.5	93	0.7	2.0	7.3	0.2	0.1	360.2	11.7	3.0	(8)
62.3	90.2	2,591	20.5	56.1	48.7	0.9	0.1	86.8	1.5	0.1	(9)
11.5	91.0	483	3.8	10.5	14.0	0.1	0.0	134.0	1.2	0.2	(10)
50.7	90.0	2,108	16.7	45.7	34.7	0.7	0.0	76.0	1.6	0.1	(11)
44.0	100.0	2,031	16.1	44.0	154.6	0.0	0.3	351.3	0.1	0.6	(12)
25.0	96.5	1,115	8.8	24.2	102.6	7.5	4.8	424.6	30.9	20.0	(13)
18.4	100.0	847	6.7	18.4	78.3	6.2	3.8	426.7	33.6	20.6	(14)
6.7	87.0	268	2.1	5.8	24.3	1.3	1.1	418.0	22.3	18.3	(15)
283.3	86.9	11,366	89.9	246.3	72.6	3.0	0.5	29.5	1.2	0.2	(16)
79.9	91.8	3,384	26.8	73.3	21.8	0.9	0.1	29.8	1.2	0.2	(17)
203.4	85.0	7,982	63.1	173.0	50.7	2.2	0.4	29.3	1.3	0.2	(18)
133.5	73.1	4,504	35.6	97.6	64.0	0.9	1.2	65.6	0.9	1.3	(19)
14.2	75.0	493	3.9	10.7	4.7	0.0	0.1	44.0	0.6	0.1	(20)
24.4	85.0	958	7.6	20.8	11.8	0.0	0.0	57.0	0.1	0.1	(21)
94.8	69.8	3,053	24.1	66.2	47.5	0.8	1.2	71.8	1.2	1.8	(22)
139.0	66.0	4,235	33.5	91.8	193.9	17.0	12.9	211.3	18.5	14.1	(23)
28.3	63.0	822	6.5	17.8	50.4	3.0	4.0	283.0	16.7	22.4	(24)
56.2	63.0	1,633	12.9	35.4	81.6	6.4	5.8	230.5	18.1	16.3	(25)
53.3	71.0	1,748	13.8	37.9	60.7	7.5	3.1	160.2	19.8	8.1	(26)
1.1	54.7	29	0.2	0.6	1.2	0.1	0.1	192.4	18.7	11.9	(27)
0.1	100.0	3	0.0	0.1	0.1	0.0	0.0	106.0	24.1	0.4	(28)
56.3	85.0	2,210	17.5	47.9	72.3	5.9	4.9	151.0	12.3	10.3	(29)
262.3	100.0	12,104	95.7	262.3	167.8	8.4	9.2	64.0	3.2	3.5	(30)
0.3	100.0	15	0.1	0.3	0.2	0.0	0.0	64.0	3.2	3.5	(31)
85.8	100.0	3,961	31.3	85.8	54.9	2.7	3.0	64.0	3.2	3.5	(32)
176.1	100.0	8,128	64.3	176.1	112.7	5.6	6.2	64.0	3.2	3.5	(33)
123.3	53.1	3,022	23.9	65.5	98.0	12.8	4.6	149.7	19.6	7.0	(34)
45.4	53.1	1,112	8.8	24.1	36.1	4.7	1.7	149.7	19.6	7.0	(35)
70.5	53.1	1,727	13.7	37.4	56.0	7.3	2.6	149.7	19.6	7.0	(36)
7.5	53.1	183	1.4	4.0	5.9	0.8	0.3	149.7	19.6	7.0	(37)
0.0	0.0	0	0.0	0.0	0.0	0.0	0.0	149.7	19.6	7.0	(38)
2.5	100.0	115	0.9	2.5	3.7	0.7	0.1	149.8	26.1	2.6	(39)
49.9	100.0	2,305	18.2	49.9	191.5	0.0	0.0	383.4	0.0	0.0	(40)
54.7	71.1	1,795	14.2	38.9	358.5	0.0	38.9	921.8	0.0	100.0	(41)
52.3	71.2	1,719	13.6	37.2	343.0	0.0	37.2	921.0	0.0	100.0	(42)
2.4	68.7	76	0.6	1.6	15.5	0.0	1.6	940.8	0.1	100.0	(43)
10.1	100.0	464	3.7	10.1	19.3	1.3	0.6	192.0	12.5	6.0	(44)
15.5	100.0	716	5.7	15.5	11.0	1.2	0.0	71.0	7.7	0.0	(45)
14.3	89.7	593	4.7	12.8	14.8	0.9	0.7	115.1	6.8	5.3	(46)
…	…	…	…	…	2,443.2	79.1	81.8	…	…	…	(47)

7　穀類及び米について、「国内消費仕向量」及び「飼料用」欄の下段の数値は、年度更新等に伴う飼料用の政府売却数量であり、それぞれ外数である。

8　米の純食料以下の（　）内の数値は菓子及び穀粉を含まない主食用の数値である。
　　米について、「国内生産量」の（　）内の数値は、新規需要米の数量「(a) 飼料用米 (b) 米粉用米」であり、内数である。

9　牛乳及び乳製品の「輸入量」、「国内消費仕向量」及び「飼料用」欄の下段の数値は輸入飼料用乳製品（脱脂粉乳及びホエイパウダー）で外数である。

10　この需給表は、「国内生産量」から「純食料」欄まで「事実のないもの」及び「事実不詳」は全て「0」と表示している。

11　しょうゆの計測単位は「kl」、「l」及び「cc」である。

12　この需給表の数値には、一部暫定値がある。したがって、これらを含む合計値も暫定値である。

1 食料需給表 （続き）

(2) 主要農作物の累年食料需給表

品 目・年 次 別	国内生産量 (1)	外国貿易 輸入量 (2)	外国貿易 輸出量 (3)	在庫の増減量 (4)	国内消費仕向量 (5)	飼料用 (6)	種子用 (7)	加工用 (8)	減耗量 (9)	粗食 総数 (10)	粗食 一人1年当たり (11)
	千t	千t	千t	千t	千t	千t	千t	千t	千t	千t	kg
米											
平成21年度 (1)	8,474	869	239	6	8,797	24	40	332	168	8,233	64.3
(2)					301	301					
22 (3)	8,554	831	201	△240	9,018	71	42	322	172	8,411	65.7
(4)					406	406					
23 (5)	8,566	997	171	△217	9,018	216	44	373	228	8,157	63.8
(6)					591	591					
24 (7)	8,692	848	132	358	8,667	170	44	374	162	7,917	62.0
(8)	(a) (167)				383	383					
(9)	(b) (33)										
25 (10)	8,718	833	100	266	8,697	111	45	383	163	7,995	62.7
(11)	(a) (109)				488	488					
(12)	(b) (20)										
26 (13)	8,628	856	96	△78	8,839	504	41	343	159	7,792	61.2
(14)	(a) (187)				627	627					
(15)	(b) (18)										
27 (16)	8,429	834	116	△411	8,600	472	48	266	156	7,658	60.3
(17)	(a) (440)				958	958					
(18)	(b) (23)										
28 (19)	8,550	911	94	△186	8,644	507	43	321	155	7,618	60.0
(20)	(a) (506)				909	909					
(21)	(b) (19)										
29 (22)	8,324	888	95	△162	8,616	501	42	345	155	7,573	59.8
(23)	(a) (499)				663	663					
(24)	(b) (28)										
30(概) (25)	8,208	787	115	△44	8,446	432	40	314	153	7,507	59.4
(26)	(a) (427)				478	478					
(27)	(b) (28)										
小 麦											
平成21年度 (28)	674	5,354	0	△230	6,258	541	20	331	161	5,205	40.7
22 (29)	571	5,473	0	△340	6,384	508	20	324	166	5,366	41.9
23 (30)	746	6,480	0	525	6,701	819	20	322	169	5,371	42.0
24 (31)	858	6,578	0	269	7,167	1,272	20	322	167	5,386	42.2
25 (32)	812	5,737	0	△443	6,992	1,156	20	312	165	5,339	41.9
26 (33)	852	6,016	0	289	6,579	727	20	311	166	5,355	42.1
27 (34)	1,004	5,660	0	81	6,583	780	20	278	165	5,340	42.0
28 (35)	791	5,624	0	△206	6,621	801	20	272	166	5,362	42.2
29 (36)	907	5,939	0	269	6,577	735	20	280	166	5,376	42.4
30(概) (37)	765	5,638	0	△107	6,510	803	20	269	163	5,255	41.6
大・はだか麦											
平成21年度 (38)	179	2,084	0	6	2,257	1,251	5	952	1	48	0.4
22 (39)	161	1,902	0	△35	2,098	1,105	4	936	1	52	0.4
23 (40)	172	1,971	0	△11	2,154	1,155	4	916	2	77	0.6
24 (41)	172	1,896	0	1	2,067	1,068	4	930	2	63	0.5
25 (42)	183	1,884	0	△13	2,080	1,074	4	932	2	68	0.5
26 (43)	170	1,816	0	33	1,953	957	4	919	2	71	0.6
27 (44)	177	1,748	0	△19	1,944	919	4	952	2	67	0.5
28 (45)	170	1,824	0	5	1,989	971	5	918	3	92	0.7
29 (46)	185	1,803	0	3	1,985	971	5	919	3	87	0.7
30(概) (47)	175	1,823	0	19	1,979	954	6	931	3	85	0.7
かんしょ											
平成21年度 (48)	1,026	67	0	0	1,093	5	18	423	21	626	4.9
22 (49)	864	65	2	0	927	3	12	348	23	541	4.2
23 (50)	886	71	1	0	956	3	15	342	6	589	4.6
24 (51)	876	72	2	0	946	3	12	344	6	581	4.6
25 (52)	942	78	3	0	1,017	3	12	410	7	585	4.6
26 (53)	887	62	4	0	945	3	9	386	7	540	4.2
27 (54)	814	58	6	0	866	3	11	323	6	523	4.1
28 (55)	861	63	7	0	917	2	11	348	5	551	4.3
29 (56)	807	63	9	0	861	2	10	320	4	525	4.1
30(概) (57)	797	55	11	0	841	2	12	291	5	531	4.2
大 豆											
平成21年度 (58)	230	3,390	0	△48	3,668	115	7	2,655	68	823	6.4
22 (59)	223	3,456	0	37	3,642	113	7	2,639	73	810	6.3
23 (60)	219	2,831	0	△137	3,187	106	7	2,228	57	789	6.2
24 (61)	236	2,727	0	△74	3,037	108	7	2,092	55	775	6.1
25 (62)	200	2,762	0	△50	3,012	104	6	2,067	55	780	6.1
26 (63)	232	2,828	0	△35	3,095	98	6	2,158	57	776	6.1
27 (64)	243	3,243	0	106	3,380	102	6	2,413	65	794	6.2
28 (65)	238	3,131	0	△55	3,424	106	7	2,439	63	809	6.4
29 (66)	253	3,218	0	△102	3,573	81	8	2,599	64	821	6.5
30(概) (67)	211	3,236	0	△114	3,561	83	8	2,558	65	847	6.7

資料：農林水産省大臣官房政策課食料安全保障室『食料需給表』
注： 1 年度別食料需給表を品目別に累年表として組み替えたものである。
  2 この需給表の数値には、一部暫定値がある。したがって、これらを含む合計値も暫定値である。
  3 米について、「国内消費仕向量」及び「飼料用」欄の下段の数値は、年産更新等に伴う飼料用の政府売却数量であり、それぞれ外数である。また、国内生産量の（ ）内の数値は、新規需要米の数量「(a) 飼料用米 (b) 米粉用米」であり、内数である。

国内消費仕向量の内訳（続き）			一人当たり供給					純食料100ｇ中の栄養成分量			
料	歩留り	純食料	1 年当たり数量	1 日当たり				熱量	たんぱく質	脂質	
一人1日当たり				数量	熱量	たんぱく質	脂質				
(12)	(13)	(14)	(15)	(16)	(17)	(18)	(19)	(20)	(21)	(22)	
g	%	千 t	kg	g	kcal	g	g	kcal	g	g	
176.2	90.6	7,459	58.3	159.6	568.2	9.7	1.4	356.0	6.1	0.9	(1)
		(7,207)	(56.3)	(154.2)	(549.0)	(9.4)	(1.4)				(2)
179.9	90.6	7,620	59.5	163.0	580.4	9.9	1.5	356.0	6.1	0.9	(3)
		(7,367)	(57.5)	(157.6)	(561.1)	(9.6)	(1.4)				(4)
174.3	90.6	7,390	57.8	157.9	562.3	9.6	1.4	356.0	6.1	0.9	(5)
		(7,154)	(56.0)	(152.9)	(544.3)	(9.3)	(1.4)				(6)
170.0	90.6	7,173	56.2	154.0	548.3	9.4	1.4	356.0	6.1	0.9	(7)
		(6,949)	(54.5)	(149.2)	(531.2)	(9.1)	(1.3)				(8)
											(9)
171.9	90.6	7,243	56.8	155.7	554.4	9.5	1.4	356.0	6.1	0.9	(10)
		(7,012)	(55.0)	(150.8)	(536.8)	(9.2)	(1.4)				(11)
											(12)
167.8	90.6	7,060	55.5	152.0	544.2	9.3	1.4	358.0	6.1	0.9	(13)
		(6,863)	(53.9)	(147.8)	(529.0)	(9.0)	(1.3)				(14)
											(15)
164.6	90.6	6,938	54.6	149.2	534.0	9.1	1.3	358.0	6.1	0.9	(16)
		(6,752)	(53.1)	(145.2)	(519.6)	(8.9)	(1.3)				(17)
											(18)
164.4	90.6	6,902	54.4	149.0	533.3	9.1	1.3	358.0	6.1	0.9	(19)
		(6,687)	(52.7)	(144.3)	(516.7)	(8.8)	(1.3)				(20)
											(21)
163.7	90.6	6,861	54.1	148.4	531.1	9.0	1.3	358.0	6.1	0.9	(22)
		(6,633)	(52.3)	(143.4)	(513.5)	(8.7)	(1.3)				(23)
											(24)
162.7	90.6	6,801	53.8	147.4	527.6	9.0	1.3	358.0	6.1	0.9	(25)
		(6,578)	(52.0)	(142.5)	(510.3)	(8.7)	(1.3)				(26)
											(27)
111.4	78.0	4,060	31.7	86.9	319.7	9.6	1.8	368.0	11.0	2.1	(28)
114.8	78.0	4,185	32.7	89.5	329.5	9.8	1.9	368.0	11.0	2.1	(29)
114.8	78.0	4,189	32.8	89.5	329.5	9.8	1.9	368.0	11.0	2.1	(30)
115.7	78.0	4,201	32.9	90.2	332.0	9.9	1.9	368.0	11.0	2.1	(31)
114.8	78.0	4,164	32.7	89.5	329.5	9.8	1.9	368.0	11.0	2.1	(32)
115.3	78.0	4,177	32.8	89.9	330.1	9.4	1.6	367.0	10.5	1.8	(33)
114.8	78.0	4,165	32.8	89.5	328.6	9.4	1.6	367.0	10.5	1.8	(34)
115.7	78.0	4,182	32.9	90.3	331.3	9.5	1.6	367.0	10.5	1.8	(35)
116.2	78.0	4,193	33.1	90.7	332.7	9.5	1.6	367.0	10.5	1.8	(36)
113.9	78.0	4,099	32.4	88.8	326.0	9.3	1.6	367.0	10.5	1.8	(37)
1.0	45.8	22	0.2	0.5	1.6	0.0	0.0	340.0	6.2	1.3	(38)
1.1	48.1	25	0.2	0.5	1.8	0.0	0.0	340.0	6.2	1.3	(39)
1.6	46.8	36	0.3	0.8	2.6	0.0	0.0	340.0	6.2	1.3	(40)
1.4	46.0	29	0.2	0.6	2.1	0.0	0.0	340.0	6.2	1.3	(41)
1.5	48.5	33	0.3	0.7	2.4	0.0	0.0	340.0	6.2	1.3	(42)
1.5	47.9	34	0.3	0.7	2.5	0.0	0.0	340.0	6.2	1.3	(43)
1.4	47.8	32	0.3	0.7	2.3	0.0	0.0	340.0	6.2	1.3	(44)
2.0	48.9	45	0.4	0.9	3.3	0.0	0.0	340.0	6.2	1.3	(45)
1.8	49.4	43	0.3	0.9	3.1	0.0	0.0	340.0	6.2	1.3	(46)
1.9	50.6	43	0.4	0.9	3.2	0.0	0.0	340.0	6.2	1.3	(47)
13.4	90.0	563	4.4	12.0	15.9	0.1	0.0	132.0	1.2	0.2	(48)
11.6	90.0	487	3.8	10.4	13.8	0.1	0.0	132.0	1.2	0.2	(49)
12.6	90.0	530	4.1	11.3	15.0	0.1	0.0	132.0	1.2	0.2	(50)
12.5	90.0	523	4.1	11.2	14.8	0.1	0.0	132.0	1.2	0.2	(51)
12.6	90.0	527	4.1	11.3	15.0	0.1	0.0	132.0	1.2	0.2	(52)
11.6	91.0	491	3.9	10.6	14.2	0.1	0.0	134.0	1.2	0.2	(53)
11.2	91.0	476	3.7	10.2	13.7	0.1	0.0	134.0	1.2	0.2	(54)
11.9	91.0	501	3.9	10.8	14.5	0.1	0.0	134.0	1.2	0.2	(55)
11.4	91.0	478	3.8	10.3	13.8	0.1	0.0	134.0	1.2	0.2	(56)
11.5	91.0	483	3.8	10.5	14.0	0.1	0.0	134.0	1.2	0.2	(57)
17.6	100.0	823	6.4	17.6	75.1	5.9	3.6	426.7	33.6	20.6	(58)
17.3	100.0	810	6.3	17.3	73.9	5.8	3.6	426.7	33.6	20.6	(59)
16.9	100.0	789	6.2	16.9	72.0	5.7	3.5	426.7	33.6	20.6	(60)
16.6	100.0	775	6.1	16.6	71.0	5.6	3.4	426.7	33.6	20.6	(61)
16.8	100.0	780	6.1	16.8	71.6	5.6	3.5	426.7	33.6	20.6	(62)
16.7	100.0	776	6.1	16.7	71.3	5.6	3.4	426.7	33.6	20.6	(63)
17.1	100.0	794	6.2	17.1	72.8	5.7	3.5	426.7	33.6	20.6	(64)
17.5	100.0	809	6.4	17.5	74.5	5.9	3.6	426.7	33.6	20.6	(65)
17.8	100.0	821	6.5	17.8	75.7	6.0	3.7	426.7	33.6	20.6	(66)
18.4	100.0	847	6.7	18.4	78.3	6.2	3.8	426.7	33.6	20.6	(67)

2 食料自給率の推移

単位：％

区分		昭和40年度	50	60	平成7年度	17	22	23	24	25	26	27	28	29	30（概算）
		(1)	(2)	(3)	(4)	(5)	(6)	(7)	(8)	(9)	(10)	(11)	(12)	(13)	(14)
品目別自給率	米	95	110	107	104	95	97	96	96	96	97	98	97	96	97
	小麦	28	4	14	7	14	9	11	12	12	13	15	12	14	12
	大麦・はだか麦	73	10	15	8	8	8	8	8	9	9	9	9	9	9
	いも類	100	99	96	87	81	76	75	75	76	78	76	74	74	73
	かんしょ	100	100	100	100	93	93	93	93	93	94	94	94	94	95
	ばれいしょ	100	99	95	83	77	71	70	71	71	73	71	69	69	67
	豆類	25	9	8	5	7	8	9	10	9	10	9	8	9	7
	大豆	11	4	5	2	5	6	7	8	7	7	7	7	7	6
	野菜	100	99	95	85	79	81	79	78	79	79	80	80	79	77
	果実	90	84	77	49	41	38	38	38	40	42	41	41	40	38
	うんしゅうみかん	109	102	106	102	103	95	105	103	103	104	100	100	100	100
	りんご	102	100	97	62	52	58	52	55	55	56	59	60	57	60
	肉類（鯨肉を除く）	90	77	81	57	54	56	54	55	55	55	54	53	52	51
		(42)	(16)	(13)	(8)	(8)	(7)	(8)	(8)	(8)	(9)	(9)	(8)	(8)	(7)
	牛肉	95	81	72	39	43	42	40	42	41	42	40	38	36	36
		(84)	(43)	(28)	(11)	(12)	(11)	(10)	(11)	(11)	(12)	(12)	(11)	(10)	(10)
	豚肉	100	86	86	62	50	53	52	53	54	51	51	50	49	48
		(31)	(12)	(9)	(7)	(6)	(6)	(6)	(6)	(6)	(7)	(7)	(7)	(6)	(6)
	鶏肉	97	97	92	69	67	68	66	66	66	67	66	65	64	64
		(30)	(13)	(10)	(7)	(8)	(7)	(8)	(8)	(8)	(9)	(9)	(9)	(8)	(8)
	鶏卵	100	97	98	96	94	96	95	95	95	95	96	97	96	96
		(31)	(13)	(10)	(10)	(11)	(10)	(11)	(11)	(11)	(13)	(13)	(13)	(12)	(12)
	牛乳・乳製品	86	81	85	72	68	67	65	65	64	63	62	62	60	59
		(63)	(44)	(43)	(32)	(29)	(28)	(28)	(27)	(27)	(27)	(27)	(27)	(26)	(25)
	魚介類	100	99	93	57	51	55	52	52	55	55	55	53	52	55
	うち食用	110	100	86	59	57	62	58	57	60	60	59	56	56	59
	海藻類	88	86	74	68	65	70	62	68	69	67	70	69	69	68
	砂糖類	31	15	33	31	34	26	26	28	29	31	33	28	32	34
	油脂類	31	23	32	15	13	13	13	13	13	13	12	12	13	13
	きのこ類	115	110	102	78	79	86	87	86	87	88	88	88	88	88
飼料用を含む穀物全体の自給率		62	40	31	30	28	27	28	27	28	29	29	28	28	28
主食用穀物自給率		80	69	69	65	61	59	59	59	59	60	61	59	59	59
供給熱量ベースの総合食料自給率		73	54	53	43	40	39	39	39	39	39	39	38	38	37
生産額ベースの総合食料自給率		86	83	82	74	69	69	67	67	65	64	66	67	66	66
飼料自給率		55	34	27	26	25	25	26	26	26	27	28	27	26	25

資料：農林水産省大臣官房政策課食料安全保障室『食料需給表』
注：1 米については、国内生産と国産米在庫の取崩しで国内需要に対応している実態を踏まえ、平成10年度から国内生産量に国産米在庫取崩し量を加えた数量を用いて、次式により品目別自給率、穀物自給率及び主食用穀物自給率を算出している。
　　　自給率＝国産供給量（国内生産量＋国産米在庫取崩し量）／国内消費仕向量×100（重量ベース）
　　　なお、国産米在庫取崩し量は、22年度が150千トン、23年度が224千トン、24年度が△371千トン、25年度が△244千トン、26年度が126千トン、27年度が261千トン、28年度が86千トン、29年度が98千トン及び30年度が105千トンである。
　　　また、飼料用の政府売却がある場合は、国産供給量及び国内消費仕向量から飼料用政府売却数量を除いて算出している。
　　2 品目別自給率、穀物自給率及び主食用穀物自給率の算出は次式による。
　　　自給率＝国内生産量／国内消費仕向量×100（重量ベース）
　　3 供給熱量ベースの総合食料自給率の算出は次式による。ただし、畜産物については、飼料自給率を考慮して算出している。
　　　自給率＝国産供給熱量／国内総供給熱量×100（供給熱量ベース）
　　4 生産額ベースの総合食料自給率の算出は次式による。ただし、畜産物及び加工食品については、輸入飼料及び輸入食品原料の額を国内生産額から控除して算出している。
　　　自給率＝食料の国内生産額／食料の国内消費仕向額×100（生産額ベース）
　　5 飼料自給率については、ＴＤＮ（可消化養分総量）に換算した数量を用いて算出している。
　　6 肉類（鯨肉を除く。）、牛肉、豚肉、鶏肉、鶏卵、牛乳・乳製品の（ ）については、飼料自給率を考慮した値である。

3　米穀の落札銘柄平均価格の推移

(1)　平成9年産から17年産まで

単位：60kg当たり円

年　産		第1回	2	3	4	5	6	7	8	9	10	11	12	13	14	15	通　年
平成9年産	基準価格	20,090	19,583	19,453	19,452	19,505	19,292	19,453	19,453	-	-	-	-	-	-	-	19,464
	平均価格	(91.2)	(90.6)	(90.1)	(89.3)	(88.7)	(89.2)	(91.4)	(94.3)	-	-	-	-	-	-	-	(90.6)
		18,322	17,747	17,522	17,376	17,307	17,199	17,774	18,350	-	-	-	-	-	-	-	17,625
10	平均価格	18,613	19,748	19,375	18,671	18,082	18,372	18,668	18,858	18,326	17,850	17,770	17,645	15,716	-	-	18,508
11	平均価格	17,285	17,828	17,131	17,048	16,901	16,915	16,756	16,779	16,780	16,798	16,813	16,818	17,103	-	-	16,904
12	平均価格	15,984	16,350	16,070	15,858	15,726	15,831	15,847	15,958	16,018	16,206	16,557	17,223	17,288	-	-	16,084
13	平均価格	16,474	15,734	16,648	16,877	16,149	16,525	16,537	16,135	16,016	15,996	16,183	16,351	16,171	16,098	15,689	16,274
14	平均価格	15,964	15,523	16,338	16,176	15,624	15,969	15,949	15,923	15,769	15,780	16,186	16,648	16,562	17,006	12,905	16,157
15	平均価格	19,229	19,853	23,662	22,810	19,657	20,959	23,537	23,768	22,148	19,939	19,188	18,738	18,723	17,872	-	21,078
16	平均価格	15,221	15,897	16,285	16,000	15,845	15,885	15,584	15,443	15,243	15,368	16,141	-	-	-	-	15,711
17	平均価格	14,718	15,245	15,642	14,944	15,387	15,212	15,145	15,102	15,068	14,783	14,715	14,892	15,014	15,614	14,448	15,128

資料：（財）全国米穀取引・価格形成センター及び農林水産省政策統括官資料による。
注：1　平成9年産の（　）書きは、基準価格に対する平均価格の割合（％）である。
　　2　平成10年産から、入札が値幅制限方式から新たな方式に移行したことに伴い、基準価格が廃止された。
　　3　価格は、平成17年産までが銘柄毎の落札数量で加重平均した価格で平成18年産は、落札銘柄ごとの前年産検査数量実績により加重平均した価格である。
　　4　下線のある価格は、落札が1銘柄のみの価格である。
　　5　平成9年産から平成17年産までは、（財）全国米穀取引・価格形成センターの価格（包装代、消費税等を含まない。）である。

(2)　平成18年産から30年産まで

単位：60kg当たり円

年　産		8月	9月	10月	11月	12月	1月	2月	3月	4月	5月	6月	7月	8月	通　年
18	平均価格	13,926	14,687	14,763	14,908	14,832	15,095	14,791	14,739	14,232	14,256	14,926	13,731	13,561	14,826
															(15,203)
19	平均価格	-	13,602	13,776	13,819	15,069	15,654	13,781	13,777	14,511	14,266	14,177		-	14,185
															(14,164)
20	平均価格	-	-	-	-	15,159	-	-	-	-	-	-	-	-	15,159
			(15,163)	(15,174)	(15,163)	(15,162)	(15,253)	(15,227)	(15,201)	(15,269)	(15,149)	(15,085)	(15,081)	(15,000)	(15,146)
21	平均価格	-	-	-	14,553	14,348	14,723	-	-	-	-	-	-	-	14,693
			(15,169)	(14,988)	(14,876)	(14,754)	(14,684)	(14,602)	(14,508)	(14,383)	(14,314)	(14,120)	(14,214)	(14,106)	(14,470)
22	平均価格	-	13,040	12,781	12,630	12,711	12,710	12,687	12,750	12,760	12,807	12,857	12,896	13,283	12,711
23	平均価格	-	15,196	15,154	15,178	15,233	15,273	15,327	15,303	15,374	15,412	15,567	15,643	15,541	15,215
24	平均価格	-	16,650	16,579	16,518	16,540	16,587	16,534	16,534	16,508	16,442	16,293	16,148	16,127	16,501
25	平均価格	-	14,871	14,752	14,637	14,582	14,534	14,501	14,449	14,663	14,467	14,328	14,040	13,684	14,341
26	平均価格	-	12,481	12,215	12,162	12,142	12,078	12,044	11,943	11,921	11,891	12,068	11,949	11,928	11,967
27	平均価格	-	13,178	13,116	13,223	13,245	13,238	13,265	13,252	13,208	13,329	13,265	13,209	13,263	13,175
28	平均価格	-	14,342	14,307	14,350	14,315	14,366	14,319	14,307	14,379	14,455	14,442	14,469	14,458	14,307
29	平均価格	-	15,526	15,501	15,534	15,624	15,596	15,729	15,673	15,779	15,735	15,692	15,666	15,683	15,595
30 (速報値)	平均価格	-	15,763	15,707	15,711	15,696	15,709	15,703	15,722	15,732	15,702	15,716	15,706		15,686

資料：（財）全国米穀取引・価格形成センター及び農林水産省政策統括官資料による。
注：1　価格は、落札銘柄ごとの前年産検査数量実績により加重平均した価格である。
　　2　下線のある価格は、落札が1銘柄のみの価格である。
　　3　平成21年産までは、（財）全国米穀取引・価格形成センターの価格（包装代、消費税等を含まない。）である。
　　4　平成18年産から平成21年産までの（　）書きの数値は、相対取引価格（運賃、包装代及び消費税相当額を含む。）であり、産地銘柄ごとの前年産検査数量ウェイトで加重平均した価格である。
　　5　平成22年産以降は、相対取引価格（運賃、包装代及び消費税相当額を含む。）であり、産地銘柄ごとの前年産検査数量ウェイトで加重平均した価格である。
　　　なお、相対取引価格の消費税相当額は、平成26年3月分までは5％、平成26年4月分以降は8％で算定している。

4　平成30年産うるち米（醸造用米、もち米を除く）の道府県別作付上位品種

（単位：%）

| 道府県 | 全国のうるち米作付面積に占める割合 | 作付順位（道府県のうるち米（醸造用米、もち米を除く）作付面積に占める割合） | | | | | | 3品種合計 |
| | | 1位 | | 2位 | | 3位 | | |
		品種	割合	品種	割合	品種	割合	
北 海 道	6.9	ななつぼし	49.7	ゆめぴりか	22.4	きらら３９７	9.8	81.9
青　　森	3.1	まっしぐら	65.6	つがるロマン	29.3	青天の霹靂	4.4	99.3
岩　　手	3.8	ひとめぼれ	67.5	あきたこまち	14.3	いわてっこ	4.7	86.5
宮　　城	4.6	ひとめぼれ	76.4	つや姫	7.2	ササニシキ	6.4	90.0
秋　　田	5.9	あきたこまち	76.1	めんこいな	8.8	ひとめぼれ	8.5	93.5
山　　形	4.4	はえぬき	62.6	つや姫	15.0	ひとめぼれ	8.5	86.1
福　　島	4.5	コシヒカリ	60.1	ひとめぼれ	21.2	天のつぶ	12.9	94.2
茨　　城	4.7	コシヒカリ	77.1	あきたこまち	11.8	あさひの夢	2.9	91.8
栃　　木	4.1	コシヒカリ	64.6	あさひの夢	22.7	とちぎの星	7.5	94.8
群　　馬	1.1	あさひの夢	39.8	コシヒカリ	23.7	ひとめぼれ	12.9	76.4
埼　　玉	2.3	コシヒカリ	35.3	彩のかがやき	31.2	彩のきずな	12.6	79.0
千　　葉	3.9	コシヒカリ	64.1	ふさこがね	21.7	ふさおとめ	13.6	99.4
神 奈 川	0.2	キヌヒカリ	41.5	はるみ	39.1	さとじまん	13.3	93.8
新　　潟	7.9	コシヒカリ	70.6	こしいぶき	18.4	ゆきん子舞	3.7	92.7
富　　山	2.5	コシヒカリ	76.1	てんたかく	11.4	てんこもり	7.4	94.9
石　　川	1.7	コシヒカリ	69.6	ゆめみづほ	19.5	ひゃくまん穀	2.6	91.7
福　　井	1.7	コシヒカリ	54.7	ハナエチゼン	25.7	あきさかり	9.8	90.2
山　　梨	0.3	コシヒカリ	73.1	ヒノヒカリ	7.6	あさひの夢	6.1	86.8
長　　野	2.2	コシヒカリ	80.3	あきたこまち	11.8	風さやか	3.9	96.1
岐　　阜	1.5	ハツシモ	39.2	コシヒカリ	33.8	あさひの夢	6.9	79.9
静　　岡	1.1	コシヒカリ	47.4	きぬむすめ	15.2	あいちのかおり	14.4	77.0
愛　　知	1.9	あいちのかおり	38.1	コシヒカリ	23.1	ミネアサヒ	5.5	66.7
三　　重	1.9	コシヒカリ	77.1	キヌヒカリ	9.6	あきたこまち	2.9	89.6
滋　　賀	2.2	コシヒカリ	37.3	キヌヒカリ	21.9	日本晴	9.5	68.6
京　　都	1.0	コシヒカリ	56.1	キヌヒカリ	21.2	ヒノヒカリ	17.3	94.6
大　　阪	0.3	ヒノヒカリ	71.4	キヌヒカリ	14.3	きぬむすめ	11.2	96.9
兵　　庫	2.1	コシヒカリ	45.5	ヒノヒカリ	22.7	キヌヒカリ	17.8	86.0
奈　　良	0.6	ヒノヒカリ	72.5	ひとめぼれ	10.0	コシヒカリ	8.3	90.7
和 歌 山	0.5	キヌヒカリ	48.8	きぬむすめ	14.3	コシヒカリ	9.4	72.5
鳥　　取	0.9	コシヒカリ	42.2	きぬむすめ	29.5	ひとめぼれ	24.9	96.5
島　　根	1.2	コシヒカリ	61.0	きぬむすめ	27.5	つや姫	7.5	95.9
岡　　山	2.0	アケボノ	19.3	あきたこまち	16.6	コシヒカリ	16.6	52.6
広　　島	1.6	コシヒカリ	46.0	ヒノヒカリ	12.2	あきさかり	11.6	69.7
山　　口	1.3	コシヒカリ	30.7	ヒノヒカリ	24.3	ひとめぼれ	24.0	79.0
徳　　島	0.8	コシヒカリ	54.6	キヌヒカリ	21.7	あきさかり	8.9	85.2
香　　川	0.9	コシヒカリ	41.3	ヒノヒカリ	33.6	おいでまい	15.1	90.0
愛　　媛	1.0	コシヒカリ	31.0	ヒノヒカリ	31.0	あきたこまち	17.7	79.6
高　　知	0.8	コシヒカリ	52.9	ヒノヒカリ	30.0	にこまる	5.6	88.5
福　　岡	2.4	夢つくし	41.4	ヒノヒカリ	33.5	元気つくし	18.3	93.1
佐　　賀	1.4	夢しずく	31.3	ヒノヒカリ	27.3	さがびより	26.3	85.0
長　　崎	0.8	ヒノヒカリ	61.7	にこまる	19.7	コシヒカリ	11.3	92.6
熊　　本	2.2	ヒノヒカリ	55.6	森のくまさん	15.4	コシヒカリ	11.2	82.2
大　　分	1.4	ヒノヒカリ	75.3	ひとめぼれ	11.2	コシヒカリ	3.9	90.3
宮　　崎	1.1	ヒノヒカリ	55.8	コシヒカリ	37.5	おてんとそだち	1.6	95.0
鹿 児 島	1.3	ヒノヒカリ	64.7	コシヒカリ	14.9	あきほなみ	11.3	90.9
沖　　縄	0.05	ひとめぼれ	78.9	ちゅらひかり	14.5	ミルキーサマー	4.2	97.6
合　　計	100.0							

資料：　公益社団法人米穀安定供給確保支援機構資料による。

注：1　品種別の作付面積に占める割合は、道府県行政等からの情報提供いただいた数値を用いて推計した。

　　2　ラウンドの関係で合計と内訳が一致しない場合がある。

　　3　千葉県は平成30年産より推計方法を変更したため、平成29年産までのデータと単純比較はできない旨、県から申出があった。

5　平成30年産新規需要米の都道府県別の取組計画認定状況　（9月15日現在）

	飼料用米		米粉用米		稲発酵粗飼料用稲（WCS用稲）	新市場開拓用米		青刈り稲・わら専用稲（飼料作物として用いられるもの）	合計	
	数量（t）	面積（ha）	数量（t）	面積（ha）	面積（ha）	数量（t）	面積（ha）	面積（ha）	数量（t）	面積（ha）
全　国	420,667	79,535	28,065	5,295	42,545	19,862	3,578	96	468,593	131,048
北 海 道	10,318	1,841	309	57	540	3,028	537		13,655	2,975
青　森	31,453	5,434	33	5	662	666	112		32,152	6,212
岩　手	21,279	3,986	329	58	1,620	931	171	2	22,539	5,838
宮　城	29,549	5,553	362	68	2,006	1,182	213	1	31,093	7,841
秋　田	11,112	1,993	1,331	233	1,229	1,449	252	3	13,892	3,709
山　形	22,150	3,704	765	136	908	1,372	226	3	24,287	4,976
福　島	27,126	5,275	8	2	1,052	214	38	2	27,349	6,368
茨　城	41,976	8,003	209	39	550	1,188	224		43,373	8,815
栃　木	48,820	9,155	3,035	604	1,626	297	54	1	52,153	11,441
群　馬	6,112	1,243	1,602	324	519	14	3		7,729	2,089
埼　玉	7,950	1,669	3,064	618	120	61	12		11,076	2,419
千　葉	24,022	4,379	236	44	984	106	19		24,364	5,425
東　京			0	0					0	0
神 奈 川	63	13							63	13
新　潟	15,795	2,908	10,685	1,932	386	4,757	866	0	31,238	6,092
富　山	6,662	1,229	429	78	405	1,211	219		8,302	1,931
石　川	3,260	645	393	71	87	896	163		4,549	966
福　井	6,294	1,217	474	91	102	631	117		7,399	1,527
山　梨	83	16	14	3	12	1	0		99	31
長　野	1,692	267	147	23	240	385	61		2,224	591
岐　阜	11,091	2,347	131	27	208	237	49		11,458	2,631
静　岡	5,851	1,139	51	10	217	11	2		5,913	1,368
愛　知	7,307	1,449	309	63	193	108	21	1	7,723	1,728
三　重	8,446	1,691	431	86	239	214	43		9,091	2,059
滋　賀	4,847	941	159	31	255	424	80		5,429	1,308
京　都	621	122	34	6	107	60	12		715	247
大　阪	29	6	20	4					49	10
兵　庫	1,432	281	132	26	787	28	6	8	1,592	1,107
奈　良	221	43	157	30	44				378	116
和 歌 山	15	3			2				15	5
鳥　取	4,157	794	2	0	359			0	4,159	1,154
島　根	5,081	983	12	2	533	1	0	1	5,094	1,519
岡　山	6,615	1,254	335	65	367	25	5	0	6,975	1,691
広　島	2,337	441	593	112	562	18	3	1	2,948	1,119
山　口	4,385	874	47	9	305	3	1	2	4,434	1,190
徳　島	2,530	543	70	15	217	95	20		2,696	795
香　川	654	131	37	7	111			0	691	250
愛　媛	1,574	319	22	4	135	29	6		1,624	465
高　知	4,164	944	84	18	228				4,248	1,190
福　岡	10,110	2,033	917	183	1,500	47	9		11,074	3,725
佐　賀	2,980	584	48	9	1,399	22	4	0	3,050	1,996
長　崎	624	131	30	6	1,204				654	1,341
熊　本	6,597	1,269	849	161	7,748	105	20	31	7,551	9,230
大　分	7,278	1,428	84	17	2,451			0	7,362	3,895
宮　崎	2,121	433	82	17	6,682	46	10	35	2,249	7,177
鹿 児 島	3,883	822	5	1	3,645			5	3,887	4,472
沖　縄										

資料：　農林水産省政策統括官資料による。
注：1　新規需要米の取組として認定を受けた平成30年9月15日現在の値。
　　2　ラウンドの関係で合計と内訳が一致しない場合がある。

6　世界各国における農産物の生産量（2017年）

国　名		米（もみ）		小　麦		大　麦		かんしょ	
		収穫面積	収穫量	収穫面積	収穫量	収穫面積	収穫量	収穫面積	収穫量
		(1)	(2)	(3)	(4)	(5)	(6)	(7)	(8)
		千ha	千t	千ha	千t	千ha	千t	千ha	千t
世界計	(1)	167,249	769,658	218,543	771,719	47,009	147,404	9,203	112,835
アフリカ計	(2)	14,960	36,560	10,427	27,154	4,961	6,610	4,715	27,721
エジプト・アラブ共和国	(3)	686	6,380	1,343	8,800	32	115	13	432
エチオピア連邦民主共和国	(4)	48	140	1,717	4,831	955	2,032	247	2,008
ケニア共和国	(5)	30	81	86	165	21	77	71	667
ナイジェリア連邦共和国	(6)	4,913	9,864	71	67	…	…	1,620	4,014
南アフリカ共和国	(7)	1	3	492	1,535	91	307	26	74
スーダン共和国	(8)	8	27	168	463	…	…	25	236
ウガンダ共和国	(9)	98	262	15	24	…	…	392	1,657
ジンバブエ共和国	(10)	0	1	22	39	10	56	1	2
北米計	(11)	961	8,084	24,247	77,355	2,988	10,981	64	1,617
カナダ	(12)	…	…	9,036	29,984	2,198	7,891	…	…
アメリカ合衆国	(13)	961	8,084	15,211	47,371	791	3,090	64	1,617
中南米計	(14)	5,059	27,551	9,362	29,399	1,707	5,804	284	2,890
アルゼンチン共和国	(15)	204	1,328	5,566	18,395	870	3,741	24	343
ブラジル連邦共和国	(16)	2,008	12,470	1,896	4,324	122	301	53	776
コロンビア共和国	(17)	597	2,989	8	13	5	11	…	…
メキシコ合衆国	(18)	42	266	661	3,504	355	1,008	4	77
キューバ共和国	(19)	112	405					48	518
アジア計	(20)	145,539	692,591	100,314	335,444	9,485	21,153	3,973	79,600
バングラデシュ人民共和国	(21)	11,272	48,980	415	1,311	0	0	26	263
中華人民共和国	(22)	31,035	214,430	24,510	134,341	468	1,897	3,373	72,032
インド	(23)	43,789	168,500	30,600	98,510	656	1,750	128	1,460
インドネシア共和国	(24)	15,788	81,382	…	…	…	…	113	2,023
イラン・イスラム共和国	(25)	572	2,639	6,700	14,000	1,600	3,100	…	…
日本国	(26)	1,466	9,780	212	907	61	185	36	807
カザフスタン共和国	(27)	105	489	11,912	14,803	2,069	3,305	…	…
大韓民国	(28)	755	5,284	9	32	25	59	23	332
ミャンマー連邦共和国	(29)	6,745	25,625	65	123	…	…	7	62
ネパール連邦民主共和国	(30)	1,552	5,230	736	1,879	27	31	…	…
パキスタン・イスラム共和国	(31)	2,901	11,175	8,972	26,674	61	58	2	13
フィリピン共和国	(32)	4,812	19,276	…	…	…	…	85	537
スリランカ民主社会主義共和国	(33)	792	1,621	…	…	…	…	4	41
タイ王国	(34)	10,615	33,383	1	1	13	28	…	…
トルコ共和国	(35)	110	900	7,662	21,500	2,418	7,100	…	…
ベトナム社会主義共和国	(36)	7,709	42,764	…	…	…	…	122	1,353
ヨーロッパ計	(37)	643	4,051	61,961	270,143	22,991	89,053	3	86
オーストリア共和国	(38)	…	…	295	1,437	139	782	…	…
チェコ共和国	(39)	…	…	832	4,718	328	1,712	…	…
デンマーク王国	(40)	…	…	587	4,834	665	3,992	…	…
フィンランド共和国	(41)	…	…	194	802	358	1,460	…	…
フランス共和国	(42)	17	85	5,465	36,925	1,671	10,545	…	…
ドイツ連邦共和国	(43)	…	…	3,203	24,482	1,566	10,853	…	…
ハンガリー	(44)	3	10	998	5,237	266	1,404	…	…
イタリア共和国	(45)	234	1,587	1,807	6,966	251	984	0	8
オランダ王国	(46)	…	…	116	1,055	30	204	…	…
ポーランド共和国	(47)	…	…	2,392	11,666	954	3,793	…	…
ルーマニア	(48)	9	43	2,053	10,035	455	1,907	…	…
ロシア連邦	(49)	186	987	27,517	85,863	7,848	20,599	…	…
スペイン	(50)	108	835	2,063	4,830	2,598	5,786	2	51
スウェーデン王国	(51)	…	…	472	3,299	309	1,635	…	…
イギリス	(52)	…	…	1,792	14,837	1,177	7,169	…	…
ウクライナ	(53)	13	64	6,377	26,209	2,502	8,285	…	…
オセアニア計	(54)	87	820	12,232	32,224	4,876	13,804	163	922
オーストラリア連邦	(55)	82	807	12,191	31,819	4,834	13,506	2	72
ニュージーランド	(56)	…	…	41	405	42	298	1	11

資料：FAO『FAOSTAT』　2017年（2019年5月10日現在）
注：FAO（国際連合食糧農業機関）統計は、各国から収集した調査結果やFAOが独自に収集・推計した情報により作成したものである。

大　豆		らっかせい		てんさい		さとうきび		
収穫面積	収穫量	収穫面積	収穫量	収穫面積	収穫量	収穫面積	収穫量	
(9)	(10)	(11)	(12)	(13)	(14)	(15)	(16)	
千ha	千t	千ha	千t	千ha	千t	千ha	千t	
123,551	352,644	27,940	47,097	4,894	301,016	25,977	1,841,528	(1)
2,266	3,126	14,651	12,301	296	15,927	1,589	92,140	(2)
15	45	62	199	237	12,107	135	15,261	(3)
39	84	81	141	...	...	33	1,384	(4)
2	2	8	19	...	...	68	4,752	(5)
750	730	2,820	2,420	...	...	89	1,498	(6)
574	1,316	56	92	...	...	265	17,388	(7)
...	...	2,015	1,641	...	...	75	5,829	(8)
45	31	408	215	...	...	57	3,858	(9)
57	60	154	40	...	...	46	3,584	(10)
38,861	127,235	719	3,281	459	32,557	366	30,153	(11)
2,633	7,717	...	...	8	510	...	...	(12)
36,229	119,518	719	3,281	451	32,046	366	30,153	(13)
57,374	185,001	729	2,035	19	1,826	13,502	995,217	(14)
17,335	54,972	334	1,031	...	...	379	19,165	(15)
33,936	114,599	154	547	...	...	10,184	758,548	(16)
27	76	4	4	1	26	397	34,638	(17)
263	433	59	99	0	1	772	56,955	(18)
...	...	7	7	...	...	388	16,071	(19)
19,328	26,503	11,829	29,455	775	42,774	10,024	685,784	(20)
63	97	37	66	...	...	92	3,863	(21)
7,344	13,153	4,628	17,150	174	9,384	1,377	104,793	(22)
10,600	10,981	5,300	9,179	...	...	4,389	306,069	(23)
357	542	364	480	...	...	430	21,213	(24)
83	200	3	15	106	5,840	94	7,562	(25)
150	**253**	**6**	**15**	**58**	**3,901**	**22**	**1,497**	**(26)**
125	252	0	0	17	463	...	...	(27)
41	69	5	15	...	...	...	...	(28)
140	209	1,034	1,583	...	...	163	10,370	(29)
24	29	...	...	...	...	71	3,235	(30)
0	0	90	87	2	106	1,217	73,401	(31)
1	1	24	29	...	...	437	29,287	(32)
8	14	13	22	...	...	18	655	(33)
31	54	30	32	...	...	1,368	102,946	(34)
32	140	42	165	339	20,828	...	...	(35)
68	102	195	460	...	...	281	18,356	(36)
5,691	10,715	1	4	3,345	207,932	0	6	(37)
64	193	...	...	43	2,994	...	...	(38)
15	37	...	...	66	4,400	...	...	(39)
...	...	...	...	34	2,455	...	...	(40)
...	...	...	...	12	430	...	...	(41)
141	412	...	...	388	34,381	...	...	(42)
19	61	...	...	407	34,060	...	...	(43)
8	162	0	0	16	1,076	...	...	(44)
322	1,020	...	...	38	2,454	...	...	(45)
...	...	...	...	85	7,924	...	...	(46)
9	20	...	...	232	15,733	...	...	(47)
165	416	...	...	28	1,175	...	...	(48)
2,573	3,621	...	...	1,175	51,934	...	...	(49)
2	5	0	1	37	3,293	0	1	(50)
...	...	...	...	31	1,964	...	...	(51)
...	...	...	...	111	8,918	...	...	(52)
1,982	3,899	...	...	314	14,882	...	...	(53)
30	65	12	22	...	...	496	38,228	(54)
30	65	5	17	...	...	453	36,561	(55)
...	...	...	...	...	...	...	...	(56)

［付］調　査　票

← ← ← 入力方向

秘
農林水産省

統計法に基づく基幹統計
作物統計

政府統計 統計法に基づく国の統計調査です。調査票情報の秘密の保護に万全を期します。

	年産	都道府県	管理番号	市区町村	客体番号

平成　　年産

作付面積調査調査票（団体用）

大豆（乾燥子実）用

○ この調査票は、秘密扱いとし、統計以外の目的に使うことは絶対ありませんので、ありのままを記入してください。
○ 黒色の鉛筆又はシャープペンシルで記入し、間違えた場合は、消しゴムできれいに消してください。
○ 調査及び調査票の記入に当たって、不明な点等がありましたら、下記の「問い合わせ先」にお問い合わせください。

★ 数字は、1マスに1つずつ、枠からはみ出さないように右づめで記入してください。

記入例	8	8	8	9	8	7	6	5	4	0

つなげる　　すきまをあける

★ マスが足りない場合は、一番左のマスにまとめて記入してください。

記入例	1	1	2	3

SAMPLE

記入していただいた調査票は　　　月　　　日までに提出してください。
調査票の記入及び提出は、インターネットでも可能です。
詳しくは同封の「オンライン調査システム操作ガイド」を御覧ください。

【問い合わせ先】

【1】貴団体で集荷している大豆の作付面積について

記入上の注意
○ 作付面積は単位を「ha」とし、小数点第一位（10a単位）まで記入してください。0.05ha未満の場合は「0.0」と記入してください。
○ 枝豆として未成熟で収穫するもの及び飼料用として青刈りするものは除きます。

単位：ha

作物名		作付面積（田畑計）	田	畑
大豆	前年産			
	本年産			

裏面に進んでください。

【 2 】作付面積の増減要因等について

作付面積の主な増減要因（転換作物等）について記入してください。

主な増減地域と増減面積について記入してください。

貴団体において、貴団体に出荷されない管内の作付団地等の状況（作付面積、作付地域等）を把握していれば記入してください。

⬅ ⬅ ⬅ 入 力 方 向

別記様式第3号

年 産	都道府県	管理番号	市区町村	客体番号

平 成 　　 年産
作付面積調査調査票(団体用)

果樹及び茶用

○ この調査票は、秘密扱いとし、統計以外の目的に使うことは絶対ありませんので、ありのままを記入してください。

○ 黒色の鉛筆又はシャープペンシルで記入し、間違えた場合は、消しゴムできれいに消してください。

○ 調査及び調査票の記入に当たって、不明な点等がありましたら、下記の「問い合わせ先」にお問い合わせください。

★ 数字は、1マスに1つずつ、枠からはみ出さないように右づめで
　記入してください。

記入例	8	8	8	9	8	7	6	5	4	0

つなげる　　　　　すきまをあける

★ マスが足りない場合は、一番左
　のマスにまとめて記入してください。　　記入例　| 11 | 2 | 3 |

記入していただいた調査票は、　　月　　日までに提出してください。
調査票の記入及び提出は、インターネットでも可能です。
詳しくは同封の「オンライン調査システム操作ガイド」を御覧ください。

【問い合わせ先】

SAMPLE

【１】貴団体管内の果樹の栽培面積について

単位：ha

作物名		栽培面積	作物名		栽培面積
	前年産			前年産	
	本年産			本年産	
	前年産			前年産	
	本年産			本年産	
	前年産			前年産	
	本年産			本年産	
	前年産			前年産	
	本年産			本年産	
	前年産			前年産	
	本年産			本年産	
	前年産			前年産	
	本年産			本年産	
	前年産			前年産	
	本年産			本年産	
	前年産				
	本年産				

【２】貴団体管内の茶の栽培面積について

単位：ha

作物名		栽培面積
	前年産	
	本年産	

記入上の注意
○ 栽培面積は単位を「ha」とし、小数点第一位（10a単位）まで記入してください。
　0.05ha未満の結果は「0.0」と記入してください。
○ 貴団体の管内において、集荷・取扱いを行う栽培団地等の栽培面積を記入してください。
○ その他かんきつ類には、みかん以外の全てのかんきつ類の合計面積を記入してください。

【３】栽培面積の増減要因等について

果樹（茶）ごとの主な増減要因（新植、廃園等）について記入してください。

果樹（茶）ごとの主な増減地域と増減面積について記入してください。

貴団体において、貴団体に出荷されない管内の作付団地等の状況（作付面積、作付地域等）を把握していれば記入してください。

政府統計

平成　　年産作柄概況・(予想)収穫量・共済減収調査
水稲　作況標本(基準)　筆調査票
減収標本

秘
農林水産省

記入見本　0 1 2 3 4 5 6 7 8 9

調査者
氏名

年産	作物	都道府県	管理番号	作柄表示地帯	作況階層	標本単位区	筆番通し号
西暦	水稲						

2 0 ： 1 1 0

市町村	旧市町村	農業集落	調査区	経営体	緯度 度　分	経度 度　分	標高 m

共済引受方式			筆種類		地方設定コード								継続年数
一筆	半相殺	全相殺	標本筆	基準筆	A	B	C	D	E	F	G	H	
①	②	③	①	②									

筆の所在地	市町村	大字	小字	氏名
耕作者住所	市町村			農家の

1　観察・聞き取り事項

品　種 (品種名)	うるち	もち	作期				普通作区分			栽植様式							土種期	田植期	出穂期
			早期	普通	一期作	二期作	早生	中生	晩生	機械植え 稚苗	中苗	成苗	手植え	直播					
	①	②	①	②	③	④	①	②	③	①	②	③	④	⑤	⑥				

農家の刈取り期	刈取り時の倒伏程度					農家の刈取り方法							刈遅し筆		肥培管理の良否		別用いる	にしるい幅	適使てふ	玄米選別形態
	Ⅰ	Ⅱ	Ⅲ	Ⅳ	Ⅴ	コンバイン	バ	手							良	不良				
		①		③	④	⑤		③	④			①	②	③						

(作況基準筆調査のみ)

	水管理の施期日									
間断かん水		干し		深水管理（　）回		高温時のかけ流し（　）回		
開始期日	終了期日	開始期日	終了期日	開始期日	終了期日	開始期日	終了期日

落水期	施期日					10a当たり窒素投入量		
	肥	追肥				基肥	追肥	
		中間追肥	穂肥	実肥		(銘柄)	中間追肥 (銘柄)	穂肥 (銘柄)
						kg	kg	kg

窒素投入量つづき 追肥つづき	10a当たり有機質肥料投入量				除草剤 散布回数	病害虫防除回数	土性		
実肥	たいきゅう肥	緑肥	生わら	その他			砂壌土	壌土	埴壌土
(銘柄)	(種類)	(種類)		(種類)	剤回	虫回	(砂質系)	(中間)	(粘質系)
kg	kg	kg	kg	kg			①	②	③

(記入注意)
1　倒伏程度は、全倒伏（Ⅰ）、一部穂が地につく（Ⅱ）、半倒伏（Ⅲ）、直立と半倒伏が半々（Ⅳ）、倒伏なし（Ⅴ）に区分し、該当番号を○で囲む。
2　緯度、経度、標高及び土性欄については関連資料に基づき記入すること。
3　10a当たり窒素投入量については、数回に分けて施肥する場合、その合計量を記入すること。

4 2 1 1

2 栽植密度

畝幅・株間測定		畝幅〔11けい間の長さ〕	株間〔11株間の長さ〕	1㎡当たり株数(けい長)	刈取り株数
	Ⅰ	cm	cm	・ 株(cm)	株
	Ⅱ			・	
	Ⅲ			・	
	合計	(1)	(2)		：・：・：
	平均 (1)/30	(3) ・	(4) (2)/30 ・		cm
	(5) 1㎡当たり株数 10,000/(3)×(4)	：・：・： 株		1㎡当たりけい長 10,000/( )	

3 刈取り調査

刈取り日	月 日	露	有	無

刈取り方法 3㎡当たり整数株刈り ①　3㎡刈り ②
調製方法 総合選別機 ①　段ぶるい ②

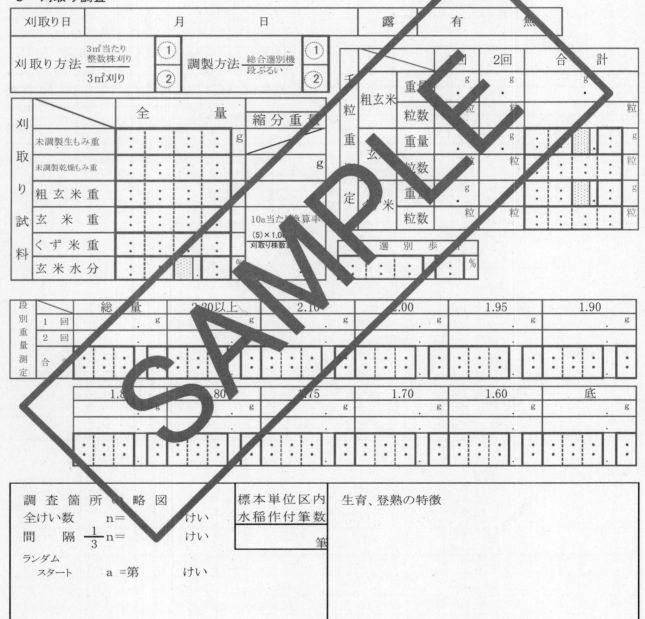

刈取り試料		全 量	縮分重量
	未調製生もみ重	：・：・：	g
	未調製乾燥もみ重	：・：・：	g
	粗玄米重	：・：・：	
	玄米重	：・：・：	
	くず米重	：・：・：	
	玄米水分	：・：・：	％

10a当たり換算率
(5)×1,00○
刈取株数

選別歩○
％

		1回	2回	合 計
千	粗玄米	重量	・ g	・ g	・ g
		粒数	粒	粒	粒
重	玄米	重量	・ g	・ g	g
		粒数	粒	粒	粒
定	くず米	重量	・ g	・ g	g
		粒数	粒	粒	粒

段別重量測定		総 量	2.30以上	2.1○	○.00	1.95	1.90
	1回	g	g	g	g	g	g
	2回						
	合 計	：・：・：	：・：・：	：・：・：	：・：・：	：・：・：	：・：・：

	1.8○	○80	○.75	1.70	1.60	底
	g	g	g	g	g	g
	：・：・：	：・：・：	：・：・：	：・：・：	：・：・：	：・：・：

調査箇所○略図	標本単位区内水稲作付筆数	生育、登熟の特徴
全けい数　n＝　　けい 間　隔 1/3 n＝　　けい ランダムスタート a＝第　　けい	筆	

(記入注意)
1　合筆の上調製した場合は、合筆調製整理表から千粒重等を転記する。
2　総合選別機により調製した場合のくず米重は1.6mm目以下、粗玄米重は玄米重とくず米重の合計重量とする。

4 草丈・茎数・穂数・もみ数調査

調査箇所	調査番株号	月　日調査		月　　日調査						月　　日調査						月　日調査	
		草丈	茎数	全(茎)穂数	無効穂数	有効穂数		全もみ数		全(茎)穂数	無効穂数	有効穂数		全もみ数			
								最高穂	下・2					最高穂	下・2		
		cm	本	本	本	本		粒	粒	本	本	本		粒	粒		
I	1																
	2																
	3																
	4																
	5																
	6																
	7																
	8																
	9																
	10																
	小計																
II	1																
	2																
	3																
	4																
	5																
	6																
	7																
	8																
	9																
	10																
	小計																
III	1																
	2																
	3																
	4																
	5																
	6																
	7																
	8																
	9																
	10																
	小計																
合　計		(6)	(7)	(8)	(9)	(10)		(11)	(12)	(8)	(9)	(10)		(11)	(12)		
平均(M)		(13)	(14)	(15)	(16)	(17)		(18) $\frac{(11)+(12)}{20}$		(15)	(16)	(17)		(18) $\frac{(11)+(12)}{20}$			
1㎡当たり(M)×(5) ただし(22)=(18)×(21)			(19)	(20)		(21)		(22)	100粒	(20)		(21)		(22)	100粒		

（記入注意）

1　穂数調査ですじまき(植)の場合は60cm間について調査する。

2　出穂開花期に当たり周辺4箇所調査を行う場合は、ほ場の4辺の中央において第4列目の10株ずつ、合計40株を調査する。ただし、次回に規定の箇所で30株について調査を行う。

3　全もみ数調査は、筆内の穂数調査箇所ごとに3、4、3、計10株について行う。調査株は箇所ごとの平均有効穂数に近い株とし、調査方法は当該株有効穂の最高穂とかん長順位で下位より2番目の穂の全もみ数を調査する。

5 稔実歩合調査 （作況基準筆調査のみ）

出穂期後　　日調査	（　月　日　調査）

(23)　　株の有効穂数の合計　　本	(24)　　株の生穂重　　g	(25)　　株の生もみ重　　g

うち上記の100g（又は50g）ずつ２回（　）について調査	回数	比重選により浮いたもみのうち		比重選により沈んだもみのうち		全もみ数
		不稔実もみ数	稔実もみ数	不稔実もみ数	稔実もみ数	
	1回	粒	粒	粒	粒	粒
	2回					
	合計	(イ)		(ロ)	(ハ)	(A)

(B)　沈下もみ数　（ロ）＋（ハ）　　粒	(C)　稔実もみ数　（イ）＋（ハ）　　粒

(26) 100g調査より　　株当たりへの換算率(25)/100 （単位 0.01）	(31)生穂重 (24)/(23)　　g	(35)生穂重 (24)*(27)　　g
(27)　　株当たりより1㎡当たりへの換算率(21)/(23)　有効4けた	(32)全もみ数(28)/(23)　　粒	(36)生もみ重 (25)*(27)　　g
（　）株当たり (28) 全もみ数 (A)×(26)　　粒	(33)沈下もみ数 (29)/(23)　　粒	(37)全もみ数 (28)*(27) (100粒)
(29) 沈下もみ数 (B)×(26)　　粒	(34)稔実もみ数 (30)/(23)　　粒	(38)沈下もみ数 (29)*(27) (100粒)
(30) 稔実もみ数 (C)×(26)　　粒		(39)稔実もみ数 (30)*(27) (100粒)

(40)沈下もみ数歩合 (38)/(37)　　％	(41)稔実歩合 (39)/(　)　　％

（記入注意）調査株数は地方農政局長、北海道農政事務所長及び沖縄総合事務局長が定める。

6 被害・共済減収調査

被害状況	被害の種類	発生時期	損傷項目	損傷程度	見積り被害歩合	平年比較			
						総合	多	並	少
						気象被害	多	並	少
						病害	多	並	少
						虫害	多	並	少

実測筆の10a当たり見積り収量 未調製生もみ重　kg	回帰線 (Y)　線	回帰線上の10a当たり収量　kg	図表から選んだ点　％	図表から選んだ10a当たり収量　kg	選んだ理由 晴天続き・雨天 早刈り・適期刈り 被害甚・中・軽 その他（　　）	10a当たり筆平均見積り収量　kg

基本筆の字地番号	引受方式及び補償割合別①	半相殺方式超過引受認定②	10a当たり共済基準収穫量③	10a当たり平年収量④	10a当たり見積り収量⑤	10a当たり基準収量⑥	見積り被害歩合	
							被害総合	
調査筆				kg	kg	kg	kg	
(1)								
(2)								
(3)								
(4)								
(5)								
(6)								
(7)								

← ← ←　入力方向

	秘 農林水産省	統計法に基づく基幹統計 作 物 統 計

統計法に基づく国の統計調査です。調査票情報の秘密の保護に万全を期します。

政府統計

年 産	都道府県	管理番号	市区町村	客体番号
2 0				

平 成 　　 年 産

畑作物作付面積調査・収穫量調査調査票（団体用）

陸稲用

○ この調査票は、秘密扱いとし、統計以外の目的に使うことは絶対ありませんので、ありのままを記入してください。
○ 黒色の鉛筆又はシャープペンシルで記入し、間違えた場合は、消しゴムできれいに消してください。
○ 調査及び調査票の記入に当たって、不明な点等がありましたら、下記の「問い合わせ先」にお問い合わせください。

★ 右づめで記入し、マスが足りない場合は一番左のマスにまとめて記入してください。

記入例	11	9	8	6	5	3

★ 該当する場合は、記入例のように点線をなぞってください。

記入例	→	／ つなげる	すきまをあける

記入していただいた調査票は、　　月　　日までに提出してください。
調査票の記入及び提出は、インターネットでも可能です。
詳しくは同封の「オンライン調査システム操作ガイド」を御覧ください。

【問い合わせ先】

SAMPLE

【１】貴団体で集荷している作付面積及び集荷量について

記入上の注意
○ 作付面積は単位を「ha」とし、小数点第一位（10a単位）まで記入してください。0.05ha未満の場合は「0.0」と記入してください。
○ 集荷量は単位を「t」とし、整数で記入してください。
○ 陸稲品種を田に作付けしたものは除きます。水稲品種を畑に作付けしたものは陸稲に含めますが、計画的にかんがいを行い栽培するものは除きます。

作物名		作付面積	集荷量	うち検査基準以上
陸稲	前年産	ha	t	t
	本年産			

裏面に進んでください。

【 2 】作付面積の増減要因等について

主な増減要因（転換作物等）について記入してください。

主な増減地域と増減面積について記入してください。

貴団体において、貴団体に出荷されない管内の作付団地等の状況（作付面積、作付地域等）を把握していれば記入してください。

【 3 】収穫量の増減要因等について

前年産に比べて本年産の作柄の良否、被害の多少、主な被害の要因について記入してください。
（該当のある場合は、点線を鉛筆などでなぞってください。）

作物名	作柄の良否			被害の多少			⇒	主な被害の要因（複数回答可）									
	良	並	悪	少	並	多		高温	低温	日照不足	多雨	少雨	台風	病害	虫害	鳥獣害	その他
陸稲	/	/	/	/	/	/		/	/	/	/	/	/	/	/	/	/

被害以外の増減要因（品種、栽培方法などの変化）があれば、記入してください。

秘	統計法に基づく基幹統計
農林水産省	作 物 統 計

	年　産	都道府県	管理番号	市区町村	客体番号
２０					

政府統計

統計法に基づく国の
統計調査です。調査
票情報の秘密の保護
に万全を期します。

平 成　　　年産

畑作物　作付面積調査・収穫量調査調査票（団体用）
麦類（子実用）用

○ この調査票は、秘密扱いとし、統計以外の目的に使うことは絶対ありませんので、ありのままを記入してください。
○ 黒色の鉛筆又はシャープペンシルで記入し、間違えた場合は、消しゴムできれいに消してください。
○ 調査及び調査票の記入に当たって、不明な点等がありましたら、下記の「問い合わせ先」にお問い合わせください。

★ 右づめで記入し、マスが足りない場合は
　一番左のマスにまとめて記入してください。

★ 該当する場合は、記入例のように
　点線をなぞってください。

記入例	1	1	9	8	6	5	3

記入例	/	→	/	つなげる	すきまをあける

記入していただいた調査票は、　　月　　日までに提出してください。
調査票の記入及び提出は、インターネットでも可能です。
詳しくは同封の「オンライン調査システム操作ガイド」を御覧ください。

【問い合わせ先】

【１】貴団体で集荷している作付面積及び集荷量について

記入上の注意
○ 作付面積は単位を「ha」とし、小数点第一位（10a単位）まで記入してください。0.05ha未満の場合は「0.0」と記入してください。
○ 集荷量は単位を「t」とし、整数で記入してください。0.5t未満の結果は「0」と記入してください。
○ 主に食用（子実用）とするものについて記入してください。緑肥用や飼料用は含めないでください。
○ 「うち検査基準以上」欄には、1等、2等に加え規格外のうち規格外Aとされたものの合計を記入してください。
○ 検査を受けない場合や、提出日までに検査を受けていない場合などは、集荷された農作物の状態から検査基準以上
　となる量を見積もって記入してください。

作物名		作付面積 （田畑計）	田	畑	集荷量	うち検査基準以上
小麦	前年産	ha	ha	ha	t	t
	本年産					
秋まき （北海道 のみ）	前年産	ha			t	t
	本年産					
春まき （北海道 のみ）	前年産	ha			t	t
	本年産					
二条 大麦	前年産	ha	ha	ha	t	t
	本年産					
六条 大麦	前年産	ha	ha	ha	t	t
	本年産					
はだか 麦	前年産	ha	ha	ha	t	t
	本年産					

裏面に進んでください。

【 2 】作付面積の増減要因等について

作物ごとの主な増減要因（転換作物等）について記入してください。

作物ごとに主な増減地域と増減面積について記入してください。

貴団体において、貴団体に出荷されない管内の作付団地等の状況（作付面積、作付地域等）を把握していれば記入してください。

【 3 】収穫量の増減要因等について

前年産に比べて本年産の作柄の良否、被害の多少、主な被害の要因について記入してください。
（該当のある場合は、点線を鉛筆などでなぞってください。）

作物名	作柄の良否			被害の多少			主な被害の要因（複数回答可）									
	良	並	悪	少	並	多	高温	低温	日照不足	多雨	少雨	台風	病害	虫害	鳥獣害	その他
小麦																
二条大麦																
六条大麦																
はだか麦																

作物ごとに被害以外の増減要因（品種、栽培方法などの変化）があれば、記入してください。

| 秘 |
| 農林水産省 |

統計法に基づく基幹統計
作 物 統 計

政府統計

統計法に基づく国の
統計調査です。調査
票情報の秘密の保護
に万全を期します。

	年 産	都道府県	管理番号	市区町村	客体番号
	2 0				

平 成 　　年産
畑作物収穫量調査調査票（団体用）

大豆（乾燥子実）用

○ この調査票は、秘密扱いとし、統計以外の目的に使うことは絶対ありませんので、ありのままを記入してください。

○ 黒色の鉛筆又はシャープペンシルで記入し、間違えた場合は、消しゴムできれいに消してください。

○ 調査及び調査票の記入に当たって、不明な点等がありましたら、下記の「問い合わせ先」にお問い合わせください。

★ 右づめで記入し、マスが足りない場合は
　一番左のマスにまとめて記入してください。

記入例　| 1 | 1 | 9 | 8 | 6 | 5 | 3 |

つなげる　　すきまをあける

★ 該当する場合は、記入例のように
　点線をなぞってください。

記入例　| ╱ | → | ╱ |

記入していただいた調査票は、　　月　　日までに提出してください。
調査票の記入及び提出は、インターネットでも可能です。
詳しくは同封の「オンライン調査システム操作ガイド」を御覧ください。

【問い合わせ先】

【１】貴団体で集荷している作付面積及び集荷量について

記入上の注意
○ 作付面積は単位を「ha」とし、小数点第一位（10a単位）まで記入してください。0.05ha未満の場合は「0.0」と記入してください。
○ 集荷量は単位を「t」とし、整数で記入してください。
○ 「うち検査基準以上」欄には、1等、2等に加え特定加工用以上とされたものの合計を記入してください。
○ 検査を受けない場合や、提出日までに検査を受けていない場合などは、集荷された農作物の状態から検査基準以上となる量を見積もって記入してください。

作物名		作付面積	集荷量	うち検査基準以上
大豆	前年産	ha	t	t
	本年産	.		
	前年産	ha	t	t
	本年産	.		
	前年産	ha	t	t
	本年産	.		

【２】収穫量の増減要因等について

本年産の作柄の良否、被害の多少、主な被害の要因について記入してください。
（該当のある場合は、点線を鉛筆などでなぞってください。）

作物名	作柄の良否			被害の多少			主な被害の要因（複数回答可）									
	良	並	悪	少	並	多	高温	低温	日照不足	多雨	少雨	台風	病害	虫害	鳥獣害	その他
大豆																

作物ごとに被害以外の増減要因（品種、栽培方法などの変化）があれば、記入してください。

秘
農林水産省

統計法に基づく基幹統計
作 物 統 計

統計法に基づく国の
統計調査です。調査
票情報の秘密の保護
に万全を期します。

政府統計

	年 産	都道府県	管理番号	市区町村	客体番号
	2 0				

平 成　　 年産

畑作物作付面積調査・収穫量調査調査票（団体用）

飼料作物、えん麦（緑肥用）、かんしょ、そば、なたね（子実用）用

○ この調査票は、秘密扱いとし、統計以外の目的に使うことは絶対ありませんので、ありのままを記入してください。
○ 黒色の鉛筆又はシャープペンシルで記入し、間違えた場合は、消しゴムできれいに消してください。
○ 調査及び調査票の記入に当たって、不明な点等がありましたら、下記の「問い合わせ先」にお問い合わせください。

★ 右づめで記入し、マスが足りない場合は
　一番左のマスにまとめて記入してください。

★ 該当する場合は、記入例のように
　点線をなぞってください。

記入例	1 1 9 8 6 5 3
記入例	/ ➡ / つなげる　　すきまをあける

記入していただいた調査票は、　　月　　日までに提出してください。
調査票の記入及び提出は、インターネットでも可能です。
詳しくは同封の「オンライン調査システム操作ガイド」を御覧ください。

【問い合わせ先】

【1】貴団体管内の作付（栽培）面積及び集荷量について

記入上の注意
○ 作付（栽培）面積は単位を「ha」とし、小数点第一位（10a単位）まで記入してください。0.05ha未満の場合は「0.0」と
　記入してください。
○ 集荷量は単位を「t」とし、整数で記入してください。0.5t未満の結果は「0」と記入してください。
○ 作付（栽培）面積及び集荷量については、貴団体管内において把握している面積及び集荷量を記入してください。

作物名		作付（栽培）面積（田畑計）	田	畑	集荷量	うち検査基準以上
	前年産	ha	ha	ha	t	t
	本年産					
	前年産	ha	ha	ha	t	t
	本年産					
	前年産	ha	ha	ha	t	t
	本年産					
	前年産	ha	ha	ha		
	本年産					
	前年産	ha	ha	ha		
	本年産					

裏面に進んでください。

【 2 】作付（栽培）面積の増減要因等について

作物ごとの主な増減要因（転換作物等）について記入してください。

作物ごとに主な増減地域と増減面積について記入してください。

貴団体において、貴団体に出荷されない管内の作付団地等の状況（作付面積、作付地域等）を把握していれば記入してください。

【 3 】収穫量の増減要因等について

前年産に比べて本年産の作柄の良否、被害の多少、主な被害の要因について記入してください。
（該当のある場合は、点線を鉛筆などでなぞってください。）

作物名	作柄の良否			被害の多少			→	主な被害の要因（複数回答可）									
	良	並	悪	少	並	多		高温	低温	日照不足	多雨	少雨	台風	病害	虫害	鳥獣害	その他

作物ごとに被害以外の増減要因（品種、栽培方法などの変化）があれば、記入してください。

秘	統計法に基づく基幹統計		年 産	都道府県	管理番号	市区町村	客体番号
農林水産省	作 物 統 計		2 0				

統計法に基づく国の
統計調査です。調査
票情報の秘密の保護
に万全を期します。

政府統計

平成　　年産
茶収穫量調査調査票（団体用）

○ この調査票は、秘密扱いとし、統計以外の目的に使うことは絶対ありませんので、ありのままを記入してください。

○ 黒色の鉛筆又はシャープペンシルで記入し、間違えた場合は、消しゴムできれいに消してください。

○ 調査及び調査票の記入に当たって、不明な点等がありましたら、下記の「問い合わせ先」にお問い合わせください。

★ 右づめで記入し、マスが足りない場合は一番左のマスにまとめて記入してください。

★ 該当する場合は、記入例のように点線をなぞってください。

| 記入例 | 1 | 1 | 9 | 8 | 6 | 5 | 3 |
| 記入例 | | | | つなげる | | すきまをあける | |

記入していただいた調査票は、　　月　　日までに提出してください。
調査票の記入及び提出は、インターネットでも可能です。
詳しくは同封の「オンライン調査システム操作ガイド」を御覧ください。

【問い合わせ先】

【1】本年の生産の状況

本年の集荷（処理）状況について教えてください。該当するもの1つに必ず記入してください。

本年、集荷（処理）を行った	╱
本年、集荷（処理）を行わなかった	╱

【2】来年以降の作付予定

来年以降の集荷（処理）予定について教えてください。該当するもの1つに必ず記入してください。

来年以降、集荷（処理）を行う予定である	╱
来年以降、集荷（処理）を行う予定はない	╱
今のところ未定	╱

・本年集荷（処理）を行った方は、【3】（裏面）に進んでください。

・本年集荷（処理）を行わなかった方はここで終了となりますので、調査票を提出していただくようお願いします。
御協力ありがとうございました。

【３】貴工場で集荷している茶の生産量と摘採面積について

調査対象 （農林水産省職員があらかじめ記入しております。）

1　年間計	╱
2　一番茶	╱

1　年間計にマークのある方は、「年間計」及び「うち一番茶」
　　両方に記入してください。
2　一番茶にマークのある方は、「うち一番茶」のみ記入してください。
3　一番茶の調査をお願いした方は、再度年間計の調査をお願いする
　　ことがあります。
　　その際は両方にマークがつきます。

※「年間計」とは、冬春番茶、秋冬番茶及び一番茶から四番茶までの合計です。

記入上の注意
○　本年産の貴工場における生葉の処理量及びそれに対応する摘採面積を茶期ごとの合計及び
　　うち一番茶について記入してください。
○　整枝・せん定をかねて刈り取った茶葉についても、荒茶に加工（刈り番茶）される場合は、集荷量、
　　荒茶生産量及び摘採延べ面積に含めてください。
○　摘採延べ面積は、摘採した面積の合計を記入してください。

【４】作柄及び被害の状況について

前年産に比べて本年産の作柄の良否、被害の多少、主な被害の要因について該当する項目の点線をなぞってください。

茶期別	作柄の良否			被害の多少			→	主な被害の要因（複数回答可）									
	良	並	悪	少	並	多		凍霜害	高温	低温	日照不足	多雨	少雨	台風	病害	虫害	その他
年間計	╱	╱	╱	╱	╱	╱		╱	╱	╱	╱	╱	╱	╱	╱	╱	╱
一番茶	╱	╱	╱	╱	╱	╱		╱	╱	╱	╱	╱	╱	╱	╱	╱	╱

調査はここで終了です。御協力ありがとうございました。

← ← ← 入力方向

秘
農林水産省

統計法に基づく基幹統計
作 物 統 計

政府統計
統計法に基づく国の統計調査です。調査票情報の秘密の保護に万全を期します。

年　産	都道府県	管理番号	市区町村	客体番号
2 0				

平 成　　年産
畑作物収穫量調査調査票（団体用）
てんさい用

○ この調査票は、秘密扱いとし、統計以外の目的に使うことは絶対ありませんので、ありのままを記入してください。
○ 黒色の鉛筆又はシャープペンシルで記入し、間違えた場合は、消しゴムできれいに消してください。
○ 調査及び調査票の記入に当たって、不明な点等がありましたら、下記の「問い合わせ先」にお問い合わせください。

★ 右づめで記入し、マスが足りない場合は一番左のマスにまとめて記入してください。
★ 該当する場合は、記入例のように点線をなぞってください。

記入例	1	1	9	8	6	5	3
記入例				つなげる		すきまをあける	

記入していただいた調査票は、　　月　　日までに提出してください。
調査票の記入及び提出は、インターネットでも可能です。
詳しくは同封の「オンライン調査システム操作ガイド」を御覧ください。

【問い合わせ先】

SAMPLE

【１】貴事業場で集荷しているてんさいの作付面積及び集荷量について

記入上の注意
○ 作付面積は単位を「ha」とし、小数点第一位（10a単位）まで記入してください。0.05ha未満の場合は「0.0」と記入してください。
○ 集荷量は単位を「t」とし、整数で記入してください。0.5t未満の結果は「0」と記入してください。

作物名		作付面積	集荷量
てんさい	前年産	ha	t
	本年産	.	

裏面に進んでください。

【2】 作柄及び被害の状況について

1 前年産に比べて本年産の作柄の良否、被害の多少、主な被害の要因について記入してください。
（該当のある場合は、点線を鉛筆などでなぞってください。）

作物名	作柄の良否			被害の多少		
	良	並	悪	少	並	多
てんさい	╱	╱	╱	╱	╱	╱

作物名	主な被害の要因（複数回答可）										
	融雪遅れ	高温	低温	日照不足	多雨	少雨	台風	鳥獣害	病害	虫害	その他
てんさい	╱	╱	╱	╱	╱	╱	╱	╱	╱	╱	╱

2 病害、虫害及びその他については、被害の内容を具体的に記入してください。

[

]

3 作付面積の増減理由や被害以外の収量に影響を及ぼした要因（作付品種の変化など）があれば、
記入してください。

| 秘 | 農林水産省 |
| 統計法に基づく基幹統計 | 作 物 統 計 |

政府統計

統計法に基づく国の統計調査です。調査票情報の秘密の保護に万全を期します。

	年 産	都道府県	管理番号	市区町村	客体番号
2 0					

平 成　　　年 産

畑作物収穫量調査調査票（団体用）

さとうきび用

○ この調査票は、秘密扱いとし、統計以外の目的に使うことは絶対ありませんので、ありのままを記入してください。
○ 黒色の鉛筆又はシャープペンシルで記入し、間違えた場合は、消しゴムできれいに消してください。
○ 調査及び調査票の記入に当たって、不明な点等がありましたら、下記の「問い合わせ先」にお問い合わせください。

★ 右づめで記入し、マスが足りない場合は一番左のマスにまとめて記入してください。

| 記入例 | 1 | 1 | 9 | 8 | 6 | 5 | 3 |

★ 該当する場合は、記入例のように点線をなぞってください。

記入例　→　つなげる　すきまをあける

記入していただいた調査票は、　　月　　日までに提出してください。
調査票の記入及び提出は、インターネットでも可能です。
詳しくは同封の「オンライン調査システム操作ガイド」を御覧ください。

【問い合わせ先】

【1】貴事業場で集荷しているさとうきびの栽培面積、収穫面積及び集荷量について

記入上の注意
○ 栽培面積及び収穫面積は単位を「a」で記入してください。
○ 集荷量は単位を「t」とし、整数で記入してください。
○ 栽培面積は、収穫の有無にかかわらず、栽培した全ての面積を記入してください。
○ 収穫面積は、本年に収穫した面積を記入してください。

作型		栽培面積	収穫面積	集荷量
夏植え	前年産	a	a	t
	本年産	.	.	
春植え	前年産	a	a	t
	本年産	.	.	
株出し	前年産	a	a	t
	本年産	.	.	

裏面に進んでください。

【２】 作柄及び被害の状況について

1 前年産に比べて本年産の作柄の良否、被害の多少、主な被害の要因について記入してください。
（該当のある場合は、点線を鉛筆などでなぞってください。）

作型	作柄の良否			被害の多少		
	良	並	悪	少	並	多
夏植え	╱	╱	╱	╱	╱	╱
春植え	╱	╱	╱	╱	╱	╱
株出し	╱	╱	╱	╱	╱	╱

↓

作型	主な被害の要因（複数回答可）									
	高温	低温	日照不足	多雨	少雨	鳥獣害	台風	病害	虫害	その他
夏植え	╱	╱	╱	╱	╱	╱	╱	╱	╱	╱
春植え	╱	╱	╱	╱	╱	╱	╱	╱	╱	╱
株出し	╱	╱	╱	╱	╱	╱	╱	╱	╱	╱

2 台風、病害、虫害及びその他については、被害の内容を具体的に記入してください。

〔　　　　　　　　　　　　　　　　　　　　　　　　　　　　　〕

3 栽培（収穫）面積の増減理由や被害以外の収量に影響を及ぼした要因（作付品種の変化など）があれば、記入してください。

← ← ← 入力方向

秘	統計法に基づく基幹統計
農林水産省	作物統計

統計法に基づく国の
統計調査です。調査
票情報の秘密の保護
に万全を期します。
政府統計

都道府県	管理番号	市区町村	旧市区町村	農業集落	調査区	経営体

平 成 　　 年産
畑作物収穫量調査調査票（経営体用）
○○○○用

○ この調査票は、秘密扱いとし、統計以外の目的に使うことは絶対ありませんので、ありのままを記入してください。
○ 黒色の鉛筆又はシャープペンシルで記入し、間違えた場合は、消しゴムできれいに消してください。
○ 調査及び調査票の記入に当たって、不明な点等がありましたら、下記の「問い合わせ先」にお問い合わせください。

★ 右づめで記入し、マスが足りない場合は
一番左のマスにまとめて記入してください。

★ 該当する場合は、記入例のように
点線をなぞってください。

記入例	1	1	9	8	6	5	3
記入例							

つなげる　　すきまをあける

記入していただいた調査票は、　　月　　日までに提出してください。

【問い合わせ先】

SAMPLE

【１】本年の生産の状況について

本年の作付状況について教えてください。該当するもの1つに必ず点線をなぞって選択してください。

本年、作付けを行った	╱
本年、作付けを行わなかった	╱

【２】来年以降の作付予定について

来年以降の作付予定について教えてください。該当するもの1つに必ず点線をなぞって選択してください。

来年以降、作付予定がある	╱
来年以降、作付予定はない	╱
今のところ未定	╱
農業をやめたため、農作物を作付け（栽培）する予定はない	╱

・本年作付けを行った方は、【３】（裏面）に進んでください。

・本年作付けを行わなかった方はここで終了となりますので、
調査票を提出していただくようお願いします。
御協力ありがとうございました。

本年、作付けを行った方のみ記入してください。

【3】作付面積、出荷量及び自家用等の量について
本年産の作付面積、出荷量及び自家用等の量について記入してください。

記入上の注意

○ 「作付面積」は、被害等で収穫できなかった面積（収穫量のなかった面積）も含めてください。
　また、1年間のうち、同じほ場に複数回作付けした場合（収穫後、同じ作物を新たに植えた場合）は、その延べ面積としてください。
○ 「収穫量」は、「俵」、「袋」等で把握されている場合は、「kg」に換算して記入してください。
　（例：30kg紙袋で150袋出荷した場合→4,500kgと記入）
○ 「出荷量」は、共同出荷、直売所への出荷、個人販売など、販売先を問わず、販売した全ての量を含めてください。また、販売する予定で保管されている量も「出荷量」に含めてください。
○ 1a、1kgに満たない場合は四捨五入して整数単位で記入してください。
　（例：0.4a、0.4kg以下→「0」、0.5a、0.5kg以上→「1」と記入）
○ 「自家用、無償の贈与、種子用等の量」は、ご家庭で消費したもの、無償で他の方にあげたもの、翌年産の種子用にするものなどを指します。
○ 「出荷先の割合」は、記入した「出荷量」について該当する出荷先に出荷した割合を％で記入してください。
　「直売所・消費者へ直接販売」は、農協の直売所、庭先販売、宅配便、インターネット販売などをいいます。
　「その他」は、仲買業者、スーパー、外食産業などを含みます。

作物名	作付面積 （借入地を含む。） （町）（反）（畝） ha　　a	収穫量	
		出荷量 （販売した量及び販売 目的で保管している量） t　　kg	自家用、 無償の贈与、 種子用等の量 t　　kg

○ 記入した出荷量について該当する出荷先に出荷した割合を記入してください。

【4】出荷先の割合について

作物名	加工業者	直売所・ 消費者へ 直接販売	市場	農協以外の 集出荷団体	農協	その他	合計
	％	％	％	％	％	％	100%
	％	％	％	％	％	％	100%
	％	％	％	％	％	％	100%

【5】作柄及び被害の状況について
前年産に比べて本年産の作柄の良否、被害の多少、主な被害の要因について該当する項目の点線をなぞってください。

作物名	作柄の良否			被害の多少			→	主な被害の要因（複数回答可）									
	良	並	悪	少	並	多		高温	低温	日照 不足	多雨	少雨	台風	病害	虫害	鳥獣 害	その 他

調査はここで終了です。御協力ありがとうございました。

秘 農林水産省	統計法に基づく基幹統計 作 物 統 計	都道府県	管理番号	市区町村	旧市区町村	農業集落	調査区	経営体

統計法に基づく国の
統計調査です。調査
票情報の秘密の保護
に万全を期します。
政府統計

平 成　　年 産
飼料作物収穫量調査調査票（経営体用）

○ この調査票は、秘密扱いとし、統計以外の目的に使うことは絶対ありませんので、ありのままを記入してください。
○ 黒色の鉛筆又はシャープペンシルで記入し、間違えた場合は、消しゴムできれいに消してください。
○ 調査及び調査票の記入に当たって、不明な点等がありましたら、下記の「問い合わせ先」にお問い合わせください。

★ 右づめで記入し、マスが足りない場合は
一番左のマスにまとめて記入してください。

★ 該当する場合は、記入例のように
点線をなぞってください。

記入例	1	1	9	8	6	5	3
記入例		→		つなげる		すきまをあける	

記入していただいた調査票は　　月　　日までに提出してください。

【問い合わせ先】

【１】本年の生産の状況について

本年の作付（栽培）状況について教えてください。
該当するもの1つに必ず点線をなぞって選択してください。

本年、作付け（栽培）を行った	╱
本年、作付け（栽培）を行わなかった	╱

【２】来年以降の作付（栽培）予定について

来年以降の作付（栽培）予定について教えてください。該当するもの1つに必ず点線をなぞって選択してください。

来年以降、作付（栽培）予定がある	╱
来年以降、作付（栽培）予定はない	╱
今のところ未定	╱
農業をやめたため、農作物を 作付け（栽培）する予定はない	╱

・本年作付け（栽培）を行った方は、【３】（次のページ）に進んでください。

・本年作付け（栽培）を行わなかった方はここで終了となりますので、
調査票を提出していただくようお願いします。
御協力ありがとうございました。

【3】牧草について

本年産の作付（栽培）面積について記入してください。

記入上の注意

○ 「作付（栽培）面積」には、牧草専用地、田や畑のほか農地以外での栽培など、牧草の栽培に利用した全ての面積を記入してください。

○ 同じ土地で複数回牧草を収穫した場合であっても、「作付（栽培）面積」は、収穫した延べ面積ではなく、実際の面積（実面積）を記入してください。

○ 牧草とは次のようなものをいいます。
（いね科牧草）
イタリアンライグラス、ハイブリッドライグラス、ペレニアルライグラス、トールフェスク、メドーフェスク、オーチャードグラス、チモシー、レッドトップ、バヒアグラス、ダリスグラス、ローズグラス、リードカナリグラス、スーダングラス、テオシント、その他いね科牧草（ブロームグラス類、ホイートグラス類、ブルーグラス類等）
（豆科牧草）
アルファルファ、クローバー類、セスバニア、その他豆科牧草（ベッチ類、ルーピン類、レスペデザ類等）

○ えん麦、らい麦、大豆等の青刈り作物は牧草には含まれませんのでご注意ください。

○ なお、青刈りとうもろこし、ソルゴーは、本調査票の【4】、【5】でそれぞれ記入をお願いします。

		（町）（反）（畝）
		ha　　　　　a
作付（栽培）面積		

どちらか分かる方で本年産の収穫量について記入してください。

1　収穫量が重量（生重量）で分かる場合	2　生重量で分からない場合

1　収穫量が重量（生重量）で分かる場合

		t		kg
収穫量計				kg
1番刈り				kg
2番刈り		t		kg
3番刈り		t		kg
4番刈り		t		kg

記入上の注意

○ 刈取り時期ごとの収穫量を記入の上、「収穫量計」の欄に合計を記入してください。（刈取り時期ごとに分からない場合は、「収穫量計」のみに記入してください。）

2　生重量で分からない場合

＜ラッピング又は梱包を行っている場合＞

	個数（個）	1個当たりのおおよその重量
ラッピング個数		kg
梱包個数		

＜固定サイロを用いている場合＞

サイロの容積		㎥
充足率		％

＜簡易サイロを用いている場合＞

サイロの容積		㎥

記入上の注意

○ ラッピングマシーンを用いている場合は、「ラッピング個数」欄にラッピング個数及び1個当たりの重量を記入してください。
また、【4】青刈りとうもろこし及び【5】ソルゴーも同様に記入してください。

○ 乾燥後、梱包を行っている場合は、「梱包個数」欄に梱包個数及び1個当たりの重量を記入してください。

○ 固定サイロとは、塔型サイロ（タワーサイロ）、バンカーサイロなど四方を構築物で固められたものをいいます。
なお、「充足率」は、固定サイロの容積に対する本年の利用割合を記入してください。

○ 簡易サイロを利用した場合は、使用した全てのサイロの容積の合計を記入してください。

【 4 】青刈りとうもろこしについて

本年産の作付面積について記入してください。

	（町）（反）（畝） ha　　　　　a
作付面積	

どちらか分かる方で本年産の収穫量について記入してください。

<table>
<tr><th colspan="2">1　収穫量が重量（生重量）で分かる場合</th><th colspan="2">2　生重量で分からない場合</th></tr>
<tr><td>収穫量</td><td>t　　　　　kg</td><td colspan="2">＜固定サイロを用いている場合＞</td></tr>
<tr><td colspan="2" rowspan="2"></td><td>サイロの容積</td><td>㎥</td></tr>
<tr><td>充足率</td><td>％</td></tr>
</table>

記入上の注意

○ 固定サイロとは、塔型サイロ（タワーサイロ）、バンカーサイロなど四方を構築物で固められたものをいいます。
なお、「充足率」は、固定サイロの容積に対する本年の利用割合を記入してください。

○ 簡易サイロとは、スタックサイロ、バキュームサイロ、バッグサイロなど固定式以外のものをいいます。
また、L字型バンカーサイロなど固定式でないものは簡易サイロに含めてください。
なお、簡易サイロを利用した場合は、使用した全てのサイロの容積の合計を記入してください。

＜簡易サイロを用いている場合＞

サイロの容積	㎥

＜ラッピングを行っている場合＞

	個数（個）	1個当たりの おおよその重量
ラッピング個数		kg

【 5 】ソルゴー

本年産の作付面積について記入してください。

	（町）（反）（畝） ha　　　　　a
作付面積	

どちらか分かる方で本年産の収穫量について記入してください。

<table>
<tr><th colspan="2">1　収穫量が重量（生重量）で分かる場合</th><th colspan="2">2　生重量で分からない場合</th></tr>
<tr><td>収穫量</td><td>t　　　　　kg</td><td colspan="2">＜固定サイロを用いている場合＞</td></tr>
<tr><td colspan="2" rowspan="2"></td><td>サイロの容積</td><td>㎥</td></tr>
<tr><td>充足率</td><td>％</td></tr>
</table>

記入上の注意

○ 固定サイロとは、塔型サイロ（タワーサイロ）、バンカーサイロなど四方を構築物で固められたものをいいます。
なお、「充足率」は、固定サイロの容積に対する本年の利用割合を記入してください。

○ 簡易サイロとは、スタックサイロ、バキュームサイロ、バッグサイロなど固定式以外のものをいいます。
また、L字型バンカーサイロなど固定式でないものは簡易サイロに含めてください。
なお、簡易サイロを利用した場合は、使用した全てのサイロの容積の合計を記入してください。

＜簡易サイロを用いている場合＞

サイロの容積	㎥

＜ラッピングを行っている場合＞

	個数（個）	1個当たりの おおよその重量
ラッピング個数		kg

引き続き次のページにお進みください。

【6】作柄及び被害の状況について

前年産に比べて本年産の作柄の良否、被害の多少、主な被害の要因について該当する項目の点線をなぞってください。

作物名	作柄の良否			被害の多少			主な被害の要因（複数回答可）									
	良	並	悪	少	並	多	高温	低温	日照不足	多雨	少雨	台風	病害	虫害	鳥獣害	その他
牧草	/	/	/	/	/	/	/	/	/	/	/	/	/	/	/	/
青刈りとうもろこし	/	/	/	/	/	/	/	/	/	/	/	/	/	/	/	/
ソルゴー	/	/	/	/	/	/	/	/	/	/	/	/	/	/	/	/

調査はここで終了です。御協力ありがとうございました。

統計法に基づく基幹統計
作 物 統 計

平成　年

被 害 調 査 票

調査筆の種類	標　調　応		作　物　名	

筆の所在地	設計単位	作況階層	標本単位区	筆の通し番号	地域センター等名	
	市 町 村	大字（町）	小　字	地　番	調査者氏名	
					調査期日	月　　　　　日

調査箇所	被 害 種 類								
	被害発生時の生育段階								
	損 傷 調 査 項 目								
I	1								
	2								
	3								
	4								
	5								
II	6								
	7								
	8								
	9								
	10								
III	11								
	12								
	13								
	14								
	15								
合　　計									
平　　均									
損 傷 歩 合									
見積り 被害歩合（実測）	調査項目別								
	被害種類別								
	計								
筆平均見積り被害歩合	被害種類別								
	被 害 総 合								
適 用 し た 尺 度 （番号）									

注：　1　この調査票は、標本筆（単位区）の損傷見積り（実測）調査の調査票及び被害調査筆・被害応急調査の損傷調査票として使用する。
　　　2　被害損傷実測調査の損傷調査項目は、被害の種類、被害発生時期などから地方農政局長、北海道農政事務所長、沖縄総合事務局長、地域センターの長等が定める。
　　　3　損傷歩合欄は、損傷項目が損傷歩合を現さないような項目の場合（例えば被害穂数、被害粒数等）は、「平均」についての損傷歩合（例えば被害穂数歩合、被害粒数歩合）を記入する。
　　　4　見積り（実測）被害歩合は、損傷見積り（実測）調査結果に減収推定尺度を適用して決める。
　　　5　見積り（実測）被害歩合の計は、見積り（実測）を行った被害種類を合計した被害歩合とし、筆平均見積り被害歩合の被害総合は、全ての被害を総合して見積った被害歩合とする。
　　　6　調査筆の種類欄の「標」は被害標本筆、「調」は被害調査筆、「応」は被害応急調査筆を示し、該当に〇印を付す。
　　　7　調査株数は、1箇所5株とする。

年 産	都道府県	管理番号	市区町村	客体番号

平 成 　　 年 産 　　 特定作物統計調査
豆類作付面積調査調査票（団体用）

○ この調査票は、秘密扱いとし、統計以外の目的に使うことは絶対ありませんので、ありのままを記入してください。

○ 黒色の鉛筆又はシャープペンシルで記入し、間違えた場合は、消しゴムできれいに消してください。

○ 調査及び調査票の記入に当たって、不明な点等がありましたら、下記の「問い合わせ先」にお問い合わせください。

★ 数字は、1マスに1つずつ、枠からはみ出さないように右づめで記入してください。

記入例	8	8	8	9	8	7	6	5	4	0

つなげる　　　すきまをあける

★ マスが足りない場合は、一番左のマスにまとめて記入してください。

記入例	11	2	8

記入していただいた調査票は、　　月　　日までに提出してください。
調査票の記入及び提出は、インターネットでも可能です。
詳しくは同封の「オンライン調査システム操作ガイド」を御覧ください。

【問い合わせ先】

SAMPLE

【１】貴団体で集荷している豆類（乾燥子実）の作付面積について

> **記入上の注意**
> ○ 作付面積は単位を「ha」とし、小数点第一位（10a単位）まで記入してください。0.05ha未満の場合は「0.0」と記入してください。
> ○ 乾燥して食用（加工も含む。）にするものの面積を記入してください。
>   未成熟（完熟期以前）で収穫されるもの（さやいんげん等）については含めないでください。
> ○ いんげんの種類別の内訳については、北海道のみ記入してください。

単位：ha

作物名		作付面積（田畑計）	田	畑
小豆	前年産			
	本年産			
いんげん	前年産			
	本年産			
金時（北海道のみ）	前年産			
	本年産			
手亡（北海道のみ）	前年産			
	本年産			
らっかせい	前年産			
	本年産			

【２】作付面積の増減要因等について

作物ごとの主な増減要因（転換作物等）について記入してください。

作物ごとの主な増減地域と増減面積について記入してください。

貴団体において、貴団体に出荷されない管内の作付団地等の状況（作付面積、作付地域等）を把握していれば記入してください。

秘
農林水産省

政府統計

統計法に基づく国の統計調査です。調査票情報の秘密の保護に万全を期します。

年 産	都道府県	管理番号	市区町村	客体番号
2 0				

平 成　　年産　　特定作物統計調査
豆類収穫量調査調査票（団体用）

○ この調査票は、秘密扱いとし、統計以外の目的に使うことは絶対ありませんので、ありのままを記入してください。

○ 黒色の鉛筆又はシャープペンシルで記入し、間違えた場合は、消しゴムできれいに消してください。

○ 調査及び調査票の記入に当たって、不明な点等がありましたら、下記の「問い合わせ先」にお問い合わせください。

★ 数字は、1マスに1つずつ、枠からはみ出さないように右づめで記入してください。

★ 該当する場合は、記入例のように点線をなぞってください。

| 記入例 | 8 | 8 | 8 | 8 | 9 | 8 | 7 | 6 | 5 | 4 | 0 |

つなげる　　すきまをあける

記入例　／　→　／

★ マスが足りない場合は、一番左のマスにまとめて記入してください。

記入例　1 1 2 3

記入していただいた調査票は、　　月　　日までに提出してください。
調査票の記入及び提出は、インターネットでも可能です。
詳しくは同封の「オンライン調査システム操作ガイド」を御覧ください。

【問い合わせ先】

SAMPLE

【１】貴団体で集荷している豆類（乾燥子実）の作付面積及び集荷量について

記入上の注意
○ 作付面積は単位を「ha」とし、小数点第一位（10a単位）まで記入してください。0.05ha未満の場合は「0.0」と記入してください。
○ 乾燥して食用（加工も含む。）にするものを記入してください。
　未成熟（完熟期以前）で収穫されるもの（さやいんげん等）については含めないでください。
○ 小豆及びいんげんの「うち検査基準以上」欄には、3等以上の量を記入してください。
○ 検査を受けない場合、調査票の提出日までに検査を受けていない場合などは、集荷された農作物の状態から検査基準以上となる量を見積もって記入してください。
○ いんげんの種類別の内訳については、北海道のみ記入してください。

作物名		作付面積	集荷量	うち検査基準以上
小豆	前年産	ha	t	t
	本年産			
いんげん	前年産	ha	t	t
	本年産			
金時（北海道のみ）	前年産	ha	t	t
	本年産			
手亡（北海道のみ）	前年産	ha	t	t
	本年産			
らっかせい	前年産	ha	t	t
	本年産			

SAMPLE

【２】収穫量の増減要因等について
　前年産に比べて本年産の作柄の良否、被害の多少、主な被害の要因について記入してください。
　（該当のある場合は、点線を鉛筆などでなぞってください。）

作物名	作柄の良否			被害の多少			主な被害の要因（複数回答可）									
	良	並	悪	少	並	多	高温	低温	日照不足	多雨	少雨	台風	病害	虫害	鳥獣害	その他
小豆																
いんげん																
らっかせい																

　作物ごとに被害以外の増減要因（品種、栽培方法などの変化）があれば、記入してください。

	年 産	都道府県	管理番号	市区町村	客体番号
2 0					

秘
農林水産省

政府統計 統計法に基づく国の統計調査です。調査票情報の秘密の保護に万全を期します。

平成　　年産　　特定作物統計調査

こんにゃくいも作付面積調査・収穫量調査票（団体用）

○ この調査票は、秘密扱いとし、統計以外の目的に使うことは絶対ありませんので、ありのままを記入してください。

○ 黒色の鉛筆又はシャープペンシルで記入し、間違えた場合は、消しゴムできれいに消してください。

○ 調査及び調査票の記入に当たって、不明な点等がありましたら、下記の「問い合わせ先」にお問い合わせください。

★ 数字は、1マスに1つずつ、枠からはみ出さないように右づめで記入してください。

★ 該当する場合は、記入例のように点線をなぞってください。

記入例	8	8	8	9	8	7	6	5	4	0

つなげる　　すきまをあける

記入例 ／ ➡ ／

★ マスが足りない場合は、一番左のマスにまとめて記入してください。

記入例 | 11 | 2 | 3 |

記入していただいた調査票は、　　月　　日までに提出してください。
調査票の記入及び提出は、インターネットでも可能です。
詳しくは同封の「オンライン調査システム操作ガイド」を御覧ください。

【問い合わせ先】

【1】貴団体で集荷しているこんにゃくいもの栽培面積、収穫面積及び集荷量について

作物名		栽培面積	うち収穫面積	集荷量
こんにゃくいも	前年産	ha	ha	t
	本年産			

【2】栽培面積及び収穫面積の増減要因等について

栽培面積及び収穫面積の主な増減要因（転換作物等）について記入してください。

主な増減地域と増減面積について記入してください。

貴団体において、貴団体に出荷されない管内の栽培団地等の状況（栽培面積、栽培地域等）を把握していれば記入してください。

【3】収穫量の増減要因等について

前年産に比べて本年産の作柄の良否、被害の多少、主な被害の要因について記入してください。
（該当のある場合は、点線を鉛筆などでなぞってください。）

作物名	作柄の良否			被害の多少			主な被害の要因（複数回答可）									
	良	並	悪	少	並	多	高温	低温	日照不足	多雨	少雨	台風	病害	虫害	鳥獣害	その他
こんにゃくいも																

被害以外の増減要因（品種、栽培方法などの変化）があれば、記入してください。

	年　産	都道府県	管理番号	市区町村	客体番号
	2　0				

4 7 6 1

平 成 　 年 産 　 特定作物統計調査

い作付面積調査・収穫量調査票（団体用）

○ この調査票は、秘密扱いとし、統計以外の目的に使うことは絶対ありませんので、ありのままを記入してください。

○ 黒色の鉛筆又はシャープペンシルで記入し、間違えた場合は、消しゴムできれいに消してください。

○ 調査及び調査票の記入に当たって、不明な点等がありましたら、下記の「問い合わせ先」にお問い合わせください。

★ 数字は、1マスに1つずつ、枠からはみ出さないように右つめで記入してください。

記入例　8 8 8 **9 8 7 6 5 4 0**

つなげる　　すきまをあける

★ 該当する場合は、記入例のように点線をなぞってください。

記入例　／ ➡ ／

★ マスが足りない場合は、一番左のマスにまとめて記入してください。　記入例　**11 2 3**

記入していただいた調査票は、　　月　　日までに提出してください。
調査票の記入及び提出は、インターネットでも可能です。
詳しくは同封の「オンライン調査システム操作ガイド」を御覧ください。

【問い合わせ先】

SAMPLE

【１】 「い」及び畳表の生産農家数について

作物名		い生産農家数	畳表生産農家数
い	前年産	戸	戸
	本年産		

【２】 「い」の作付面積、収穫量及び畳表生産量について

> **記入上の注意**
> ○ 作付面積は単位を「ha」とし、小数点第一位（10a単位）まで記入してください。0.05ha未満の場合は「0.0」と記入してください。

作物名		作付面積	収穫量	畳表生産量
い	前年産	ha	t	千枚
	本年産			

【３】作付面積の増減要因等について

作付面積の主な増減要因について記入してください。

主な増減地域と増減面積について記入してください。

貴団体において、貴団体に出荷されない管内の作付団地等の状況（作付面積、作付地域等）を把握していれば記入してください。

【４】収穫量の増減要因等について

前年産に比べて本年産の作柄の良否、被害の多少、主な被害の要因について記入してください。
（該当のある場合は、点線を鉛筆などでなぞってください。）

作物名	作柄の良否			被害の多少			主な被害の要因（複数回答可）									
	良	並	悪	少	並	多	高温	低温	日照不足	多雨	少雨	台風	病害	虫害	鳥獣害	その他
い																

被害以外の増減要因（品種、栽培方法などの変化）があれば、記入してください。

← ← ← 入力方向

4	7	1

都道府県	管理番号	市区町村	旧市区町村	農業集落	調査区	経営体

平 成　　年 産 特定作物統計調査

豆類収穫量調査調査票（経営体用）

○ この調査票は、秘密扱いとし、統計以外の目的に使うことは絶対ありませんので、ありのままを記入してください。
○ 黒色の鉛筆又はシャープペンシルで記入し、間違えた場合は、消しゴムできれいに消してください。
○ 調査及び調査票の記入に当たって、不明な点等がありましたら、下記の「問い合わせ先」にお問い合わせください。

★ 右づめで記入し、マスが足りない場合は
　一番左のマスにまとめて記入してください。

★ 該当する場合は、記入例のように
　点線をなぞってください。

記入例	1	1	9	8	6	5	3
記入例							

つなげる　　すきまをあける

記入していただいた調査票は、　　月　　日までに提出してください。

【問い合わせ先】

SAMPLE

【１】本年の生産の状況について

本年の作付状況について教えてください。該当するもの1つに必ず点線をなぞって選択してください。

本年、作付けを行った	
本年、作付けを行わなかった	

【２】来年以降の作付予定について

来年以降の作付予定について教えてください。該当するもの1つに必ず点線をなぞって選択してください。

来年以降、作付予定がある	
来年以降、作付予定はない	
今のところ未定	
農業をやめたため、農作物を作付け（栽培）する予定はない	

・本年作付けを行った方は、【３】（裏面）に進んでください。

・本年作付けを行わなかった方はここで終了となりますので、
調査票を提出していただくようお願いします。
御協力ありがとうございました。

本年、作付けを行った方のみ記入してください。

【3】作付面積、出荷量及び自家用等の量について
本年産の作付面積、出荷量及び自家用等の量について記入してください。

記入上の注意

○ 「作付面積」は、被害等で収穫できなかった面積（収穫量のなかった面積）も含めてください。
○ 「収穫量」は、「俵」、「袋」等で把握されている場合は、「kg」に換算して記入してください。
　（例：30kg紙袋で150袋出荷した場合→4,500kgと記入）
○ 「出荷量」は、共同出荷、直売所への出荷、個人販売など、販売先を問わず、販売した全ての量を含めて
　ください。また、販売する予定で保管されている量も「出荷量」に含めてください。
○ 「自家用、無償の贈答用、種子用等の量」は、ご家庭で消費したもの、無償で他の方にあげたもの、
　翌年産の種子用などを指します。
○ 乾燥して食用（加工も含む。）にするものを記入してください。
　未成熟（完熟期以前）で収穫されるもの（さやいんげん等）については含めないでください。
○ 1a、1kgに満たない場合は四捨五入して整数単位で記入してください。
　（例：0.4a、0.4kg以下→「0」、0.5a、0.5kg以上→「1」と記入）
○ 「出荷先の割合」は、記入した「出荷量」について該当する出荷先に出荷した割合を%で記入してください。
　「直売所・消費者へ直接販売」は、農協の直売所、庭先販売、宅配便、インターネット販売などをいいます。
　「その他」は、仲買業者、スーパー、外食産業などを含みます。

作物名	作付面積 （借入地を含む。） （町）（反）（畝） ha　　　a	収穫量	
		出荷量 （販売した量及び販売 目的で保管している量） t　　　kg	自家用、 無償の贈答用、 種子用等の量 t　　　kg
小豆			
いんげん			
らっかせい			

【4】出荷先の割合について

作物名	加工業者	直売所・ 消費者へ 直接販売	市場	農協以外の 集出荷団体	農協	その他	合計
小豆	%	%	%	%	%	%	100%
いんげん	%	%	%	%	%	%	100%
らっかせい	%	%	%	%	%	%	100%

【5】作柄及び被害の状況について
前年産に比べて本年産の作柄の良否、被害の多少、主な被害の要因について該当する項目の点線をなぞってください。

作物名	作柄の良否			被害の多少			→	主な被害の要因（複数回答可）									
	良	並	悪	少	並	多		高温	低温	日照不足	多雨	少雨	台風	病害	虫害	鳥獣害	その他
小豆																	
いんげん																	
らっかせい																	

調査はここで終了です。御協力ありがとうございました。

	都道府県	管理番号	市区町村	旧市区町村	農業集落	調査区	経営体

秘
農林水産省

政府統計

統計法に基づく国の統計調査です。調査票情報の秘密の保護に万全を期します。

平成　　年産 特定作物統計調査
こんにゃくいも収穫量調査調査票（経営体用）

○ この調査票は、秘密扱いとし、統計以外の目的に使うことは絶対ありませんので、ありのままを記入してください。
○ 黒色の鉛筆又はシャープペンシルで記入し、間違えた場合は、消しゴムできれいに消してください。
○ 調査及び調査票の記入に当たって、不明な点等がありましたら、下記の「問い合わせ先」にお問い合わせください。

★ 右づめで記入し、マスが足りない場合は一番左のマスにまとめて記入してください。

★ 該当する場合は、記入例のように点線をなぞってください。

記入例　1 1 9 8 6 5 3　つなげる　すきまをあける

記入していただいた調査票は、　　月　　日までに提出してください。

【問い合わせ先】

SAMPLE

【１】本年の生産の状況について

本年の作付状況について教えてください。該当するもの1つに必ず点線をなぞって選択してください。

本年、作付けを行った	/
本年、作付けを行わなかった	/

→

【２】来年以降の作付予定について

来年以降の作付予定について教えてください。該当するもの1つに必ず点線をなぞって選択してください。

来年以降、作付予定がある	/
来年以降、作付予定はない	/
今のところ未定	/
農業をやめたため、農作物を作付け（栽培）する予定はない	/

・本年作付けを行った方は、【３】（裏面）に進んでください。

・本年作付けを行わなかった方はここで終了となりますので、調査票を提出していただくようお願いします。
御協力ありがとうございました。

【3】栽培面積、出荷量及び自家用等の量について

本年産の栽培面積、出荷量及び自家用等の量について記入してください。

> **記入上の注意**
>
> ○ 「栽培面積」は、収穫の有無にかかわらず、栽培した全ての面積を記入してください。
> ○ 「収穫面積」は、本年に収穫した面積（自家用も含む。）を記入してください。
>   なお、翌年の種芋とする目的で掘りとったものの面積は除いてください。
> ○ 「収穫量」は、「俵」、「袋」等で把握されている場合は、「kg」に換算して記入してください。
>   （例：30kg紙袋で150袋出荷した場合→4,500kgと記入）
> ○ 「出荷量」は、共同出荷、直売所への出荷、個人販売など、販売先を問わず、販売した全ての量を
>   含めてください。また、販売する予定で保管されている量も「出荷量」に含めてください。
> ○ 「自家用、無償の贈答の量」は、ご家庭で消費したもの、無償で他の方にあげたものなどを指します。
> ○ 1a、1kgに満たない場合は四捨五入して整数単位で記入してください。
>   （例：0.4a、0.4kg以下→「0」、0.5a、0.5kg以上→「1」と記入）
> ○ 「出荷先の割合」は、記入した「出荷量」について該当する出荷先に出荷した割合を%で記入してください。
>   「直売所・消費者へ直接販売」は、農協の直売所、庭先販売、宅配便、インターネット販売などをいいます。
>   「その他」は、仲買業者、スーパー、外食産業などを含みます。

作物名	栽培面積 （借入地を含む。） （町）（反）（畝） ha	収穫面積 （町）（反）（畝） ha　　a	収穫量	
			出荷量 （販売した量及び販売 目的で保管している量） t　　kg	自家用、 無償の贈答の量 t　　kg
こんにゃくいも				

> ○ 記入した出荷量について該当する出荷先に出荷した割合を記入してください。

【4】出荷先の割合について

作物名	加工業者	直売所・ 消費者へ 直接販売	市場	農協以外の 集出荷団体	農協	その他	合計
こんにゃくいも	%	%	%	%	%	%	100%

【5】作柄及び被害の状況について

前年産に比べて本年産の作柄の良否、被害の多少、主な被害の要因について該当する項目の点線をなぞってください。

作物名	作柄の良否			被害の多少			主な被害の要因（複数回答可）									
	良	並	悪	少	並	多	高温	低温	日照 不足	多雨	少雨	台風	病害	虫害	鳥獣 害	その 他
こんにゃくいも																

調査はここで終了です。御協力ありがとうございました。

平成30年産作物統計（普通作物・飼料作物・工芸農作物）

令和2年8月　発行　　　　　　　　定価は表紙に表示してあります。

編集　　〒100-8950　東京都千代田区霞が関1−2−1
　　　　　　農林水産省大臣官房統計部

発行　　〒153-0064　東京都目黒区下目黒3-9-13　目黒・炭やビル
　　　　　　一般財団法人　農林統計協会
　　　　　　振替　00190-5-70255　TEL 03(3492)2987

ISBN978-4-541-04320-7　C3061

平成30年産水稲10a当たり収

凡	例
	作付けなし
	399kg以下
	400〜449kg
	450〜499kg
	500〜549kg
	550kg以上

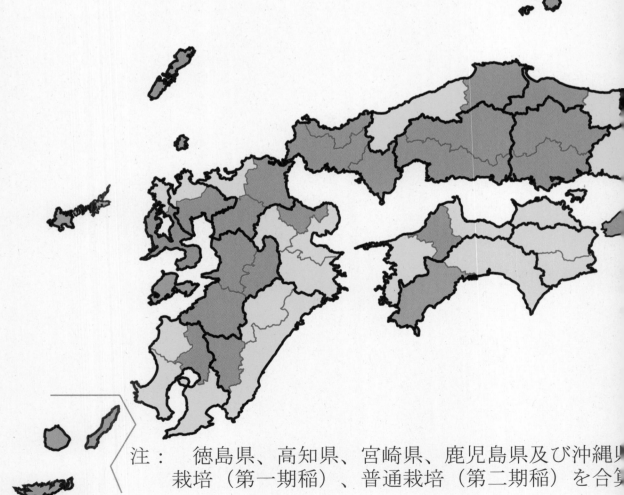

注： 徳島県、高知県、宮崎県、鹿児島県及び沖縄
　　栽培（第一期稲）、普通栽培（第二期稲）を合算